INTELIGÊNCIA ARTIFICIAL E SUAS AMBIVALÊNCIAS

INTELIGÊNCIA ARTIFICIAL E SUAS AMBIVALÊNCIAS

UMA ABORDAGEM SOCIAL DOS BENEFÍCIOS, RISCOS E DESAFIOS DA IA

GODO RODOLFO GOEMANN JR.

ALTA BOOKS
E D I T O R A
Rio de Janeiro, 2022

Inteligência Artificial e suas Ambivalências

Copyright © 2022 da Starlin Alta Editora e Consultoria Eireli.
ISBN: 978-65-5520-870-2

Impresso no Brasil — 1ª Edição, 2022 — Edição revisada conforme o Acordo Ortográfico da Língua Portuguesa de 2009.

Todos os direitos estão reservados e protegidos por Lei. Nenhuma parte deste livro, sem autorização prévia por escrito da editora, poderá ser reproduzida ou transmitida. A violação dos Direitos Autorais é crime estabelecido na Lei nº 9.610/98 e com punição de acordo com o artigo 184 do Código Penal.

A editora não se responsabiliza pelo conteúdo da obra, formulada exclusivamente pelo(s) autor(es).

Marcas Registradas: Todos os termos mencionados e reconhecidos como Marca Registrada e/ou Comercial são de responsabilidade de seus proprietários. A editora informa não estar associada a nenhum produto e/ou fornecedor apresentado no livro.

Erratas e arquivos de apoio: No site da editora relatamos, com a devida correção, qualquer erro encontrado em nossos livros, bem como disponibilizamos arquivos de apoio se aplicáveis à obra em questão.

Acesse o site www.altabooks.com.br e procure pelo título do livro desejado para ter acesso às erratas, aos arquivos de apoio e/ou a outros conteúdos aplicáveis à obra.

Suporte Técnico: A obra é comercializada na forma em que está, sem direito a suporte técnico ou orientação pessoal/exclusiva ao leitor.

A editora não se responsabiliza pela manutenção, atualização e idioma dos sites referidos pelos autores nesta obra.

Dados Internacionais de Catalogação na Publicação (CIP) de acordo com ISBD

G595i Goemann Jr, Godo Rodolfo
   Inteligência Artificial e suas ambivalências: uma abordagem social dos benefícios, riscos e desafios da IA / Godo Rodolfo Goemann Jr. – Rio de Janeiro : Alta Books, 2022.
   384 p. ; 16cm x 23cm.

   Inclui índice e anexo.
   ISBN: 978-65-5520-870-2

   1. Inteligência artificial. 2. Benefícios. 3. Riscos. I. Título.

CDD 006.3
CDU 004.81

2022-1548

Elaborado por Odílio Hilario Moreira Junior - CRB-8/9949

Índice para catálogo sistemático:
1. Inteligência artificial 006.3
2. Inteligência artificial 004.81

Produção Editorial
Editora Alta Books

Diretor Editorial
Anderson Vieira
anderson.vieira@altabooks.com.br

Editor
José Ruggeri
j.ruggeri@altabooks.com.br

Gerência Comercial
Claudio Lima
claudio@altabooks.com.br

Gerência Marketing
Andrea Guatiello
andrea@altabooks.com.br

Coordenação Comercial
Thiago Biaggi

Coordenação de Eventos
Viviane Paiva
comercial@altabooks.com.br

Coordenação ADM/Finc.
Solange Souza

Direitos Autorais
Raquel Porto
rights@altabooks.com.br

Assistente Editorial
Caroline David

Produtores Editoriais
Illysabelle Trajano
Maria de Lourdes Borges
Paulo Gomes
Thales Silva
Thiê Alves

Equipe Comercial
Adriana Baricelli
Ana Carolina Marinho
Daiana Costa
Fillipe Amorim
Heber Garcia
Kaique Luiz
Maira Conceição

Equipe Editorial
Beatriz de Assis
Betânia Santos
Brenda Rodrigues
Gabriela Paiva
Henrique Waldez
Kelry Oliveira
Marcelli Ferreira
Mariana Portugal
Matheus Mello

Marketing Editorial
Jessica Nogueira
Livia Carvalho
Marcelo Santos
Pedro Guimarães
Thiago Brito

Atuaram na edição desta obra:

Revisão Gramatical
Carolina Gaio
Catia Soderi

Diagramação
Lucia Quaresma

Capa
Marcelli Ferreira

Editora afiliada à: ASSOCIADO

Rua Viúva Cláudio, 291 – Bairro Industrial do Jacaré
CEP: 20.970-031 – Rio de Janeiro (RJ)
Tels.: (21) 3278-8069 / 3278-8419
www.altabooks.com.br — altabooks@altabooks.com.br
Ouvidoria: ouvidoria@altabooks.com.br

Às crianças que estão iniciando sua idade escolar, desejo sabedoria para, em breve, habitar um mundo desconhecido.

SUMÁRIO

Introdução		**1**
Capítulo 1:	**Conquistas e Benefícios da IA**	**7**
	1.1. Saúde	13
	1.2. Educação	16
	1.3. Controle ambiental	20
	1.4. Imprensa e Mídia	24
	1.5. Direito	27
	1.6. Varejo	31
	1.7. Descobertas científicas	33
	1.8. Investimentos em IA e distribuição nos países	40
Capítulo 2:	**Fundamentos para uma Análise Abrangente da IA**	**45**
	2.1. The AI Index Reports — HAI Human-Centered Artificial Intelligence — Stanford University	47
	2.2. AI Now Institute Reports — New York University	69
	2.3. Outras fontes de relatórios relevantes	111
	2.4. Ações de empresas privadas que pesquisam IA	123
Capítulo 3:	**Iniciativas de Alguns Governos**	**127**
Capítulo 4:	**É possível um "Acompanhamento Social" da IA?**	**153**
Capítulo 5:	**Desmistificando a "Inteligência" da IA**	**163**
Capítulo 6:	**A Próxima Etapa: Inteligência Artificial Geral (AGI)?**	**173**
Capítulo 7:	**Desafios da IA no Presente**	**179**
	7.1. Privacidade dos dados pessoais, reconhecimento facial, de voz e de emoções	182
	7.2. Uma curiosa confiança na IA	191
	7.3. IA na cultura chinesa	194

7.4.	As grandes empresas de IA, suas multas e sua pegada ecológica	199
7.5.	A discussão sobre perda dos empregos para a IA	202
7.6.	Rotulação de dados, "turkers", "cleaners" e outros	221
7.7.	Riscos de natureza técnica	226
7.8.	Cibersegurança, guerras e IA	230
7.9.	IA, robôs, avatares e ACEs	239
7.10.	Por que a IA pode nos tornar mais inteligentes e ignorantes ao mesmo tempo?	244
7.11.	Desinformação, fake news e a democracia	251

Capítulo 8: Como Superar a Natureza da IA — 263

8.1.	A questão do alinhamento de valor	265
8.2.	Explicabilidade da IA, "caixa-preta", Counterfactual explanations e outras técnicas	273
8.3.	AI for good	285
8.4.	Ouvindo narrativas críticas sobre a IA	292

Capítulo 9: A Convergência — 299

Capítulo 10: Vivemos uma Ruptura Epistemológica? — 315

Conclusões? — 327

Sobre o Autor — 333

Breve Glossário — 335

Anexo 1: O Uso da IA na Educação — Consulta para a União Europeia — 337

Anexo 2: Exemplo de Pesquisas — Projetos de IA em Stanford — 349

Notas — 353

Índice — 371

INTRODUÇÃO

A sociedade vive uma fase de namoro exacerbado com a Inteligência Artificial (IA), que costuma ser abordada a partir dos seus superlativos. Isso também aconteceu em outras épocas, com tecnologias como a eletricidade, o motor à combustão, o computador, a internet e muitas outras. Alguns autores dizem que a IA solucionará todos os problemas da humanidade. Nick Bostrom (Oxford) diz que "a IA é a última invenção que ainda precisava ser inventada". Em breve, ela poderá criar tudo o que for necessário para o futuro. Hoje, já estão em discussão os direitos autorais de descobertas autônomas e de patentes da IA.[1] Quem seria o autor, o proprietário dos algoritmos? Como classificar juridicamente essas patentes? A IA está revolucionando os setores de finanças, governo, educação, leis, comércio, logística, imobiliário, engenharias, agricultura, medicina, saúde, artes em geral, comunicação, mobilidade, segurança, controle do meio ambiente e muitos outros campos. Praticamente não existe setor que não esteja sendo beneficiado pelo uso da IA e seus algoritmos de otimizações e predições de natureza matemática e estatística.

Por esse motivo, tudo o que for escrito sobre IA sempre será relativamente superficial e temporário, porque ela se reinventa todos os dias. Enquanto escrevo esta linha, uma nova técnica foi descoberta, um conceito existente foi ampliado, um novo produto foi lançado. Isso não significa que os resultados dos algoritmos de IA sejam compreendidos na mesma proporção. Por isso, a IA não é propriamente um campo do conhecimento, mas, antes, um universo de aplicações que avança mais rápido do que qualquer outro em qualquer momento da história. Na verdade, não se pode comparar a IA com tecnologias de outras épocas, nem mesmo com a eletricidade ou com o advento da computação — não há como confrontar fenômenos de naturezas distintas.

O presente estudo visa a avaliar os impactos e os desdobramentos do uso intensivo da IA na sociedade, a partir de abordagens sociais e tecnológicas. O uso mais amplo da IA é perceptível em países da Europa, nos EUA, no Canadá, no Japão e na China há mais de 15 anos. Por outro lado, aplicações de IA ainda são pouco percebidas pela sociedade na maioria dos demais países, independentemente de eles possuírem centenas de startups que periodicamente criam sistemas de IA nas mais variadas áreas de atuação. Esse também é o caso do Brasil.

Assim, nosso estudo busca contribuir para uma compreensão panorâmica do assunto, procurando evitar as traduções unilaterais dos atores envolvidos, exageradamente comerciais, otimistas ou pessimistas. Na visão dos otimistas, a IA resolverá todos os problemas e superará os humanos nas suas mais variadas atividades. Na visão dos alarmistas, por exemplo, a IA poderia extinguir 80% dos empregos até 2050. Nenhuma dessas percepções é verdadeira. Por esse motivo, nossa obra apresentará um resumo que abrange os benefícios da IA, seus riscos e desafios, a atuação das empresas, das universidades e dos governos, e eventuais desdobramentos futuros da IA.

A rigor, no momento atual da IA, que podemos considerar como a sua pré-infância, ela ainda não é "inteligente". Um sistema de IA que dirige carros autônomos não consegue dirigir barcos, e vice-versa. Uma IA que vence o campeão humano de xadrez não consegue vencer o de damas, e vice-versa. Uma IA que detecta câncer de pulmão possivelmente não conseguirá fazê-lo com câncer de útero ou de outros órgãos, e vice-versa. Na verdade, os milhares de sistemas de IA que consideramos "inteligentes" são pouco mais que sistemas especialistas, chamados de *Narrow AI*, ou *Artificial Narrow Intelligence* (ANI), conhecida como IA "fraca" ou IA "estreita". Essa é a IA que existe hoje. Esses sistemas utilizam algoritmos matemáticos e estatísticos superespecializados em suas áreas de atuação. Eles são "treinados" a partir de bases de dados com milhões de exemplos reais de situações que os humanos não distinguiriam. Mas, para aplicações de IA, essa coleção de dados permite identificar, avaliar e processar algum objetivo final para o qual foram programadas — com perfeição e com muita facilidade. Por fim, esses superalgoritmos realizam processamentos hipervelozes, possibilitados pela gigantesca evolução de performance da computação das últimas décadas. Essa é a grande vantagem da IA atual. Até aqui, não há muita "inteligência" envolvida. No momento, pesquisadores discutem as limitações do *aprendizado de máquina* (ML — *machine learning*) e do *aprendizado profundo* (DL — *deep learning*), sabendo que, em breve, eles deverão ser complementados por outras técnicas que aproximem a IA da capacidade de "raciocinar", visando a lograr tarefas mais cognitivas. Na verdade, já estão em uso outras metodologias além dessas, mas elas ainda são as mais conhecidas do público em geral. O filósofo italiano Luciano Floridi faz uma sátira, dizendo que a IA é um oxímoro: "Tudo o que é verdadeiramente inteligente nunca é artificial, e tudo o que é artificial nunca é inteligente."

Portanto, quando a mídia, os desenvolvedores, os cientistas, os acadêmicos e, especialmente, as empresas comerciais tentarem vender uma "super" IA em seus serviços ou produtos, não acredite neles. A IA ainda não é inteligente — trata-se de um eufemismo. Por outro lado, quando você realiza qualquer operação simples no seu smartphone, e surge uma excelente resposta em uma fração de segundos, ou uma foto de um velho amigo cujo nome você nem lembrava, ou surge uma tradução perfeita de uma palavra em japonês, ou uma nota lembrando que na próxima esquina servem pizzas do seu sabor preferido, ou quando um aviso de tempestade vindo em sua direção é rapidamente exibido, então, sim, podemos ficar maravilhados com o poder exuberante do que a IA já consegue realizar na sua pré-infância!

Os exemplos anteriores são simples e didáticos. Mas, atualmente, a IA salva vidas em hospitais priorizando corretamente filas de emergências. Faz diagnósticos corretos de cânceres, cegueiras e dezenas de outras doenças — sim, cada uma na sua especificidade, mas isso não é nenhum demérito! Na verdade, a IA já atua no presente com muita acuracidade, produzindo resultados fantásticos em centenas de campos específicos, como veremos. Em 2017, o físico Stephen Hawking e os colegas Stuart Russell, Max Tegmark e Frank Wilczek (de Berkeley e do MIT) disseram que a IA já pode ser considerada, não a invenção do milênio, mas a maior invenção da história da humanidade![2] Cezar Taurion diz que devemos abandonar de vez o termo "ficção científica", porque não se trata mais de "se" alguma coisa será inventada, mas de "quando". Andrew Ng, de Stanford e do Google, disse que "IA é a nova eletricidade". Por esses motivos, o verdadeiro debate iniciará quando pensarmos no desenvolvimento da IA no futuro, nos próximos 20 ou 40 anos, quando ela forçosamente abandonará a sua infância domesticada. Essa nova etapa é chamada de *Artificial General Intelligence* (AGI), ou de *Artificial Super Intelligence* (ASI).

Finalmente, os dois primeiros anos da pandemia, 2020 e 2021, foram pródigos no surgimento de novos sistemas de IA, de centenas de startups e do incremento do uso de aplicações de IA pelos governos, para o bem e para o mal, dependendo do país. Contudo, nesse cenário de urgências, qual é a diferença entre desenvolver, por exemplo, um sistema informatizado de contabilidade ou o de uma loja farmacêutica, e uma aplicação de IA? Os campos da contabilidade e das vendas farmacêuticas são conhecidos há séculos, e têm escopos bem definidos. Por isso, eles podem ser facilmente testados à exaustão antes de serem liberados "em produção" no mundo real. Com a IA, isso ainda não acontece. As massas de dados usadas para o "treinamento" dos algoritmos de IA, mesmo que gigantescas, são "social e culturalmente" pobres, repletas de vieses e circunscritas a cenários limitados. Assim, mesmo que esse problema seja conhecido e que esforços gigantescos sejam empregados diariamente para superá-lo, ainda vivemos um momento incipiente para muitas aplicações de IA. Algumas são extremamente robustas ou não, dependendo da natureza das suas fontes de dados, da maneira com que são implementadas e do seu público-alvo — mais específico, mais nacional ou mais planetário. Outras aplicações trazem grandes desafios embutidos. Portanto, apesar de os dois anos iniciais da pandemia terem sido pródigos em IA, novas preocupações também foram apresentadas.

Dividimos nosso estudo em 11 seções. No Capítulo 1, apresentamos uma visão geral da IA, exemplos de seus benefícios e aplicações em vários setores. No Capítulo 2, há alguns importantes relatórios emitidos por instituições conhecidas, como *AI Now Institute* (New York University) e *HAI* (Stanford University), entre outras. No Capítulo 3, avaliamos como os governos estão lidando com a IA, e, no Capítulo 4, discutimos se é possível realizar algum "acompanhamento social" das ambivalências da IA. Nos Capítulos 5 e 6, tecemos uma rápida consideração sobre alguns aspectos acerca do funcionamento da IA, bem como ideias sobre seu iminente futuro. O Capítulo 7 apresenta exemplos dos maiores desafios da IA, que impactam fortemente a sociedade — relacionamos 11 temas. Isso se aplica tanto aos problemas já "tradicionais" de aplicações de IA — que rejeitam currículos de mulheres em processos seletivos, que cometem injustiças em avaliações policiais e judiciais, que negam empréstimos a pessoas de baixa renda, que demonstram preconceitos quanto ao reconhecimento facial, que erram ao ponderar critérios para sistemas de saúde etc. — quanto às dificuldades mais técnicas das próprias metodologias de IA que são utilizadas atualmente. A imensa maioria desses problemas ainda não é percebida no Brasil, não obstante se tratar de domínio público nos EUA, em países da Europa e em outros. Na Holanda, por exemplo, o governo renunciou em bloco no dia 15 de janeiro de 2021, após um algoritmo utilizado por agências governamentais acusar injustamente milhares de famílias de fraude em suas declarações sociais. O Capítulo 8 aborda algumas considerações mais aprofundadas sobre a natureza da IA, como a temática do alinhamento de valor, técnicas alternativas para o problema da explicabilidade, a opacidade, a "injustiça algorítmica" ou a "caixa-preta", e o conceito de AI for good. No Capítulo 9 introduzimos um assunto que denominamos de "A Convergência", abordando IA, *IoT*, *Edge Computing*, *Blockchain*, tecnologias quânticas, nanotecnologias e o que consideramos a revolução dos "Materiais". Nesse caso, trata-se de uma assustadora produção mundial contínua de descobertas e invenções nas mais variadas áreas — e sua eventual conexão com uma futura Singularidade e a Inteligência Artificial Geral (AGI — *Artificial General Intelligence*). Finalizamos com o Capítulo 10 e a Conclusão, nos quais avaliamos uma ruptura epistemológica sem precedentes protagonizada pela IA e esboçamos algumas eventuais conclusões.

É importante ressaltar que nosso estudo emerge de considerações sociais e tecnológicas, mas a abordagem é essencialmente jornalística. Portanto, esse não é um livro acadêmico ou técnico. Seu objetivo é apresentar a IA aos mais variados públicos leigos, todos impactados em breve, como já está acontecendo em inúmeros países há muitos anos. Nesse sentido, nosso estudo apresenta dezenas de citações de exemplos apresentados nos meios acadêmicos, governamentais, de empresas especializadas e na mídia em geral. Essa opção de apresentação permite fugir de teorias, embora redunde na citação das fontes — pedimos paciência ao leitor. Também optamos — contrariando uma regra da ABNT — por citar os autores e as fontes no próprio corpo do texto, o que os valoriza, enviando para as notas de rodapé apenas os links das citações. O leitor poderia ainda questionar por que a maioria das citações se referem aos EUA e a países europeus. Infelizmente, o convívio diário e real das populações com os benefícios e especialmente os impactos da IA acontece majoritariamente naqueles países. O Brasil e outros países da América Latina e demais continentes (excetuando-se China, Coreia do Sul, Austrália e alguns outros) ainda não têm a experiência de anos acumulados de uso de aplicações de IA. Isso começa a acontecer agora, com centenas de startups produzindo e comercializando aplicações que utilizam IA também no Brasil. Assim, a explicação para a abundância de citações do nosso livro está na tentativa de "demonstrar" que os assuntos aqui mencionados não são apenas considerações teóricas sobre os benefícios, riscos e impactos da IA, mas estão acontecendo de fato "no mundo real".

Por fim, dado o escopo de almejar apenas um resumo do assunto, os exemplos citados constituem uma ínfima parte de casos possíveis, face a outros milhares que poderiam ter sido selecionados. Assim, talvez dezenas de exemplos mais ilustrativos tenham sido inadvertidamente preteridos. Também não efetuamos análises técnicas sobre a IA, o que exigiria uma coletânea de autores especializados. Optamos por uma visão panorâmica que permite ao leitor "navegar" pela matéria. É muito importante lembrar que todos os créditos das informações aqui contidas pertencem às fontes e aos seus respectivos autores. Como padrão para as traduções, aplicamos o *Google Translate* nos originais em inglês, com uma revisão posterior.

Alguns atores mais visíveis podem ser também as grandes empresas de aplicações e pesquisas de IA, como Google,[3] IBM[4] e Microsoft.[5] O leitor pode visitar os links indicados para conhecer algumas das louváveis iniciativas dessas empresas no campo da IA. Mas também pode visitar universidades (por exemplo, *HAI Stanford*)[6], institutos (por exemplo, o *IA Now*,[7] da *New York University*, ou o *Alan Turing Institute*)[8], publicações científicas (por exemplo, *Nature* e suas centenas de artigos sobre IA)[9], publicações jornalísticas (por exemplo, *Wall Street Journal* e sua News de IA)[10], instituições privadas ou públicas, startups, ONGs, grupos de estudo, milhares de congressos, conferências, eventos e seminários em todos os países. Finalmente, sempre que uma fonte for citada, como nos exemplos anteriores, a sua menção em nosso estudo poderia ser questionada, supondo um alinhamento com tal ou qual viés de pesquisas ou de preferências comerciais. No entanto, uma limitação de fontes precisa ser feita — simplesmente porque não há espaço em face das alternativas disponíveis quando se trata de IA.

Outra consideração diz respeito à literatura abundante sobre IA nos EUA. Comparando esse país com os demais, existe um abismo impressionante de produção sobre o tema há pelo menos dez anos. Podem ser livros técnicos de IA explorando algoritmos, ferramentas, métodos e técnicas computacionais. Ou livros avaliando o impacto da IA em empresas de inúmeros setores e o preparo frente ao futuro dos seus negócios. Livros sobre estratégias educacionais para as novas gerações em relação aos desafios proporcionados pela IA. Livros sobre necessidades governamentais na condução do assunto. Livros sobre os impactos da IA em temas específicos, como empregos, saúde, meio ambiente e dezenas de outros. Inúmeras obras sobre o choque social e econômico amplo da IA para o futuro das nações. Livros específicos sobre problemas identificados na prática, como preconceitos, vieses, injustiças, leitura errada de imagens, suscetibilidade a ataques, necessidade de confiabilidade e transparência dos códigos desenvolvidos etc. Por outro lado, no Brasil, e mesmo em alguns países da Europa, essa produção literária para o público leigo ainda é extremamente pequena.

Resta a China, o maior desenvolvedor de IA do mundo e, desde de 2020, o país de maior publicação acadêmica sobre o assunto. Sobre a produção literária para leigos, não possuímos informações devido ao idioma. Uma obra conhecida é a otimista *AI super-powers: China, Silicon Valley and the New World Order*, de Kai-Fu Lee.[11] Portanto, nesse contexto, nosso estudo faz parte de um escopo mínimo de obras produzidas em outros países, em nada comparável à abundante produção norte-americana. Mesmo assim, no caso do Brasil, é louvável a produção de literatura sobre IA, por exemplo, no campo do Direito, relacionada ou não às adequações nacionais à LGPD — Lei Geral de Proteção de Dados.

Por último, nosso livro contém citações de artigos, notícias, pesquisas e documentos de 2018 a 2021. Em alguns casos, por exemplo, uma pesquisa de 2019 pode ter tido suas hipóteses confirmadas, abandonadas ou expandidas para novos domínios. Ao contrário, um documento de legislações e projetos sobre IA, emitido pelo governo de algum país em 2018, pode estar exatamente no mesmo estágio de "intenções". Assim, em se tratando de IA, ater-se às datas de algumas informações é bastante irrelevante. Por quê? A IA está em contínua evolução em todos os seus campos, e, simultaneamente, tudo segue um certo "curso" de inovações que faz parte da própria história da IA, em permanente construção. Isso se refere tanto às aplicações de carros autônomos, por exemplo, com seus altos e baixos, quanto à área da saúde, talvez uma das mais "estáveis" em IA no sentido de um progresso gradativo e robusto. Em outras palavras, qualquer informação sobre a IA é atualizada muito rapidamente. Por isso, é mais importante, em cada capítulo deste livro, buscar compreender o "movimento" ao qual pertence determinada notícia, informação ou pesquisa, do que a confinar a uma data. Essa é a natureza da IA, e isso continuará acontecendo para qualquer publicação em 2021, 2030, 2050. A IA representa a área de conhecimento mais dinâmica, veloz, revolucionária e imprevisível da história da humanidade.

CAPÍTULO 1

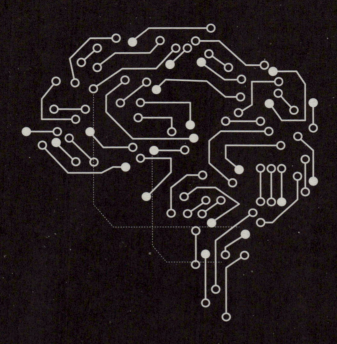

CONQUISTAS E BENEFÍCIOS DA IA

Alguns exemplos

As aplicações de IA, como sistemas, apps e outras naturezas de softwares são utilizadas em praticamente todas as áreas da atividade humana. Esse imenso leque abrange desde aplicativos para atividades rurais e ecológicas até a elaboração de arte, como músicas e pinturas, passando por todos os itens mais elementares conhecidos do grande público: apps de smartphones; pesquisas dos sites de "buscadores", como o Google; tratamento de imagens; geolocalização; recursos das redes sociais; e centenas de outros. Listaremos apenas alguns exemplos dentre *milhares*. Todos estão disponíveis na internet, e parte dos tópicos a seguir é citada literalmente de acordo com suas fontes na web.

- Centenas de aplicações do setor da saúde utilizam IA como auxílio para compreensão dos fatores de risco de inúmeras doenças, na prevenção de cânceres, nas análises e diagnósticos de radiografias, no auxílio em diagnósticos de cegueira e em centenas de outros exemplos, especialmente os que utilizam imagens e arquivos de texto.

- Dispositivos com IA são úteis para substituir a presença humana em locais de difícil acesso, como explorações nas profundezas do oceano ou no espaço.

- No caso de missões de resgate, as tecnologias de IA têm ajudado socorristas a encontrar vítimas de terremotos, inundações e outros desastres naturais. "Normalmente, os especialistas precisam examinar imagens aéreas para determinar onde as pessoas podem ficar presas. Mas isso implica examinar uma enorme quantidade de fotos e imagens de drones, despendendo muito tempo e trabalho. Esse é um problema crítico, pois o tempo é um fator de sucesso para a sobrevivência das vítimas." Um aplicativo de IA desenvolvido pela *Texas A&M University* permite que programadores escrevam algoritmos básicos para "examinar imagens extensas e encontrar pessoas desaparecidas em menos de duas horas".[1]

- O pesquisador Thibaut Perol, da Universidade de Harvard, utiliza IA para ampliar a sensibilidade dos sismógrafos, os detectores de terremotos, com 17 vezes mais eficiência do que outros métodos.

- A IA tem conduzido o campo de tradução de idiomas a grandes revoluções. Por exemplo, smartphones que possuem determinado aplicativo do Google ou da Apple podem direcionar sua câmera para placas de rua, para cardápios de restaurantes ou para alguma imagem impressa em outro idioma e obter uma tradução de texto instantânea.[2] No caso do Google, o app é integrado a uma rede neural artificial usada no Google Lens para reconhecer padrões e prever sequências de textos, proporcionando traduções mais rápidas. Além disso, a nova versão conta com mais de 100 idiomas. Erik Chan, referindo-se ao mercado de traduções de idiomas, diz que o relatório *The Language Services Market*

2018, da Common Sense Advisory (CSA),[3] aponta que o mercado global de serviços de idiomas continuará a crescer para US$56 bilhões até 2022. Já o relatório anual Nimdzi100 diz que a indústria de serviços linguísticos mediados por IA atingirá US$70 bilhões em 2023.

- Softwares que aprendem as preferências dos seus usuários por meio de experiências obtidas em navegação de sites e lugares visitados, usando recursos de IA. Diariamente, as pessoas recebem mensagens em seus celulares nesse sentido.

- Tecnologias que permitem o reconhecimento de fotografias disponíveis nas redes sociais, como o Facebook, o Instagram e outras — elas são formas de IA que permitem reconhecer traços da fisionomia das pessoas e, então, os associar com o perfil daqueles indivíduos em cadastros nas redes sociais.

- A Amazon faz recomendação personalizada de seus produtos utilizando algoritmos de aprendizado de máquina.

- O Google preenche automaticamente as buscas utilizando recursos de IA, e também prevê o que uma pessoa quer pesquisar com grande precisão.

- Dispositivos que usam o processamento de voz para executar tarefas, como a Siri, do iPhone, utilizam IA. Para o Android, basta dizer "Ok, Google", e o assistente permite traçar rotas no Google Maps, mostrar fotos armazenadas no celular ou na nuvem, perguntar quais são os compromissos agendados, pedir para tocar músicas etc. Todos esses recursos utilizam IA.

- Empresas como o Google e o Facebook estão experimentando IA para que seus filtros de pesquisa se tornem mais eficazes, e eliminem automaticamente conteúdos ofensivos e de ódio na internet. Eles seriam retirados do ar antes mesmo de atingirem as pessoas, incluindo, por exemplo, vídeos de propaganda do Estado Islâmico, conteúdos de prostituição, pornografia infantil, e outros. O uso desses filtros também evitará que os conteúdos sejam copiados e disseminados em outras redes sociais. Por outro lado, várias promessas dessas empresas ainda pertencem ao futuro, e, na prática, não foram cumpridas.

- No tocante ao reconhecimento facial, a IA permite encontrar um rosto em meio à multidão, disponibilizando ferramentas para as agências de combate ao terrorismo. A China utiliza sistemas para esse objetivo em larga escala, tendo disseminado o uso de câmeras na maioria das cidades do país.

- Tiago Magnus, do site *Transformação Digital*, lembra que a leitura de blogs e artigos na web se tornou uma prática comum, mas dificilmente percebemos que muitos deles são escritos por máquinas com IA. Além disso, embora ainda não possa ser usada para escrever artigos detalhados, os relatórios simples, que não exigem muita análise, já são preparados pela IA. Empresas como o Yahoo estão usando IA para preparar relatórios simples relacionados a esportes e a eleições, que levariam muito tempo se fossem escritos manualmente. Em vez de jornalistas humanos elaborarem textos de notícias esportivas, em um universo imenso de atividades esportivas ao redor do mundo, a IA os auxilia sugerindo matérias.

- No mercado financeiro, a IA ajuda a prevenir os movimentos do mercado de ações. Um gigantesco volume de dados é analisado de forma tão veloz, que a capacidade humana dos analistas não conseguiria acompanhá-los.

- Os departamentos de RH de várias empresas utilizam sistemas de IA para avaliação de candidatos, o que também já acontece no Brasil. A IA faz uma varredura em todas as redes sociais e na nuvem, retornando se o perfil do candidato é "bem indicado", "mediano" ou "não é indicado". Por outro lado, imagine a subjetividade dessas conclusões.

- Em termos de segurança de dados na internet, a IA ajuda a detectar mais de 700 mil novos vírus todos os dias, um fenômeno que cresceu exponencialmente durante a pandemia da Covid-19.

- Leonardo Dias, da *Semantix*, cita exemplos de aplicações que utilizam a geolocalização de pessoas. Essa é passível de monetização, gerando receitas, mas sem que exista necessariamente a obrigatoriedade da exposição da privacidade do indivíduo. É possível, por exemplo, contabilizar quantas pessoas passaram por um determinado local sem precisar identificá-las, utilizando vídeos ou contadores. Ou seja, existem limites, e isso não significa que as iniciativas serão menos rentáveis. É possível dar lucro sem abrir mão da ética e da privacidade dos clientes utilizando IA.

- Na mesma linha de aplicações, Leonardo Dias lembra o conceito de análise de informações em tempo real, o *Real Time Analytics*, que cresce no mercado e se apresenta como tendência global para o futuro. A biometria e o reconhecimento facial serão métricas mais qualificadas e que poderão, por vezes, deixar de lado a questão da privacidade em troca da geração de valor. Por uma outra via, em alguns países, empresas pagam aos cidadãos por esses dados.

- Além disso, longe de apenas executar um reconhecimento facial simples utilizando os traços do rosto, a IA já permite muito corretamente identificar mais de 11 emoções com base em expressões faciais.

- Algoritmos de recomendação baseados em IA, como o usado pela Netflix, economizam cerca de US$1 bilhão por ano em publicidade para a empresa. Além disso, 75% daquilo a que os usuários assistem na Netflix vêm de recomendações automáticas.

- Em setembro de 2020, o Instituto de Pesquisas IDC anunciou que os gastos globais com IA deverão dobrar nos próximos 4 anos. Varejo, bancos e saúde devem estar entre os maiores investidores. As empresas estão cada vez mais sendo atraídas para a promessa de alavancar software inteligente para impulsionar a inovação, melhorar o atendimento ao cliente e automatizar. Os gastos com sistemas de IA devem chegar a mais de US$110 bilhões em 2024, contra cerca de US$50 bilhões em 2020.[4]

- Segundo o *Health IT Analysis*, um programa de *deep learning* do Google tem precisão de 89% na detecção de câncer de mama, contra apenas 73% de um patologista humano.

- Para dar conta do grave problema mundial da diminuição do número de abelhas, e do crescente risco das consequências, como, por exemplo, a falta de polinização, pesquisadores desenvolveram um drone de abelhas robôs que incorpora IA, GPS e uma câmera de alta resolução para polinizar de maneira semelhante à que as abelhas fazem.

- Robôs já são capazes de criar idiomas próprios. Em 2017, o Facebook precisou desativar um experimento após dois de seus chatbots terem desenvolvido uma linguagem única para conversar.

- Como outros exemplos de aplicação, o site *O Futuro das Coisas* informou que a Microsoft e a gigante chinesa Alibaba, utilizando sistemas de IA, desenvolveram modelos de rede neural que conseguiram superar os humanos em testes de leitura e compreensão. A Microsoft conseguiu pontuar em 82.650 na métrica *ExactMatch*, e a Alibaba, em 82.440. A melhor pontuação que um ser humano obteve até então havia sido de 82.304 pontos. Luo Si, cientista-chefe do Alibaba iDST, comentou que é uma grande honra testemunhar o marco em que as máquinas superam os humanos na compreensão da leitura. Isso significa que perguntas simples como "O que causa a chuva?" agora podem ser respondidas pelas máquinas com alta precisão. Essa tecnologia pode ser aplicada em inúmeras atividades, como atendimento ao cliente, tutoriais de museu, respostas online a consultas médicas e outros, diminuindo de uma maneira sem precedentes a dependência humana.

Além dos breves exemplos de aplicações de IA que listamos, existem outros que costumam deslumbrar o público em geral: tratam-se das "obras de arte" produzidas por IA. Na *música*, a IA permite criar composições novas de autores vivos ou falecidos. Uma das ferramentas utilizadas é o *Jukebox*, uma rede neural que "gera música, incluindo canto rudimentar e áudio bruto em uma variedade de gêneros e estilos de artistas. Foram liberados os pesos e o código do modelo, junto com uma ferramenta para explorar as amostras geradas"[5]. Para criar uma base de dados apropriada, foi utilizado 1,2 milhão de músicas de "treinamento" da IA. Até junho de 2020, já haviam sido criadas mais de 8 mil canções.[6]

Em outro exemplo, a IA foi utilizada para completar uma sinfonia inacabada de Beethoven.[7] Falecido em 1827, Beethoven escreveu apenas algumas notas daquela que seria a sua décima sinfonia. Um projeto de IA da Deutsche Telekom, com sede em Bonn, analisou todas as obras do compositor com algoritmos de tratamento de voz e propôs opções para ampliar a partitura. Os primeiros ensaios foram considerados mecânicos e repetitivos, mas as últimas tentativas foram mais convincentes. "O desenvolvimento, em comparação com os testes anteriores, é impressionante, inclusive se o computador ainda tem muito a aprender", segundo Christine Siegert, diretora de pesquisa da Casa Beethoven, em Bonn. Já o diretor da Orquestra Beethoven, Dirk Kaftan, diz que "nós, os músicos, estamos divididos sobre essa iniciativa", aceitando, no entanto, que a IA permite descobrir um novo território. No passado, houve iniciativas similares com obras de outros grandes músicos, como Gustav Mahler, Johann Bach e Franz Schubert, que apresentaram resultados variados.

O Google está testando o projeto Magenta, que tem como objetivo principal auxiliar compositores humanos na criação de canções. Taryn Southern, uma cantora e produtora norte-americana, produziu o primeiro álbum criado inteiramente por um software de IA, o Amper. O programa foi o protagonista da produção das músicas do álbum intitulado "I AM AI" ("Eu sou a Inteligência Artificial"), enquanto Southern deu o toque final em detalhes como duração, tempo e ritmo.[8] Drew Silverstein, CEO da Amper Music, startup que atende a empresas ao redor do globo criando músicas únicas e customizadas, acredita que muito em breve a IA se tornará uma tecnologia-padrão para a criação de músicas. Ao mesmo tempo, o uso de IA no processo de criação musical gera uma série de questionamentos sobre a forma de fazer música e o papel do artista nessa nova fase. Silverstein diz que o algoritmo pode ser visto como uma ferramenta ou um colaborador do artista, dependendo de como for usado e de quem é o usuário final.[9]

Mas, assim como na música, a IA também pode criar esculturas, desenhos e *pinturas*. A pesquisadora Dora Kaufman cita um exemplo:[10] Em outubro de 2018, a filial da casa de leilões Chirstie's, em Nova York, leiloou uma pintura criada inteiramente por algoritmos de IA, conquistando visibilidade mundial. Tratou-se do "Retrato de Edmond de Belamy", que interpreta um cavalheiro aristocrático. O valor inicial foi fixado na faixa de US$9 mil, mas o quadro foi vendido por US$433 mil. Essa obra pertence a uma série de imagens chamada de *La Famille de Belamy*, criada pelo *Obvious*, um coletivo de artistas e pesquisadores de IA baseado em Paris.

De acordo com Kaufman, Richard Lloyd, da Christie's, justificou a escolha da obra pela limitada intervenção humana em seu processo criativo: "O *Obvious* tentou limitar a intervenção humana tanto quanto possível, de modo que o trabalho resultante reflete a forma 'purista' de criatividade expressa pela máquina." Por outro lado, segundo a pesquisadora: "Pode parecer inusitada, até meio insólita, a 'automação' da arte, associada à abstração e à subjetividade — isso soa como antítese de computador, lógico e objetivo. O fato é que proliferam tipos de arte baseada em algoritmos e sites dedicados a esses artistas, como *The Algorithms, Algorithmic Worlds, The Art*. Além disso, é importante notar que a aplicação das tecnologias de IA na arte extrapola a criação, sendo usada, por exemplo, no tocante ao reconhecimento da autenticidade de obras de arte. Estamos nos primórdios da IA, e espera-se uma extraordinária evolução nas próximas décadas. Por isso, fica a pergunta: a arte de IA será capaz de nos emocionar como a arte humana?"

Finalmente, com o objetivo de obtermos uma visão geral, listamos a seguir oito exemplos mais específicos de campos de atuação da IA. Selecionamos apenas alguns setores, uma vez que a lista de aplicações seria praticamente infindável. As citações referenciam os links indicados.

1.1. SAÚDE

O setor de saúde, em geral, constitui uma das áreas em que a IA consegue apresentar resultados mais visíveis e abrangentes. Isso se deve ao fato de que esse setor, em alguns países, possui imensas bases de dados, que são a matéria-prima para o sucesso das aplicações de IA. Existem bases com milhões de fotografias, exames das mais variadas naturezas, prontuários, cadastros personalizados de forma detalhada etc. Como consequência, a área da saúde apresenta milhares de aplicações de IA em vários países, sejam elas produzidas por startups, hospitais, acadêmicos, outros pesquisadores ou equipes multidisciplinares de profissionais. Além disso, trata-se de um setor historicamente caracterizado pela pesquisa e pela existência de recursos técnicos e financeiros.

Como exemplo, um sistema de IA nos Estados Unidos conseguiu prever com exatidão a probabilidade de um paciente falecer analisando apenas resultados de exames cardiovasculares.[11] Os experimentos foram conduzidos na Geisinger, uma empresa de saúde da Pensilvânia. O sistema analisou resultados de 1,77 milhão de eletrocardiogramas (ECG) de 400 mil pacientes. Segundo Brandon Fornwalt: "Os resultados sugerem que o modelo está vendo coisas que nós, humanos, não conseguimos ver, ou que ignoramos e achamos que é normal. A IA pode nos ensinar coisas que interpretamos de forma errada há décadas." Os pesquisadores ainda procuram entender exatamente como a IA está detectando irregularidades que os médicos não conseguem enxergar. A pesquisa foi apresentada no *American Heart Association's Scientific Sessions*, de 2019, em Dallas.

Em outra frente de atuação, o desenvolvimento de um novo medicamento custa às empresas, em média, US$2,6 bilhões.[12] Isso porque nove em cada dez drogas promissoras "falham ao longo do seu desenvolvimento, e, mesmo quando obtém sucesso, o processo até a aprovação regulatória costuma levar uma década ou mais. Diante de riscos tão altos, empresas do ramo farmacêutico investem em parcerias com IA. É o caso do *AI Innovation LAB*, fruto de uma parceria entre a Microsoft e o grupo farmacêutico suíço Novartis. O laboratório pretende reduzir o tempo para produção de novos medicamentos com o uso de redes neurais para gerar, rastrear e selecionar automaticamente moléculas promissoras. Além disso, ele explorará outras maneiras de uso para a IA, de modo a desenvolver novas terapias genéticas e celulares".

De modo geral, a saúde e a medicina como um todo são os campos com o maior número de aplicações reais de IA em execução no planeta. Para comprovar essa afirmação em um único local de pesquisa, por exemplo, basta abrir o link www.newscientist.com e pesquisar no campo *search* o termo "AI Health". O site retornará centenas de artigos e pesquisas envolvendo o uso da IA na saúde, tais como *AI can diagnose childhood illnesses better than doctors, AI can identify rare genetic disorders by the shape of someone's face, An AI can now tell how malnourished a child is just from a photo, DeepMind's AI can spot eye disease just as well as top doctors* etc.

A IA também está auxiliando pessoas com deficiência visual.[13] O aplicativo *Seeing AI*, da Microsoft, "narra" a realidade para seus usuários, transformando em texto falado aquilo que está em frente à câmera do celular. Para isso, ele utiliza um sistema de IA combinado com visão computacional e redes neurais para reconhecer elementos do mundo real, como objetos, cores, textos e expressões faciais. O aplicativo também reconhece notas de dólar e lê códigos de barra de produtos, descrevendo-os para os usuários. Por enquanto, o *Seeing AI* está disponível apenas em inglês para usuários de iPhone que moram nos Estados Unidos. Em breve, deverá ser disponibilizado em outras línguas e países.

O estudo *Inteligência Artificial no Setor Público*[14] analisou a implementação de IA nos setores públicos de 12 países europeus, como Espanha, Bélgica, Dinamarca, Holanda, Itália, Noruega, Suécia e Portugal. A pesquisa contou com a participação de mais de 200 entidades: "Orientadas para as áreas da administração pública, transportes públicos e saúde, as conclusões revelaram que, dentre essas três áreas, a da saúde é aquela com a maior taxa de adoção de IA, com 71% dos participantes respondendo que já implementaram uma ou mais aplicações de IA."

Como um exemplo de pesquisas na área da saúde, em setembro de 2020, foi anunciado que a *Recursion Pharmaceuticals Inc.,* uma startup de descoberta de medicamentos digitais, formou uma parceria com a alemã Bayer AG que captou mais de US$1 bilhão.[15] A parceria da Recursion com a Bayer busca descobrir tratamentos para doenças fibróticas ou distúrbios marcados pelo acúmulo de tecido cicatrizado e danificado. "Por meio da colaboração, a parceria poderá iniciar mais de dez programas de medicamentos para fibrose. 'Acreditamos que esse seja o futuro da descoberta de medicamentos', disse Jürgen Eckhardt, da Leaps by Bayer, que busca investir em novas tecnologias que interessem aos grupos farmacêuticos ou agrícolas da Bayer." A Recursion afirma que sua abordagem digital "permite pesquisas em grande escala, que seriam difíceis ou impossíveis apenas por meio de táticas convencionais. A empresa, por exemplo, está usando a robótica e a ferramenta de edição de genes Crispr para estudar os 21 mil genes do genoma humano, um esforço que pode levar à descoberta de novos alvos de drogas, de acordo com o CEO, Dr. Chris Gibson". Por fim, os cientistas da Recursion e da Bayer criarão "modelos de doenças físicas, ou células que representam doenças específicas, como fibrose pulmonar ou renal. Em seguida, as empresas examinarão centenas de milhares de compostos em relação a esses modelos para ver quais células doentes retornam ao estado saudável. Os projetos também incluem tratamentos potenciais para as doenças genéticas raras, malformação cavernosa cerebral e neurofibromatose tipo 2". Além da Recursion, outra empresa que utiliza IA para a descoberta de medicamentos é a Atomwise Inc. Ela divulgou uma rodada de investimentos de US$123 milhões em agosto de 2020, liderada pelo B Capital Group e pela Sanabil Investments.

Segundo o médico brasileiro Ademar Paes Junior,[16] os investimentos em IA na saúde estão prestes a passar de US$600 milhões em 2014 para US$6,6 bilhões em 2021. O dado é do relatório da *Accenture Interactive*, considerada a maior agência digital do mundo. Esse mesmo relatório prevê que a IA pode ser responsável por uma economia de US$150 bilhões até 2026, somente na saúde norte-americana. No Brasil, em 2019, segundo a Associação Brasileira da Indústria de Alta Tecnologia de Produtos para Saúde (Abimed), a adoção de tecnologias como IA deve crescer entre 5% e 7%. Além disso, estima-se que a aplicação de recursos chegue a US$40 bilhões para robôs para cirurgias assistidas, US$18 bilhões para assistentes administrativos, US$16 bilhões para redução de erros em dosagem de medicamentos, e mais de US$5 bilhões para diagnósticos preliminares e automatizados, pelo menos até o ano de 2026.[17]

Por fim, o desenvolvimento de aplicativos de IA foi grandemente impulsionado durante o ano de 2020, devido às necessidades da pandemia da Covid-19. Um relatório do Gartner[18] aponta que, em meados de 2020, na maioria das cidades da China, "os cidadãos e visitantes devem fazer o download do Código de Saúde — um aplicativo que indica o status da Covid-19 — para acessar muitos espaços e serviços públicos e privados. Uma tela verde significa que a pessoa está livre para viajar; a amarela indica quarentena necessária; e a vermelha, infecção confirmada. Na Índia, o aplicativo Aarogya Setu indica quais viajantes estão 'seguros' para fazer viagens aéreas e ferroviárias. Os Emirados Árabes Unidos lançaram o ALHOSN UAE, que indica pela cor se uma pessoa está bem, infectada ou se precisa ser colocada em quarentena, mas permitindo a opção de 'não foi testado'. O aplicativo ALHOSN está sendo usado igualmente para conceder acesso a viagens aéreas".

O Google também se comprometeu com o combate à Covid-19. A organização doou direta e indiretamente quase US$100 milhões, incluindo incentivo a soluções de IA para a área de saúde. As ações completas podem ser consultadas no link referenciado.[19] Quando a pandemia da Covid-19 atingiu mais pessoas, o Google.org comprometeu US$50 milhões em subsídios focados nas áreas em que recursos e pessoas podem ter um maior impacto: "Saúde e ciência, ajuda econômica e recuperação, e ensino a distância. Também foram comprometidos outros US$50 milhões, elevando a contribuição total para US$100 milhões." Além disso, os bolsistas do Google.org receberam um total de 50 mil horas para projetos específicos da Covid-19.

NOTA DO AUTOR: As notícias e os artigos apresentados neste capítulo são breves exemplos sobre o tema. Seu objetivo é apenas indicar uma tendência nesse campo da IA. O leitor pode buscar mais informações em outras fontes também fidedignas na internet.

1.2. EDUCAÇÃO

Essa é uma área na qual a IA pode causar revoluções. A China está apostando em uma IA chamada Squirrel para ensinar seus alunos em algumas escolas.[20] A tecnologia funciona como um tutor particular e focaliza áreas nas quais o aluno apresenta dificuldades. O *MIT Technology Review* publicou uma reportagem que mostra como Zhou Yi, um estudante chinês, foi capaz de, em 2 anos, passar de um resultado de 50% de acertos nos testes para 85%. Uma das vantagens da IA é a oferta de um ensino detalhado e individual. Enquanto professores não conseguem dar uma atenção especial para cada aluno, a tecnologia trabalha visando às necessidades personalizadas de cada estudante. "Além disso, o Squirrel pode subdividir o assunto nas menores peças conceituais possíveis. A matemática do Ensino Médio, por exemplo, é dividida em mais de 10 mil elementos atômicos, ou 'pontos de conhecimento' — como números racionais, propriedades de um triângulo e teorema de Pitágoras. O objetivo é diagnosticar as lacunas de compreensão de um aluno da maneira mais precisa possível. Em comparação, um livro didático pode dividir o mesmo assunto em 3 mil pontos." Já o ALEKS, uma plataforma adaptativa de aprendizado desenvolvida pela McGraw-Hill, sediada nos Estados Unidos, que inspirou o Squirrel, divide o assunto em cerca de mil pontos. Derek Li, fundador do Squirrel, diz que o projeto evoluiu na China devido ao incentivo financeiro do governo e da competitividade na educação. Se o sucesso for comprovado, este poderá ser o futuro do ensino: "Em 3 horas, entendemos melhor os alunos do que em 3 anos com os melhores professores", afirma Li.

Existem milhares de exemplos de uso de IA para a educação em inúmeros países, de modo que listamos apenas alguns casos. Em 2020, o isolamento social e o fechamento de colégios e universidades devido à pandemia da Covid-19 também impulsionaram o ensino a distância (EAD) e muitos aplicativos que utilizam IA.

Via de regra, a IA pode automatizar atividades básicas na educação, como corrigir provas e dar notas, adaptar o software educacional às necessidades individuais de cada aluno, fornecer suporte adicional de tutores de conteúdos aos alunos, e dar feedback contínuo e em tempo real a educadores. Alyssa Johnson indica cinco maneiras pelas quais a IA atua de modo mais efetivo:[21]

- *Simplificando tarefas administrativas:* a IA pode automatizar a expedição de tarefas administrativas para professores e instituições acadêmicas. Os educadores gastam muito tempo corrigindo exames, avaliando os deveres de casa e fornecendo respostas aos alunos. A tecnologia pode ser usada para automatizar as tarefas de classificação e os testes. Isso significa que os professores terão mais tempo para os alunos, em vez de passar longas horas os avaliando.

- *Conteúdo inteligente:* algoritmos produzem conteúdo digital de qualidade semelhante ao que diferentes serviços de redação podem criar. O conteúdo inteligente inclui conteúdo virtual, como videoconferências e palestras em vídeo. Os sistemas de IA também estão usando programas tradicionais a fim de criar livros personalizados para determinados assuntos. Como resultado, os livros didáticos estão sendo digitalizados, e novas interfaces de aprendizagem estão sendo criadas para ajudar os alunos de todas as séries e idades acadêmicas. Um exemplo de tais mecanismos é o Cram101, que usa IA para tornar o conteúdo dos livros mais compreensível, com resumos dos capítulos, *flashcards* e testes práticos. Outra interface bastante útil de IA é o Netex Learning, que permite aos professores criarem currículos eletrônicos e informações educativas em uma miríade de dispositivos. O Netex inclui programas de assistência online, áudios e vídeos ilustrativos (www.netexlearning.com).

- *Aprendizagem personalizada:* todos conhecem as recomendações personalizadas de filmes da Netflix. A mesma tecnologia está sendo utilizada na forma como os alunos são ensinados nas escolas. O currículo é projetado para atender ao maior número possível de alunos. Quando a IA é introduzida, os professores não são substituídos, mas podem ter um desempenho melhor, oferecendo recomendações personalizadas a cada aluno. A IA personaliza as tarefas em sala de aula, bem como os exames finais, garantindo que os alunos recebam a melhor assistência possível. Uma pesquisa indica que o feedback instantâneo é uma das chaves para uma tutoria bem-sucedida. Por meio de aplicativos com tecnologia de IA, os alunos obtêm respostas direcionadas e personalizadas de seus professores.

- **Aprendizagem global:** a educação não deveria ter limites regionais ou de renda das comunidades. A IA pode ajudar. A tecnologia traz transições drásticas ao facilitar o aprendizado de qualquer curso em qualquer lugar do mundo e a qualquer momento. Com mais inovações, haverá uma variedade cada vez maior de cursos disponíveis online, e, com ajuda da IA, os alunos podem aprender onde quer que estejam.

- **Novas eficiências:** A IA melhora processos de tecnologias e cria novas eficiências. Por exemplo, os planejadores da cidade podem usá-la para minimizar os congestionamentos e melhorar a segurança dos pedestres. Da mesma forma, as escolas podem determinar os métodos apropriados para evitar que os alunos se percam na multidão quando correm nos corredores. A IA também pode ser usada na modelagem de dados complexos para permitir que o departamento de operações crie previsões baseadas em dados. Isso, por sua vez, permite um planejamento adequado para o futuro, por exemplo, reservando assentos durante as funções escolares ou pedindo comida nos refeitórios locais. As escolas podem evitar muitos desperdícios causados por pedidos em excesso, diminuindo custos. Por meio de novas eficiências, a IA na educação pode ajudar a se pagar. Um estudo publicado pela *eSchool News* indica que até 2021 a aplicação da IA em educação e aprendizagem será aumentada em 47,5%. O impacto dessa tecnologia será sentido desde os níveis de ensino mais baixos até as instituições de ensino superior. Isso criará técnicas de aprendizagem adaptativas com ferramentas personalizadas para melhorar as experiências de aprendizagem.

Sameer Maskey, CEO da *Fusemachines*, escrevendo para a *Forbes*, em junho de 2020, em plena pandemia da Covid-19, diz que existem muitos fatores sociais e econômicos que condicionam os ambientes de aprendizagem. Embora haja ótimos professores em algumas escolas, muitas carecem de recursos básicos, como livros didáticos e acesso à internet:[22] "Quando essas limitações são combinadas com uma relação desequilibrada aluno-professor, pequenas fissuras podem se transformar em grandes lacunas. Equipar educadores com tecnologia alimentada por IA ajuda a aliviar alguns desses desafios. Por exemplo, o uso de sistemas de IA que atuam como tutores pessoais ajuda no problema da relação aluno-professor, fornecendo feedback e suporte. A introdução de ferramentas de apoio ajuda a eliminar as discrepâncias socioeconômicas nas escolas, mudando a maneira como os alunos percebem a si mesmos, a seus colegas e a sua experiência geral de aprendizagem." Maskey aprofunda o tema lembrando que:

- A análise de aprendizagem com base em IA também pode ser essencial. Os dados dos alunos podem ser usados para alimentar modelos que identificam as tendências de aprendizagem. Eu mesmo, sendo um professor que já ensinou diversos grupos de alunos, percebo que muitos têm dificuldade em identificar exatamente quais são as suas necessidades. Assim, é difícil comunicar que direção um aluno deve tomar para melhorar seu aprendizado, a menos que o problema seja identificado. Podemos usar o poder dos dados e das análises para tomar decisões que beneficiem os alunos e resolvam alguns de seus problemas de aprendizagem. Os modelos de aprendizado de máquina nos ajudam a derivar soluções para problemas em escala e tomar medidas preventivas contra eles. Por exemplo, se um estudante de história da arte está lutando com um determinado tópico, um mecanismo de IA pode recomendar materiais que beneficiaram os alunos de história da arte anteriores.

- As plataformas de aprendizagem podem ser acessadas em qualquer dispositivo que se conecte à internet, em qualquer lugar e a qualquer hora, ampliando o número de alunos que podem acessar as ferramentas de aprendizagem de que precisam. Isso permite que aqueles que podem não ter acesso a uma sala de aula física ou a recursos como livros didáticos possam acessá-los remotamente. A UNESCO observou que a IA "fornece às pessoas e comunidades marginalizadas, pessoas com deficiência, refugiados, aqueles que estão fora das escolas e aqueles que vivem em comunidades isoladas, acesso a oportunidades de aprendizagem apropriadas". Mesmo comunidades com recursos limitados podem usar a IA para mapear a trajetória de um aluno, identificar pontos fortes e fracos e apresentá-los a assuntos, de outra forma, difíceis de entender.

Se o leitor desejar uma abordagem mais aprofundada e também crítica sobre as possibilidades da IA no campo da educação, remetemos ao ANEXO 1 — O uso da Inteligência Artificial na educação. O artigo trata de uma análise realizada na Europa para o *European Parliament's Committee on Culture and Education (CULT)*. Como estamos nas páginas iniciais do nosso estudo, talvez fosse menos "desgastante" ler esse artigo apenas ao final do livro. O uso de aplicações de IA no campo da educação pode se apresentar de maneira muito otimista, mas também bastante delicada, tendo em vista inúmeras considerações de natureza pedagógica.

Inteligência Artificial e suas Ambivalências

> **NOTA DO AUTOR:** As notícias e os artigos apresentados neste capítulo são breves exemplos sobre o tema. Seu objetivo é apenas indicar uma tendência nesse campo da IA. O leitor pode buscar mais informações em outras fontes também fidedignas na internet.

1.3. CONTROLE AMBIENTAL

Assim como no campo da saúde, também a área de controle ambiental é uma das mais propensas à ampla utilização de sistemas de IA, o que efetivamente já está em curso em dezenas de países, incluindo o Brasil. De forma análoga ao setor da saúde, trata-se do mapeamento e do processamento de informações que sempre estão disponíveis, embora, nesse caso, sejam de grande complexidade de coleta.

As mudanças climáticas são o maior desafio que o planeta enfrenta. Todas as soluções possíveis são bem-vindas, incluindo o uso de tecnologias como a IA. Em 2019, alguns dos maiores pesquisadores de IA publicaram um artigo chamado *Tackling Climate Change with Machine Learning*.[23] O artigo foi uma "chamada às armas" para reunir pesquisadores, disse David Rolnick, da Universidade da Pensilvânia, um dos autores. O documento aborda 13 áreas "em que a IA pode ser implantada, incluindo produção de energia, redução de CO_2, educação, geoengenharia solar e finanças. Dentro desses campos, as possibilidades incluem edifícios com maior eficiência energética, criação de novos materiais de baixo carbono, monitoramento do desmatamento e transporte mais verde".[24]

A articulista Helena Williams diz que, via de regra, a IA tem uma boa reputação por entregar valor aos setores financeiro e de saúde, mas lembra que ela também tem a capacidade de salvar nosso planeta de nós mesmos e do aquecimento global:[25]

> Podemos depender de IA para monitorar os níveis de CO_2, calcular nossas pegadas de carbono em tempo real, prever desastres naturais, prevenir incêndios florestais e monitorar a vida selvagem. Por exemplo, usando IA e dados da NASA, os pesquisadores são capazes de identificar padrões e monitorar mudanças nas superfícies terrestres, como a diminuição da área do mar e da superfície das calotas polares. Como outro exemplo, a *Ocean Data Alliance* é uma organização que usa IA e imagens de satélite para rastrear o branqueamento de corais, a mineração nos oceanos e a poluição da água para manter os oceanos limpos. O grupo ambientalista *Chesapeake Conservancy* desenvolveu uma ferramenta para prever, planejar e se preparar para inundações futuras. A IA está melhorando a

> agricultura ao coletar dados e imagens com o conhecimento de doenças nas plantações. Os agricultores podem aumentar a produtividade das plantações e reduzir as necessidades de água e o uso de pesticidas. No futuro, os métodos de IA podem criar um *painel digital para o planeta*, permitindo monitorar, modelar, prever e gerenciar sistemas ambientais em escala global, como desmatamentos, níveis de CO2, níveis do mar, movimento da vida selvagem, atividades ilegais, poluição e muitos outros.

Além do amplo uso da IA para controle ambiental nos EUA, como outro exemplo, a Alemanha investiu 27 milhões de euros em 2019 para uma iniciativa intitulada *Faróis de IA para o meio ambiente, clima, natureza e recursos*.[26] Foram envolvidos projetos que utilizam IA para fazer face aos desafios ambientais, como melhorar a qualidade do ar e da água, impedir a perda de espécies animais, rastrear caçadores ilegais e cultivar cereais de maneira mais sustentável e eficiente. Além disso, pesquisadores alemães estão desenvolvendo uma "estação meteorológica para a biodiversidade" com suporte de IA para fornecer melhor proteção para insetos e pássaros. Eles demonstram que o mesmo pode ser feito no caso de fazendas marítimas:

> Até agora, vermes, mexilhões, estrelas do mar, caranguejos e outros macroinvertebrados que vivem no fundo do mar são examinados no microscópio para determinar a saúde dos ecossistemas. No entanto, isso é muito caro e demorado. Pesquisadores da Universidade de Kaiserslautern estão trabalhando com colegas da Escócia e da Suíça em uma alternativa digital. Sua aspiração é usar IA para estudar micro-organismos. Eles reagem com muita rapidez e sensibilidade às mudanças em seu ambiente e, portanto, são perfeitamente adequados para uso como bioindicadores. A ideia é que a IA possibilite explorar o potencial dos micróbios como bioindicadores, permitindo, assim, determinar de forma mais rápida, econômica e frequente o quão saudável é realmente o ecossistema de uma fazenda de criação de salmões, por exemplo.

Ainda na Alemanha, a IA também pode ajudar a reduzir o desperdício de alimentos. Apenas nesse país, 11 milhões de toneladas de alimentos são desperdiçadas todos os anos antes mesmo de deixarem o processo de produção: "Várias universidades, institutos de pesquisa e fabricantes de alimentos uniram forças para enfrentar o problema por meio de um projeto de pesquisa que explorará o potencial da IA para otimizar a previsibilidade e a controlabilidade da criação de valor na indústria de alimentos nos próximos três anos. O objetivo é construir um ecossistema de IA que use meios digitais para reunir todos os participantes da produção de alimentos e reduzir o desperdício de alimentos no futuro."

Já no campo da economia de energia, o *Borderstep Institute*, de Berlim, sem fins lucrativos, está usando IA como parte do projeto *WindNODE* para controlar o aquecimento em um bairro-teste em Berlim:

> Usando sensores em casas e edifícios, o sistema determina quando os moradores estão em casa, e pode ligar o aquecimento térmico. O sistema é projetado para economizar até 25% de energia. Já o projeto *DENU* reduzirá significativamente a demanda de energia por meio de redes inteligentes. Para isso, estão sendo instalados dispositivos de medição e controle em hotéis, fábricas e prédios de escritórios. A IA é então utilizada para analisar os dados coletados e desenvolver algoritmos para reduzir o consumo de energia por meio de uma gestão inteligente. "Olhando para todos os fatores holisticamente, podemos reduzir o uso de energia primária em mais de 50%", diz a gerente do projeto Diana Hehenberger-Risse. O projeto é financiado com 1,4 milhões de euros pelo Ministério Federal da Economia.

Por fim, a IA está sendo usada para tornar a agricultura mais eficiente e ecologicamente correta. A Alemanha está atuando nessa direção porque projeções indicam que, em 2050, a raça humana precisará de cerca de 70% mais alimentos do que os produzidos hoje. Por isso, "dados mais precisos podem ajudar agricultores a cultivar alimentos com mais eficiência e, ao mesmo tempo, de forma mais ecológica. Lembrando os EUA, o projeto *FarmBeats*, da Microsoft, alimenta dados de sensores, drones, satélites e tratores em modelos de IA para fornecer uma imagem detalhada da qualidade do solo e dos níveis de umidade nos campos". A agricultura, mesmo no Brasil, é um dos segmentos nos quais existem centenas de sistemas e projetos de IA obtendo avanços simples, mas notáveis.

Em relação ao campo de problemas globais hídricos, a IA pode auxiliar na falta de recursos que impactam comunidades carentes.[27] Em países africanos, como Serra Leoa e Libéria, uma empresa de IA chamada *DataRobot* trabalhou em conjunto com o *Global Water Challenge* e ONGs destinadas a solucionar desafios hídricos mundiais. A empresa analisou milhares de dados e identificou os mais importantes para análise dos governos locais, permitindo às autoridades gerenciar com mais qualidade os programas relacionados a construções e reparos necessários para preservar os recursos hídricos. Esse trabalho integrou o *AI for Good: Powered by DataRobot*, um programa de capacitação de organizações sociais, na solução de desafios globais críticos com uso de IA. A previsão, ao longo de 2020, foi a de que pelo menos 10 instituições desenvolvessem aplicativos automatizados para melhorar a vida de milhões de pessoas.

Como alguns exemplos no Brasil, empresas utilizam IA com "olhos biônicos" para prevenção de incêndios.[28] Em uma torre na floresta brasileira, uma sentinela observa o horizonte em busca dos primeiros sinais de fogo. Esses olhos não são humanos, mas guiados por IA, conseguindo distinguir entre uma nuvem de poeira, um enxame de insetos e uma fumaça que exige atenção imediata. Os dispositivos ajudam a garantir a continuidade das operações da mineradora Vale e a proteger árvores para a produtora de papel Suzano.

A Sabesp está executando um projeto que une Cloud, IoT e IA em 2021, segundo Ana Paula Lobo. A empresa de saneamento básico atende a 27,7 milhões de pessoas com abastecimento de água e a mais de 21,4 milhões com a coleta de esgotos. A empresa Nalbatech será a responsável pela implementação de um novo sistema centralizado de monitoramento e controle da telemetria e telemedição (hidrometria) nos municípios sob sua concessão no interior de São Paulo, e que poderá servir de piloto para as demais unidades da empresa.

Em outra área, a Microsoft e o Instituto do Homem e Meio Ambiente da Amazônia (Imazon) estão utilizando IA para combater o desmatamento na Amazônia, em parceria com o Fundo Vale, atuando na predição de áreas em risco e evitando degradação e perda de biodiversidade da maior floresta tropical do mundo. Os pesquisadores dizem que:[29]

> O que levava um ano agora poderá agora ser feito em um dia, e, conforme o sistema for recebendo mais informações e "aprendendo", o processo pode ser reduzido para algumas poucas horas. "É um ganho brutal de capacidade de gerar informação." Além de identificar as estradas ilegais, a ideia é a de que a IA também faça a predição de áreas ameaçadas, considerando outras variáveis além das estradas ilegais. "Com a IA, vamos poder capturar de forma mais rápida as estradas e os pontos de ignição de desmatamento, e obter variáveis preditoras mais robustas. Preditar com esse big data exige IA e escala computacional em nuvem."

> O início do projeto exigiu uma força-tarefa de mais de 20 instituições que atuam na região amazônica — como prefeituras, ONGs, pesquisadores, advogados, brigadas de incêndio e o Ministério Público. Os dados podem ser cruzados de diversas maneiras, como sobre reserva indígena, áreas de proteção ambiental, frigoríficos na região, cadastro ambiental rural. O objetivo é empoderar a sociedade como um todo, com informações relevantes em um trabalho de prevenção. Entender qual área está em risco e o que fazer para reduzir a probabilidade de ela realmente ser degradada.

NOTA DO AUTOR: As notícias e os artigos apresentados neste capítulo são breves exemplos sobre o tema. Seu objetivo é apenas indicar uma tendência nesse campo da IA. O leitor pode buscar mais informações em outras fontes também fidedignas na internet.

1.4. IMPRENSA E MÍDIA

A imprensa e a "mídia" em geral já são profundamente impactadas pela IA. Em relação ao jornalismo, notícias completas são produzidas por IA em várias áreas, como esportes, tempo, dicas de saúde, sinopses das "últimas notícias" e outros. Ronald Schmelzer comenta exemplos em um artigo para a *Forbes*:[30]

- Organizações de conteúdo e notícias estão usando cada vez mais os sistemas de IA para descobrir dados de várias fontes e resumi-los automaticamente em artigos ou pesquisas de apoio para esses artigos. Algoritmos de aprendizado de máquina provaram ser adeptos a encontrar padrões em dados textuais e a revelar informações úteis que resumem com precisão os dados internos. Ao usar esses algoritmos avançados contra enormes quantidades de dados de comunicados à imprensa, postagens de blog, comentários, postagens de mídia social, imagens, vídeos e todos os tipos de conteúdo não estruturado, as organizações jornalísticas podem se atualizar rapidamente sobre os desenvolvimentos de notícias de última hora e gerar um conteúdo que resume com precisão situações de mudança.

- Além de simplesmente agregar informações, algumas organizações de conteúdo estão implementando sistemas de IA que geram artigos inteiros a partir do zero. A *Forbes* lançou um sistema de gerenciamento de conteúdo baseado em IA chamado Bertie, que sugere conteúdo e títulos. O *Washington Post* lançou o Heliograf, que pode gerar artigos inteiros a partir de dados quantitativos. O *Bloomberg* está usando o Cyborg para criação e gerenciamento de conteúdo, e outros sistemas de IA estão sendo usados ou testados por *The Guardian*, *Associated Press* e *Reuters*. Muitas dessas organizações estão usando IA para gerar relatórios de acionistas, documentos jurídicos, comunicados à imprensa, relatórios gerais e artigos. A IA é um grande recurso para ajudar a cobrir coisas que nem sempre os repórteres podem acessar, como esportes locais e eleições políticas locais.

Outros exemplos são os produtos *Quill* e *Lexio*, da *Narrative Science*, uma empresa de tecnologia com sede em Chicago, especializada em narração de histórias de dados. Seu objetivo é ajudar as empresas a entender seus dados e a história por trás deles. Já o *Stats-Monkey*, da *Northwestern University*, coleta dados de eventos esportivos e os transforma em matérias jornalísticas de alta qualidade. A Wikipedia resume o assunto como segue:[31]

> No jornalismo automatizado, também conhecido como jornalismo algorítmico, ou jornalismo de robôs, artigos de notícias são gerados por programas de computador. Por meio de softwares de IA, as histórias são produzidas automaticamente, em vez de serem escritas por repórteres humanos. Esses programas interpretam, organizam e apresentam dados de maneiras legíveis por humanos. O processo envolve um algoritmo que verifica grandes quantidades de dados, seleciona uma variedade de estruturas de artigo pré-programadas, ordena pontos-chave e insere detalhes como nomes, lugares, quantidades, classificações, estatísticas e outros. O resultado de saída também pode ser personalizado para se adequar a uma determinada voz, tom ou estilo. Empresas de ciência de dados e IA, como *Automated Insights*, *Narrative Science*, *United Robots* e *Yseop*, desenvolvem esses algoritmos para veículos de notícias como *Associated Press*, *Forbes*, *ProPublica* e *Los Angeles Times*. As primeiras implementações incluíram esportes, previsão do tempo, relatórios financeiros, análises imobiliárias e análises de ganhos. A *Associated Press* começou a usar a automação para cobrir 10 mil jogos das ligas menores de beisebol anualmente, usando um programa da *Automated Insights* e estatísticas da *MLB Advanced Media*. Mais famoso, um algoritmo chamado *Quakebot* publicou uma história sobre um terremoto na Califórnia em 2014 no site do *Los Angeles Times* três minutos após o tremor ter parado. Mesmo assim, todos esses exemplos não impedem questionamentos sobre a credibilidade e a qualidade de muitas aplicações automatizadas pela IA.

Por outro lado, existe uma prática cada vez mais comum de produção de textos, notícias e tuítes falsos, nas redes sociais e na web, gerados por ferramentas de IA em mãos de pessoas mal-intencionadas. Isso se aplica desde "influenciadores" e "marketeiros" políticos, que vendem objetivamente mentiras para difamar a imagem de adversários, até hackers e outros criminosos. Nesse contexto, a "boa" IA pode ajudar na checagem dessas informações duvidosas:[32] "Pesquisadores de Harvard e do *MIT-IBM Watson Lab* criaram o sistema GLTR, que consegue diferenciar textos escritos por seres humanos, o que pode ser uma grande vantagem na checagem de informações falsas publicadas na internet. A GLTR também pode ser usada na identificação de *bots* do Twitter, que já tiveram participações em resultados políticos nos EUA e no mundo."

Ainda na direção de ajuda para a identificação de notícias falsas geradas automaticamente, o artigo citado anteriormente, de Ronald Schmelzer, da *Forbes*, esclarece:

> Um grande desafio no acesso rápido e democratizado à tecnologia de hoje é separar as notícias reais com fatos verificáveis das notícias falsas que pretendem desviar, desinformar, confundir ou impedir que o usuário diferencie a realidade da ficção. Felizmente, a IA está fornecendo ferramentas para ajudar os produtores e editores de conteúdo a identificar notícias falsas e a reduzir seu impacto sobre os leitores. Esses sistemas de IA são capazes de identificar fontes de dados reais e conteúdos de notícias reais daqueles que foram gerados artificialmente. Os sistemas de aprendizado de máquina podem servir como um controle editorial de primeira passagem para verificar itens de notícias em fontes adicionais, fornecer verificação automática de fontes de terceiros e ajudar ainda mais a reforçar notícias reais e desmascarar falsidades. Os agregadores de notícias podem então inserir links de verificação da verdade automaticamente, bem como pontuar as notícias recebidas com a probabilidade de serem verdadeiras.

Em um sentido exatamente oposto ao do tópico anterior, que analisamos, tratemos agora da geração de textos "evoluídos", talvez melhores que os dos humanos. Pesquisadores da empresa *OpenAI* fizeram uma experiência em 2019, com o produto de geração de textos GPT-2, que atraiu muitos elogios. O projeto foi visto como um avanço significativo no campo. Os usuários podiam inserir qualquer prompt de texto no GPT-2, desde algumas linhas de uma música, uma história curta ou até mesmo um artigo científico, e o software continuava a escrever, combinando o estilo e o conteúdo em alguma medida, evoluindo depois para o GPT-3:[33]

Inicialmente, a OpenAI limitou o lançamento do GPT-2 alegando preocupações de que o sistema seria usado para fins maliciosos, como a geração em massa de notícias falsas ou spam. Depois, mudou de ideia, publicando o código completo e dizendo que não havia visto nenhuma evidência forte de uso indevido. Em junho de 2020, ela anunciou uma versão mais sofisticada do sistema, 100 vezes maior, batizada de GPT-3, o seu primeiro produto comercial. A API pode ser usada para gerar textos, melhorar a fluência dos chatbots, criar novas experiências de jogo e até mesmo ser ajustada para jogar xadrez e resolver problemas matemáticos, dado o treinamento certo. No momento, o GPT-3 tem alguns usuários controlados para fins de testes, como o provedor de pesquisa *Algolia*, que está usando a API para entender melhor as consultas de pesquisa em linguagem natural; a plataforma de saúde mental *Koko*, que a usa para analisar quando os usuários estão "em crise"; e a *Replika*, um produto que cria "companheiros de IA". A plataforma de mídia social *Reddit* também está explorando como o GPT-3 pode ser usado para ajudar a automatizar a moderação de conteúdo.

NOTA DO AUTOR: As notícias e os artigos apresentados neste capítulo são breves exemplos sobre o tema. Seu objetivo é apenas indicar uma tendência nesse campo da IA. O leitor pode buscar mais informações em outras fontes também fidedignas na internet.

1.5. DIREITO

Essa é uma das áreas nas quais estão sendo desenvolvidas e utilizadas centenas de aplicações fazendo um excelente uso da IA. Trata-se de um dos setores que, mesmo no Brasil, possui uma quantidade significativa de aplicações desenvolvidas. Nos EUA, a IA é utilizada por escritórios advocatícios para fazer pesquisas jurídicas, analisar documentos, redigir contratos e prever resultados. As vantagens do uso de tal tecnologia, que proporciona maior rapidez, precisão e qualidade na realização de trabalhos maçantes e repetitivos, têm feito com que cada vez mais escritórios invistam em sua utilização. De acordo com uma pesquisa de 2019, cerca de 48% dos escritórios advocatícios de Londres já utilizavam sistemas de IA. A Startse diz que "existem situações no mundo jurídico em que diversas peças, documentos e análises de jurisprudência são feitas por algoritmos dotados de IA, sem qualquer interação humana. E isso acontece porque a máquina é capaz de realizar milhões de análises em poucos minutos, verificando padrões e dados históricos". No Brasil, o *Sistema Sapiens* permite a gestão automatizada, por meio de IA, do fluxo documental e de todas as tarefas jurídicas, administrativas, consultivas, correcionais e de cobrança da Advocacia-Geral da União (AGU) junto ao Poder Judiciário, inclusive com integração ao Processo Judicial Eletrônico (PJe). No Brasil, segundo Gustavo Rocha, em março de 2021, a IA já estava presente em 50% dos tribunais.

As *lawtechs* estão para o Direito assim como as *fintechs* estão para a área financeira. Trata-se de startups com matriz tecnológica que desenvolvem produtos ou prestam serviços na área jurídica, geralmente usando IA. A *FIA Business School* indica algumas empresas que desenvolveram aplicações utilizadas no Direito:[34]

- *BipBop*: desenvolve soluções de *webcrawling*, um processo que captura e processa informações encontradas na internet. Uma aplicação inteligente dessas funcionalidades é a captura de informações sobre processos em sites de tribunais.

- *Digesto*: a plataforma do Digesto consulta dados jurídicos de todo o Brasil e cria uma base de dados centralizada. Como a própria empresa define, é o mapeamento do "genoma legal brasileiro". Com IA, ela produz dados uniformes, possibilitando uma busca mais precisa e o levantamento rápido de informações.

- *Enlighten*: a empresa desenvolveu uma solução que sugere a chance de sucesso de uma ação em determinada corte. E também presta o serviço de implantação de projetos de IA em departamentos jurídicos de empresas.
- *Legal Labs*: é uma plataforma desenvolvida para pesquisar jurisprudência com o auxílio da IA. A solução reduz o tempo de busca pelas informações e aumenta a qualidade das peças processuais. Ela pode ser usada por escritórios de advocacia, jornalistas, Poder Judiciário e órgãos públicos diversos.
- *LegAut*: desenvolveu um algoritmo que analisa documentos com IA, de forma automatizada e inteligente. Assim, o back-office fica menos repetitivo e mais eficiente, sem prejuízos para a qualidade da análise dos dados.

Ao contrário de outros setores no Brasil, o Direito tem procurado se antecipar, também lançando livros e artigos que discutem o uso e os impactos da IA. Listamos apenas três exemplos entre dezenas de outros:[35]

- *Inteligência Artificial e Processo*: organizado por Isabella Fonseca, o livro discute os pressupostos e os riscos da implementação da IA no Direito. A obra reúne dez artigos escritos por advogados, magistrados e especialistas em Direito e tecnologia. Só para ilustrar, entre os temas explorados, estão: jurimetria, juízes-robôs, decisões algorítmicas, tutela de dados processuais, Big Data e Online Dispute Resolutions (ODRs).
- *Inteligência Artificial Aplicada ao Direito Tributário*: o pesquisador Marcelo Pasetti aborda maneiras para criar IA na área jurídica, compliance fiscal e legislações de planejamento fiscal.
- *Inteligência Artificial e Direito — Ética, Regulação e Responsabilidade*: organizado por Ana Frazão e Caitlin Mulholland, o livro reúne artigos de mais de 40 autores, abordando as intersecções entre a IA e o Direito. Entre os assuntos abordados, estão o trabalho dos advogados frente à IA, as novas perspectivas regulatórias, o princípio da precaução na regulação da IA, a proteção de dados, a responsabilidade civil e o direito da concorrência.

Citamos ainda o livro *Responsabilidade Civil e Novas Tecnologias*, organizado por Nelson Rosenvald e Guilherme Magalhães Martins, Editora Foco. Entre vários outros, também memoráveis, lembramos o capítulo "Decisões automatizadas em matéria de perfis e riscos algorítmicos: Diálogos entre Brasil e Europa acerca dos direitos das vítimas de dano estético digital", do Prof. Dr. Cristiano Colombo e do Prof. Dr. Eugênio Facchini Neto. Por fim, o livro *Ensinando um Robô a Julgar:*

Pragmática, discricionariedade, heurísticas e vieses no uso do aprendizado de máquina no judiciário,[36] de Alexandre Morais da Rosa e Daniel H. Arruda Boeing. Entre outros objetivos, a obra discute "como linguagens artificiais são capazes de assimilar o âmbito pragmático de linguagens naturais e de que forma processos decisórios humanos e algorítmicos são afetados por vieses. Por fim, são listados três tipos de uso mais recorrentes do aprendizado de máquina no judiciário: a) Robô-Classificador, b) Robô-Relator e c) Robô-Julgador. Longe de esgotar o assunto, cuida-se de uma aproximação da temática do uso e da aplicação da Inteligência Artificial no campo do Direito, na pretensão de ampliar as discussões de um passo inadiável".

Como dissemos, essas obras são apenas exemplos da maneira pela qual o Direito no Brasil *se distingue* com louvor de inúmeros outros setores que serão impactados pela IA, mas ainda estão completamente carentes de estudos, análises, pesquisas e publicações. Em outra frente, desde 1990, a *International Association for Artificial Intelligence and Law* (IAAIL) promove uma conferência internacional destinada à apresentação e à discussão de resultados de pesquisas e aplicações práticas sobre IA e Direito.[37] O Brasil tem sido um participante ativo, e, em junho de 2021, pesquisadores de Direito da USP, FGV e outras instituições participaram com destaque na organização do evento virtual. Finalmente, para contextualizar a relação cada vez mais premente entre IA e Direito, o brasileiro Ricardo Freitas Silveira apresenta dez indicações:[38]

- A IA já tem sido utilizada pelos tribunais e demais órgãos públicos. Não se questiona mais: "Será que o Judiciário aceitará os robôs?" O exemplo mais conhecido é o robô Victor, desenvolvido pelo Supremo Tribunal Federal.
- Advogados de empresas e escritórios têm ferramentas de análise preditiva, pelas quais é possível estimar o resultado do processo com base no histórico de processos semelhantes.
- Novas demandas jurídicas consultivas decorrentes da IA precisarão ser analisadas por advogados. Novos contratos, políticas de uso e pareceres serão demandados pelos clientes.
- Como as demandas que chegam ao Judiciário refletem as relações sociais, novas demandas jurídicas contenciosas serão levadas aos tribunais. É questão de tempo para que a Justiça analise casos sobre discriminação algorítmica.
- O *compliance* digital, especialmente relacionado à aplicação da IA, ainda está sendo construído. Códigos de conduta serão atualizados com novas regras, e empresas com larga atuação em tecnologia certamente criarão um código específico para tratar da utilização da IA.

Inteligência Artificial e suas Ambivalências

- A regulamentação da IA demandará uma participação efetiva da sociedade. Muitas aplicações de IA são polêmicas. Além de uma lei geral, segmentos regulados terão legislações específicas.

- A IA já tem sido aplicada aos métodos adequados de solução de conflito. E estudos recentes indicam novas utilizações dessa tecnologia inclusive na arbitragem, como a escolha dos árbitros por algoritmos.

- As últimas eleições atestaram o que havia sido antecipado por cientistas políticos: a aplicação da IA no processo eleitoral reconfigurou a democracia.

- O ensino jurídico precisará ser atualizado. Cada vez mais, o profissional que atua na área jurídica será multidisciplinar. Advogados, juízes e demais operadores do Direito precisarão conhecer as leis materiais e processuais, a lógica de programação e as inovações tecnológicas.

- O marketing jurídico, aqui representado pelo relacionamento entre advogado e cliente, terá uma nova dinâmica. Basta projetar a eventual diferença entre o resultado efetivo do processo e a análise preditiva realizada no momento da contratação.

Por fim, curiosamente, a área do Direito tem um triplo papel em relação à IA. ***Primeiro***, o Direito é usuário de IA em inúmeros sistemas, assim como ocorre na saúde, nas finanças e no comércio. ***Segundo***, o Direito é o ator social por excelência que deve legislar sobre o uso da IA, sobre a ocorrência dos seus erros, vieses e preconceitos, sempre que os mesmos estiverem presentes na "IA embarcada" em sistemas e aplicações, e vierem a prejudicar pessoas ou empresas. Isso já é moeda corrente nos EUA e na Europa. ***Terceiro***, o Direito deve decidir também sobre aspectos ainda muito novos da IA, como a sua própria "identidade": uma aplicação de IA pode ser titular de uma patente? Essa questão foi apontada na decisão publicada pelo *U.S. Patent and Trademark Office*,[39] em 2020. O veredito respondeu que, por enquanto, sistemas de IA não podem ser inventores. Apenas "pessoas naturais" podem requerer uma patente. Pesquisadores da Universidade de Surrey haviam levantado essa discussão, requerendo direitos de propriedade intelectual para a produção autônoma de uma IA chamada *Artificial Inventor Project*.

NOTA DO AUTOR: As notícias e os artigos apresentados neste capítulo são breves exemplos sobre o tema. Seu objetivo é apenas indicar uma tendência nesse campo da IA. O leitor pode buscar mais informações em outras fontes também fidedignas na internet.

1.6. VAREJO

O assim chamado "varejo" é um campo de inúmeras ramificações, podendo estender-se desde comércio de roupas até áreas do agronegócio, de modo que citaremos apenas alguns exemplos. Considerando a área do vestuário, por exemplo, a IA permite que empresas criem, vendam e produzam roupas customizadas.[40] Em vez de métodos tradicionais padronizados de fabricação, a IA pode ser usada em conjunto com outras tecnologias, como imagens em 3D, realidade virtual e produção automatizada para criar vestidos, ternos e outras peças sob medida. Assim, o modelo tradicional de tamanhos P, M, G passa a ser reformulado para um paradigma de customização em nível de indivíduo.

O Brasil é o país mais inovador do varejo na América Latina, reunindo 43% das empresas líderes em inovação de formas de pagamentos e plataformas de serviços, segundo pesquisa da *Americas Market Intelligence*.[41] Vanesa Meyer, head de Inovação da Visa AL, diz que não são apenas as empresas nativas digitais que lideram a inovação. Magazine Luiza, Bradesco e o Banco do Brasil são companhias tradicionais que também estão na linha de frente. Já o do Mercado Livre, que nasceu como marketplace, hoje tem o Mercado Pago como unidade de negócio. Além disso, "a penetração de 70% de smartphones na sociedade brasileira abre possibilidades para o sucesso de novos bancos, como o Nubank. Um dos focos do setor financeiro são os pagamentos eletrônicos, especialmente aqueles sem contato, que tiveram um aumento significativo durante a pandemia da Covid-19". A pesquisa mostra ainda que "IA e biometria ganharam peso nos últimos anos como alicerces tecnológicos para sustentar o avanço das inovações em pagamentos e a melhora da experiência do cliente, por meio de assistentes virtuais, chatbots de atendimento e outras funções automatizadas. A biometria teve um aumento de 44% entre as empresas entrevistadas, e seu uso chega a 70% entre as empresas mais inovadoras". Mesmo assim, cabe lembrar que 64% das empresas pesquisadas ainda estão na fase intermediária ou em desenvolvimento: "Nesse recorte, a equipe de inovação apenas reage às mudanças do mercado, em vez de buscar a disrupção."

Em um artigo da *Forbes*, Chithrai Mani apresenta um resumo geral do impacto da IA no varejo:[42]

> À medida que as compras online substituem mais e mais lojas físicas de varejo, a IA no varejo está se tornando o centro das atenções para as empresas. Usando algoritmos de IA, as empresas de varejo executam campanhas de marketing direcionadas com base na região, preferências, gênero e hábitos de compra dos clientes. Isso ajuda a melhorar a fidelidade e a retenção do cliente, porque a experiência personalizada é a melhor maneira de cativar sua atenção. Em uma era digital, em que os consumidores buscam constantemente produtos e serviços perso-

nalizados, as soluções de IA no varejo estão ajudando os varejistas a alinhar suas ofertas com as expectativas de seus clientes. O impacto disruptivo da IA no varejo é visto em toda a cadeia de valor, sendo que a IA substitui a intuição pela inteligência. Além disso, as áreas de atuação da IA no varejo contemplam a melhora da experiência dos clientes nas lojas físicas, reduzindo filas, facilitando o pagamento e diminuindo estoques, bem como ajudando na gestão e na logística eficazes da cadeia de suprimentos. O uso de chatbots é uma outra forma eficaz de se comunicar com os clientes, podendo responder a perguntas frequentes, recomendar produtos, resolver reclamações e coletar dados valiosos dos clientes antes de desviar a chamada para um atendente humano. Os chatbots são programados para autoaprender com dados anteriores, a fim de continuar personalizando suas interações subsequentes com os clientes. A precisão com que os chatbots de IA lidam com dados e clientes não pode ser igualada pela inteligência humana.

Já no ramo imobiliário, Junior Borneli, da StartSe, diz que "o ano de 2020 pode ficar marcado como o ano da história em que o mercado imobiliário, como o conhecemos hoje, *deixou de existir*. A startup QuintoAndar, em curtos 7 anos, tem valor de mercado de 1 bilhão de dólares. A título de comparação, a Lopes, maior empresa imobiliária do Brasil, com ações na Bolsa e fundada em 1935, vale apenas 345 milhões de dólares. Outra empresa, a Loft, atingiu o valor de mercado de 1 bilhão de dólares em apenas 16 meses desde sua criação". Por trás dessa mudança radical de conduzir negócios, estão algoritmos de IA que identificam e otimizam todos os processos envolvidos na pesquisa, localização, compra ou aluguel de imóveis de características personalizadas aos clientes.

Um dos setores de uso mais intenso de IA é o de marketing e publicidade, cujos sistemas são usados para coletar informações sobre todos os tipos de operações. Ronald Schmelzer diz que "os sistemas de aprendizado de máquina podem encontrar padrões coletados em vários canais que indicam taxas de envolvimento com o conteúdo e encontrar padrões ocultos que podem sugerir melhores maneiras de se conectar com os clientes, bem como fornecer melhores resultados para anunciantes e monetização de conteúdo. No caso da imprensa, os leitores já estão se beneficiando desse sistema inteligente de entrega de notícias. A personalização de conteúdo habilitada para IA está orientando os leitores para conteúdos relevantes sobre seus interesses, e sugerindo outros artigos para ler, mantendo-os nos sites de notícias por mais tempo e tornando-os mais engajados com a redação. Como resultado, também atrai mais atenção aos anunciantes e oportunidades potenciais de conversão".[43] Na verdade, o campo do marketing em geral é um dos mais antigos a se beneficiar da IA, de modo que não caberiam aqui exemplos pelos inúmeros ramos de negócio.

Conquistas e Benefícios da IA

No setor de transportes, a IA já é utilizada para fins econômicos, mas também para salvar vidas. Nos Estados Unidos, a agência de transporte *National Highway Traffic Safety Administration* estima que 94% dos acidentes de carro são causados por erros humanos.[44] Veículos automatizados ou semiautomatizados têm potencial para mudar isso. Veículos autônomos devem mudar radicalmente o setor de caminhões nos EUA. Considerando que dois terços de todos os bens transportados no país são levados por caminhão, qualquer avanço na condução autônoma pode ter um impacto significativo. Se caminhões autônomos substituírem motoristas no país inteiro, os custos operacionais para o setor cairiam 45%. Essa visão de futuro possui aspectos positivos e negativos, como veremos mais adiante, envolvendo a empregabilidade.

Como dissemos, os exemplos anteriores são apenas alguns dentre as centenas de possibilidades no campo do varejo. Seria impossível relacionar aqui o impacto do uso da IA em todas as suas divisões. Na verdade, o uso de IA no setor do varejo vem "de roldão" com a transformação digital de praticamente todas as atividades comerciais. O fenômeno que há décadas vem transformando atividades de venda presencial em *e-commerce* tem fechado redes inteiras de lojas ao redor do mundo e provocado muitas críticas.

NOTA DO AUTOR: As notícias e os artigos apresentados neste capítulo são breves exemplos sobre o tema. Seu objetivo é apenas indicar uma tendência nesse campo da IA. O leitor pode buscar mais informações em outras fontes também fidedignas na internet.

1.7. DESCOBERTAS CIENTÍFICAS

Segundo o *Royal Society and Alan Turing Institute*, as tecnologias de IA agora são usadas em uma imensa variedade de campos de pesquisa científica:[45] a IA pode usar dados genômicos para prever estruturas de proteínas; compreender os efeitos das mudanças climáticas nas cidades e regiões; encontrar padrões em dados astronômicos; usar imagens de satélite para apoiar a conservação; compreender a história social a partir de material de arquivo; caracterizar materiais por meio de imagens de alta resolução; auxiliar a compreensão de noções básicas sobre química orgânica complexa; e colaborar em descobertas científicas a partir de experimentos de física de partículas e dados astronômicos em grande escala.

Em breve, muitas descobertas científicas poderão ser feitas pela IA. Isso se tornou viável depois que um Processador de Linguagem Natural (NLP) aprendeu a recuperar informações da literatura científica sem um aprendizado supervisionado, extraindo informações de forma independente.[46] Com base em 1,5 milhão de resumos de trabalhos científicos, técnicas sofisticadas foram utilizadas para identificar nomes químicos, conceitos e estruturas. Foram obtidas relações complexas e foram identificadas diferentes camadas de informação, impossíveis de serem visualizadas por seres humanos. Assim, as descobertas foram feitas com bastante antecedência em comparação com o ritmo natural. Esse poderia ter sido o caso da substância *CsAgGa2Se4a*. Os pesquisadores desse NLP submeteram à análise apenas artigos publicados antes de 2009 e conseguiram prever um dos melhores materiais termoelétricos existentes, mas 4 anos antes de ele ser descoberto, em 2012, no mundo real. Isso sugere que o conhecimento latente sobre descobertas futuras está, em grande parte, incorporado em estudos antigos. Conectando artigos científicos rapidamente, a IA consegue navegar com muito mais sucesso pela enorme quantidade de dados e informações, que continuam crescendo com a atividade humana.

Outro exemplo trata de um algoritmo de IA que descobriu como seis moléculas simples podem evoluir na colaboração de blocos de construção da vida em biologia.[47] Reproduzimos parte do artigo a seguir:

> Um algoritmo de síntese orgânica mapeou as milhares de reações que podem ter convertido compostos abióticos nos blocos de construção da vida há mais de 3,5 bilhões de anos. Começando com 6 precursores simples, o programa descobriu muitos conhecidos, mas também 24 caminhos inteiramente novos para moléculas prebióticas, e mostrou como sistemas catalíticos e autorreplicantes podem surgir. Apesar de centenas de demonstrações de que várias reações orgânicas podem ocorrer sob as condições da Terra primitiva, a comunidade científica ainda tem apenas uma compreensão gradativa de como os blocos de construção da vida surgiram. Isso porque o número de combinações possíveis dessas reações é tão grande que a quantidade de moléculas geradas rapidamente salta para dezenas de milhares. Embora seja difícil sintetizar e analisar tantos compostos, isso poderia, em princípio, ser classificado usando um computador.

> Agora os pesquisadores fizeram exatamente isso. Uma equipe liderada por Bartosz Grzybowski e Sara Szymkuć, da Academia Polonesa de Ciências, codificou todas as 500 reações prebióticas conhecidas e uma matéria-prima de 6 precursores — água, cianeto de hidrogênio, amônia, sulfeto de hidrogênio, nitrogênio e metano — na plataforma de uso aberto Allchemy. O algoritmo então usou regras de química mecanística codificadas para produzir um mapa de suas combinações. Executando o

> programa por 7 gerações, cada vez combinando as moléculas geradas com o que veio antes, os pesquisadores acabaram com quase 35 mil compostos, incluindo 50 bióticos. O programa foi capaz de encontrar muitas sínteses prebióticas previamente descritas na literatura. Mas também descobriu 24 caminhos inteiramente novos para compostos bióticos — mais de 20 dos quais a equipe validou experimentalmente. "Esse é um trabalho incrível", afirma Valentina Erastova, que investiga a origem da química da vida com métodos computacionais na Universidade de Edimburgo, no Reino Unido.

Já no campo de materiais, pela primeira vez um sistema de IA fez uma descoberta científica de um novo material sem qualquer auxílio humano, conforme artigo publicado na revista *Nature* em novembro de 2020.[48] Pesquisadores do Instituto Nacional de Padronização e Tecnologia dos EUA explicam que compreender como os átomos estão dispostos em um material é importante para determinar suas propriedades, como a sua dureza ou o seu isolamento elétrico:

> Um único experimento de difração de raios X para identificação de propriedades pode levar mais de uma hora. É nesse momento que atua o novo sistema integrado, CAMEO, sigla em inglês para Sistema Autônomo em Circuito Fechado para Exploração e Otimização de Materiais. Com ele, o processo pode ser feito em apenas dez segundos. O algoritmo decide qual composição de material estudar, escolhendo em quais materiais os raios X serão concentrados para investigar sua estrutura atômica. A cada nova interação, o programa aprende com as medições anteriores e identifica o próximo material a estudar. Isso permite que a IA explore como a composição de um material afeta sua estrutura e identifique o melhor material para a tarefa em questão. Essa abordagem permitiu que o CAMEO descobrisse o material Ge4Sb6Te7, abreviado para GST467.

Como um exemplo de descobertas na área da saúde, a IA está sendo utilizada para encontrar novos usos para medicamentos já existentes. Essa estratégia, chamada de reposicionamento de fármacos, já é conhecida da medicina, mas a IA pode melhorar sua eficiência e rapidez. Durante a pandemia da Covid-19, cientistas do mundo inteiro passaram a pesquisar se algum medicamento já existente poderia apresentar resultados no combate ao coronavírus.[49] Seguem alguns resultados:

> Uma equipe de cientistas da Universidade de Ohio, nos EUA, desenvolveu um método que consegue prever se determinado medicamento pode se mostrar promissor contra outras doenças para além da qual foi originalmente desenvolvido. No estudo publicado na *Nature Machine*

Intelligence, os pesquisadores usaram IA para selecionar especificamente medicamentos a serem testados contra doenças cardiovasculares. A equipe usou dados de quase 1,2 milhão de pessoas com doenças cardiovasculares. Entre as informações, havia números sobre os tratamentos usados pelos pacientes, os seus resultados, a progressão da doença e vários outros fatores, como sexo, idade e raça dos pacientes, o que pode afetar a doença e seu tratamento das mais diferentes formas.

Além disso, a IA foi alimentada com uma enorme literatura farmacêutica, contendo dados sobre uma grande variedade de medicamentos que já existem no mercado, incluindo sua composição e mecanismos de ação. O software, então, combinou essas informações com os dados dos pacientes, atualizados durante dois anos, a fim de identificar possíveis medicações que tivessem melhores resultados para tratar as doenças cardiovasculares. No teste, a IA encontrou nove remédios que poderiam fornecer benefícios terapêuticos aos pacientes. Dentre eles, três já são usados para esse tipo de doença. Dos outros seis indicados, um medicamento para diabetes e outro para depressão também estão atualmente sendo testados para reduzir o risco de insuficiência cardíaca. Eles apresentaram resultados promissores em testes preliminares. "Esse trabalho mostra como a IA pode ser usada para testar uma droga e acelerar a geração de hipóteses e, talvez, um ensaio clínico", disse Ping Zhang, professor de informática biomédica e autor do estudo.

Ainda na área da saúde, a IA acelerou uma descoberta biológica ao desvendar o desdobramento das proteínas no DNA. Pesquisadores explicam que, na construção do DNA, certas informações "dizem" às células como produzir uma determinada proteína juntando aminoácidos como um "colar de contas" de tamanhos diferentes.[50] O estudo mostrou que "a maneira pela qual essas máquinas moleculares funcionam depende de como os colares se formam em estruturas tridimensionais complexas e convolutas, em um processo conhecido como enovelamento de proteínas". Nesse caso, o AlphaFold, um algoritmo de IA do projeto DeepMind, do Google, superou os melhores laboratórios computacionais do mundo em uma competição bienal chamada Avaliação Crítica de Predição de Estrutura, ou CASP, em novembro de 2020. A revista científica *Nature* chamou o AlphaFold de um salto gigantesco na solução de um dos maiores desafios da biologia: "O sequenciamento de DNA de um organismo é fácil e nos dá a sequência de aminoácidos das proteínas. Mas, durante anos, tivemos que esperar que os experimentalistas resolvessem as estruturas 3-D das proteínas a fim de projetar medicamentos e vacinas, compreender mecanismos e estudar a evolução. A capacidade de prever estruturas de proteínas de forma confiável pode eliminar anos ou décadas do processo, e acelerar a descoberta e o entendimento."

Conquistas e Benefícios da IA

A IA também pode ajudar os cientistas a desenvolver novos modelos gerais em ecologia, onde milhões de espécies interagem de bilhões de maneiras diferentes entre si e com seu ambiente.[51] O estudo aponta que:

- Os ecossistemas costumam parecer caóticos para alguém que tenta entendê-los e fazer previsões para o futuro. Assim, a IA e o aprendizado de máquina são capazes de detectar padrões e prever resultados de maneiras que geralmente se assemelham ao raciocínio humano. Dentro da IA, os métodos de computação evolucionária replicam, em algum sentido, os processos de evolução das espécies no mundo natural. Um método particular denominado de regressão simbólica permite a evolução de fórmulas interpretáveis por humanos, que explicam as leis naturais.

- Pedro Cardoso, curador do Museu Finlandês de História Natural da Universidade de Helsinque, diz: "Usamos a regressão simbólica para demonstrar que os computadores são capazes de derivar fórmulas que representam a maneira como os ecossistemas ou as espécies se comportam no espaço e no tempo. Essas fórmulas também são fáceis de entender. Elas abrem o caminho para regras gerais em ecologia, algo que a maioria dos métodos tradicionais de IA não pode fazer."

- Com a ajuda do método de regressão simbólica, uma equipe interdisciplinar da Finlândia, de Portugal e da França conseguiu explicar por que algumas espécies existem em algumas regiões e não em outras, e por que algumas regiões têm mais espécies do que outras. Os pesquisadores conseguiram, por exemplo, encontrar um novo modelo geral que explica por que algumas ilhas têm mais espécies do que outras.

Como um último exemplo, um novo programa de aprendizado de máquina de IA conseguiu realizar complexos cálculos de simulação de novos materiais 40 mil vezes mais rápido que os simuladores atuais.[52] Uma equipe do Laboratório Nacional Sandia, EUA, partiu de um simulador que altera a percentagem de cada metal em uma liga para saber como as propriedades da liga metálica são afetadas. Como referência, "a equipe cronometrou uma simulação simples em um cluster de computação de alto desempenho com 128 núcleos de processamento — um computador doméstico tem de 2 a 6 núcleos de processamento. A resposta saiu em 12 minutos. Com o novo algoritmo de IA, a mesma simulação levou 60 milissegundos e usou apenas 36 núcleos do cluster — o equivalente a 42 mil vezes mais rápido. Isso significa que os pesquisadores agora podem aprender em menos de 15 minutos o que normalmente levaria mais de 1 ano".

Dados esses casos, dentre centenas de outros, a comunidade científica faz-se uma pergunta natural: a IA pode ser caracterizada juridicamente como "autora" de descobertas científicas? As máquinas podem ser agentes com capacidade de ação autônoma? Elas podem ser criativas e produzir algo genuinamente novo?

O filósofo e professor Thomas Müller, da Universidade de Konstanz, e o físico e professor Hans Briegel, da Universidade de Innsbruck, receberam um total de 825 mil euros ao longo de quatro anos da Fundação Volkswagen por meio da iniciativa de financiamento "Off the Beaten Track" para explorar o papel da IA em pesquisa básica:[53]

> O objetivo é fornecer uma estrutura conceitual para descrição, avaliação e regulamentação do rápido desenvolvimento tecnológico atual em torno do uso de IA — um desenvolvimento que afeta desde o campo da economia até o das artes. Os pesquisadores se concentrarão em esclarecer os conceitos de agência, criatividade e autoria em pesquisa. O projeto financiado "O futuro da criatividade na pesquisa básica — agentes artificiais podem ser autores de descobertas científicas?" combina técnicas das áreas de filosofia, física e IA em uma abordagem interdisciplinar. O filósofo Thomas Müller e o físico Hans Briegel, das Universidades de Konstanz e de Innsbruck, acreditam que esse esclarecimento é urgente. Em experimentos de pesquisa, por exemplo, cada vez mais etapas de trabalho que antes eram realizadas por humanos estão sendo terceirizadas para sistemas de IA. Daí a pergunta: sistemas de IA podem ser agentes autoatuantes que fazem suas próprias descobertas científicas?

A questão central em relação ao presente subcapítulo, *Descobertas científicas*, quer sejam elas proporcionadas ou otimizadas pela IA, diz respeito — como, via de regra, ocorre em qualquer contexto em que a IA atua — a seu grande poder de processamento de bases gigantescas de informações. Essa capacidade permite às tecnologias de aprendizado profundo da IA "enxergarem" relações, cruzamentos, dados e "novidades" que os humanos não enxergam. Assim, utilizar a IA em ciência "pura" e em pesquisas aplicadas apenas contribuirá para a velocidade e a quantidade de novas descobertas. Sobre as consequências jurídicas acerca da "autoria" das mesmas, e do seu impacto e eventuais problemas, o assunto permanece em aberto.

Assim, incluímos esse tema como introdução a uma determinada perspectiva — essa sugere que, em breve e no futuro, independentemente das aplicações conhecidas que a IA possua no presente, ela sempre será portadora de imensuráveis descobertas científicas, com suas consequentes aplicações práticas. Mais adiante, avaliaremos os riscos potenciais dessa nova cosmovisão acerca do mundo que habitamos.

Conquistas e Benefícios da IA

Para finalizar este tópico, examinemos rapidamente a questão das invenções e patentes em IA. Segundo o relatório "Tendências da Tecnologia", divulgado em janeiro de 2019 pela *WIPO — World Intellectual Property Organization*, a "explosão" em pedidos de patentes envolvendo IA nos últimos 5 anos indica que o campo revolucionará todas as áreas do cotidiano, indo muito além do mundo tecnológico.[54] Seguem alguns dados:

- Quase 50% de todas as patentes para IA foram publicadas a partir de 2013, somando mais de 170 mil ideias. Francis Gurry, diretor-geral, disse que o crescimento em patentes é impressionante. As pesquisas sobre IA começaram na década de 1950, mas houve um salto quântico desde 2013. Em números, os pedidos de patente para *machine learning* indicam que essa área é dominante em IA. Mas o campo de maior crescimento da IA é o de *deep learning*. Esse campo teve um aumento anual de 175%, de 2013 a 2016, muito acima da média de 33% para todas as outras patentes no mesmo período.

- Os EUA e a China dominam os pedidos de patentes, embora apenas uma parte das patentes chinesas seja depositada no exterior. A gigante IBM lidera o número pedidos de patentes (8.290), seguida pela Microsoft (5.930). A japonesa Toshiba fica em terceiro lugar, com 5.223, à frente da sul-coreana Samsung (5.102) e da japonesa NEC Group (4.406). A empresa chinesa de energia State Grid Corporation entrou no top 20, ampliando seus registros de patentes em uma média de 70% ao ano, de 2013 a 2016. O papel cada vez mais importante da China no setor também é ilustrado pelo fato de que organizações chinesas representam 17 dos 20 maiores atores acadêmicos em patentes de IA, assim como 10 das 20 maiores publicações científicas relacionadas ao tema. Nos próximos anos, a IA deve crescer para importantes usos militares e econômicos, sugeriu Gurry, antes de destacar a importância de propostas de discussões da *WIPO* com os Estados-membros, envolvendo questões legais e éticas relacionadas aos direitos de propriedade intelectual.

- Ainda segundo o relatório da *WIPO*, as gigantes da internet também foram importantes para a revolução da IA, com Google e Baidu (China) abraçando o potencial da tecnologia logo no início, assim como a Microsoft e a Apple haviam feito no Ocidente. Como um alerta, diante desse cenário, "é muito difícil outros países, até mesmo aqueles com fortes sistemas educacionais, competirem em negócios, engenharias e investimentos em talentos com a China e os EUA", destacou Andrew Ng, CEO da *Landing AI*. Ele também lembrou que as maiores oportunidades estão fora da indústria de softwares, em áreas que incluem agricultura, saúde e manufatura.

NOTA DO AUTOR: As notícias e os artigos apresentados neste capítulo são breves exemplos sobre o tema. Seu objetivo é apenas indicar uma tendência nesse campo da IA. O leitor pode buscar mais informações em outras fontes também fidedignas na internet.

1.8. INVESTIMENTOS EM IA E DISTRIBUIÇÃO NOS PAÍSES

Em relação ao volume de investimentos em IA, um estudo do Instituto *McKinsey Global* sugeriu que a IA poderia impulsionar o crescimento anual do PIB em 1,2% pelo menos até a próxima década.[55] Cerca de 70% das empresas do mundo adotarão pelo menos uma forma de IA até 2030, de acordo com instituto. A *McKinsey* disse que o impacto da IA poderia ser comparável ao crescimento trazido pela máquina a vapor, podendo contribuir com US$16 trilhões para o PIB global até 2030. Por outro lado, a *PWC* estima que a IA adicionará US$19,4 trilhões à economia global até 2030. A China planeja ser líder mundial em IA até esse mesmo ano, e recentemente o país destinou US$2,5 bilhões para um parque nacional de pesquisa de IA em Pequim, com o objetivo de apoiar 400 empresas que produzem receita de US$9,8 bilhões por ano.[56]

Outras estimativas, segundo a Consultoria IDC,[57] sugeriram a liderança dos investimentos em IA na indústria de varejo, com aportes de US$5,9 bilhões acontecidos em 2019, em soluções de automação de atendimento aos clientes, consultas de compras e recomendações de produtos. Em seguida apareceram os bancos, com investimentos de US$5,6 bilhões, especialmente em soluções automatizadas para combate a ameaças, prevenção de fraudes e sistemas de investigação. A indústria e os provedores de saúde completaram a lista da IDC dos segmentos que mais apostam na IA, com alta anual superior a 44%. Os maiores investimentos em 2019 foram nos casos de uso de atendimento automatizado a consumidores (US$4,5 bilhões), recomendação de compras (US$2,7 bilhões) e prevenção automática de sistemas (US$2,7 bilhões). O Banco JP Morgan,[58] por sua vez, estima que a IA deva acrescentar surpreendentes US$15,7 trilhões à economia global até 2030. Isso é maior do que o PIB atual da China.

Em relação aos EUA, apresentamos um resumo sobre as ações empenhadas em 2020, o ano da pandemia.[59]

> O FED (*Federal Reserve System* e vários Feds regionais) está aumentando seus investimentos em pesquisas de IA, com o anúncio em agosto de 2020 de mais de US$1 bilhão em prêmios para estabelecer 12 novos institutos de pesquisa em IA e ciência da informação quântica (QIS) em todo o país. O $1 bilhão irá para os Institutos de Pesquisa IA liderados pela *National Science Foundation* (NSF) e para os Centros de Pesquisa DOE QIS de 5 anos, estabelecendo 12 centros nacionais multidisciplinares e multi-institucionais para pesquisa e desenvolvimento da força de trabalho. Os objetivos são estimular a inovação, apoiar o crescimento econômico regional e promover a liderança norte-americana em setores estratégicos.

> "Por meio desses institutos, o governo federal, o setor privado e a academia se unirão para impulsionar a IA transformadora e as descobertas quânticas. Essa é uma conquista significativa para o povo norte-americano e para o futuro das tecnologias emergentes", afirmou Chris Liddell, vice-chefe de gabinete da Casa Branca. Mas o US$1 bilhão pode ser visto como uma gota no oceano em comparação com o que é necessário para os gastos com pesquisa de IA. O centro de estudos de segurança nacional para uma Nova Segurança Americana pediu que os gastos federais em pesquisas de IA de alto risco/alta recompensa aumentem para US$25 bilhões até 2025 a fim de evitar a "fuga de cérebros". O Instituto HAI Stanford afirma que o governo deveria gastar US$120 bilhões dentro desta década em pesquisa e educação de IA e no ecossistema nacional de IA.

Além dos investimentos da *National Science Foundation* (NSF), o DOE concederá US$625 milhões para criar 5 centros de pesquisa de ciência da informação quântica. "Do total, US$300 milhões virão da indústria e de instituições acadêmicas, com o restante retirado de US$1,2 bilhão previsto em uma lei de 2018 — o *National Quantum Initiative Act* — para pesquisa quântica. Uma coalizão de 69 laboratórios nacionais, universidades e empresas foi selecionada em um processo para colaborar em centros em 22 estados dos EUA, Itália e Canadá. Entre os participantes estão a Universidade de Chicago, Harvard, Cornell, IBM, Intel, Lockheed Martin e Microsoft. De acordo com o subsecretário de Ciência do DOE, Paul Dabbar, a IBM contribuirá com o tempo de execução em seus computadores quânticos. A Microsoft contribuirá com pessoal e materiais, e o estado de Illinois construirá dois prédios para abrigar laboratórios de pesquisa quântica."

Completando o cenário norte-americano, Erwin Gianchandani, Diretor da *National Science Foundation*, detalhou os investimentos da NSF em IA, os Institutos Nacionais de Pesquisa e outros modelos de parceria.[60] Foram investidos US$500 milhões em IA no ano fiscal de 2020, divididos em US$320 milhões em computação e ciência da informação, US$131 milhões em engenharia e US$48 milhões em matemática e ciências físicas. Outros 600 projetos de IA estão em andamento no Departamento de Energia, disse Cheryl Ingstad, Diretora do Escritório de IA e Tecnologia do DOE. Um exemplo de esforço é o *First Give Consortium*, anunciado em agosto em parceria com a Microsoft, para usar algoritmos de aprendizado profundo para fornecer dados quase em tempo real para melhorar a tomada de decisão dos primeiros respondentes do país. "O poder de salvar vidas é onde vejo uma grande oportunidade para IA", disse Ingstad.

Mesmo com esses investimentos bilionários dos EUA, a Europa e China gastam mais em pesquisa de IA. De acordo com um relato da VentureBeat, a superioridade dos EUA em IA e computação quântica é uma perspectiva cada vez mais sombria:[61] "A Comissão da UE se comprometeu a aumentar o investimento em IA de €500 milhões em 2017 para €1,5 bilhão até o fim de 2020. A França recentemente se comprometeu com uma iniciativa de €1,5 bilhão destinada a transformar o país em um 'líder global' em pesquisa e treinamento em IA. E, em 2018, a Coreia do Sul revelou um esforço plurianual de US$1,95 bilhão para fortalecer sua pesquisa em IA, com o objetivo de estabelecer 6 escolas de pós-graduação com foco em IA até 2022 e treinar 5 mil especialistas. A Europa liderou o mundo em produção acadêmica relacionada à IA em 2020, de acordo com um relatório da Elsevier. A China, cujo Plano de Ação de Inovação de IA para Faculdades e Universidades exigia o estabelecimento de 50 novas instituições de IA até 2020, deverá ultrapassar a UE nos próximos 4 anos se as tendências atuais continuarem."

Apenas como um exemplo da posição do Brasil em relação aos demais países, das 3.465 empresas dedicadas exclusivamente à IA no mundo, 26 eram brasileiras, em 2018.[62] Naquela data, o estudo *Cenário Global da IA*, publicado pelas companhias Asgard e Roland Berger, colocou o Brasil em 17º lugar no ranking em volume de startups de IA, encabeçado pelos EUA, com 1.393 empresas. Mas esse número mudou muito — em apenas 2 anos, um estudo da consultoria Distrito, de fevereiro de 2021, indicou que o Brasil já possui 702 startups com aplicação de IA.[63] Juntas, elas já captaram US$839 milhões nos últimos 8 anos, e sua atuação acontece nos setores de Agricultura, Educação, Imobiliário, Logística, Mídia e Entretenimento, Indústria 4.0, RH, Saúde, Serviços Financeiros e alguns segmentos mais específicos de empresas.

Outro estudo, conduzido pelo *Bank of America Merrill Lynch*, estimou que o mercado global de IA movimentaria US$152,7 bilhões em 2020. O levantamento não levou em conta empresas que trabalham com IA sem ter a tecnologia como seu foco primário No Brasil, "esse é o caso da Magazine Luiza, que montou uma equipe para desenvolver a Lu, assistente virtual que ajuda no atendimento e no processo de pós-venda. O bot foi eleito o melhor do Brasil na categoria serviços no 1º *Bots Brasil Awards*. No campo das finanças, o Banco Bradesco conta com a BIA — Bradesco Inteligência Artificial. O bot foi introduzido em 2017 para que os funcionários tirassem dúvidas dos clientes. Atualmente, já está disponível para o público externo e responde em média 300 mil perguntas por mês sobre 62 produtos, com precisão de 95%".

Para uma visão mais detalhada dos investimentos previstos para IA pelos governos de muitos países, remetemos o leitor ao Capítulo *3, Iniciativas de alguns governos*. Naquele momento, reproduziremos o tópico *7.1. Estratégias de IA nacionais e regionais,* do *2021 AI Index Report*, de HAI Stanford.

Encerrando este Capítulo 1 com seus 8 exemplos de aplicações por setores, listamos alguns campos que são grandemente beneficiados por sistemas de IA. Na verdade, poderiam ser citadas *dezenas de outras áreas* nas quais a IA está causando verdadeiras revoluções. Contudo, a lista seria imensa, de modo que nossa intenção foi apenas apresentar exemplos que indicassem o potencial das possíveis benesses da IA.

Finalmente, todos os campos de uso citados neste capítulo contêm sempre um certo grau de riscos embutidos, como veremos mais adiante. Sistemas de IA na área da Saúde podem fornecer diagnósticos errados, como já aconteceu. Sistemas de IA na área do Direito ou do policiamento podem cometer injustiças, como já aconteceu. Sistemas de IA que utilizam dados pessoais podem conduzir a preconceitos raciais, de gênero e culturais, como tem acontecido às dezenas. Por isso, empresas que utilizam IA em abundância, como Google e Facebook, sofrem multas bilionárias todos os anos. Por outro lado, os benefícios do uso da IA muito frequentemente superam os seus erros, e grandes progressos estão sendo alcançados. Enfim, teremos que aguardar algumas décadas para fazer um balanço mais equilibrado sobre as vantagens e as dificuldades do uso intensivo da IA. Segundo alguns especialistas, a IA já é a "última fronteira", e talvez a "última invenção que precisava ser inventada". Assim, nossos próximos capítulos buscarão um maior detalhamento sobre os desdobramentos do uso generalizado da IA.

CAPÍTULO 2

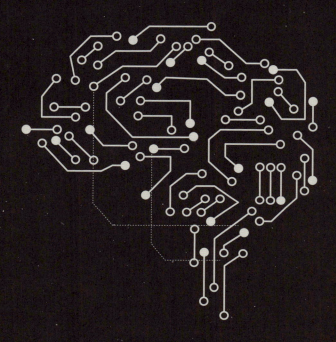

FUNDAMENTOS PARA UMA ANÁLISE ABRANGENTE DA IA

Pedimos ao leitor paciência na leitura deste capítulo. Ele é um dos mais extensos do livro, mas a apropriação das situações reais nele reportadas oferece uma visão socialmente abrangente da IA. Apresentaremos alguns relatórios reconhecidos internacionalmente por sua qualidade ou abrangência, e emitidos por respeitadas instituições.

No contexto atual da IA — uma pré-infância em que tudo é novidade, em que tudo evolui rapidamente, em que benefícios revolucionários, mas também riscos, surgem mensalmente —, criar relatórios dessa natureza envolve um trabalho hercúleo, fenomenal, digno de aplausos, mas também deveras arriscado ou temporário. Enfim, a história da IA está sendo construída, como aconteceu no passado em escala muito menos significativa com a eletricidade, a computação, e todas as descobertas científicas das quais hoje somos herdeiros. Assim, esses relatórios possuem escopos mais simples ou mais completos, e podem ser emitidos por universidades, governos ou organizações multilaterais, como a Unesco, o *Temporary Study Group on Artificial Intelligence* (TSG AI) do EESC — *European Economic and Social Committee*[1] —, o *European Council — European Coordinated Plan on Artificial Intelligence*[2] —, o MILA — *Montreal institute for learning algorithms*[3] — e muitos outros.

Talvez os relatórios mais abrangentes sejam dois de emissão anual. São eles o ***AI Index Annual Report*** (aqui a edição de 2020 publicada em março de 2021)[4], do *Human-Centered AI Institute (HAI)*, da *Stanford University*, e o ***AI Now Report***, vinculado à *New York University (NYU)*. Nesse caso, apresentaremos aqui a edição de 2019 publicada em dezembro de 2019,[5] uma vez que a edição de 2020 foi cancelada devido à pandemia.

Enquanto o ***AI Index Report*** do *HAI Stanford* talvez possua um viés mais técnico, estatístico ou acadêmico, o ***AI Now Report***, da *NYU*, apresenta uma visão muito mais abrangente dos profundos impactos sociais da aplicação da IA no mundo real. Além disso, como veremos, esse relatório também apresenta algumas sugestões e recomendações contundentes de solução para os problemas e riscos identificados. Caso o leitor tenha interesse na leitura completa desses dois relatórios, eles estão disponibilizados em inglês nos links citados anteriormente. De nossa parte, apresentaremos aqui apenas uma breve seleção de alguns tópicos dos dois relatórios, iniciando com o ***AI Index*** de *HAI Stanford* e seguindo depois para o ***AI Now Report*** da *NYU*.

2.1. THE AI INDEX REPORTS — HAI HUMAN--CENTERED ARTIFICIAL INTELLIGENCE — STANFORD UNIVERSITY

Uma das instituições mais adiantadas acerca de uma visão abrangente da IA é a *Stanford University*. Em 2016, foi lançado o relatório *Artificial Intelligence and Life in 2030*.[6] Embora muito completo para a época, ele ainda pode ser considerado bastante simples e otimista. Por outro lado, a partir de 2017, *Stanford* iniciou a publicação anual dos seus **AI Index Annual Reports**. Os mesmos foram publicados em 2017, 2018, 2019 e em março de 2021, relativo ao ano da pandemia, 2020. Como dissemos na Introdução deste livro, as datas aqui mencionadas não são relevantes, mas, antes, as tendências dos campos de IA que as informações refletem.

O **2021 AI Index Report**, relativo ao ano de 2020, encontra-se no link citado,[7] do qual traduzimos a seguir alguns temas por nós selecionados dentre suas 222 páginas. Os tópicos apresentados são apenas um recorte do documento original. Juntamente com esse relatório, o HAI da universidade de *Stanford* apresenta a *Global AI Vibrancy Tool*, uma Ferramenta global de "vibração ou entusiasmo" de IA.[8] O leitor pode acessar o link e obter uma visualização interativa que permite a comparação entre até 26 países com 22 indicadores. A ferramenta fornece uma "avaliação transparente da posição relativa dos países; identifica indicadores nacionais relevantes para orientar prioridades políticas a nível nacional; e mostra centros locais de excelência em IA não apenas para economias avançadas, mas também para mercados emergentes". Todos os textos são literais e de autoria da fonte citada, aqui traduzidos por meio do *Google Translate*, e revisados pelo autor deste livro. Portanto, é importante registrar que as próximas páginas de todo este subcapítulo são citações de partes do *2021 AI Index Report*, salvo menção em contrário.

Antes de listar os conteúdos de alguns capítulos, apresentamos o Índice, de modo que seja possível ter uma visão geral do conteúdo do relatório:

Índice (2021 AI Index Report)

Capítulo 1 — Pesquisa e desenvolvimento

Capítulo 2 — Desempenho técnico

Capítulo 3 — A economia

Capítulo 4 — Educação em IA

Capítulo 5 — Desafios éticos de aplicações de IA

Capítulo 6 — Diversidade em IA

Capítulo 7 — Política de IA e estratégias nacionais

Apêndices

Capítulo 1: Pesquisa e desenvolvimento (*2021 AI Index Report — Recorte de alguns tópicos*)

O número de publicações de IA aumentou drasticamente nos últimos 20 anos. A ascensão de conferências de IA e arquivos de pré-impressão ampliou a disseminação de pesquisas e comunicações acadêmicas. Grandes potências, incluindo China, União Europeia e Estados Unidos, estão correndo para investir em pesquisa de IA. O capítulo de P&D tem como objetivo capturar o progresso nesse campo cada vez mais complexo e competitivo.

- O número de publicações em periódicos de IA cresceu 34,5% de 2019 a 2020 — um crescimento percentual muito maior do que de 2018 a 2019 (19,6%).

- Em todos os principais países e regiões, a maior proporção de artigos de IA revisados por pares vem de instituições acadêmicas. Mas os segundos originadores mais importantes são diferentes: nos Estados Unidos, a pesquisa afiliada corporativa representa 19,2% do total de publicações, enquanto o governo é o segundo mais importante na China (15,6%) e na União Europeia (17,2%).

- Em 2020, e pela primeira vez, a China ultrapassou os Estados Unidos na proporção de citações de periódicos de IA no mundo, tendo ultrapassado brevemente os Estados Unidos no número total de publicações em revistas de IA em 2004 e retomado a liderança em 2017. No entanto, os Estados Unidos têm significativamente mais artigos citados de conferências de IA do que a China na última década.

- Em resposta à Covid-19, a maioria das grandes conferências de IA ocorreu virtualmente e registrou um aumento significativo no comparecimento como resultado. O número de participantes em 9 conferências quase dobrou em 2020.

- Apenas nos últimos 6 anos, o número de publicações relacionadas à IA no arXiv cresceu mais de 6 vezes, de 5.478 em 2015 para 34.736 em 2020.

- As publicações de IA representaram 3,8% de todas as publicações científicas revisadas por pares em todo o mundo em 2019, ante 1,3% em 2011.

Capítulo 2: Desempenho técnico (*2021 AI Index Report — Recorte de alguns tópicos*)

Esse capítulo destaca o progresso técnico em vários subcampos da IA, incluindo visão computacional, linguagem, fala, aprendizagem conceitual e prova de teorema. Ele usa uma combinação de medidas quantitativas, como benchmarks comuns e desafios de prêmios, e insights qualitativos de trabalhos acadêmicos para mostrar os desenvolvimentos em tecnologias de IA de última geração.

- **"Tudo agora é gerador":** os sistemas de IA agora podem compor texto, áudio e imagens em um padrão suficientemente alto, quando os humanos têm dificuldade em diferenciar as saídas sintéticas das não sintéticas para algumas aplicações restritas da tecnologia. Isso promete gerar uma gama enorme de aplicações *downstream* de IA para fins socialmente úteis e menos úteis. Também está fazendo com que os pesquisadores invistam em tecnologias para detectar modelos generativos. Os dados do *DeepFake Detection Challenge* indicam quão bem os computadores podem distinguir entre diferentes saídas.

- **A industrialização da visão computacional:** a visão computacional teve um grande progresso na última década, principalmente devido ao uso de técnicas de aprendizado de máquina (especificamente o aprendizado profundo). Novos dados mostram que a visão computacional está se industrializando: o desempenho está começando a se estabilizar em alguns dos maiores *benchmarks*, sugerindo que a comunidade precisa desenvolver e concordar com outros mais difíceis que testem ainda mais o desempenho. Enquanto isso, as empresas estão investindo cada vez mais em recursos computacionais para treinar sistemas de visão por computador em um ritmo mais rápido do que nunca. Também as tecnologias para uso em sistemas implantados — como estruturas de detecção de objetos para análise de quadros estáticos de vídeos — estão amadurecendo rapidamente, indicando mais implantação de IA.

- **O Processamento de Linguagem Natural (PNL) supera suas métricas de avaliação:** o rápido progresso em PNL gerou sistemas de IA com recursos de linguagem significativamente aprimorados que começaram a ter um impacto econômico significativo no mundo. O Google e a Microsoft implantaram o modelo de linguagem BERT em seus motores de busca, enquanto outros grandes modelos de linguagem foram desenvolvidos por empresas que vão da Microsoft à OpenAI. O progresso na PNL tem sido tão rápido que os avanços técnicos começaram a ultrapassar os benchmarks para testá-los. Isso pode ser visto no rápido surgimento de sistemas que obtêm desempenho de nível humano no

> *SuperGLUE*, um conjunto de avaliação de PNL desenvolvido em resposta ao progresso anterior da PNL ultrapassando as capacidades sendo avaliadas pelo GLUE.
>
> **O aprendizado de máquina está mudando o jogo em saúde e biologia:** o panorama dos setores de saúde e de biologia evoluiu substancialmente com a adoção do aprendizado de máquina. *AlphaFold* da DeepMind aplicou a técnica de aprendizado profundo para fazer um avanço significativo no desafio de biologia de décadas de enovelamento de proteínas. Os cientistas usam modelos de ML para aprender representações de moléculas químicas para um planejamento de síntese química mais eficaz. A PostEra, uma startup de IA usou técnicas baseadas em ML para acelerar a descoberta de medicamentos relacionados à Covid-19 durante a pandemia.

Como foi possível notar pelas descrições resumidas anteriormente, esse Capítulo *2, Desempenho Técnico*, do *2021 AI Index Report*, no documento original, é bastante amplo, tratando dos avanços das ferramentas e das técnicas de IA. Apesar de citarmos apenas este breve resumo, também optamos por incluir a seguir um recorte de algumas metodologias utilizadas. Inserimos cinco gráficos com o objetivo de o leitor perceber — mesmo em se tratando de considerações técnicas — o progresso comparativo da IA quando **relacionada aos seres humanos**. Para tal, mais importante do que compreender detalhes dos gráficos, é perceber *as tendências crescentes das suas linhas* de base, que são os progressos anuais. Nesse sentido, devem ser observadas as linhas que contêm os termos **Human performance** e **Human baseline**.

SuperGLUE (2021 AI Index Report)

> Lançado em maio de 2019, o SuperGLUE é um benchmark de métrica única que avalia o desempenho de um modelo em uma série de tarefas de compreensão de linguagem em conjuntos de dados estabelecidos. O modelo DeBERTa da Microsoft agora lidera a tabela de classificação do SuperGLUE, com uma pontuação de 90,3, em comparação com uma pontuação média de 89,8 para as "linhas de base humanas" do SuperGLUE. Isso não significa que os sistemas de IA superaram o desempenho humano em todas as tarefas do SuperGLUE, mas significa que o desempenho médio em todo o pacote excedeu o de uma linha de base humana. O rápido ritmo de progresso sugere que o SuperGLUE pode precisar ser tornado mais desafiador ou substituído por testes mais difíceis no futuro.

Fundamentos para uma Análise Abrangente da IA

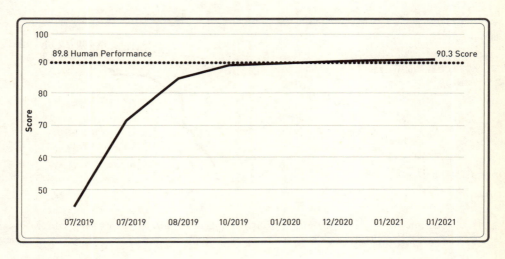

SuperGLUE Benchmark
Fonte: SuperGLUE Leaderboard, 2020 | Chart: 2021 AI Index Report

SQuAD (2021 AI Index Report)

- O Stanford Question Response Dataset, ou SQuAD, é um benchmark de compreensão de leitura que mede com que precisão um modelo de PNL pode fornecer respostas curtas a uma série de perguntas relativas a um pequeno artigo de texto. Os fabricantes de teste SQuAD estabeleceram um benchmark de desempenho humano, tendo um grupo de pessoas lendo artigos da Wikipedia sobre uma variedade de tópicos e, em seguida, respondendo a perguntas de múltipla escolha sobre esses artigos. Os modelos recebem a mesma tarefa e são avaliados na pontuação F1, ou pela sobreposição média entre o modelo de previsão e a resposta correta. Pontuações mais altas indicam melhor desempenho.

- Como mostra a figura a seguir, a pontuação F1 para SQuAD 1.1 melhorou de 67,75 em agosto de 2016 para superar o desempenho humano de 91,22 em setembro de 2018 — um período de 25 meses — enquanto o SQuAD 2.0 levou apenas 10 meses para superar o desempenho humano (de 66,3 em maio de 2018 a 89,47 em março de 2019). Em 2020, os modelos mais avançados de SQuAD 1.1 e SQuAD 2.0 alcançaram as pontuações F1 de 95,38 e 93,01, respectivamente.

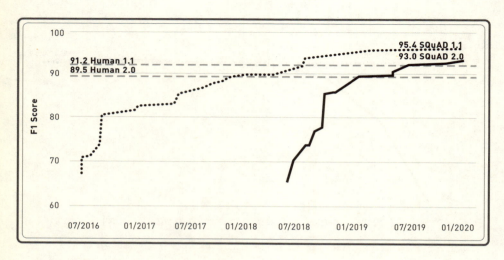

Squad 1.1 and Squad 2.0: F1 score
Fonte: CodaLab Worksheets, 2020 | Chart: 2021 AI Index Report

Visão e razão da linguagem (2021 AI Index Report)

- O raciocínio de visão e linguagem é uma área de pesquisa que aborda o quão bem as máquinas raciocinam, em conjunto, sobre dados visuais e de texto.

- O Desafio de resposta visual a perguntas (VQA), introduzido em 2015, requer que as máquinas forneçam uma resposta precisa em linguagem natural, dada uma imagem e uma pergunta de linguagem natural sobre a imagem com base em um conjunto de dados público. A figura seguinte mostra que a precisão (*accuracy*) cresceu quase 40% desde sua primeira edição na Conferência Internacional sobre Visão Computacional (ICCV) em 2015. A maior precisão do desafio de 2020 é de 76,4%. Essa conquista está mais próxima da linha de base humana de 80,8% de precisão.

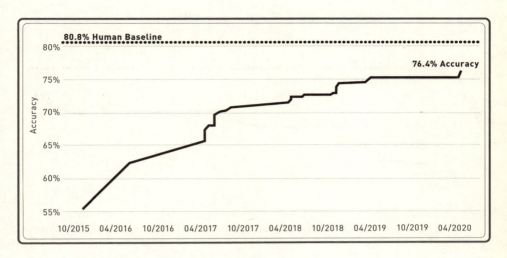

Visual Question Answering (VQA) challenge: accuracy
Fonte: VQA Challenge, 2020 | Chart: 2021 AI Index Report

Tarefa Visual Commonsense Reasoning — VCR (*2021 AI Index Report*)

> A tarefa Visual Commonsense Reasoning (VCR), introduzida em 2018, pede às máquinas que respondam a uma pergunta desafiadora sobre uma determinada imagem e justifiquem essa resposta com raciocínio. O conjunto de dados do videocassete contém 290 mil pares de perguntas, respostas e fundamentos de múltipla escolha, bem como mais de 110 mil imagens de cenas de filmes. O principal modo de avaliação para a tarefa de VCR é a pontuação Q-> AR, exigindo que as máquinas escolham primeiro a resposta certa (A) para uma pergunta (Q) entre quatro opções de resposta (Q->A) e, em seguida, selecione a justificativa correta (R) entre quatro escolhas lógicas com base na resposta. Uma pontuação mais alta é melhor, e o desempenho humano nessa tarefa é medido por uma pontuação QA->R de 85. A máquina de melhor desempenho melhorou na pontuação Q->AR de 44 em 2018 para 70,5 em 2020 (ver a próxima figura), o que representa um aumento de 60,2% no desempenho do principal concorrente em 2019.

Inteligência Artificial e suas Ambivalências

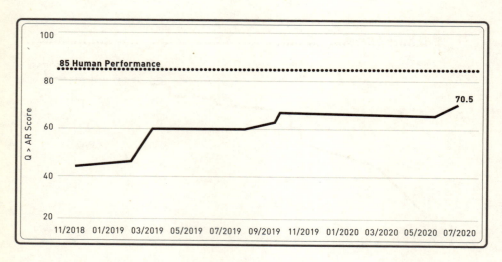

Visual Commonsense Reasoning (VCR) task: Q->AR Score
Fonte: VCR Leaderboard, 2020 | Chart: 2021 AI Index Report

Prova de Teorema Automatizada — ATP (*2021 AI Index Report*)

A Prova de Teorema Automatizada (ATP) diz respeito ao desenvolvimento e uso de sistemas que automatizam o raciocínio sólido ou a derivação de conclusões que decorrem inevitavelmente de fatos. Os sistemas ATP estão no centro de muitas tarefas computacionais, incluindo a verificação de software. A biblioteca de problemas TPTP foi usada para avaliar o desempenho dos algoritmos ATP de 1997 a 2020 e para medir a fração de problemas resolvidos por qualquer sistema ao longo do tempo. A análise se estende a todo o TPTP (mais de 23 mil problemas), além de 4 subconjuntos salientes (cada um variando entre 500 e 5.500 problemas). A figura a seguir mostra que a fração de problemas resolvidos sobe de forma consistente, indicando progresso no campo. O progresso notável de 2008 a 2013 incluiu um forte progresso nos subconjuntos FOF, TF0 e TH0. No FOF, que tem sido usado em muitos domínios (por exemplo, matemática, conhecimento do mundo real e verificação de software), houve melhorias significativas nos sistemas Vampire, E e iProver. No TF0 (usado principalmente para resolver problemas em matemática e ciência da computação) e no TH0 (útil em tópicos sutis e complexos como filosofia e lógica), houve um rápido progresso inicial à medida que os sistemas desenvolveram técnicas que resolveram problemas "fáceis de encontrar".

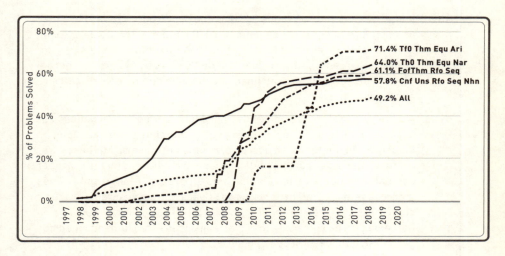

Percentage of problems solved, 1997–2020
Fonte: Sutcliffe, Suttner & Perrault, 2020 | Chart: 2021 AI Index Report

Capítulo 3: A economia *(2021 AI Index Report — Recorte de alguns tópicos)*

A ascensão da IA inevitavelmente levanta a questão de quanto as tecnologias impactarão as empresas, o trabalho e a economia de forma mais geral. A IA oferece benefícios e oportunidades substanciais para as empresas, desde o aumento dos ganhos de produtividade com automação até a adaptação de produtos aos consumidores usando algoritmos, analisando dados em escala e muito mais. No entanto, o aumento da eficiência e da produtividade prometido pela IA também apresenta grandes desafios: as empresas devem lutar para encontrar e reter talentos qualificados para atender às suas necessidades de produção, ao mesmo tempo em que estão atentas à implementação de medidas para mitigar os riscos de uso da IA. Além disso, a pandemia da Covid-19 causou caos e incerteza contínua para a economia global. Este capítulo analisa a relação cada vez mais entrelaçada entre a IA e a economia global sob a perspectiva de empregos, investimentos e atividade corporativa.

- O campo de pesquisas sobre drogas, cânceres e moléculas recebeu o maior volume de investimento privado em IA no ano de 2020, com mais de US$13,8 bilhões, 4,5 vezes mais do que em 2019.
- Canadá, Índia, Cingapura, Brasil e África do Sul são os países com o maior crescimento na contratação de IA de 2016 a 2020. Apesar da pandemia da Covid-19, a contratação de IA continuou a crescer nos países da amostra em 2020.

- Mais investimentos privados em IA estão sendo canalizados para menos startups. Apesar da pandemia, 2020 viu um aumento de 9,3% no montante de investimento privado em IA em relação a 2019 — um aumento percentual maior do que o de 2018 a 2019 (5,7%), embora o número de novas empresas financiadas tenha diminuído pelo terceiro ano consecutivo.

- Apesar das crescentes demandas para lidar com questões éticas associadas ao uso de IA, os esforços para lidar com essas questões na indústria são limitados, de acordo com uma pesquisa da McKinsey. Por exemplo, questões como equidade e justiça em IA continuam a receber comparativamente pouca atenção das empresas. Além disso, menos empresas em 2020 veem os riscos de privacidade pessoais ou individuais como relevantes, em comparação com 2019, e não houve mudança na porcentagem de entrevistados cujas empresas estão tomando medidas para mitigar esses riscos específicos.

- Os EUA registraram uma diminuição em sua participação nas ofertas de empregos de IA de 2019 a 2020 — a primeira queda em 6 anos. O número total de empregos de IA postados nos Estados Unidos também diminuiu 8,2% de 2019 a 2020, de 325.724 em 2019 para 300.999 empregos em 2020.

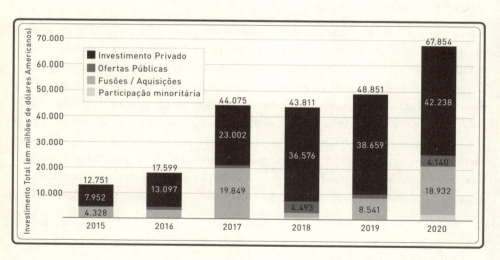

Investimentos corporativos globais em IA por tipo de investimento, 2015–2020
Fonte: CapIQ, Crunchbase, and NetBase Quid, 2020 | Chart: 2021 AI Index Report

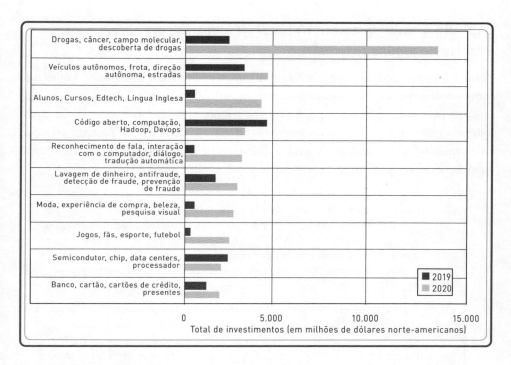

Investimentos privados globais em IA por área, 2019 vs. 2020

Fonte: CapIQ, Crunchbase, and NetBase Quid, 2020 | Chart: 2021 AI Index Report

Startups (*2021 AI Index Report — Recorte de alguns tópicos*)

Esta seção analisou a tendência do investimento privado em startups de IA que receberam investimentos de mais de US$400 mil nos últimos 10 anos. Embora a quantidade de investimento privado em IA tenha disparado dramaticamente nos últimos anos, a taxa de crescimento diminuiu. Mais investimentos privados em IA estão sendo canalizados para menos startups. Apesar da pandemia, 2020 viu um aumento de 9,3% no montante de investimento privado em IA de 2019 — uma porcentagem maior do que o aumento de 5,7% em 2019, embora o número de empresas financiadas tenha diminuído pelo terceiro ano. Embora tenha havido um recorde de mais de US$40 bilhões em investimento privado em 2020, isso representa apenas um aumento de 9,3% em relação a 2019 — em comparação com o maior aumento de 59%, observado entre 2017 e 2018.

Capítulo 4: Educação em IA (*2021 AI Index Report — Recorte de alguns tópicos*)

Como a IA se tornou um motor mais significativo da atividade econômica, houve um aumento do interesse das pessoas que querem entendê-la e obter as qualificações necessárias para trabalhar no campo. Ao mesmo tempo, as crescentes demandas de IA da indústria estão tentando que mais professores deixem a academia para o setor privado. Esse capítulo foca as tendências nas habilidades e na formação de talentos de IA por meio de diversas plataformas e instituições de educação.

- Uma pesquisa do Índice de IA realizada em 2020 sugere que as melhores universidades do mundo aumentaram seus investimentos em educação em IA nos últimos 4 anos. O número de cursos que ensinam aos alunos as habilidades necessárias para construir ou implantar um modelo prático de IA nos níveis de graduação e pós-graduação aumentou 102,9% e 41,7%, respectivamente, nos últimos 4 anos letivos.

- Mais alunos com PhD em IA na América do Norte escolheram trabalhar na indústria nos últimos 10 anos, enquanto menos optaram por empregos na academia, de acordo com uma pesquisa anual da *Computing Research Association* (CRA). A parcela de novos PhDs em IA que escolheram empregos na indústria aumentou 48% na última década, de 44,4% em 2010 para 65,7% em 2019. Em contraste, a parcela de novos PhDs em IA que entraram na academia caiu 44%, de 42,1% em 2010 para 23,7% em 2019.

- Nos últimos 10 anos, os doutores em IA passaram de 14,2% do total de doutores de CS concedidos nos Estados Unidos, para cerca de 23% a partir de 2019, segundo levantamento do CRA. Ao mesmo tempo, outros CS PhDs anteriormente populares perderam popularidade, incluindo redes, engenharia de software e linguagens de programação. Todos os compiladores viram uma redução nos PhDs concedidos em relação a 2010, enquanto as especializações em IA e Robótica/Visão tiveram um aumento substancial.

- A porcentagem de alunos internacionais entre novos PhDs em IA na América do Norte continuou a aumentar em 2019, para 64,3% — um aumento de 4,3% em relação a 2018. Entre os graduados estrangeiros, 81,8% permaneceram nos Estados Unidos e 8,6% aceitaram empregos fora dos Estados Unidos.

- Na União Europeia, a grande maioria das ofertas acadêmicas especializadas em IA são ministradas em nível de mestrado. Robótica e automação é de longe o curso mais ensinado nos programas de bacharelado e mestrado especializados, enquanto o aprendizado de máquina (ML) domina nos cursos de curta duração especializados.

Capítulo 5: Desafios éticos das aplicações de IA (*2021 AI Index Report — Recorte de alguns tópicos*)

À medida que as inovações alimentadas pela IA se tornam cada vez mais prevalentes em nossas vidas, os desafios éticos das aplicações de IA são cada vez mais evidentes e sujeitos a escrutínio. O uso de várias tecnologias de IA pode levar a consequências não intencionais, mas prejudiciais, como a intrusão da privacidade; a discriminação com base em gênero, raça/etnia, orientação sexual ou identidade de gênero; e a tomada de decisão opaca, entre outras questões. Enfrentar os desafios éticos existentes e construir inovações responsáveis e justas de IA antes de serem implantadas nunca foi tão importante. Esse capítulo discute os esforços para abordar as questões éticas que surgiram com as aplicações de IA.

- O número de artigos com palavras-chave relacionadas à ética em títulos submetidos a conferências de IA cresceu desde 2015, embora o número médio de títulos de artigos que correspondam a palavras-chave relacionadas à ética em grandes conferências de IA permaneça baixo ao longo dos anos.

- Os cinco tópicos de notícias que receberam mais atenção em 2020, relacionados ao uso ético de IA, foram o lançamento do white paper da Comissão Europeia sobre IA, a demissão do pesquisador de ética Timnit Gebru pelo Google, o comitê de ética de IA formado pelas Nações Unidas, o plano de ética de IA do Vaticano e a saída da IBM dos negócios de reconhecimento facial.

Capítulo 6: Diversidade em IA (*2021 AI Index Report — Recorte de alguns tópicos*)

Embora os sistemas de IA tenham o potencial de afetar dramaticamente a sociedade, as pessoas que criam os sistemas de IA não são representativas das pessoas que esses sistemas devem servir. A força de trabalho de IA continua predominantemente masculina e com falta de diversidade tanto na academia quanto na indústria, apesar de as desvantagens e os riscos que isso acarreta serem destacados há muitos anos. A falta de diversidade em raça e etnia reforça as desigualdades existentes geradas por sistemas de IA, reduz o escopo de indivíduos e organizações para quem esses sistemas funcionam e contribui para resultados injustos.

- A porcentagem de mulheres graduadas com PhD em IA e professoras de ciência da computação (CS) permaneceu baixa por mais de uma década. Mulheres graduadas em programas de doutorado em IA na América do Norte representam menos de 18% de todos os doutorados em média, de acordo com uma pesquisa anual da Computing Research Association (CRA). Uma pesquisa do Índice AI sugere que o corpo docente feminino representa apenas 16% de todos os professores de Ciências da Computação em várias universidades ao redor do mundo.

- A pesquisa CRA sugere que em 2019, entre os novos graduados em AI PhD residentes nos EUA, 45% eram brancos, enquanto 22,4% eram asiáticos, 3,2% eram hispânicos e 2,4% eram afro-americanos.

Capítulo 7: Política de IA e estratégias nacionais (*2021 AI Index Report — Recorte de alguns tópicos*)

A IA deverá moldar a competitividade global nas próximas décadas, prometendo conceder aos primeiros países adotantes uma vantagem econômica e estratégica significativa. Até o momento, governos nacionais e organizações regionais e intergovernamentais correram para colocar em prática políticas direcionadas à IA para maximizar a promessa da tecnologia, ao mesmo tempo em que abordam suas implicações sociais e éticas. Esse capítulo navega pela paisagem da formulação de políticas de IA e acompanha os esforços que ocorrem nos níveis local, nacional e internacional para ajudar a promover e governar as tecnologias de IA.

- Desde que o Canadá publicou a primeira estratégia nacional de IA do mundo em 2017, mais de 30 outros países e regiões publicaram documentos semelhantes até dezembro de 2020.

- O lançamento da Parceria Global sobre IA (GPAI), com participação da Organização para Cooperação e Desenvolvimento Econômico (OCDE), do Observatório de Políticas de IA e da Rede de Especialistas em IA em 2020 promoveu esforços intergovernamentais para trabalho conjunto, apoiando o desenvolvimento de IA para todos.

- Nos Estados Unidos, o 116º Congresso foi a sessão do Congresso mais focada em IA da história. O número de menções à IA por esse Congresso em legislação, relatórios de comitês e relatórios do Serviço de Pesquisa do Congresso é mais do que o triplo do 115º Congresso.

7.2 Colaboração Internacional em IA (*2021 AI Index Report* — *Recorte de alguns tópicos*)

- Dada a escala das oportunidades e dos desafios apresentados pela IA, uma série de esforços internacionais foram recentemente anunciados com o objetivo de desenvolver estratégias multilaterais de IA. Esta seção fornece uma visão geral das iniciativas internacionais de governos comprometidos em trabalhar juntos para apoiar o desenvolvimento de IA para todos. Essas iniciativas multilaterais em IA sugerem que as organizações estão adotando uma variedade de abordagens para lidar com as aplicações práticas da IA e escalar essas soluções para o máximo impacto global.

- Muitos países recorrem a organizações internacionais para a formulação de normas globais de IA, enquanto outros se envolvem em parcerias ou acordos bilaterais. Entre os tópicos em discussão, a ética da IA — ou os desafios éticos levantados pelas aplicações atuais e futuras da IA — destaca-se como uma área de foco particular para esforços intergovernamentais. Países como Japão, Coreia do Sul, Reino Unido, Estados Unidos e membros da União Europeia são participantes ativos dos esforços intergovernamentais em IA.

- Uma grande potência de IA, a China, por outro lado, optou por se envolver em uma série de acordos bilaterais de ciência e tecnologia que enfatizam a cooperação em IA como parte da estrutura da iniciativa *Digital Silk Road* sob o Belt and Road (BRI). Por exemplo, a IA é mencionada na cooperação econômica da China no âmbito da Iniciativa BRI com os Emirados Árabes Unidos.

Iniciativas governamentais

- Os grupos de trabalho intergovernamentais consistem de especialistas e formuladores de políticas dos Estados-membros que estudam e relatam os desafios mais urgentes relacionados ao desenvolvimento e implantação de IA e, em seguida, fazem recomendações com base em suas descobertas. Esses grupos são fundamentais para identificar e desenvolver estratégias para as questões mais urgentes em tecnologias de IA e suas aplicações.

Grupos de trabalho

Parceria global em IA (GPAI)

- Participantes: Austrália, Brasil, Canadá, França, Alemanha, Índia, Itália, Japão, México, Holanda, Nova Zelândia, Coreia do Sul, Polônia, Cingapura, Eslovênia, Espanha, Reino Unido, Estados Unidos e União Europeia (em dezembro de 2020)
- Anfitrião do secretariado: OCDE
- Áreas de foco: IA responsável; Gestão de dados; o futuro do trabalho; inovação e comercialização
- Atividades recentes: dois Centros Internacionais de Especialização — o Centro Internacional de Especialização em Montreal para o Avanço da Inteligência Artificial e o Instituto Nacional Francês para Pesquisa em Ciência e Tecnologia Digital (INRIA) em Paris — estão apoiando o trabalho nas quatro áreas de foco, e realizou a Cúpula de Montreal 2020 em dezembro de 2020. Além disso, o grupo de trabalho de governança de dados publicou a versão beta da estrutura do grupo em novembro de 2020.

Rede de especialistas em IA da OCDE (ONE IA)

- Participantes: países da OCDE
- Anfitrião: OCDE
- Áreas de foco: classificação de IA; implementação de IA confiável; políticas para IA; computação de IA
- Atividades recentes: o ONE AI convocou sua primeira reunião em fevereiro de 2020, quando também lançou o Observatório de Políticas de AI da OCDE. Em novembro de 2020, o grupo de trabalho sobre a classificação de IA apresentou a primeira visão de uma estrutura de classificação de IA baseada na definição de IA da OCDE dividida em quatro dimensões (contexto, dados e entrada, modelo de IA, tarefa e saída) que visa a orientar os formuladores na concepção de políticas adequadas para cada tipo de sistema de IA.

Grupo de especialistas de alto nível em Inteligência Artificial (HLEG)

- Participantes: países da UE
- Anfitrião: Comissão Europeia
- Áreas de foco: diretrizes éticas para IA confiável
- Atividades recentes: desde o seu lançamento por recomendação da estratégia de IA da UE em 2018, o HLEG apresentou as Diretrizes de Ética da UE para Inteligência Artificial Confiável e uma série de recomendações de política e de investimento, bem como uma lista de verificação de avaliação relacionada às diretrizes.

Grupo de especialistas Ad Hoc (AHEG) para a recomendação sobre a ética da Inteligência Artificial

- Participantes: Estados-membros da Organização das Nações Unidas para a Educação, a Ciência e a Cultura (UNESCO)
- Anfitrião: UNESCO
- Áreas de foco: questões éticas levantadas pelo desenvolvimento e uso de IA
- Atividades recentes: o AHEG produziu uma primeira versão revisada da Recomendação sobre a Ética da Inteligência Artificial, que foi transmitida em setembro de 2020 aos Estados-membros da UNESCO para comentários até 31 de dezembro de 2020.

Cúpulas e reuniões (*2021 AI Index Report — Recorte de alguns tópicos*)

AI for Good Global Summit

- Participantes: Global (com as Nações Unidas e suas agências)
- Anfitriões: União Internacional de Telecomunicações, Fundação XPRIZE
- Áreas de foco: desenvolvimento confiável, seguro e inclusivo de tecnologias de IA e acesso equitativo aos seus benefícios

AI Partnership for Defense

- Participantes: Austrália, Canadá, Dinamarca, Estônia, Finlândia, França, Israel, Japão, Noruega, Coreia do Sul, Suécia, Reino Unido e Estados Unidos
- Anfitriões: Joint Artificial Intelligence Center, Departamento de Defesa dos EUA
- Áreas de foco: princípios éticos de IA para defesa

Associação Chinesa de Nações do Sudeste Asiático (ASEAN)

- Participantes: Brunei, Camboja, China, Indonésia, Laos, Malásia, Mianmar, Filipinas, Cingapura, Tailândia e Vietnã
- Anfitriões: Associação Chinesa de Ciência e Tecnologia, Região Autônoma de Guangxi Zhuang, China
- Áreas de foco: construção de infraestrutura, economia digital e desenvolvimento voltado para a inovação

Acordos bilaterais

Os acordos bilaterais com foco em IA são outra forma de colaboração internacional que vem ganhando popularidade nos últimos anos. A IA geralmente é incluída no contexto mais amplo de colaboração no desenvolvimento de economias digitais, embora a Índia se destaque por investir no desenvolvimento de vários acordos bilaterais especificamente voltados para IA.

Índia e Emirados Árabes Unidos

A Invest India e o Ministério de Inteligência Artificial dos Emirados Árabes Unidos assinaram um memorando de entendimento em julho de 2018 para colaborar na promoção de ecossistemas inovadores de IA e outras questões políticas relacionadas à IA. Dois países convocarão um comitê de trabalho com o objetivo de aumentar o investimento em startups de IA e atividades de pesquisa em parceria com o setor privado.

Estados Unidos e Reino Unido

Os EUA e o Reino Unido anunciaram uma declaração em setembro de 2020, por meio do Grupo de Trabalho Econômico de Relações Especiais, de que os dois países entrarão em um diálogo bilateral sobre o avanço da IA em linha com valores democráticos compartilhados e maior cooperação nos esforços de P&D de IA.

Índia e Japão

A Índia e o Japão concluíram um acordo em outubro de 2020 que se concentra na colaboração em tecnologias digitais, incluindo 5G e IA.

França e Alemanha

A França e a Alemanha assinaram um roteiro para uma rede franco-alemã de pesquisa e inovação em IA como parte da Declaração de Toulouse, em outubro de 2019, para promover os esforços europeus no desenvolvimento e na aplicação de IA, levando em consideração as diretrizes éticas.

7.4 IA e política (2021 AI Index Report — Recorte de alguns tópicos)

À medida que a IA ganha atenção e importância, as políticas e iniciativas relacionadas à tecnologia estão se tornando cada vez mais prioritárias para governos, empresas privadas, organizações técnicas e sociedade civil. Esta seção examina como três desses quatro atores estão definindo a agenda para a formulação de políticas de IA, incluindo a autoridade legislativa e monetária dos governos nacionais, bem como grupos de reflexão, a sociedade civil e a indústria de tecnologia e consultoria.

Registros de legislação em IA

O número de registros parlamentares sobre IA é um indicador do interesse governamental em desenvolver capacidades de IA — e legislar questões relativas à IA. Nesta seção, usamos dados da Bloomberg e da McKinsey & Company para verificar o número desses registros e como esse número evoluiu nos últimos dez anos. O governo da Bloomberg identificou toda a legislação (aprovada ou introduzida), relatórios publicados por comitês do Congresso e relatórios CRS que faziam referência a uma ou mais palavras-chave específicas de IA. A McKinsey & Company pesquisou os termos "Inteligência Artificial" e "aprendizado de máquina" nos sites do Registro do Congresso dos EUA, do Parlamento do Reino Unido e do Parlamento do Canadá.

Bancos centrais dos países

Os bancos centrais desempenham um papel fundamental na condução da política monetária de um país ou união monetária. Como acontece com muitas outras instituições, os bancos centrais têm a tarefa de integrar a IA em suas operações e confiar na análise de big data para auxiliá-los na previsão, no gerenciamento de risco e na supervisão financeira. A Prattle, fornecedora líder de soluções automatizadas de pesquisa de investimento, monitora menções à IA nas comunicações dos bancos centrais, incluindo atas de reuniões, documentos de política monetária, comunicados à imprensa, discursos e outras publicações oficiais. Houve um aumento significativo na menção de IA em 16 bancos centrais nos últimos 10 anos, com o número atingindo um pico de 1.020 em 2019. O declínio acentuado em 2020 pode ser explicado pela pandemia da Covid-19, já que a maioria das comunicações dos bancos centrais se concentrou em respostas à desaceleração econômica. Além disso, o Federal Reserve nos Estados Unidos, o Norges Bank na Noruega e o Banco Central Europeu encabeçam a lista do número mais agregado de menções à IA em comunicações nos últimos cinco anos.

O *2021 AI Index Report* termina com a apresentação de sete Apêndices relativos a cada um dos seus capítulos. Eles detalham pormenorizadamente as metodologias utilizadas para apuração de todas as informações contidas nesse amplo relatório de mais de 200 páginas, e o leitor pode acessá-las no documento original.[9]

Concluída a apresentação do resumo de alguns temas do *2021 AI Index Report*, citaremos ainda três breves tópicos do igualmente amplo relatório *2019 AI Index Report*,[10] composto por 9 capítulos. Os textos são literais e de autoria da fonte citada, aqui traduzidos por meio do *Google Translate*, e revisados pelo autor deste livro.

Capítulo 6: Sistemas Autônomos (*2019 AI Index Report* — Recorte de alguns tópicos)

Esse capítulo analisa dados em torno de veículos autônomos (AVs) e armas autônomas (AWs). Destacamos países e cidades que testam os AVs e apresentamos tipos conhecidos de implantações de armas autônomas.

> A IA é um componente essencial dos sistemas autônomos. Esse capítulo apresenta dados sobre sistemas autônomos divididos em duas seções: veículos autônomos (AVs — *Autonomous Vehicles*) e armas autônomas (AWs — *Autonomous Weapons*). A seção AV mostra os países e as cidades (Bloomberg Philanthropies) testando os AVs. Isso é seguido pela políti-

ca estadual dos EUA sobre AV da Conferência Nacional de Legislação Estadual (NCSL). Os dados do estado da Califórnia apresentam métricas sobre o total de milhas AV percorridas e o número de empresas testadas com base nos relatórios de desativação do Departamento de Veículos Motorizados (DMV). Os resultados dos relatórios DMV Collision também são analisados para apresentar métricas de segurança e confiabilidade relacionadas aos AVs. A seção sobre AW apresenta os tipos conhecidos de implantações autônomas de armas e por qual país, com base em dados de pesquisas de especialistas coletados pelo Instituto Internacional de Pesquisa para a Paz de Estocolmo (SIPRI).[11]

- Como um exemplo, o número total de milhas percorridas e o número total de empresas que testam veículos autônomos (AVs) na Califórnia cresceram 7 vezes entre 2015 e 2018. Em 2018, o Estado da Califórnia licenciou testes para mais de 50 empresas e mais de 500 AVs, que percorreram mais de 2 milhões de milhas.

- Esse não é um conjunto de dados que lista sistemas letais de armas autônomas (LAWS), mas um conjunto de dados que visa a mapear o desenvolvimento da autonomia em sistemas militares. Muitos dos sistemas incluídos no conjunto de dados não são sistemas de armas, mas sistemas militares desarmados que apresentam alguns recursos autônomos notáveis.

- O conjunto de dados não é verdadeiramente global nem abrangente. Por razões práticas óbvias, cobrir todos os países e todos os tipos de sistemas de armas não é viável. Alguns países também não são transparentes sobre seus programas de desenvolvimento e aquisição de armas, o que significa que não há como garantir que se trata de um conjunto de dados representativo.

- Cuidado com as comparações. Comparar categorias de sistemas, países ou aplicativos pode ser complicado. O mundo está produzindo mais UAVs (Unmanned Aerial Vehicle ou veículos aéreos não tripulados, como drones e outros) do que AUVs (Autonomous Underwater Vehicle ou veículos subaquáticos autônomos, como submarinos não tripulados). Portanto, se alguém vê mais UAVs autônomos que AUVs, isso não significa necessariamente que os UAVs são mais autônomos.

National AI Strategy Radar — NAISR (*2019 AI Index Report — Recorte de alguns tópicos*)

> As práticas de consultoria de análise de dados globais e IA da empresa PwC têm apoiado entidades governamentais no projeto de estratégias nacionais de IA, além de permitir que os negócios globalmente construam, implantem e monitorem a IA corporativa. Algumas dessas iniciativas podem ter um mandato amplo e difícil de definir. Outros países fizeram progressos para articular mais claramente suas prioridades, resultando em documentos longos que podem ser um desafio para consumir e comparar rapidamente com outros. Para promover esses esforços, a PwC criou o *National AI Strategy Radar (NAISR)* para monitorar os avanços e os cenários de como os órgãos reguladores discutem suas prioridades em relação à IA. O painel do NAISR usa a IA para monitorar estratégias nacionais de IA, apresentando as principais prioridades e os tópicos discutidos em documentos e publicações de políticas de órgãos reguladores de todo o mundo sobre a IA e suas implicações. Ajuda a avaliar o que está sendo discutido e a direção que essas discussões estão tomando. Você pode aprender mais sobre os esforços da PwC trabalhando com entidades nacionais em IA no site mencionado nesta nota.[12]

Definição para os "desafios éticos" utilizados ao longo do relatório (*2019 AI Index Report*)

> - **Privacidade de dados:** os usuários devem ter o direito de gerenciar seus dados, usados para treinar e executar sistemas de IA.
> - **IA benéfica:** o desenvolvimento da IA deve promover o bem comum.
> - **Equidade:** o desenvolvimento da IA deve abster-se de usar conjuntos de dados que contêm vieses discriminatórios.
> - **Responsabilização:** todos os envolvidos nos sistemas de IA são responsáveis pelas implicações morais de seu uso e uso indevido.
> - **Entendimento de IA:** designers e usuários de sistemas de IA devem se educar sobre IA.
> - **Agência humana:** um poder totalmente autônomo nunca deve ser investido nas tecnologias de IA.
> - **Diversidade e inclusão:** entenda e respeite os interesses de todas as partes interessadas afetadas por sua tecnologia de IA.

Fundamentos para uma Análise Abrangente da IA

- **Segurança:** durante toda a vida útil operacional, os sistemas de IA não devem comprometer a segurança física ou a integridade mental dos seres humanos.
- **Transparência:** um sistema de IA deve ser capaz de explicar seu processo de tomada de decisão de maneira clara e compreensível.
- **Direitos e valores humanos:** os sistemas de IA devem ser projetados de modo que seus comportamentos e ações estejam alinhados com os direitos e valores humanos.
- **Legalidade e conformidade:** todas as partes interessadas no projeto de um sistema de IA devem sempre agir de acordo com a lei e todos os regimes regulatórios relevantes.
- **Confiabilidade:** os sistemas de IA devem ser desenvolvidos de modo a operar de maneira confiável por longos períodos de tempo, usando os modelos e os conjuntos de dados corretos.
- **Sustentabilidade:** o desenvolvimento da IA deve garantir que a sustentabilidade do nosso planeta seja preservada para o futuro.

2.2. AI NOW INSTITUTE REPORTS — NEW YORK UNIVERSITY

O *AI Now Institute* da *New York University (NYU)* é um centro de pesquisa interdisciplinar dedicado a compreender as implicações sociais da IA. Sua atuação concentra-se em quatro domínios principais[13]:

- *Direitos e liberdades:* como a IA e as tecnologias relacionadas são usadas para fazer determinações e previsões em áreas de alto risco, como justiça criminal, aplicação da lei, habitação, contratação e educação, elas têm o potencial de impactar direitos e liberdades básicos de maneiras profundas. O *AI Now* está em parceria com a **ACLU (American Civil Liberties Union)** e outras partes interessadas para entender e lidar melhor com esses impactos.
- *Trabalho e automação:* os sistemas de automação e de Inteligência Artificial em estágio inicial já estão mudando a natureza do emprego e as condições de trabalho em vários setores. O *AI Now* trabalha com cientistas sociais, economistas, organizadores do trabalho e outros a fim de entender melhor as implicações da IA para o trabalho — examinando quem se beneficia e quem arca com o custo dessas mudanças rápidas.

- *Polarização e inclusão:* os dados refletem as condições sociais, históricas e políticas em que foram criados. Os sistemas de Inteligência Artificial "aprendem" com base nos dados que recebem. Isso, junto com muitos outros fatores, pode levar a resultados tendenciosos, imprecisos e injustos. O *AI Now* pesquisa questões de justiça, observando como o preconceito é definido e por quem, e os diferentes impactos da IA e de tecnologias relacionadas em diversas populações.

- *Segurança e infraestrutura crítica:* à medida que os sistemas de IA são introduzidos em nossas infraestruturas centrais, dos hospitais à rede elétrica, os riscos decorrentes de erros e pontos cegos aumentam. O *AI Now* estuda as maneiras pelas quais a IA e as tecnologias relacionadas estão sendo aplicadas nesses domínios e visa a compreender as possibilidades de integração segura e responsável da IA.

Relacionaremos a partir de agora uma síntese do relatório *AI Now* de 2019. Em relação à publicação do *AI Now 2020 Report*, ele havia sido anunciado para acontecer em dezembro de 2020. Contudo, devido às preocupações sociais com uma eventual abordagem incompleta ou tendenciosa face à pandemia, bem como à gravidade do contexto mundial, o *AI Now Institute* optou por *não publicar* o relatório do ano de 2020. Ao contrário, decidiu emitir o seríssimo comunicado que reproduzimos a seguir.

AI Now Institute — AI in 2020: A Year to Give us Pause (emitido em 16 de dezembro de 2020):[14]

- 2020 foi um ano de verdades duras e de tragédias, à medida que crises interligadas colocavam os fracassos, as inadequações e as limitações estruturais de nossas instituições centrais em destaque. Ao mesmo tempo, vemos a indústria de IA correndo para lucrar no espaço deixado por uma rede de segurança social ausente, reforçada pela crescente virada dos governos para buscar soluções de tecnologia. As empresas de IA estão aumentando a vigilância de nossos locais de trabalho, escolas e comunidades; reprimindo a organização do trabalhador e a pesquisa ética; e financiando a aprovação de contas que eliminam a proteção dos trabalhadores para milhões de pessoas — enquanto se tornam mais ricas e poderosas no processo.

- Esse momento levanta questões urgentes e difíceis sobre o papel da pesquisa, e o lugar desse trabalho dentro de um conjunto mais amplo de disciplinas e movimentos sociais. De fato, o que significa estudar as implicações sociais da IA quando a lógica operacional da IA pode ser rastreada até as forças capitalistas industriais que impulsionam a comercialização, por um lado, e histórias profundas e complexas de

Fundamentos para uma Análise Abrangente da IA

desigualdade racista que abrangem séculos e contextos, por outro? Qual é o nosso papel nos movimentos por justiça e responsabilidade que vão muito além de um determinado conjunto de tecnologias? E como podemos honrar as forças complexas e interligadas em ação na IA e, de maneira mais eficaz, retroceder nas narrativas que pintam a IA como um único agente determinista?

- Essas não são perguntas com respostas fáceis. Acreditamos que esse momento nos convida a dar um passo atrás, ter tempo e refletir cuidadosamente sobre o papel da pesquisa e da crítica, especialmente quando são produzidas dentro de uma universidade de elite no norte global.

- Com esse espírito, *não* publicaremos o relatório anual resumindo o ano de 2020 em IA, pelo menos não agora. Seria impossível encaixar 2020 em nossa estrutura tradicional de "visão de cima" e possivelmente improdutivo se gastássemos a energia, o que é considerável.

- Então, em vez de gastar nosso tempo com isso, estamos planejando para o futuro e refletindo não apenas sobre o que precisa ser feito, mas *como* deve ser feito — como conduzir pesquisas e *advocacy* de acordo com nossos valores, como garantir que nosso trabalho é verdadeiramente solidário com as pessoas que são desproporcionalmente prejudicadas pela IA e como reconhecer e enfrentar as forças e as histórias emaranhadas no design e no uso da IA de maneira significativa. Acreditamos que esse trabalho é urgente e necessário e estamos comprometidos em acertar.

- Embora esta seja uma declaração curta, ela se beneficiou da participação de toda a equipe do *AI Now* e reflete um processo de tomada de decisão lento e deliberado que desmente sua brevidade. Em nosso trabalho de avanço, faremos o trabalho de deliberação, de braços dados com a complexidade, e todo o processo de pesquisa visível e valorizado em nossos artefatos voltados para o público — incluindo a garantia de que todos os envolvidos na pesquisa, redação, edição e trabalho operacional recebam crédito por suas contribuições.

Vejamos agora um resumo do ***AI Now 2019 Report***.[15] Todos os textos são literais e de autoria da fonte citada, aqui traduzidos por meio do *Google Translate* e revisados pelo autor deste livro. Assim, é importante registrar que as próximas páginas deste subcapítulo são citações de partes do *AI Now 2019 Report*, salvo menção em contrário. Apresentamos o *Índice* apenas para que o leitor obtenha uma visão geral da diversidade de assuntos abordados em suas 100 páginas, para além dos nossos recortes. Se desejado, pode-se acessar o link para leitura do relatório completo.

AI Now 2019 Report

Índice

Recomendações

Sumário executivo

1. O impulso crescente contra a IA prejudicial
   1.1. IA, poder e controle
       - Produtividade do trabalhador, IA e "A taxa"
       - Controle Salarial Algorítmico
       - IA na contratação de tecnologia
       - Impactos separados da automação de trabalho
       - Os limites da ética corporativa da IA
       - Como as empresas de IA estão incitando o deslocamento geográfico
   1.2. Organização e resistência às consolidações de poder
       - Organização e Pushback
       - Organização Comunitária
       - Organização do Trabalhador
       - Organização de Alunos
   1.3. Respostas de leis e políticas
       - Proteção de dados como base da maioria das estruturas reguladoras da IA
       - Regulamento de Reconhecimento Biométrico
       - Responsabilidade Algorítmica e Avaliações de Impacto
       - Experimentação com forças-tarefa
       - Litígios estão preenchendo parte do vazio
2. Preocupações emergentes e urgentes em 2019
   2.1. A automação privada da infraestrutura pública
       - IA e vigilância de bairro
       - Cidades inteligentes
       - IA na fronteira
       - Sistemas Nacionais de Identidade Biométrica
       - Narrativa da corrida armamentista da China

2.2. Do "colonialismo de dados" aos dados coloniais
- A abstração do "colonialismo de dados" e a eliminação do contexto
- Dados coloniais: estatística e soberania de dados indígenas

2.3. Viés incorporado

2.4. IA e a crise climática
- A IA torna a tecnologia mais suja
- IA e a indústria de combustíveis fósseis
- Opacidade e ofuscação

2.5. Fundamentos científicos falhos
- Reconhecimento facial/afetivo
- Conjuntos de dados de rosto

2.6. Saúde
- Escala em expansão e escopo das infraestruturas de saúde algorítmicas
- Novos desafios sociais para a comunidade de saúde

2.7. Avanços na comunidade de aprendizado de máquina
- O caminho difícil para as perspectivas sociotécnicas
- Enfrentando as vulnerabilidades inerentes à IA

Conclusão

Recomendações do AI Now 2019 Report[16]

1. Os reguladores devem proibir o uso do reconhecimento de emoções em decisões importantes que impactam a vida das pessoas e o acesso a oportunidades.

Até então, as empresas de IA deveriam parar de implantá-lo. Dados os fundamentos científicos contestados da tecnologia de reconhecimento de emoções — uma subclasse de reconhecimento facial que afirma detectar coisas como personalidade, emoções, saúde mental e outros estados do interior —, não deve ser permitido desempenhar um papel em decisões importantes sobre vidas humanas, como quem é entrevistado ou contratado para um emprego, o preço do seguro, a avaliação da dor do paciente ou o desempenho do aluno na escola. Os governos devem proibir especificamente o uso do reconhecimento de emoções em processos de tomada de decisão de alto risco.

2. O governo e as empresas devem interromper o uso do reconhecimento facial em contextos sociais e políticos sensíveis, até que os riscos sejam completamente estudados e regulamentações adequadas estejam em vigor.

Em 2019, houve uma rápida expansão do reconhecimento facial em muitos domínios. No entanto, há evidências crescentes de que essa tecnologia causa sérios danos, geralmente para pessoas de cor e pobres. Deve haver uma moratória em todos os usos do reconhecimento facial em domínios sociais e políticos sensíveis — incluindo vigilância, policiamento, educação e emprego —, em que o reconhecimento facial represente riscos e acarrete consequências que não podem ser remediados retroativamente. Os legisladores devem suplementar uma moratória com: (1) requisitos de transparência que permitam a pesquisadores, formuladores de políticas e comunidades avaliar e entender a melhor abordagem possível para regular o reconhecimento facial; e (2) proteções que fornecem às comunidades nas quais essas tecnologias são usadas o poder de fazer suas próprias avaliações para implantação.

3. A indústria da IA precisa fazer mudanças estruturais significativas para lidar com o racismo sistêmico, a misoginia e a falta de diversidade.

A indústria da IA é surpreendentemente homogênea, devido em grande parte ao tratamento de mulheres, pessoas de cor, minorias de gênero e outros grupos sub-representados. Para começar a resolver esse problema, mais informações devem ser compartilhadas publicamente sobre níveis de remuneração, taxas de resposta a assédio, discriminação e práticas de contratação. Também exige o fim da desigualdade salarial e de oportunidades, e o fornecimento de incentivos reais para os executivos criarem, promoverem e protegerem locais de trabalho inclusivos. Finalmente, as medidas tomadas devem considerar que muitas pessoas nas empresas de tecnologia trabalham como mão de obra temporária — fornecedores ou contratados vulneráveis.

4. A pesquisa de vieses (preconceitos) da IA deve ir além das correções técnicas, visando a abordar as políticas e as consequências mais amplas do uso da IA.

A pesquisa sobre o viés e a justiça da IA começou a se expandir além das soluções técnicas que visam à paridade estatística, mas ainda é preciso haver exames mais rigorosos das políticas e consequências da IA, incluindo muita atenção às práticas e aos danos à classificação da IA. Isso exigirá que o campo de disciplinas "não técnicas", cujo trabalho tradicionalmente examina essas questões — incluindo estudos de ciência e tecnologia, estudos críticos, estudos sobre deficiências e outras disciplinas profundamente sintonizadas com o contexto social —, passe a incluir também como a diferença é construída, o trabalho de classificação e suas consequências.

5. **Os governos devem exigir a divulgação pública do impacto climático do setor de IA.**

    Dados os impactos ambientais significativos do desenvolvimento da IA, bem como a concentração de poder no setor de IA, é importante que os governos garantam que os fornecedores de IA em larga escala divulguem ao público os custos climáticos do desenvolvimento da IA. Tal como acontece com requisitos semelhantes para os setores automotivo e aéreo, essa divulgação ajuda a fornecer a base para escolhas coletivas mais informadas sobre clima e tecnologia. A divulgação deve incluir notificações que permitam aos desenvolvedores e pesquisadores entender o custo climático específico do uso da infraestrutura de IA. Os relatórios de impacto climático devem ser separados de qualquer contabilização de compensações ou outras estratégias de mitigação.

6. **Os trabalhadores devem ter o direito de contestar a IA exploradora e invasiva.**

    A introdução de sistemas de gerenciamento de trabalho habilitados para IA levanta questões significativas sobre direitos e segurança dos trabalhadores. O uso desses sistemas — dos armazéns da Amazon até o Uber e o InstaCart — reúne poder e controle nas mãos dos empregadores e prejudica principalmente os trabalhadores de baixa renda, estabelecendo metas de produtividade ligadas a lesões crônicas e estresse psicológico, impondo cortes salariais algorítmicos imprevisíveis que minam a estabilidade econômica. Os trabalhadores merecem o direito de contestar essas determinações e de concordar coletivamente com os padrões do local de trabalho que são seguros, justos e previsíveis. Tradicionalmente, nos EUA, os sindicatos têm sido uma parte importante desse processo, o que ressalta a necessidade de as empresas permitirem que seus trabalhadores se organizem sem medo de retaliação.

7. **Os técnicos de IA devem ter o direito de saber o que estão construindo e de contestar usos antiéticos ou prejudiciais de seu trabalho em IA.**

    Nos últimos dois anos, trabalhadores de tecnologia e denunciantes organizados emergiram como uma força poderosa para a responsabilidade da IA, expondo contratos e planos secretos para produtos nocivos, desde armas autônomas até infraestrutura de rastreamento e vigilância. Dada a natureza de uso geral da maioria das tecnologias de IA, os engenheiros que projetam e desenvolvem um sistema geralmente não conhecem como ele será utilizado. Um modelo de reconhecimento de objetos treinado para permitir a vigilância aérea poderia ser tão facilmente aplicado ao alívio de desastres quanto ao direcionamento de armas. Com muita frequência, as decisões sobre como a IA é usada são deixadas para os departamentos de vendas e executivos; ficam ocultas atrás de acordos contratuais altamente confidenciais, inacessíveis aos trabalhadores e ao público. As empresas devem garantir que os trabalhadores possam rastrear em que seu trabalho está sendo aplicado, por quem e com que finalidade. O fornecimento dessas informações permite que os trabalhadores façam escolhas éticas e lhes dê poder para contestar coletivamente aplicativos prejudiciais.

8. Os Estados devem elaborar leis ampliadas de privacidade biométrica que regulem os atores públicos e privados.

Os dados biométricos, do DNA às impressões faciais, estão no centro de muitos sistemas de IA prejudiciais. Há mais de uma década, Illinois adotou a *Lei de Privacidade de Informações Biométricas* (BIPA), que agora se tornou uma das proteções de privacidade mais eficazes nos Estados Unidos. O BIPA permite que indivíduos processem qualquer coleta não autorizada e uso de seus dados biométricos por um ator privado, inclusive para vigilância, rastreamento e criação de perfil via reconhecimento facial. Os estados que adotam o BIPA devem expandi-lo para incluir o uso do governo, o que mitigará muitos dos danos biométricos da IA, especialmente em paralelo com outras abordagens, como moratórias e proibições.

9. Os legisladores precisam regulamentar a integração de infraestruturas de vigilância pública e privada.

Em 2019, houve um aumento na integração de infraestruturas tecnológicas de propriedade privada com sistemas públicos, de cidades "inteligentes" a tecnologias de propriedade e sistemas de vigilância de bairros, como o *Ring and Rekognition* da Amazon. Grandes empresas de tecnologia como Amazon, Microsoft e Google também buscavam grandes contratos militares e de vigilância, envolvendo ainda mais esses interesses. Na Ásia, na África e na América Latina, vários governos continuam lançando projetos de identificação biométrica que criam a infraestrutura para vigilância comercial e estadual. No entanto, poucos regimes regulatórios governam essa intersecção. Precisamos de forte transparência, responsabilidade e supervisão nessas áreas, como esforços recentes para exigir divulgação pública e debate de parcerias, contratos e aquisições público-privadas de tecnologia.

10. As avaliações de impacto algorítmicas devem levar em consideração o impacto da IA no clima, na saúde e no deslocamento geográfico.

    Avaliações de impacto algorítmicas (AIAs) ajudam governos, empresas e comunidades a avaliar as implicações sociais da IA e a determinar se e como usar os sistemas de IA. Aqueles que usam AIAs devem expandi-los para que, além de considerar questões de preconceito e discriminação, incluam as questões de clima, saúde e deslocamento geográfico.

11. Pesquisadores de aprendizado de máquina devem levar em conta riscos e danos potenciais e documentar melhor as origens de seus modelos e dados.

    Os avanços na compreensão de preconceitos e justiça na pesquisa de aprendizado de máquina deixam claro que a avaliação de riscos e danos é imperativa. Além disso, o uso de novos mecanismos para documentar a proveniência dos dados e as especificidades dos modelos individuais de aprendizado de máquina também devem se tornar práticas de pesquisa padrão. Os modelos de cartões e as folhas de dados oferecem modelos úteis. Como comunidade, os pesquisadores de aprendizado de máquina precisam adotar essas análises e ferramentas para criar uma infraestrutura que considere melhor as implicações da IA.

12. Os legisladores devem exigir consentimento informado para o uso de quaisquer dados pessoais na IA relacionada à saúde.

    A aplicação da IA na área da saúde exige maiores proteções em torno dos dados. Diferente do processo de consentimento informado que os pesquisadores biomédicos e profissionais de saúde empregam em contextos clínicos, o uso com IA requer discussão dos riscos e benefícios envolvidos, aprovação afirmativa antes de prosseguir, e oportunidades razoáveis para se retirar do estudo ou do tratamento. Para garantir um futuro que não amplifique e reforce as injustiças históricas e os danos sociais, os sistemas de saúde da IA precisam de abordagens de consentimento informado melhores e mais pesquisas para entender suas implicações à luz das iniquidades sistêmicas da saúde, das práticas organizacionais da saúde e de diversas práticas culturais.

Sumário Executivo do AI Now 2019 Report[17]

A disseminação da tecnologia de gerenciamento algorítmico no local de trabalho está aumentando a assimetria de poder entre trabalhadores e empregadores. A IA ameaça não apenas deslocar desproporcionalmente os que recebem menos, mas também reduzir salários, segurança no emprego e outras proteções para aqueles que mais precisam.

- Em 2019, vimos a rápida aceleração de sistemas algorítmicos que controlam tudo, desde entrevistas, integração e produtividade do trabalhador até a definição e a programação de salários. Seja dentro dos armazéns de atendimento da Amazon, ao volante de um Uber, ou entrevistando para o primeiro emprego fora da faculdade, os trabalhadores são cada vez mais gerenciados por meio da IA, com poucas proteções ou garantias. Os sistemas de IA usados para controle e gerenciamento de trabalhadores são inevitavelmente otimizados para produzir benefícios para os empregadores, geralmente com um grande custo para os trabalhadores. Novas pesquisas também sugerem que trabalhadores com salários mais baixos, especialmente trabalhadores de cor, enfrentarão maiores danos da automação do trabalho nos próximos anos. Pode haver deslocamento ou degradação do trabalho, à medida que os trabalhadores são cada vez mais incumbidos de monitorar e cuidar de sistemas automatizados em vez de concluir as tarefas em si.

Grupos, trabalhadores, jornalistas e pesquisadores da comunidade — e não declarações e políticas corporativas de ética em IA — foram os principais responsáveis por pressionar governos e empresas de tecnologia a protegerem o uso da IA.

- Empresas, governos, ONGs e instituições acadêmicas continuaram dedicando enormes esforços à geração de princípios e declarações de ética em IA neste ano. No entanto, a grande maioria deles diz muito pouco sobre implementação, responsabilidade ou como essa ética seria mensurada e aplicada na prática. Paralelamente, temos visto evidências crescentes demonstrando uma forte divisão entre promessas e práticas éticas. Cada vez mais, ações significativas em relação à responsabilidade da IA vêm de trabalhadores, advogados da comunidade e organizadores. Em muitos casos, esses esforços não são específicos da IA, mas concentram-se em políticas prejudiciais e discriminatórias de longa data, e em como as tecnologias ativadas pela IA amplificam esses danos. Isso inclui exemplos como advogados da justiça criminal trabalhando para interromper o uso de ferramentas de policiamento preditivo discriminatório, grupos de direitos dos inquilinos que se opõem ao reconhecimento facial em moradias e uma coalizão de ativistas da Latinx, trabalhadores de tecnologia e estudantes que expõem e protestam contra contratos lucrativos de empresas de tecnologia com militares.

Esforços para regular os sistemas de IA estão em andamento, mas estão sendo superados pela adoção pelo governo de sistemas de IA para vigiar e controlar.

- Somente em 2019, surgiram várias leis e regulamentos visando a IA. Em particular, o reconhecimento facial continua como foco de muitos debates. Em 2018, o *AI Now* juntou chamadas para limitar severamente o uso do reconhecimento facial. Em 2019, organizadores dos EUA lideraram o processo, fazendo campanha com sucesso para aprovar leis que proíbem o reconhecimento facial em várias cidades. O candidato presidencial Bernie Sanders chegou a prometer uma proibição em todo o país, e os membros do Congresso dos Estados Unidos propuseram vários projetos de lei, incluindo a Lei de Privacidade de Reconhecimento Facial Comercial de 2019, a Lei de Garantia de Tecnologia de Reconhecimento Facial e a Lei de Não Barreiras Biométricas de 2019. Fora dos EUA, há litígios sobre o uso da tecnologia pela polícia do Reino Unido, decisões sob o GDPR na UE e o parlamento australiano ordenando uma pausa completa no uso de um banco de dados nacional.

- No entanto, apesar da crescente preocupação pública e das ações regulatórias, o lançamento do reconhecimento facial e de outras tecnologias de IA arriscadas mal diminuiu. Os chamados projetos de "cidade inteligente" em todo o mundo estão consolidando o poder sobre a vida cívica nas mãos de empresas de tecnologia com fins lucrativos, encarregando-as de gerenciar recursos e informações essenciais. Por exemplo, o projeto *Sidewalk Labs* do Google até promoveu a criação de uma pontuação de crédito de cidadão gerenciada pelo Google como parte de seu plano para parcerias público-privadas como a *Sidewalk Toronto*. A Amazon comercializou fortemente sua Ring, uma câmera de vídeo de vigilância doméstica habilitada para IA. A empresa fez parceria com mais de 700 departamentos de polícia, usando a polícia como vendedores para convencer os moradores a comprar o sistema. Em troca, a aplicação da lei teve acesso mais fácil às imagens de vigilância do

Ring. Enquanto isso, empresas como Amazon, Microsoft e Google estão lutando para serem os primeiros na fila de contratos governamentais maciços para aumentar o uso da IA para rastreamento e vigilância de refugiados e residentes, juntamente com a proliferação de sistemas de identidade biométrica, contribuindo para a infraestrutura geral de vigilância administrada por empresas privadas de tecnologia e disponibilizada aos governos.

Os sistemas de IA continuam ampliando as disparidades de raça e de gênero por meio de técnicas como o reconhecimento de emoções, que não têm base científica sólida.

- Pesquisas recentes destacaram a enorme falta de diversidade no setor de IA, bem como as grandes diferenças demográficas entre as populações que se beneficiam e lucram com a eficiência da IA e aquelas que suportam o custo dos vieses e da exploração da IA. Como resultado, podemos ter algoritmos sexistas do *Apple Card* que desencadearam investigações pelo Comitê de Finanças do Senado e pelo Departamento de Serviços Financeiros do Estado de Nova York. Em vez de reconhecer a escala e a natureza sistêmica do problema, as empresas de tecnologia reagiram à crescente evidência de preconceito e uso indevido, concentrando-se principalmente em soluções de diversidade restrita. Eles também tentaram debitar técnicas, trabalhando para "consertar" algoritmos e diversificar conjuntos de dados, mesmo que essas abordagens tenham se mostrado insuficientes e levantem sérias preocupações de privacidade e consentimento. Notavelmente, nenhuma das abordagens considera as desigualdades estruturais subjacentes. As abordagens também não consideram a crescente assimetria de poder entre aqueles que produzem e lucram com a IA e os indivíduos sujeitos aos aplicativos da IA.

- O reconhecimento de emoções, um subconjunto do reconhecimento facial que afirma "ler" nossas emoções internas, interpretando as microexpressões em nosso rosto, tem sido um foco particular de crescente preocupação — não apenas porque pode codificar vieses, mas porque não possui qualquer fundamento científico sólido para garantir resultados precisos ou válidos. Isso foi confirmado em 2019 pelo maior estudo até o momento sobre o tema. No entanto, apesar disso, o reconhecimento de emoções habilitado para IA continua sendo implantado em escala nos ambientes, desde salas de aula até entrevistas de emprego, informando determinações sensíveis sobre quem é "produtivo" ou quem é um "bom trabalhador", muitas vezes sem o conhecimento das pessoas.

Fundamentos para uma Análise Abrangente da IA

O crescente investimento e desenvolvimento da IA tem implicações profundas em áreas que vão das mudanças climáticas aos direitos dos pacientes da área de saúde, e ao futuro da geopolítica e das desigualdades, sendo reforçadas nas regiões do Sul global.

- Por fim, nosso relatório destaca novas preocupações associadas ao desenvolvimento da IA e seus efeitos em áreas que vão das mudanças climáticas aos cuidados com a saúde e à geopolítica. Durante todo o processo, observamos as consequências significativas do uso e do desenvolvimento da IA e o perigo de deixar determinações em torno desses problemas nas mãos de um pequeno número de indivíduos e corporações, cujos incentivos e visões de mundo estão frequentemente em *desacordo* com os interesses daqueles que sofrem as consequências de tais decisões.

- O impacto climático do desenvolvimento da IA tornou-se uma área de preocupação específica, pois pesquisas recentes demonstraram que a criação de apenas um modelo de IA para processamento em linguagem natural pode emitir até 600 mil libras de dióxido de carbono. Também surgiram preocupações importantes sobre como as ferramentas algorítmicas de gerenciamento de saúde estão afetando os dados e o bem-estar dos pacientes e a vida daqueles que cuidam deles. A narrativa chinesa de "corrida armamentista de IA" também ocupou o centro do palco em 2019. Nesse relatório, examinamos a maneira como os esforços para regular e reduzir a IA prejudicial foi muitas vezes rotulada como "antiprogresso", mesmo que esses esforços se concentrem em manter os valores democráticos que os EUA afirmam promover em suas relações com a China. Finalmente, são necessárias mais pesquisas sobre o impacto no mundo real localmente específico da indústria de IA em países do Sul global, e as formas como isso reforça as desigualdades históricas nessas regiões.

- Assim como em nossos relatórios anteriores, apresentamos essas descobertas e preocupações no espírito de engajamento e com a esperança de poder contribuir para uma compreensão mais holística da IA, que centralize as perspectivas e as necessidades dos mais afetados e que modele o desenvolvimento técnico e a implantação para esses fins.

Após suas *Recomendações* e seu *Sumário Executivo*, cujo resumo apresentamos anteriormente, listaremos agora um apanhado de alguns tópicos dos demais capítulos do **AI Now 2019 Report**.[18] Todos os textos são literais e de autoria da fonte citada, aqui traduzidos por meio do *Google Translate*, e revisados pelo autor deste livro. Selecionamos poucos itens dentre os dez subcapítulos do seu *Índice*, que listamos anteriormente.

1.1. IA, poder e controle (*AI Now 2019 Report* — Recorte de alguns tópicos)

Produtividade dos trabalhadores, IA e "A taxa"

- Por meio de uma combinação de vigilância, análise preditiva e integração em sistemas de locais de trabalho, como entrevistas, recursos humanos e supervisão, os empregadores estão implementando sistemas algorítmicos para classificar e avaliar trabalhadores, definir automaticamente salários e metas de desempenho e até demitir funcionários.

- Em todos os casos, esses sistemas são otimizados da perspectiva dos empresários e raramente envolvem ou incluem perspectivas, necessidades ou considerações dos trabalhadores. A maioria das ferramentas de gerenciamento algorítmico, como a maioria dos sistemas de decisão algorítmica, carece de oportunidades significativas para os trabalhadores entenderem como os sistemas funcionam ou contestar ou alterar as determinações sobre seus meios de subsistência.

- Um número crescente de empregadores depende de sistemas de IA para gerenciar trabalhadores e definir cargas de trabalho, obtendo poder e controle centralizados significativos. Por exemplo, a Amazon usa um sistema de IA que define metas de desempenho para os trabalhadores, a chamada "taxa". A "taxa" é calculada automaticamente e muda de um dia para o outro. Se um trabalhador fica para trás, ele está sujeito à ação disciplinar.

- A Amazon não é a única empresa que usa IA para reforçar a produtividade do trabalhador. Chris Ramsaroop, membro fundador da organização *Justicia for Migrant Workers*, documentou a integração de tecnologias de rastreamento e produtividade no setor agrícola do Canadá, e descobriu que "as tecnologias de vigilância são utilizadas para regular os trabalhadores, para determinar seu ritmo no trabalho e seus níveis de produção, muito parecido com o que vemos nos armazéns".

- Quando o *Philadelphia Marriott Downtown* começou a usar um aplicativo para atribuir tarefas às empregadas domésticas, elas descobriram que o novo sistema as enviava em ziguezague através de um hotel do tamanho de um quarteirão. Isso reduziu sua capacidade de organizar seu dia, tornando seu trabalho mais exigente fisicamente.

- Os relatórios no início de 2019 também revelaram que o Hospital Infantil da Filadélfia (CHOP) contratou prestadores externos para montar e distribuir suprimentos como seringas, gaze e outros equipamentos essenciais e usou uma "taxa" algorítmica opaca que determinava a quantidade de trabalho. Se algo está errado, é "quase impossível atingir a taxa", dizem os trabalhadores. Por exemplo, "se eles estão com ou sem pessoal ou com excesso de pessoal, se é feriado, se há uma pessoa nova e que está apenas começando a acelerar". O CHOP vincula a prática de contratar trabalhadores terceirizados (cujo trabalho é alugado por uma empresa a outra) para definir algoritmos e as taxas de produtividade. Isso exige uma taxa de produtividade como parte do acordo contratual e impõe essa taxa por meio de um algoritmo, em vez de supervisores no local.

Leituras distintas dos impactos da automação de trabalho

- Nos últimos anos, duas narrativas predominantes surgiram em torno do futuro e da automação do trabalho. *Uma* insiste em que a automação do trabalho trará um ganho líquido para a sociedade — aumentando a produtividade, aumentando a economia e criando mais empregos e demanda por trabalhadores que compensarão qualquer deslocamento tecnológico que ocorra ao longo do caminho. *A outra* prevê um apocalipse de trabalho, em que os robôs acabarão por dominar a força de trabalho, criarão um enorme desemprego e servirão apenas aos interesses financeiros daqueles que os possuem e aos motores de nossa economia. Ambas as narrativas se baseiam no pressuposto de que a automação no local de trabalho é inevitável e que os sistemas automatizados são capazes de executar tarefas que anteriormente eram trabalho de humanos.

- O que está faltando nas duas narrativas conflitantes é a previsão mais sutil de quem será prejudicado e quem será beneficiado pela automação do trabalho nos próximos anos. Em 2019, surgiram mais dados que começam a fornecer a seguinte resposta para essas perguntas: a automação da mão de obra e a correspondente reestruturação e redução do trabalho remunerado provavelmente prejudicarão desproporcionalmente os trabalhadores negros, latino-americanos e com baixos salários nos EUA.

- Um estudo do *Brookings Institute* prevê que certos grupos demográficos provavelmente arcarão mais com o ônus de se ajustar à automação do trabalho do que outros, o que implica que os benefícios da automação — maior eficiência e lucro — não são compartilhados com todos os trabalhadores, mas agregam-se àqueles no topo.

- Os efeitos díspares da automação de tarefas provavelmente também acarretarão perdas desproporcionais de empregos. Até a *McKinsey & Company*, que acredita que a IA pode elevar a produtividade e o crescimento econômico, concluiu que a automação da mão de obra agravará ainda mais a diferença racial nos EUA. Um estudo de julho de 2019 descobriu que mais de um quarto dos trabalhadores da Latinx — algo como 7 milhões de pessoas — estão em empregos que poderiam ser automatizados até 2030. Isso se traduz em uma taxa de deslocamento potencial de 25,5% para os trabalhadores da Latinx, 3 pontos percentuais acima da média nacional. A *McKinsey* calculou que 4,6 milhões de trabalhadores serão deslocados até 2030 devido à automação, com uma taxa de deslocamento potencial de 23,1%.

Os números exatos de perda de emprego causados pela automação são finalmente *contestados*. Depois que o *MIT Technology Review* sintetizou 18 relatórios diferentes sobre os efeitos da automação no trabalho, com previsões que variavam de um ganho de quase 1 bilhão de empregos em todo o mundo até 2030 a uma perda de 2 bilhões, observou-se apropriadamente que "os prognósticos estão por todo o mapa". Com todas essas projeções, o problema está nos detalhes. Podemos não ter ideia de quantos empregos serão realmente perdidos para a marcha do progresso tecnológico, mas podemos começar a responder quem perderá o emprego com base na dinâmica do poder e nas disparidades econômicas que já existem hoje.

Os limites da ética corporativa da IA

Os desenvolvedores e pesquisadores de IA fazem determinações importantes que podem afetar bilhões de pessoas, ajudando-as a considerar quem a tecnologia beneficia e prejudica. O exemplo do carro autônomo da Uber deixa claro o que poderia ter sido feito se engenheiros, designers e executivos dedicassem mais atenção à ética e à segurança, apesar de não sabermos se essas decisões foram ou não tomadas pelos engenheiros. Em 2018, um Uber autônomo no Arizona matou Elaine Herzberg, uma pedestre. Uma recente investigação do *National Transportation Safety Board* encontrou problemas significativos com o sistema autônomo da Uber, incluindo uma revelação chocante de que o software autônomo da Uber "não foi projetado para esperar que pedestres do lado de fora das faixas de pedestres possam atravessar a rua". Falhas de engenharia semelhantes levaram a mais 37 acidentes envolvendo veículos autônomos da Uber. É claro que melhores práticas de teste e engenharia, fundamentadas na preocupação com as implicações da IA, são urgentemente necessárias.

No entanto, focar engenheiros sem levar em conta a economia política mais ampla na qual a IA é produzida e implantada gera o risco de colocar a responsabilidade em atores individuais dentro de um sistema muito maior, apagando assimetrias de poder muito reais. Os que estão no topo das hierarquias corporativas têm muito mais poder para definir a direção e moldar a tomada de decisão ética do que os pesquisadores e desenvolvedores individuais. Essa ênfase na "educação ética" lembra o impulso para o treinamento de "preconceito inconsciente" como uma maneira de "melhorar a diversidade". O racismo e a misoginia são tratados como sintomas "invisíveis" latentes nos indivíduos, não como problemas estruturais que se manifestam em iniquidades materiais.

Essas formulações ignoram o fato de que os engenheiros geralmente não estão no centro das decisões que levam a danos e podem nem saber sobre elas. Por exemplo, alguns engenheiros que trabalhavam no Projeto *Maven* do Google não estavam cientes de que estavam construindo um sistema militar de vigilância por drones. De fato, essa obscuridade geralmente ocorre por design, com projetos sensíveis sendo divididos em partes e seções, tornando impossível para qualquer desenvolvedor ou equipe entender a forma definitiva do que está construindo e em que pode ser aplicado.

1.3. Respostas de leis e políticas (*AI Now 2019 Report — Recorte de alguns tópicos*)

Proteção de dados como base da maioria das estruturas reguladoras da IA

O relativo sucesso das leis de proteção de dados (GDPR) para confrontar e conter comportamentos prejudiciais por empresas de tecnologia fornece uma base natural para abordagens de novas formas de atividade algorítmica. Em particular, o direito de acessar dados pessoais para consultar informações sobre decisões automatizadas, requisitos como relatórios de impacto à proteção de dados (DPIAs), e privacidade por design, alinham-se bem com a maioria das estruturas de responsabilidade da IA. Como argumentam os especialistas em direito Margot E. Kaminski e Gianclaudio Malgieri, os DPIAs são uma ponte entre "as duas faces dos GDPRs no tocante à abordagem da responsabilização algorítmica: direitos individuais e governança colaborativa sistêmica".

Agora que os governos passam a regular sistemas algorítmicos, eles não o fazem no vácuo de políticas. Mais de 130 países já aprovaram leis abrangentes de proteção de dados, sendo o Quênia e o Brasil os mais recentes a modelar suas leis amplamente no GDPR. Enquanto os EUA ainda carecem de uma lei geral de proteção de dados, o momento parece estar crescendo para resolver essa lacuna, com um aumento dramático da atividade nos níveis federal e estadual.

No entanto, ainda existe um debate em andamento sobre se as estruturas no estilo GDPR podem ou devem oferecer um "direito à explicação" sobre decisões automatizadas específicas. Alguns estudiosos argumentam que atualmente não existe tal direito no GDPR, enquanto outros argumentam que várias disposições do GDPR podem ser reunidas para obter informações significativas sobre a lógica envolvida nas decisões automatizadas. Resta saber se essa é uma ferramenta eficaz ou mesmo disponível para prestação de contas, pois continua a haver um debate sobre as maneiras pelas quais a transparência e outras formas de "observar as leis de proteção de dados" pode se engajar com os objetivos das estruturas de responsabilidade algorítmica.

Responsabilidade algorítmica e avaliações de impacto

Em 2019 foram criadas nos EUA as prestações de contas algorítmicas. Conforme observado anteriormente, os legisladores dos EUA introduziram o AAA, que autorizaria a *Federal Trade Commission* (FTC) a avaliar se os produtos corporativos de Sistemas de Decisão Automatizados (ADS) são tendenciosos, discriminatórios ou representam um risco à privacidade dos consumidores. Também exige que os fornecedores de ADS enviem avaliações de impacto à FTC para avaliação.

Como o relatório de 2018 do *AI Now* destacou, o uso de Avaliações de Impacto Algorítmico (AIAs) vem ganhando força nos círculos de políticas e em vários países, estados e cidades. Com base no sucesso das avaliações de proteção de dados, meio ambiente, direitos humanos e impacto na privacidade, os AIAs exigem que os fornecedores de IA e seus clientes compreendam e avaliem as implicações sociais de suas tecnologias antes de serem usadas para impactar a vida das pessoas. Conforme delineamos em nossa estrutura de AIA, essas avaliações seriam disponibilizadas publicamente para comentários de indivíduos e comunidades interessadas, bem como de pesquisadores, formuladores de políticas e advogados para garantir que eles sejam seguros para a implantação e que aqueles que os fazem e os utilizam estejam agindo com responsabilidade.

Por exemplo, a implementação de AIAs no Canadá aparece sob sua Diretiva sobre tomada de decisão automatizada, como parte da estratégia pan-canadense de IA, com a qual o Departamento do Tesouro incorpora a ferramenta ao processo de compras governamentais. O *AI Ethics Framework* da Austrália também contempla o uso de AIAs. Washington se tornou o primeiro estado a propor AIAs para ADSs do governo com projetos de lei no Senado. Além disso, alguns estudiosos também advogaram um modelo de AIA para complementar os DPIAs sob o GDPR.

Outra dimensão da legislação de responsabilidade algorítmica em 2019 foi a transparência algorítmica. À medida que as agências policiais se voltam cada vez mais para a tecnologia proprietária em processos criminais, os direitos de propriedade intelectual de empresas privadas estão sendo violados contra o direito dos réus de acessar informações sobre essa tecnologia para contestá-la em tribunal. Abordando o caso específico de algoritmos forenses, como o software automatizado usado para analisar o DNA e prever possíveis suspeitos, a Lei Justiça em Algoritmos Forenses proíbe as empresas de reter informações sobre seu sistema, como seu código-fonte, de um réu em um processo criminal sobre sigilo comercial.

Experimentação com forças-tarefa para validar sistemas de IA

Tecnologias como análise preditiva e ADS apresentam uma série de riscos e preocupações, especialmente quando usadas por agências governamentais para fazer determinações sensíveis sobre quem recebe benefícios, qual escola uma criança frequenta e quem é libertado da prisão. Reconhecendo esses riscos, os governos de todos os níveis começaram a trabalhar para lidar com essas preocupações e a desenvolver mecanismos de governança e prestação de contas.

Das abordagens atuais, a mais comum foi a criação de órgãos temporários, quase governamentais (por exemplo, comissões ou forças-tarefa), que incluem especialistas externos e funcionários do governo. Esses órgãos têm a tarefa de examinar as tecnologias emergentes e publicar suas descobertas, além de recomendações sobre como os sistemas de ADS devem ser responsabilizados.

Até o momento, essa abordagem foi implementada principalmente por jurisdições nos Estados Unidos. Alabama, Nova York e Vermont já iniciaram suas respectivas comissões e forças-tarefa, e a legislação que busca criar órgãos semelhantes está pendente em Massachusetts, Washington e no Estado de Nova York. Isso segue uma tradição nos EUA, na qual forças-tarefa e órgãos semelhantes se reúnem quando o governo enfrenta problemas emergentes ou controversos. Com a credibilidade oferecida por especialistas não governamentais, as forças-tarefa e suas similares desenvolvem novas estratégias, políticas, normas ou orientações que podem informar a legislação ou a regulamentação futura. A Força-Tarefa de Sistemas de Decisão Automatizada da cidade de Nova York foi a primeira desses quase órgãos governamentais a completar seu mandato. No entanto, o processo revelou oportunidades perdidas na cidade de Nova York que devem ser evitadas em Vermont, Alabama e outras jurisdições, considerando os órgãos do quase governo como uma intervenção política.

- O uso da aplicação da lei de sistemas de decisão automatizados, do reconhecimento facial, do policiamento preditivo e outros, representa alguns dos maiores problemas aos residentes, e deve ser incluído em qualquer supervisão dos sistemas de decisão automatizados. Em novembro de 2019, o prefeito Bill de Blasio divulgou o Relatório da Força-Tarefa do ADS, juntamente com uma ordem executiva para estabelecer um *Diretor de Política e Gerenciamento de Algoritmos* no Escritório de Operações do prefeito. Já o membro do Conselho Peter Koo introduziu uma legislação que exige relatórios anuais sobre os ADS usados pelas agências da cidade. Um relato mais detalhado das oportunidades perdidas e das lições aprendidas com o Processo da Força-Tarefa ADS de Nova York, além de recomendações para outras jurisdições, pode ser encontrado em *Confronting Black Boxes: A Shadow Report* da Força-Tarefa do Sistema de Decisão Automatizado da cidade de Nova York.

Litígios estão preenchendo parte do vazio

- Em 2019 várias coalizões continuaram suas tentativas de usar litígios para responsabilizar governos e fornecedores pelos usos prejudiciais da IA. Por exemplo, o *Disability Rights Oregon* (DRO) processou o Departamento de Serviços Humanos do estado devido a cortes repentinos nos benefícios de incapacidade dos oregonianos sem aviso ou explicação. No processo de investigação e litígio, o DRO descobriu que a redução se devia ao fato de o Estado codificar uma redução de 30% das horas em sua ferramenta de avaliação algorítmica. O Estado aceitou rapidamente uma liminar que restabeleceu as horas de todos os destinatários aos níveis anteriores e concordou em usar a versão anterior da ferramenta de avaliação daqui para frente. No entanto, assim como casos anteriores em Idaho e Arkansas, embora a liminar do Oregon tenha posto fora de serviço esse sistema de IA em particular, não está claro exatamente o que o Estado oferecerá em seu lugar e como o implementar.

- Em Michigan, um grupo de beneficiários de desemprego interpôs uma ação coletiva contra a Agência de Seguro-Desemprego de Michigan (UIA) por um projeto de automação fracassado, chamado MiDAS, que alegava ser capaz de detectar e "julgar de maneira robusta" reivindicações de fraude de benefícios algoritmicamente. O estado contratou fornecedores de tecnologia terceirizados para construir o sistema, solicitando que o projetassem para tratar automaticamente quaisquer discrepâncias ou inconsistências de dados no registro de um indivíduo como evidência de conduta ilegal. Entre outubro de 2013 e agosto de 2015, o sistema identificou falsamente mais de 40 mil residentes de Michigan de suspeita de fraude. As consequências foram graves: apreensão de restituições de impostos, penhora de salários e imposição de sanções civis — quatro vezes a quantia que as pessoas foram acusadas de dever. E, embora os indivíduos tivessem 30 dias para recorrer, esse processo também foi falho.

Esses eventos levaram a uma ação coletiva movida em tribunal estadual em 2015, alegando violações do devido processo legal. Após uma decisão do tribunal de primeira instância negar a reivindicação, o Supremo Tribunal de Michigan reverteu em 2019 para permitir que o caso prosseguisse em julgamento. Enquanto isso, Michigan continua a usar o MiDAS e alega que os julgamentos não são mais totalmente automatizados. Não está claro quais alterações foram feitas e se há alguma revisão ou supervisão humana significativa.

2.1. A automação privada da infraestrutura pública
(*AI Now 2019 Report* — *Recorte de alguns tópicos*)

À medida que a atenção às preocupações sobre as infraestruturas de IA aumenta, tendemos a vê-las discutidas em termos de uma dicotomia entre usos públicos e privados. Essa separação sempre foi falsa em algum nível, e vimos sinais de seu eventual colapso, com evidências claras da integração contínua e expansiva de sistemas públicos e privados em muitos domínios diferentes da IA.

Parcerias preocupantes entre governo e empresas privadas de tecnologia também surgiram como tendência em 2019, especialmente aquelas que estenderam a vigilância de ambientes públicos para espaços privados, como propriedades particulares e residências. Por exemplo, uma tropa canadense de RCMP em Red Deer, Alberta, lançou um programa chamado *CAPTURE* para permitir "policiamento assistido pela comunidade por meio do uso de evidências registradas". A ideia era que empresas comerciais, e residências pessoais com câmeras de segurança privadas, usassem uma infraestrutura para compartilhar efetivamente as informações capturadas em sua propriedade privada com a polícia, sob o pretexto de melhorar a segurança da comunidade. Desde de novembro de 2019, mais de 160 propriedades estão participando, cobrindo efetivamente todo o mapa da cidade e fornecendo acesso à vigilância policial de espaços anteriormente inacessíveis sem mandado e consentimento para a entrada. Desde 2016, o Projeto *Green Light* na Cidade de Detroit, nos Estados Unidos, trabalha de maneira quase idêntica. Em março de

2019, o prefeito de Detroit decidiu estabelecer o "Programa de Inteligência em Tempo Real de Bairro", descrito como uma iniciativa de US$9 milhões, financiada pelos estados e pela federação, que não apenas expandiria o *Project Green Light* instalando equipamentos de vigilância nos 500 cruzamentos de Detroit — além dos mais de 500 já instalados nas empresas —, mas também utilizaria o software de reconhecimento facial para identificar possíveis criminosos.

A Amazon exemplificou essa nova onda de tecnologia de vigilância comercial com a Ring, uma empresa de dispositivos de segurança inteligente adquirida por ela em 2018. O produto central é a campainha de vídeo, que permite que os usuários do Ring vejam, conversem e gravem aqueles que chegam ao local. Isso é combinado com um aplicativo de vigilância de bairro chamado *Neighbours* (Vizinhos), que permite aos usuários postar casos de crime ou questões de segurança em sua comunidade e comentar com informações adicionais, incluindo fotos e vídeos. Uma série de relatórios revela que a Amazon negociou o vídeo Ring para compartilhar parcerias com mais de 700 departamentos de polícia dos EUA. As parcerias oferecem à polícia um portal direto por meio do qual é possível solicitar vídeos dos usuários do Ring no caso de uma investigação criminal nas proximidades. A Amazon não apenas incentiva os departamentos de polícia a usar e comercializar produtos Ring oferecendo descontos, mas também orienta a polícia sobre como obter êxito, como: "Solicite imagens de vigilância dos vizinhos por meio de seu portal especial." Chris Gilliard, professor que estuda práticas de *digital redlining* e discriminação, comenta: "A Amazon está essencialmente treinando a polícia como fazer o trabalho deles e como promover produtos Ring."

O *Neighbours* se une a outros aplicativos como o *Nextdoor* e o *Citizen*, que permitem aos usuários visualizar o crime local em tempo real e discuti-lo entre si. *Ring*, *Nextdoor* e *Citizen* foram todos criticados por alimentar vieses existentes em torno de quem provavelmente cometerá crimes. A *Nextdoor* até mudou seus softwares e políticas, devido à extensa evidência de estereótipos raciais em sua plataforma. Outros veem essas operações de vigilância baseadas em aplicativos semeando um clima de medo, enquanto as empresas de tecnologia lucram com a falsa percepção de que o crime está em ascensão.

Sistemas nacionais de identidade biométrica

Um número crescente de governos em todo o mundo está construindo sistemas nacionais de identidade biométrica que geram um identificador exclusivo para cada pessoa, normalmente servindo como um link para bancos de dados governamentais distintos. Residentes em muitos países são cada vez mais obrigados a usar esses novos modos digitais para acessar uma gama de serviços. Juntamente com as informações demográficas, a biometria, como impressões digitais, digitalizações de íris ou faciais, é usada para o registro único em um banco de dados de identificação ou como um meio contínuo de autenticação.

Esses sistemas de identificação variam em termos de quem são as pessoas que devem ser incluídas e excluídas: residentes, cidadãos ou refugiados. Muitos desses projetos estão em países do Sul global e têm sido incentivados como prioridade de desenvolvimento por organizações como o Banco Mundial, sob a bandeira "ID4D", e apoiados no cumprimento dos Objetivos de Desenvolvimento Sustentável da ONU. Embora esses projetos sejam frequentemente justificados como geradores de eficiência na implantação de serviços governamentais para beneficiar o usuário final, eles parecem beneficiar mais diretamente uma mistura complexa de interesses estatais e privados.

A Índia, por exemplo, introduziu uma identificação nacional para supostamente criar uma distribuição de bem-estar mais eficiente, que também foi projetada para atividade de mercado e vigilância comercial. Até a intervenção do Supremo Tribunal da Índia, qualquer entidade privada podia usar a infraestrutura de identificação biométrica do estado para autenticação, incluindo bancos, empresas de telecomunicações e vários outros fornecedores privados com poucas salvaguardas de privacidade. Um relatório recente descreve como os bancos de dados de identidade em Gana, Ruanda, Tunísia, Uganda e Zimbábue estão facilitando exercícios de "classificação de cidadãos", como agências de referência de crédito, que emergem em grande escala.

O envolvimento de fornecedores estrangeiros de tecnologia em funções técnicas importantes também levantou sérias preocupações de segurança nacional no Quênia e na Índia. Já houve várias tentativas de violar esses bancos de dados de identificação e houve uma falha de segurança no sistema de identificação da Estônia, que foi comemorado como um modelo tecnicamente avançado e que respeita a privacidade. Uma violação de segurança da biometria nesses bancos de dados pode criar impactos ao longo da vida para aqueles cujas informações pessoais e corporais estão comprometidas.

Os dossiês de registros de autenticação criados por esses sistemas de identificação, bem como a capacidade de agregar informações nos bancos de dados, podem aumentar o poder das infraestruturas de vigilância disponíveis para os governos. O ministro do Interior do Quênia se referiu ao seu sistema de identificação biométrica recentemente anunciado Huduma Numba como criando uma "única fonte de verdade" sobre cada cidadão. A inscrição e a coleta de dados associada a esses sistemas de identificação têm sido coercitivas porque é legalmente obrigatório estar inscrito para acessar serviços essenciais. Essas instâncias devem ser entendidas no contexto de alegações de que esses sistemas criarão economia de custos eliminando beneficiários falsos ou "fantasmas" de serviços de assistência social, o que repete a lógica familiar de usar sistemas técnicos como uma maneira de implementar e justificar políticas de austeridade. Na Índia e no Peru, vários casos de negação de benefícios de assistência social levaram a níveis mais altos de desnutrição e até a mortes por fome porque as pessoas não estavam matriculadas ou não conseguiram se autenticar devido a falhas técnicas.

- Existe uma preocupação crescente com a eficiência assumida desses sistemas automatizados, bem como quem deles se beneficiam e a que custo. Em 2019, a Suprema Corte da Jamaica derrubou o sistema de identificação biométrica obrigatório e centralizado da Jamaica, observando que o projeto levou a preocupações de privacidade que "não eram justificáveis em uma sociedade livre e democrática". Logo depois, o Comissário de Proteção de Dados da Irlanda ordenou que o governo excluísse os registros de identificação de 3,2 milhões de pessoas após a descoberta de que o novo "Cartão de Serviços Públicos" estava sendo usado sem limites de retenção ou compartilhamento de dados entre departamentos governamentais.

- Após anos de protestos da sociedade civil e litígios estratégicos contra o sistema de identificação biométrica indiano Aadhaar, o Supremo Tribunal da Índia impôs vários limites ao uso do sistema por empresas privadas, embora tenha permitido o uso em larga escala para o poder coercitivo do governo. Atualmente, o Supremo Tribunal do Quênia está ouvindo vários desafios constitucionais ao Huduma Namba, o sistema nacional de identificação que propõe a coleta de uma variedade de biometria, incluindo reconhecimento facial, amostras de voz e dados de DNA. Esses momentos de reação não impediram que outros governos e agências doadoras adotassem sistemas de identificação biométrica centralizados semelhantes em outros lugares. Apenas em outubro, o governo brasileiro anunciou sua intenção de criar um banco de dados centralizado de cidadãos para todos os residentes, envolvendo a coleta de uma ampla gama de informações pessoais, incluindo a biometria. A França anunciou que testará exames faciais para inscrever cidadãos em seu mais recente empreendimento de identificação nacional.

- À medida que esses projetos continuam surgindo em todo o mundo, são necessárias mais pesquisas sobre a economia política internacional desses sistemas de identificação. Coligações da sociedade civil, como a campanha #WhyID, estão se unindo para questionar fundamentalmente os interesses que conduzem esses projetos nacionalmente e por meio de organizações internacionais de desenvolvimento, além de desenvolver estratégias de advocacia para influenciar seu desenvolvimento.

Narrativa da corrida armamentista da China

- Em 2018 e 2019, a "corrida armamentista da IA" entre os EUA e a China (e, em menor grau, a Rússia) tornou-se um tópico frequente do discurso público. Essa "corrida" é comumente citada como uma razão pela qual os EUA e as empresas de tecnologia que produzem os sistemas de IA do país precisam acelerar o desenvolvimento e a implantação da IA, e recuar contra os pedidos de desenvolvimento mais lento e intencional e as proteções regulatórias mais fortes.

- É importante questionar o papel que a narrativa da "corrida armamentista da IA" desempenha no discurso em torno da IA. Quem está dirigindo e quais interesses e estruturas de poder eles representam? Criticamente, para que futuro eles nos guiam? Com que base essas alegações são fundamentadas, e como é medido o "progresso" em uma corrida dessas?

- Embora a China e os EUA estejam certamente liderando, com base em medidas de desenvolvimento técnico da IA, e com profundas implicações geopolíticas, também é importante observar o que essas medidas omitem. Fatores empíricos como o local em que sistemas de IA produzidos em qualquer país serão implantados, a que finalidade esses sistemas serão submetidos, se eles funcionam, quais comunidades correm o risco de preconceitos e outros danos, raramente são discutidos no discurso da "corrida armamentista". Dada a crescente evidência de dano devido à aplicação de sistemas de IA em contextos sociais sensíveis, essas questões são urgentes. E, no entanto, elas não estão sendo consideradas na estimativa atual de qual país está "ganhando a corrida de IA". Fazer essas perguntas pode ajudar a avaliar os objetivos da "corrida de armas" em si e quais as implicações de "vencer" a corrida.

- Os proponentes da narrativa da corrida armamentista da IA também tendem a medir o "progresso" com base na cooperação da indústria da IA com o *establishment* militar, caracterizando a reticência daqueles que questionariam o desenvolvimento de sistemas de armas e sistemas de vigilância em massa como implicitamente "antiprogresso" ou antipatriótico. De fato, algumas das vozes mais consistentes que advertem sobre os perigos da supremacia chinesa da IA vêm de dentro do estabelecimento de defesa dos EUA. Isso se encaixa na crescente atenção ao uso militar da IA, no apelo ao aumento dos gastos militares na IA, e nas parcerias mais estreitas entre as forças armadas dos EUA e o Vale do Silício.

- A suposta vontade das empresas de tecnologia chinesas de trabalhar em armas e tecnologia militar é frequentemente contrastada com os EUA, onde trabalhadores de tecnologia, grupos de direitos humanos e acadêmicos atuaram contra as empresas do Vale do Silício, que firmam contratos com esforços militares dos EUA. Essa resistência às armas e à infraestrutura privatizada habilitada para IA é vista como causadora de atritos injustificados nessa corrida. O ex-secretário de Defesa Ashton Carter disse que era "irônico" que as empresas norte-americanas não estivessem dispostas a cooperar com os militares dos EUA, "que são muito mais transparentes que os chineses e refletem os valores de nossa sociedade".

De maneira mais ampla, essa visão de progresso tende a ver todos os pedidos de restrição, reflexão e regulamentação como uma *desvantagem* estratégica para o interesse nacional dos EUA. Isso transforma a responsabilidade em uma barreira para o progresso e suprime os pedidos de supervisão. No momento em que se reconhece que "agir rápido e quebrar as coisas" causou danos a longo prazo às principais infraestruturas sociais e políticas, essa ênfase na velocidade parece particularmente equivocada.

A urgência de "derrotar" a China é comumente justificada com base no pressuposto nacionalista de que os EUA imbuiriam suas tecnologias de IA e sua aplicação de tais tecnologias com valores melhores dos que os da China. Presume-se que o governo autoritário da China promova um futuro tecnológico mais distópico do que as democracias liberais ocidentais.

2.3. Viés incorporado (*AI Now 2019 Report — Recorte de alguns tópicos*)

Enquanto os povos indígenas estão reivindicando a soberania dos dados e chamam a atenção para as relações espinhosas entre a forma como os indivíduos são definidos pelos dados e os recursos alocados a eles, o mesmo conjunto de questões recentemente se desenrolou no cenário nacional norte-americano, levando a investigações e solicitando reformas. Em novembro de 2019, o proeminente engenheiro de software e autor David Heinemeier Hansson lançou uma nova onda de críticas à discriminação algorítmica com seu tuíte sobre o *Apple Card*. Ele castigou a Apple porque recebeu um limite de crédito 20 vezes maior do que sua esposa, Jamie Heinemeier Hansson. Enquanto isso, a esposa do cofundador da Apple, Steve Wozniak, Janet Hill, recebeu um limite de crédito que representava apenas 10% da renda do marido. Por fim, a reclamação de Hansson sobre os algoritmos sexistas do *Apple Card* desencadeou investigações tanto pelo Comitê de Finanças do Senado quanto pelo Departamento de Serviços Financeiros do Estado de Nova York.

- Hansson culpou um algoritmo sexista de "caixa-preta", ecoando e ampliando o trabalho de inúmeros ativistas, jornalistas, pesquisadores e técnicos que alertam sobre os perigos dos sistemas de IA há pelo menos uma década. Muitos dos pioneiros nesse trabalho são pessoas de cor e se identificam predominantemente como mulheres ou não binárias. Eles pesquisaram, detectaram e provaram preconceitos rigorosamente em redes de publicidade, reconhecimento facial, mecanismos de pesquisa, sistemas de assistência social e até em algoritmos usados em sentenças criminais.

- No entanto, a indústria de tecnologia — que por outro lado é predominantemente liderada por homens brancos e ricos — tem feito o possível para resistir, minimizar e até mesmo zombar desse trabalho crítico e alarmante. O próprio Hansson observou a negação nas respostas ao seu tuíte criticando o *Apple Card*. De fato, Hansson havia encapsulado a defesa do presidente do Google, Eric Schmidt, falando na Universidade de Stanford no fim de outubro de 2019. Schmidt resmungou: "Sabemos do viés de dados. Você pode parar de gritar sobre isso."

- Embora o comentário de Schmidt tenha aparecido superficialmente, serviu para ressaltar que as empresas de tecnologia estão, de fato, profundamente conscientes de que a discriminação algorítmica está enraizada nos sistemas com os quais estão cobrindo o mundo. De fato, o último relatório da Microsoft aos acionistas sinalizou danos à reputação da empresa devido a sistemas de IA tendenciosos, entre os riscos da empresa. Embora o setor ofereça soluções ostensivas, como a ética corporativa da IA, essas soluções estão falhando. Até agora, a Big Tech se recusa a priorizar a solução desses problemas em seus resultados.

- Pesquisas recentes destacaram como o viés incorporado à indústria de tecnologia funciona em um ciclo de feedback, desde a falta de diversidade entre os funcionários até a discriminação prejudicial incorporada nos algoritmos. Um estudo descobriu que apenas 18% dos palestrantes nas principais conferências de IA eram mulheres, enquanto outro mostrou que 80% dos professores de IA são homens. Os indicadores sugerem que as coisas parecem muito piores ao considerar a representação por raça, etnia ou habilidade. Essa diversidade de experiência é um requisito fundamental para quem desenvolve sistemas de IA, de modo a identificar e reduzir os danos que produzem.

- Como seria possível expandir o quadro? Por um lado, assistir às experiências das comunidades que foram desconsideradas no campo da IA, é muito mais compensador do que promover a inclusão ou ajudar a identificar áreas em que as tecnologias produzem resultados tendenciosos. Também apresentar novas maneiras de entender como os sistemas tecnológicos ordenam nosso mundo social. O trabalho de estudiosos e ativistas de deficiências tem muito a oferecer para explicar os processos e as consequências do "apagamento". A bolsa sobre deficiência também enfatiza que o conceito de "normal" e as ferramentas e técnicas para sua aplicação historicamente construíram o corpo e a mente com deficiência como desviantes e problemáticos. Os estudiosos dessa área podem considerar como podemos avaliar melhor os modelos normativos codificados nos sistemas de IA e quais podem ser as consequências de impor essas normas, e para quem.

2.4. A IA e a crise climática (*AI Now 2019 Report — Recorte de alguns tópicos*)

A IA torna a tecnologia mais suja

- O setor de tecnologia enfrenta críticas pela energia significativa usada para alimentar sua infraestrutura de computação. Como um todo, a dependência energética do setor está em uma trajetória exponencial, com as melhores estimativas mostrando que sua pegada global em 2020 equivale a 3%–3,6% das emissões globais de efeito estufa, mais do que o dobro do que o setor produziu em 2007 na indústria aeronáutica, e maior que a do Japão, que é o 5º maior poluidor do mundo. No pior cenário, essa pegada pode aumentar para 14% das emissões globais até 2040.

- Em resposta, as principais empresas de tecnologia tornaram os data centers mais eficientes e trabalharam para garantir que sejam alimentados, pelo menos em parte, por energias renováveis — mudanças sobre as quais não têm vergonha, anunciando-as com explosões de marketing e muita fanfarra pública. Essas mudanças são um passo na direção certa, mas não chegam nem perto de resolver o problema. A maioria das grandes empresas de tecnologia continua a depender fortemente de combustíveis fósseis e, quando se comprometem com as metas de eficiência, elas geralmente não são passíveis de escrutínio e validação pública.

- A indústria de IA é uma fonte significativa de mais crescimento nas emissões de efeito estufa. Com o surgimento de redes 5G com o objetivo de realizar a "Internet das Coisas", a crescente aceleração da coleta e do tráfego de dados já está em andamento. Além das antenas 5G consumirem muito mais energia que suas antecessoras 4G, a introdução do 5G está pronta para alimentar uma proliferação de tecnologias de IA com uso intensivo de carbono, incluindo veículos autônomos e cirurgia telerrobótica.

Fundamentos para uma Análise Abrangente da IA

No ano passado, os pesquisadores Dario Amodei e Danny Hernandez, da *OpenAI*, relataram que "desde 2012, a quantidade de computação usada nas maiores execuções de treinamento em IA tem aumentado exponencialmente com um tempo de duplicação de 3,4 meses. Em comparação, a Lei de Moore tinha um período de duplicação de 18 meses". Suas observações mostram os desenvolvedores "repetidamente encontrando maneiras de usar mais chips em paralelo e dispostos a pagar o custo econômico de fazê-lo".

Como a IA depende de mais computadores, sua pegada de carbono aumenta, com consequências significativas. Um estudo recente da Universidade de Massachusetts estimou a pegada de carbono do treinamento de um grande modelo de processamento em linguagem natural. Emma Strubell e seus coautores relataram que o treinamento de apenas um modelo de IA produziu 300.000kg de emissões de dióxido de carbono. Isso é aproximadamente o equivalente a 125 voos de ida e volta de Nova York para Pequim.

2.5. Fundamentos científicos falhos (*AI Now 2019 Report — Recorte de alguns tópicos*)

As preocupações com os sistemas de IA concentram-se não apenas nos danos causados quando são implantados sem responsabilidade. Eles também incluem os fundamentos científicos subjacentes e muitas vezes falhos sobre os quais são construídos e depois comercializados para o público. Em 2019, os pesquisadores descobriram sistemas em ampla implantação que pretendem operacionalizar teorias científicas comprovadas, mas no final são pouco mais do que especulações. Essa tendência no desenvolvimento da IA é uma área crescente de preocupação, especialmente quando aplicada à tecnologia de reconhecimento facial e de emoções.

Reconhecimento Facial/Afetivo

O reconhecimento de emoções é uma tecnologia orientada por IA que afirma ser capaz de detectar o estado emocional de um indivíduo com base no uso de algoritmos de visão computacional para analisar suas microexpressões faciais, tom de voz ou até a sua marcha ou maneira de caminhar. Essas tecnologias estão sendo comercializadas rapidamente para uma ampla variedade de propósitos — desde tentativas de identificar o funcionário perfeito até avaliar a dor do paciente e rastrear quais alunos estão sendo atentos nas aulas. No entanto, apesar da ampla aplicação da tecnologia, pesquisas mostram que o reconhecimento de emoções é construído em princípios marcadamente instáveis. O setor de reconhecimento de emoções está passando por um período de crescimento significativo: alguns relatórios indicam que o mercado de detecção e reconhecimento de emoções valia US$12 bilhões em 2018 e, segundo uma estimativa entusiasmada, o setor deverá crescer para mais de US$90 bilhões em 2024. Essas tecnologias geralmente são colocadas em cima dos sistemas de reconhecimento facial como um "valor agregado".

Como um exemplo, a empresa *Kairos* está comercializando câmeras de análise de vídeo que alegam detectar rostos e depois classificá-los como sentindo raiva, medo ou tristeza, além de coletar a identidade do cliente e seus dados demográficos. A *Kairos* vende esses produtos para cassinos, restaurantes, comerciantes, corretores imobiliários e para indústria da hospitalidade, com a promessa de que eles ajudarão essas empresas a enxergar a paisagem emocional de seus clientes. Em agosto, a Amazon afirmou que seu software de reconhecimento facial *Rekognition* agora podia avaliar o medo, além de outras sete emoções. Embora tenha se recusado a fornecer detalhes sobre como está sendo usado pelos clientes, indicou o varejo como um possível caso de uso, ilustrando como as lojas podem alimentar imagens ao vivo de compradores para detectar tendências emocionais e demográficas.

O emprego também sofreu um aumento no uso do reconhecimento de emoções, com empresas como HireVue e VCV oferecendo a seleção de candidatos a empregos com qualidades como "coragem", e a rastrear a frequência com que sorriem. Os programas de call center Cogito e Empath usam algoritmos de análise de voz para monitorar as reações dos clientes e sinalizar para os agentes quando eles parecerem angustiados. Programas semelhantes foram propostos como uma tecnologia assistencial para pessoas com autismo, enquanto a empresa BrainCo, com sede em Boston, está criando bandanas que pretendem detectar e quantificar os níveis de atenção dos alunos por meio da detecção da atividade cerebral, apesar de estudos que descrevem riscos significativos associados à implantação de IA emocional na sala de aula. O software de reconhecimento de emoções também aderiu à avaliação de riscos como uma ferramenta na justiça criminal. Por exemplo, a polícia dos EUA e do Reino Unido está usando o software de detecção ocular Converus, que examina os movimentos oculares e as mudanças no tamanho da pupila para sinalizar possíveis enganos. A Oxygen Forensics, que vende ferramentas de extração de dados para clientes como FBI, Interpol, Polícia Metropolitana de Londres e Alfândega de

Hong Kong, anunciou em julho que também adicionou reconhecimento facial, incluindo detecção de emoções, ao seu software, que apresenta "análise de vídeos e imagens capturadas por drones, recurso usado para identificar possíveis terroristas conhecidos".

- Mas muitas vezes o software não funciona. Por exemplo, o ProPublica informou que escolas, prisões, bancos e hospitais instalaram microfones de empresas que possuem software desenvolvido pela empresa Sound Intelligence, com o objetivo de detectar estresse e agressões antes que a violência exploda. Mas o "detector de agressão" não era muito confiável, detectando sons ásperos e agudos, como tossir, como agressão. Outro estudo, da pesquisadora Dra. Lauren Rhue, encontrou preconceitos raciais sistemáticos em dois programas bem conhecidos de reconhecimento de emoções: quando ela executou o Face ++ e o Face API da Microsoft em um conjunto de dados de 400 fotos de jogadores da NBA, ela descobriu que ambos os sistemas atribuíam aos jogadores negros emoções emocionais mais negativas. Os sistemas pontuam em média, não importando o quanto eles sorriam.

- Resta pouca ou nenhuma evidência de que esses novos produtos de reconhecimento de emoções tenham validade científica. Pesquisadores da Universidade do Sul da Califórnia pediram uma pausa no uso de algumas técnicas de análise de emoções na 8ª Conferência Internacional sobre Computação Afetiva e Interação Inteligente de 2019. "Essa tecnologia de reconhecimento de expressão facial está percebendo algo — ela não está muito bem correlacionada com o que as pessoas querem usar. Então, eles só estão cometendo erros e, em alguns casos, esses erros causam danos", disse o professor Jonathan Gratch.

- Uma grande revisão divulgada no verão de 2019 descobriu que os esforços para "ler" os estados internos das pessoas a partir de uma análise apenas dos movimentos faciais, sem considerar o contexto, são, na melhor das hipóteses, incompletos e, na pior das hipóteses, não têm validade. Depois de revisar mais de mil estudos sobre expressão emocional, os autores descobriram que, embora essas tecnologias afirmem detectar o estado emocional, elas na verdade alcançam um resultado muito mais modesto: a detecção de movimentos faciais. Como o estudo mostra, há uma quantidade substancial de variação na maneira como as pessoas comunicam seu estado emocional entre culturas, situações e até entre pessoas dentro de uma única situação. Além disso, a mesma combinação de movimentos faciais — um sorriso ou uma careta, por exemplo — pode expressar mais de uma única emoção. Os autores concluem: "Não importa quão sofisticados sejam os algoritmos computacionais. É prematuro usar essa tecnologia para chegar a conclusões sobre o que as pessoas sentem com base em seus movimentos faciais."

- Em resumo, precisamos examinar por que as entidades estão usando tecnologia defeituosa para fazer avaliações sobre o caráter com base na aparência física. Isso é particularmente preocupante em contextos como emprego, educação e justiça criminal.

Conjuntos de dados de rosto

- Após o lançamento de vários estudos, continua a haver disparidades significativas de desempenho em produtos comerciais de reconhecimento facial em subgrupos demográficos. Em resposta, algumas empresas estão tentando "diversificar" conjuntos de dados para reduzir o viés. Por exemplo, a empresa de visão computacional *Clarifai* revelou que faz uso das fotos de perfil do site de namoro *OkCupid* para criar conjuntos de dados grandes e "diversos" de rostos. A *Clarifai* alega que a empresa lhes deu permissão explícita e acesso aos dados, portanto, não está claro até que ponto essa intermediação de dados constitui uma violação legal da privacidade que afeta desproporcionalmente as pessoas de cor. A IBM criou um empreendimento semelhante após ser auditada, lançando o estudo "Diversidade nas faces", que incluía um conjunto de dados "inclusivo" de rostos de uma ampla variedade de usuários do *Flickr*. Embora a maioria dos usuários cujas imagens foram coletadas tenham concedido permissões sob uma licença *Creative Commons* aberta, permitindo amplo uso da internet, nenhuma das pessoas nas fotos deu permissão à IBM, novamente levantando sérias preocupações legais e éticas sobre essas práticas.

- A prática problemática de copiar imagens online para produzir diversos conjuntos de dados não se limita apenas ao setor. Os pesquisadores Adam Harvey e Jules LaPlace expuseram métodos semelhantes usados para coletar rostos para conjuntos de dados acadêmicos. O mais notável é que os conjuntos de dados *DUKE MTMC*, o *Brainwash* e outros, foram coletados por meio da instalação de câmeras de vigilância nos campi das faculdades, detectando e cortando o rosto de estudantes inocentes para adicionar ao seu banco de dados.

- Por fim, simplesmente "diversificar o conjunto de dados" está longe de ser suficiente para conter as preocupações sobre o uso da tecnologia de reconhecimento facial. De fato, os próprios conjuntos de dados de face são uma coleção de artefatos a serem descobertos, cuja assembleia revela um conjunto de decisões que foram tomadas com relação a quem incluir e quem omitir, porém, mais importante, a quem explorar. Será essencial continuar contando essas histórias e começar a descobrir e, talvez, desafiar as práticas aceitas no campo, bem como os padrões problemáticos que elas revelam.

2.6. Saúde (*AI Now 2019 Report* — *Recorte de alguns tópicos*)

- Hoje, as tecnologias de IA mediam as experiências de saúde das pessoas de várias maneiras. Desde tecnologias populares baseadas no consumidor, como *Fitbits*, *Apple Watch*, e sistemas automatizados de suporte a diagnósticos em hospitais, até o uso de análises preditivas em plataformas de mídia social para prever comportamentos prejudiciais. A IA também desempenha um papel na maneira como as empresas de seguro de saúde geram pontuações de risco à saúde e na maneira como as agências governamentais e organizações de saúde alocam recursos médicos. Grande parte dessas atividades têm como objetivo melhorar a saúde e o bem-estar das pessoas por meio de maior personalização da saúde, novas formas de envolvimento e de eficiência clínica, caracterizando a IA na saúde como um exemplo de "IA para sempre", e uma oportunidade de enfrentar desafios globais de saúde. Isso apela a preocupações sobre a complexidade das informações da biomedicina, as necessidades de saúde com base na população e os custos crescentes dos cuidados com a saúde. No entanto, como as tecnologias de IA passaram rapidamente de ambientes de laboratório controlados para contextos de saúde da vida real, novas preocupações sociais estão surgindo rapidamente.

Escala em expansão e escopo das infraestruturas de saúde algorítmicas

- Os avanços nas técnicas de aprendizado de máquina e nos recursos de computação em nuvem tornaram possível classificar e analisar grandes quantidades de dados médicos, permitindo a detecção automática e precisa de condições como retinopatia diabética e formas de câncer de pele em ambientes médicos. Ao mesmo tempo, ansiosas por aplicar as técnicas de IA aos desafios da saúde, as empresas de tecnologia têm analisado experiências cotidianas como caminhar, fazer compras, dormir e menstruar para fazer inferências e previsões sobre o comportamento e o status da saúde das pessoas.

- Embora esses desenvolvimentos possam oferecer futuros benefícios positivos à saúde, pouca pesquisa empírica foi publicada sobre como a IA afetará os resultados de saúde do paciente ou as experiências de atendimento. Além disso, os recursos de computação em nuvem e os dados necessários para modelos de treinamento em sistemas de saúde de IA criaram novas oportunidades preocupantes, expandindo o que se conta como "dados de saúde", mas também os limites da assistência médica. O escopo e a escala dessas novas "infraestruturas algorítmicas de saúde" geram uma série de preocupações sociais, econômicas e políticas.

- A proliferação de alianças clínico-corporativas para o compartilhamento de dados para o treinamento de modelos de IA ilustra esses impactos na infraestrutura. Os incentivos comerciais e conflitos de interesses resultantes criaram questões éticas e legais em torno das notícias de primeira página dos dados de saúde. Mais recentemente, um relatório de denúncias alertou o público sobre sérios riscos à privacidade decorrentes de uma parceria, conhecida como Projeto Nightingale, entre o Google e o Ascension, um dos maiores sistemas de saúde sem fins lucrativos dos EUA. O relatório afirmava que os dados dos pacientes transferidos entre o Ascension e o Google não foram "desidentificados". O Google ajudou a migrar a infraestrutura do Ascension para o ambiente em nuvem e, em troca, recebeu acesso a centenas de milhares de registros médicos de pacientes protegidos pela privacidade para usar no desenvolvimento de soluções de IA para o Ascension, e também a fim de vender para outros sistemas de saúde.

- O Google, no entanto, não está sozinho. Microsoft, IBM, Apple, Amazon e Facebook, bem como uma ampla variedade de empresas iniciantes em assistência médica, fizeram acordos lucrativos de "parceria de dados" com uma ampla gama de organizações de assistência médica (incluindo hospitais universitários de pesquisa e companhias de seguros) para obter acesso a dados de saúde para treinamento e desenvolvimento de sistemas de saúde orientados por IA. Vários deles resultaram em *investigações federais* e *ações judiciais* sobre o uso inadequado de dados de pacientes.

- No entanto, mesmo quando as políticas reguladoras atuais, como a HIPAA, são rigorosamente seguidas, podem existir vulnerabilidades de segurança e privacidade em infraestruturas de tecnologia maiores, apresentando sérios desafios para a coleta e o uso seguros dos dados do Registro Eletrônico de Saúde (EHR). Novas pesquisas mostram que é possível vincular com precisão dois conjuntos de dados de EHR não identificados, usando métodos computacionais, de modo a criar um histórico mais completo de um paciente sem usar nenhuma informação pessoal de saúde do paciente em questão. Outro estudo recente mostrou que é possível criar reconstruções dos rostos dos pacientes usando imagens de MRI não identificadas, que podem ser identificadas usando sistemas de reconhecimento facial. Preocupações semelhantes levaram a uma ação judicial contra o Centro Médico da Universidade de Chicago e o Google, alegando que o Google é "capaz de determinar de forma única a identidade de quase todos os prontuários médicos lançados pela universidade" devido à sua experiência e a seus recursos no desenvolvimento de IA.

O dano potencial do uso indevido desses novos recursos de dados de saúde é motivo de grande preocupação, especialmente porque as tecnologias de saúde da IA continuam focadas na previsão de riscos que podem afetar o acesso à saúde ou estigmatizar indivíduos, como tentativas recentes de diagnosticar condições de saúde comportamentais complexas, como depressão e esquizofrenia, a partir de dados de mídia social.

2.7. Avanços na comunidade de aprendizado de máquina — O difícil caminho para as perspectivas sociotécnicas (*AI Now 2019 Report* — *Recorte de alguns tópicos*)

À medida que a pesquisa e as perspectivas sobre as implicações sociais da IA evoluem, as comunidades de pesquisa de aprendizado de máquina (ML) estão percebendo as limitações de definições restritas de "justiça" e estão mudando seu foco para intervenções e estratégias mais impactantes, além de promover uma maior abertura para iniciativas, inclusão e envolvimento com outras disciplinas.

Em nosso relatório *AI Now* de 2018, avaliamos criticamente as possibilidades e limitações de correções técnicas para problemas de justiça. Desde então, surgiram várias críticas convincentes que explicam melhor como essas abordagens distraem fundamentalmente questões mais urgentes, abstraem o contexto social, são incomensuráveis com a realidade política de como os cientistas de dados abordam a "formulação de problemas", e falham em abordar a lógica hierárquica que produz discriminação ilegal.

Respondendo a essas críticas, muitos pesquisadores técnicos se voltaram para o uso dos chamados métodos de justiça "causais", ou "contrafactuais". Em vez de confiar nas correlações que a maioria dos modelos de ML usa para fazer suas previsões, essas abordagens visam a desenhar diagramas causais que explicam como diferentes tipos de dados produzem vários resultados. Quando analisados para o uso de categorias sensíveis ou protegidas, como raça ou gênero, esses pesquisadores procuram declarar um processo como "justo" se fatores como raça ou gênero não influenciarem causalmente a previsão do modelo.

Embora as intenções por trás desse trabalho possam ser louváveis, ainda existem limitações claras para essas abordagens, principalmente em sua capacidade de abordar disparidades históricas e injustiças estruturais em andamento. Como explica Lily Hu, no contexto das disparidades de saúde racial, "qualquer que seja o nível de saúde que os negros teriam em algum cenário contrafactual complicado é francamente irrelevante para a questão de saber se a desigualdade realmente existente é uma questão de injustiça — e muito menos o que pode ser feito para remediá-la". Além disso, o valor dessas avaliações depende de como definir quais características individuais devem ou não levar em consideração a previsão final do algoritmo. Tais decisões são muitas vezes influenciadas política, cultural e socialmente, e o desequilíbrio de poder entre aqueles que definem essas determinações e as pessoas impactadas por elas permanece sem solução.

- Técnicas para interpretar e explicar sistemas de ML também ganharam popularidade. No entanto, eles sofrem muitas dessas mesmas críticas e demonstraram ser fundamentalmente frágeis e propensos à manipulação, além de ignorar uma longa história de insights das ciências sociais. Como resultado, alguns pesquisadores começaram a pressionar mais a necessidade de abordagens interdisciplinares e a integrar lições das ciências sociais e humanas na prática do desenvolvimento de sistemas de IA.

- Algumas estratégias práticas surgiram, incluindo métodos para documentar o desenvolvimento de modelos de aprendizado de máquina, a fim de impor algum nível de reflexão ética e relatórios adicionais ao longo do processo de engenharia. Os esforços liderados pelo setor da Parceria em AI e IEEE também estão tentando consolidar essas propostas de documentação e padronizar os requisitos de relatórios em todo o setor. Em 2019, novas auditorias algorítmicas também descobriram um desempenho desproporcional ou preconceitos nos sistemas de IA, que variam de software de carro autônomo com desempenho diferente para pedestres de pele mais escura e clara, viés de gênero nas biografias online, representações distorcidas no reconhecimento de objetos de baixa renda, diferenças raciais na precificação algorítmica e priorização diferencial na área da saúde, bem como disparidades de desempenho no reconhecimento facial.

- Em vários casos, essas auditorias tiveram um impacto tangível na melhoria da vida das pessoas afetadas injustamente. Elas também tiveram um impacto substancial nas discussões sobre políticas. Por exemplo, dois estudos de auditoria de sistemas de reconhecimento facial, incluindo as amplamente reconhecidas *Gender Shades*, levaram a estudos de auditoria subsequentes pelo Instituto Nacional de Padrões e Tecnologia e outros pesquisadores, incluindo a ACLU das auditorias do *Amazon Rekognition* do norte da Califórnia. Um deles, por exemplo, identificou falsamente 28 membros do Congresso, e 27 atletas minoritários, vinculando-os a agressões.

Enfrentando as graves vulnerabilidades inerentes à IA

- As preocupações com as vulnerabilidades dos sistemas de IA também ganharam maior atenção em 2019, destacando a necessidade urgente de que eles sejam submetidos ao mesmo escrutínio aplicado às tecnologias de automação em outras áreas de engenharia, como sistemas de aviação e de energia.

- Entre as vulnerabilidades mais urgentes a serem abordadas está o perigo das técnicas de envenenamento de dados, um método de exploração no qual um mau ator, como um hacker, pode mexer nos dados de treinamento da IA para alterar as decisões de um sistema. Um exemplo clássico é a filtragem de spam, na qual a curadoria intencional do conteúdo das mensagens que ensinam a aparência de um filtro de spam pode ajudar certos tipos de spam a passar pelo filtro sem serem detectados.

- Um segundo tipo de vulnerabilidade de IA que pode ser explorada é a chamada "porta dos fundos", que permite que os invasores encontrem maneiras de se infiltrar em um sistema de IA por meio de código que programadores maliciosos incorporam em sistemas que treinaram ou projetaram para posterior infiltração por um ator ruim. Pesquisadores da NYU mostraram que ataques de porta dos fundos podem resultar em modelos com desempenho excelente nas amostras de treinamento e validação do usuário (conjuntos de dados usados para testar modelos de IA), mas que se comportam mal quando confrontados com ataques específicos escolhidos por atacantes. Os pesquisadores usaram a porta dos fundos para envenenar um detector de sinais de trânsito de IA (comumente usado em veículos autônomos) para classificar erroneamente os sinais de parada dos EUA. E, quando eles "treinaram novamente" o modelo para trabalhar nos sinais de parada suecos, os efeitos de envenenamento anteriores foram transferidos. Esse tipo de vulnerabilidade suscita sérias preocupações, devido à rápida mudança em direção à terceirização dos procedimentos de treinamento dos modelos de ML para plataformas em nuvem.

- Uma tendência relacionada é a mudança para reduzir os custos de treinamento redirecionando e reciclando modelos de IA para tarefas novas ou específicas, um fenômeno chamado transferência de aprendizado. O aprendizado de transferência é particularmente popular para aplicativos que exigem modelos grandes, como processamento de idioma natural ou classificação de imagens. Em vez de começar do zero, retreinamos os parâmetros de um modelo central preexistente com dados mais específicos para uma nova tarefa ou domínio. Os pesquisadores mostram que essa "centralização do treinamento do modelo aumenta sua vulnerabilidade a ataques de classificação incorreta", especialmente quando esses modelos centrais estão disponíveis publicamente.

- Os ataques adversos são particularmente eficazes contra sistemas com um alto número de entradas, que são as variáveis que um modelo de IA considera para tomar uma decisão ou previsão quando implantado. Essa dependência de um grande número de entradas é inerente aos sistemas de visão computacional, nos quais normalmente cada pixel é uma entrada. Provavelmente, também é um problema para aplicativos em que os sistemas de decisão automatizados confiam em uma variedade de entradas para fazer previsões sobre o comportamento ou preferências humanas. Esses modelos dependem de diversas fontes de dados, incluindo dados de redes sociais, entradas de pesquisa, rastreamento de localização, uso de energia e outros dados reveladores sobre comportamento e preferências individuais. Tais vulnerabilidades expõem as pessoas a erros de classificação, hackers e manipulação estratégica. Pesquisadores de Harvard e do MIT explicaram essas preocupações de maneira convincente no contexto do diagnóstico médico.

- Embora a pesquisa que exponha vulnerabilidades técnicas e proponha novas defesas contra elas agora seja de alta prioridade, a criação de sistemas robustos de aprendizado de máquina ainda é uma meta ilusória. Um grupo de pesquisadores do Google Brain, do MIT e da Universidade de Tübingen, recentemente pesquisou o campo e concluiu que poucos mecanismos de defesa foram bem-sucedidos. Há consenso no campo de que a maioria dos trabalhos que propõem defesas rapidamente se mostra incorreta ou insuficiente. O grupo observa que "os pesquisadores devem ter muito cuidado para não se enganarem involuntariamente ao realizar avaliações".

- Devemos ter cuidado extra ao levar os sistemas de IA para contextos nos quais seus erros levam a danos sociais. Semelhante à nossa discussão sobre imparcialidade e preconceito no relatório *AI Now* de 2018, qualquer debate sobre vulnerabilidades deve abordar questões de poder e hierarquia, analisando quem está em posição de produzir e lucrar com esses sistemas. Isso também determina como as vulnerabilidades são contabilizadas, e quem pode ser prejudicado com maior probabilidade. Apesar de as abordagens das ciências sociais e humanas terem uma longa história em segurança da informação e gerenciamento de riscos, é necessária uma pesquisa que aborde as dimensões social e técnica da segurança, mas ainda relativamente incipiente. O ponto central desse desafio é redesenhar os limites da análise e do projeto, para expandi-los além do algoritmo, e garantir canais para todas as partes interessadas afetarem democraticamente o desenvolvimento do sistema e discordarem quando surgirem preocupações.

Algumas CONCLUSÕES do AI Now 2019 Report[19]

- Apesar do crescimento das estruturas éticas, os sistemas de IA continuam a ser implantados rapidamente em domínios de considerável significado social — nas áreas de saúde, educação, emprego, justiça criminal e muitas outras —, sem salvaguardas ou estruturas de prestação de contas adequadas. Muitas preocupações urgentes permanecem, e a agenda de questões a serem abordadas continua a crescer: os danos ambientais causados pelos sistemas de IA são consideráveis, desde a extração de materiais de nossa terra até a questão do trabalho de nossas comunidades. Na área da saúde, o aumento da dependência dos sistemas de IA terá consequências de vida ou morte. Novas pesquisas também destacam como os sistemas de IA são particularmente propensos a vulnerabilidades de segurança e como as empresas que constroem esses sistemas estão incitando mudanças fundamentais no cenário de nossas comunidades, resultando, por exemplo, em deslocamento geográfico.

- No entanto, os movimentos de 2018 dão motivos à esperança, marcada por uma onda de impulsos de lugares esperados e inesperados, de reguladores e pesquisadores a organizadores comunitários, ativistas, trabalhadores e advogados. Juntos, eles estão construindo novas coalizões com base nos legados dos mais velhos e criando novos laços de solidariedade. Se o ano passado nos mostrou algo, é que o nosso futuro não será determinado pelo progresso inevitável da IA, nem estamos condenados a um futuro distópico. As implicações da IA serão determinadas por nós — e há muito trabalho pela frente para garantir que o futuro pareça brilhante.

Terminada a apresentação de alguns tópicos do *AI Now 2019 Report*, listaremos breves exemplos de outros relatórios disponibilizados pelo *AI Now Institute*. As fontes serão indicadas no título de cada tema a seguir. Todos os textos são literais e de autoria das fontes citadas, aqui traduzidos por meio do *Google Translate*, e revisados pelo autor deste livro. Lembramos que os dados mencionados remetem a 2019. Contudo, nosso objetivo é apenas exemplificar a diversidade e a complexidade dos movimentos desenvolvidos, que tratam de temas perenes.

- **Regulamentando a Biometria — abordagens globais e questões urgentes:**[20] em meio ao elevado escrutínio público, o interesse em regulamentar tecnologias biométricas, como reconhecimento de rosto e de voz, cresceu significativamente em todo o mundo, impulsionado pela defesa e pela pesquisa da comunidade. Há uma sensação crescente de que tecnologias como o reconhecimento facial não são inevitáveis e talvez nem mesmo necessárias ou úteis. Editado por Amba Kak, esse documento apresenta oito estudos de caso detalhados de acadêmicos, defensores e especialistas em políticas que examinam as tentativas atuais de regulamentar as tecnologias biométricas e fornecem uma visão sobre a promessa e os limites dessas abordagens. Em quais pontos a regulamentação é capaz de determinar se e como as tecnologias biométricas estão sendo usadas e em quais fica aquém? Ao examinar essas questões, esses especialistas iluminam áreas para o futuro envolvimento, defesa e regulamentação. Juntos, esses ensaios pintam um quadro da complexa paisagem global da regulação biométrica, destacando as muitas abordagens que os defensores têm tomado à medida que exigem mais controle sobre essas tecnologias, ao lado das formas pelas quais os governos têm usado a lei como uma ferramenta para expandir ou consolidar o uso de biometria.

- **Projeto de lei australiano de serviços de correspondência de identidade:** Jake Goldenfein (Escola de Direito de Melbourne) e Monique Mann (Universidade Deakin) rastreiam as manobras institucionais e políticas que resultaram na construção de um grande banco de dados centralizado de reconhecimento facial ("The Capability") para ser usado por uma série de atores do governo na Austrália. Eles examinam as falhas da regulamentação para desafiar significativamente a construção desse sistema, ou mesmo para moldar sua arquitetura técnica ou institucional.

- **A economia e a prática regulatória que a biometria inspira — um estudo do projeto Aadhaar:** Nayantara Ranganathan (advogada e pesquisadora independente, Índia) explica como a lei e a política em torno do projeto de identificação biométrica da Índia, Aadhaar, acabou servindo para construir dados biométricos como um recurso para extração de valor por empresas privadas. Ela explora como a regulação foi influenciada pelas lógicas e culturas do projeto que buscou regular.

- **Uma primeira tentativa de regular dados biométricos na União Europeia:** Els Kindt (KU Leuven) fornece um relato detalhado da abordagem do Regulamento Geral de Proteção de Dados (GDPR) da União Europeia para regular dados biométricos. Como muitos países devem implementar leis nacionais formuladas de maneira semelhante, ela identifica potenciais lacunas e destaca as principais áreas para reforma.

- **Refletindo sobre a Política Biométrica do Comitê Internacional da Cruz Vermelha — Minimizando bancos de dados centralizados:** Ben Hayes (Agência AWO, consultor jurídico do Comitê Internacional da Cruz Vermelha [CICV]) e Massimo Marelli (Chefe do Escritório de Proteção de Dados do CICV) explicam o processo de tomada de decisão do CICV para formular sua primeira política biométrica, que visa a evitar a criação de bases de dados e a minimização dos riscos às populações vulneráveis em contextos humanitários.

- **Policiamento de uso de reconhecimento facial ao vivo no Reino Unido:** Peter Fussey e Daragh Murray (*University of Essex*), principais autores da revisão empírica independente do julgamento da Polícia Metropolitana de Londres sobre o Live Facial Recognition (LFR), explicam como as normas legais existentes e as ferramentas regulatórias falharam em evitar a proliferação de um sistema com danos comprovados. Com isso, eles extraem lições mais amplas para a regulamentação da LFR no Reino Unido e tecnologias semelhantes em outros lugares.

- **Uma taxonomia de abordagens legislativas para o reconhecimento facial nos EUA:** Jameson Spivack e Clare Garvie (Georgetown Center on Privacy and Technology) escrevem sobre as dezenas de proibições e moratórias sobre o uso de reconhecimento facial pela polícia nos Estados Unidos, a maioria delas liderada por defensores e organizadores comunitários. Os autores fornecem uma taxonomia detalhada que vai além das categorias gerais de "proibição" e "moratória" e refletem sobre as lições aprendidas com sua implementação.

- **BIPA — A lei de privacidade biométrica mais importante dos EUA?:** Woodrow Hartzog (*Northeastern University*) explora a promessa e as armadilhas da Lei de Privacidade da Informação Biométrica (BIPA) do estado de Illinois e, de forma mais ampla, do direito de cidadãos privados iniciarem suas ações contra empresas privadas. Ele questiona os limites inevitáveis de uma lei centrada no "consentimento informado", um sistema que dá a ilusão de controle enquanto justifica práticas duvidosas que as pessoas não têm tempo ou recursos suficientes para entender e agir.

- **Regulamentação biométrica de baixo para cima — a resposta de uma comunidade ao uso de vigilância facial nas escolas:** Stefanie Coyle (NYCLU) e Rashida Richardson (*Rutgers Law School* e *AI Now Institute*) examinam o movimento polêmico de um distrito escolar em Lockport, Nova York, para implementar um sistema de reconhecimento facial e de objetos para vigiar os alunos. Eles destacam a resposta dirigida pela comunidade que incitou um debate nacional e levou a uma legislação estadual que regulamenta o uso de tecnologias biométricas nas escolas.

- **Enfrentando as "caixas-pretas" da IA: um Relatório da força-tarefa do sistema de decisão automatizado da cidade de Nova York:**[21] em 2017, a cidade de Nova York se tornou a primeira jurisdição dos EUA a criar uma força-tarefa para formular recomendações para o uso governamental de sistemas de decisão automatizados (ADS). Possuindo um dos maiores orçamentos municipais e algumas das maiores agências municipais do mundo, a cidade de Nova York era considerada um laboratório ideal para avaliar os riscos, oportunidades e obstáculos reais envolvidos no uso governamental de ADS, bem como a viabilidade de intervenções e soluções exploradas principalmente na pesquisa acadêmica. "Confrontando as caixas-pretas da IA" é um relatório paralelo desenvolvido pela comunidade que fornece um registro abrangente do que aconteceu durante o processo de revisão da força-tarefa e oferece a outros municípios e governos recomendações robustas com base na experiência coletiva e nas ideias atuais de pesquisa sobre o uso de ADS pelo governo.

- **Algoritmos contenciosos — Relatório dos EUA: Novos desafios ao uso governamental de sistemas de decisão algorítmicos:**[22] os sistemas de decisão algorítmica (ADS) são frequentemente vendidos como oferecendo vários benefícios, desde a atenuação do viés e erro humanos até o corte de custos e o aumento da eficiência, da precisão e da confiabilidade. No entanto, a prova dessas vantagens raramente é oferecida, mesmo quando a evidência de dano aumenta. Nas áreas de saúde, justiça criminal, educação, emprego e outras, a implementação dessas tecnologias resultou em inúmeros problemas com efeitos profundos na vida de milhões de pessoas. O litígio tornou-se uma ferramenta valiosa para entender os impactos concretos e reais de um ADS defeituoso, responsabilizando os fornecedores do governo e os ADS quando esses sistemas nos prejudicam. Acompanhamento do nosso relatório de 2018, *Litigating Algorithms 2019 US Report: New Challenges to Use Government of Algorithmic Decision Systems* examina processos recentes dos EUA movidos contra o uso de ADS pelo governo, e como o combate a esses sistemas no tribunal ajudou a mitigar alguns dos danos causados por esses sistemas.

- **Dados sujos, previsões ruins — Como as violações dos direitos civis afetam os dados policiais, os sistemas de policiamento preditivo e a justiça:**[23] as agências policiais estão cada vez mais usando sistemas de policiamento preditivo para prever atividades criminosas e alocar recursos policiais. No entanto, em inúmeras jurisdições, esses sistemas são construídos com dados produzidos durante períodos documentados de práticas e políticas imperfeitas, racialmente tendenciosas e, às vezes, ilegais ("policiamento sujo"). Essas práticas e políticas de policiamento moldam o ambiente e a metodologia pela qual os dados são criados, o que aumenta o risco de criar dados imprecisos, distorcidos ou com tendência sistêmica ("dados sujos"). Se os sistemas de policiamento preditivo forem informados por esses dados, eles não poderão escapar dos legados das práticas de policiamento ilegais ou tendenciosas nas quais são construídos. As declarações atuais de fornecedores de policiamento preditivo também não fornecem garantias suficientes de que seus sistemas mitiguem ou segreguem adequadamente esses dados.

- **Anatomia de um sistema de IA — Um mapa em grande escala:**[24] como podemos visualizar e entender a verdadeira escala dos sistemas de IA? Esse mapa em grande escala e ensaio de formato longo, produzido em parceria com o SHARE Lab, investiga o trabalho humano, dados e recursos planetários necessários para operar um Amazon Echo.

- **Avaliações algorítmicas de impacto — Uma estrutura prática para responsabilidade de órgãos públicos:**[25] nosso Relatório Algorítmico de Avaliação de Impacto ajuda as comunidades e as partes interessadas afetadas a avaliar o uso de IA e tomada de decisões algorítmicas em órgãos públicos e determinar para que — ou se — seu uso é aceitável. Os algoritmos no governo já fazem parte das decisões que afetam a vida das pessoas, mas não existem métodos acordados para garantir justiça ou segurança ou proteger os direitos fundamentais dos cidadãos. Nosso relatório da AIA fornece uma estrutura prática, semelhante a uma avaliação de impacto ambiental, para que as agências possam supervisionar os sistemas de decisão automatizados.

Ao finalizar este resumo dos relatórios de *HAI — Stanford* e do *AI Now Institute*, devemos repetir a robustez e a abrangência dos mesmos. Eles foram concebidos por equipes de acadêmicos e técnicos que talvez representem algumas das melhores dentre as comunidades mundiais de IA. Os relatórios também contêm informações detalhadas sobre as metodologias utilizadas, as fontes e as considerações técnicas. Enfim, trata-se de um trabalho imenso e de altíssima qualidade. Nesse sentido, as menções que nós aqui fizemos desses relatórios, especialmente os seus breves resumos, serão sempre extremamente parciais face a esses projetos incomparáveis.

2.3. OUTRAS FONTES DE RELATÓRIOS RELEVANTES

Uma instituição reconhecida por abordar a IA de uma maneira mais abrangente, envolvendo seus impactos sociais em geral, é o **MILA** — *Montreal institute for learning algorithms*. Localizado no coração do ecossistema de IA de Quebec, o MILA é uma comunidade de 450 pesquisadores especializados em aprendizado de máquina e dedicados à excelência e à inovação científica. Sua missão é ser um polo global de avanços científicos que inspire a inovação e o desenvolvimento da IA em benefício de todos.[26] Listamos a seguir um resumo da "Declaração de Montreal para o Desenvolvimento Responsável da IA":

- Cientes das questões levantadas pela IA, os arquitetos da Declaração de Montreal para o Desenvolvimento Responsável da IA propõem princípios éticos com base em dez valores fundamentais: bem-estar, respeito à autonomia, proteção da privacidade e intimidade, solidariedade, participação democrática, equidade, inclusão na diversidade, prudência, responsabilidade e desenvolvimento sustentável.

- *Observatório Internacional dos Impactos Sociais da IA e Tecnologias Digitais:* em dezembro de 2018, o Cientista-chefe do Quebec, Rémi Quirion, anunciou o novo Observatório Internacional sobre os impactos sociais das tecnologias artificiais e digitais. O observatório reunirá cerca de 20 universidades e faculdades, além de cerca de 90 centros de pesquisa, incluindo o MILA. A iniciativa é financiada pelo Fundo de Pesquisa do Quebec (FRQ), em parceria com o Ministério da Economia e Inovação. Desde o início, o laboratório MILA, fundado por Yoshua Bengio, definiu seus projetos com base em necessidades reais. Esses projetos têm um impacto positivo em pessoas e questões humanitárias, como gestão de desastres (em parceria com a Cruz Vermelha), agricultura, meio ambiente, mudança climática, promoção da diversidade e inclusão (BiaslyAI) e promoção do francês na IA (Data Franca). Com a Declaração de Montreal, o MILA proveu os meios para alcançar sua ambição de se tornar a autoridade global no desenvolvimento responsável da IA.

Assim como o **MILA**, também o **Alan Turing Institute**, o **FHI** (*Future of Humanity Institute* — Oxford), o **CHAI** (*Center for Human-Compatible AI* — UC Berkeley), o **LCFI** (*Leverhulme Centre for the Future of Intelligence* — *University of Cambridge*) e muitas outras iniciativas aplicam esforços fenomenais na pesquisa de uma IA de resultados sociais mais responsáveis. Listamos exemplos do **AI Now Institute** e do **HAI Stanford** nos dois subcapítulos anteriores. A título de curiosidade, vejamos a apresentação do **CHAI**:[27]

- CHAI é um grupo de pesquisa de várias instituições baseado na *University of California, Berkeley*, com afiliados acadêmicos em uma variedade de outras universidades. O objetivo do CHAI é desenvolver os recursos conceituais e técnicos para reorientar o impulso geral da pesquisa em IA para sistemas comprovadamente benéficos. A pesquisa em IA preocupa-se com o projeto de máquinas capazes de comportamento inteligente, ou seja, comportamento com probabilidade de alcançar objetivos. O resultado de longo prazo da pesquisa de IA parece provavelmente incluir máquinas que são mais capazes do que os humanos em uma ampla gama de objetivos e ambientes. Isso levanta um problema de controle: dado que as soluções desenvolvidas por tais sistemas são intrinsecamente imprevisíveis para os humanos, pode ocorrer que algumas dessas soluções gerem resultados negativos e talvez irreversíveis para os humanos. O objetivo do CHAI é garantir que essa eventualidade não aconteça, redirecionando a IA da capacidade de atingir objetivos arbitrários para a capacidade de gerar comportamento comprovadamente benéfico. O *Center for Human-Compatible AI* é patrocinado pela *Open Philanthropy*, pelo *Future of Life Institute*, pelo *Leverhulme Trust* e pelo CITRIS. Nossas organizações parceiras incluem o Centro Leverhulme para o Futuro da Inteligência, o Centro para Segurança Cibernética de Longo Prazo, a Iniciativa de Risco Existencial de Berkeley e o ICT4Peace.

Como outros exemplos, podemos listar algumas instituições que patrocinam relatórios e eventos reconhecidos:

- **UNESCO:** Principles for AI: Towards a Humanistic Approach? A Global Conference.[28]
- **EESC:** European Economic and Social Committee — Temporary Study Group on Artificial Intelligence[29] (TSG AI).
- **The European Council:** European Coordinated Plan on Artificial Intelligence.[30]
- **Centre for data ethics and innovation** (England): Government Response to consultation.
- **England — House of Commons:** Science and Technology Committee Inquiry: Algorithms in decision-making.[31]
- **England Parliament:** Algorithms in decision-making inquiry launched.[32]
- **EEE Standards Association:**[33] Ethically Aligned Design and our P7000 Standards, with participants from UNESCO, OECD, MIT and other organizations.
- **Singapore Model Framework on Ethical Use of AI a "Living Document".**[34]
- **AI World Government Forum — EUA:** conferência com um fórum abrangente para informar as agências do setor público e sua cadeia de suprimentos sobre o estado da prática na implantação de IA e tecnologias cognitivas.
- **Fórum Econômico Mundial (WEF), 2016:** The Future of Jobs: Employment, Skills and Workforce Strategy for the Fourth Industrial Revolution.[35]
- **Fundo Monetário Internacional (IMF), 2018:** Should We Fear the Robot Revolution?[36]

Ainda como uma importante *contribuição documental* para este capítulo, relacionamos a seguir duas tabelas constantes do *AI 2019 Index Report*, de HAI Stanford, que mencionam Listas de Documentos emitidos por países, instituições ou iniciativas da sociedade civil.[37] Devemos perceber que boa parte desses documentos é anterior a 2019 — em muitos casos, isso pode significar uma defasagem em relação às dinâmicas da IA, embora, em outros casos, dependendo do contexto e do país, nem sempre houve mudanças significativas. Além disso, mesmo que um documento ou diretrizes tenham sido publicadas, por exemplo, em 2018, ainda assim elas podem estar sendo executadas e cumpridas fielmente. Esse pode ser o caso da *segunda* linha da tabela a seguir, quando alguns documentos publicados no Reino Unido, apesar de editados já desde 2018, são muito robustos e abrangentes.

**Lista de documentos por países —
Tabela A9.1, AI 2019 Index Report — pp. 279 a 281**

País	Título	Autoria/Organização	Data de publicação
Global	AI NOW 2017 Report	New York University	12/1/2017
Reino Unido	AI In The UK: Ready, Willing, and Able?	UK Parliament — House of Lords	4/1/2018
Global	European Union regulations on algorithmic decision-making and a "right to explanation"	Oxford University	8/1/2016
Global	Smart Policies for Artificial Intelligence	Miles Brundage, Joanna Bryson	8/1/2016
Global	The Malicious Use of Artificial Intelligence: Forecasting, Prevention, and Mitigation	Future of Humanity Institute, Oxford University, Centre for the Study of Existential Risk, University Cambridge, Center for a New American Security, Electronic Frontier Foundation, OpenAI	2/1/2018
Global	On the Promotion of Safe and Socially Beneficial Artificial Intelligence	AI & Society	10/1/2017
Global	Artificial Intelligence Index: 2017 Annual Report	Yoav Shoham, Raymond Perrault, Erik Brynjolfsson, Jack Clark, Calvin LeGassick	11/1/2017

País	Título	Autoria/Organização	Data de publicação
Global	Regulating Artificial Intelligence Systems: Risks, Challenges, Competencies, and Strategies	Harvard Journal of Law & Technology	1/1/2016
Global	Artificial General Intelligence	Foresight Institute	11/1/2017
Global	Artificial Intelligence and National Security	Harvard Kennedy School	7/1/2017
Global	Artificial Intelligence and Foreign Policy	Stiftung Neue Verantwortung	1/1/2018
Global	Artificial Intelligence and Life in 2030	Stanford University, AI100	9/1/2016
Global	Algorithmic Impact Assessments: A Practical Framework for Public Agency Accountability	AI Now	4/1/2018
Global	Regulating Artificial Intelligence Proposal for a Global Solution	Association for the Advancement of Artificial Intelligence	1/1/2018
Global	Policy Desiderata in the Development of Superintelligent AI	Future of Humanity Institute, Oxford University, Yale University	1/1/2017
Austrália	Prosperity Through Innovation	Australian Government	1/11/2017
EUA	Federal Automated Vehicles Policy: Accelerating the Next Revolution In Roadway Safety	US Department of Transportation, National Highway Traffic Safety Administration	9/1/2016
Global	Data management and use: Governance in the 21st century	British Academy, The Royal Society	6/1/2017
Dinamarca	National Strategy for Artificial Intelligence	Danish Government	1/3/2019

(continua)

País	Título	Autoria/Organização	Data de publicação
Global	Destination unknown: Exploring the impact of Artificial Intelligence on Government — September 2017 Working Paper	Center for Public Impact	9/1/2017
Global	Existential Risk Diplomacy and Governance	Global Priorities Project	1/1/2017
Finlândia	Finland's Age of Artificial Intelligence	Ministry of Economic Affairs and Employment of Finland	1/12/2017
França	Machine Politics Europe and the AI Revolution	European Council on Foreign Relations	1/6/2019
Global	Artificial Intelligence: An Overview of State Initiatives	Future Grasp	1/6/2019
Alemanha	Artificial Intelligence Strategy	The Federal Government Germany	1/11/2018
Global	Global Catastrophic Risks 2016	Global Challenges Foundation	1/11/2018
Índia	National Strategy for Artificial Intelligence #AI For All	NITI Aayog	1/6/2018
Global	International Cooperation vs. AI Arms Race	Foundational Research institute	12/1/2013
Japão	Artificial Intelligence Technology Strategy	Strategic Council for AI Technology	1/3/2017
Coreia do Sul	Mid- to Long-Term Master Plan in Preparation for the Intelligent Information Society	Government of the Republic of Korea Interdepartmental Exercise	1/12/2016
Global	Making the AI revolution work for everyone	The Future Society, AI Initiative	1/1/2017
França	For A Meaningful Artificial Intelligence: Towards A French and European Strategy	French Parliament	3/1/2018

(continua)

País	Título	Autoria/Organização	Data de publicação
EUA	The National Artificial Intelligence Research and Development Strategic Plan	Executive Office of the President National Science and Technology Council Committee on Technology	10/1/2016
Global	Strategic Implications of Openness in AI Development	Oxford University, Future of Humanity Institute	1/1/2017
Polônia	Map of the Polish AI	Digital Poland Foundation	1/1/2019
EUA	Preparing For The Future Of Artificial Intelligence	Executive Office of the President National Science and Technology Council Committee on Technology	10/1/2016
Catar	National Artificial Intelligence Strategy For Qatar	Qatar Computing Research Institute	1/1/2018
Global	Racing To The Precipice: A Model Of Artificial Intelligence Development	Future of Humanity Institute	12/1/2013
Global	How Might Artificial Intelligence Affect the Risk of Nuclear War?	Edward Geist and Andrew J. Lohn, Security 2040, RAND Corporation	1/1/2018
Arábia Saudita	Vision 2030	Council of Economic and Development Affairs	1/1/2018
Suécia	National approach to artificial intelligence	Government Offices of Sweden	1/1/2018
Suíça	Digital Switzerland Strategy	Switzerland Federal Council	1/9/2018
Taiwan	AI Taiwan	Taiwan Cabinet	1/9/2018
Global	The MADCOM future: how artificial intelligence will enhance computational propaganda, reprogram human culture, and threaten democracy... And what can be done about it	Atlantic Council	9/1/2017

(continua)

(continuação)

País	Título	Autoria/Organização	Data de publicação
Global	The Future of Employment: how susceptible are jobs to computerisation?	Carl Benedikt Frey, Michael A. Osborne	9/1/2013
China	A Next Generation Artificial Intelligence Development Plan	China State Council	7/1/2017
Reino Unido	AI in the UK: Ready, Willing and Able?	Secretary of State for Business, Energy and Industrial Strategy	1/6/2018
Global	Artificial Intelligence and Robotics for Law Enforcement	United Nations Interregional Crime and Justice Research Institute	1/1/2019
Global	Unprecedented Technological Risks	Future of Humanity Institute, Oxford University, Centre for the Study of Existential Risk, University of Cambridge	9/1/2014
Global	Artificial Intelligence: The Race Is On The Global Policy Response To AI	FTI Consulting	2/1/2018

Lista de documentos por organizações —
Tabela A8.2, AI 2019 Index Report — pp. 273 a 274

Sigla	Título do documento	Categoria do documento	Emitente
MTL	Montreal Declaration for Responsible AI	Academia	Université de Montréal
ASM	Asilomar AI Principles	Associations & Consortiums	Future of Life Institute
IEE	IEEE Ethically Aligned Design v2	Associations & Consortiums	IEEE
EGE	Statement on AI, Robotics and "Autonomous" Systems	Think Tanks/Policy Institutes	European Group on Ethics in Science and New Technologies

Fundamentos para uma Análise Abrangente da IA

Sigla	Título do documento	Categoria do documento	Emitente
UKL	AI in the UK: ready, willing and able?	Official Government/Regulation	UK House of Lords
PAI	Tenets	Associations & Consortiums	Partnership on AI
OXM	Oxford-Munich Code of Conduct for Professional Data Scientists	Academia	University corsortium
MIG	Ethics Framework	Associations & Consortiums	Digital Catapult's Machine Intelligence Garage
GOO	AI at Google: our principles	Tech Companies	Google
MSF	Microsoft AI Principles	Tech Companies	Microsoft
ACC	Universal principles of data ethics — 12 guidelines for developing ethics codes	Industry & Consultancy	Accenture
IBM	Trusting AI	Tech Companies	IBM
KPM	Guardians of Trust	Industry & Consultancy	KPMG
DMN	Exploring the real-world impacts of AI	Tech Companies	DeepMind
COM	Community Principles on Ethical Data Practices	Associations & Consortiums	Datapractices.org — The Linux Foundation Projects
FWW	Top 10 Principles For Ethical Artificial Intelligence	Associations & Consortiums	Future World of Work
I4E	The Responsible Machine Learning Principles	Associations & Consortiums	The Institute for Ethical AI & Machine Learning
A4P	AI4APEOPLE Ethical Framework for a Good AI Society: Opportunities, Risks, Principles, and ...	Associations & Consortiums	AI4PEOPLE — ATOMIUM
SGE	The Ethics of Code: Developing AI for Business with Five Core Principles	Tech Companies	Sage
PHS	Phrasee's AI Ethics Policy	Tech Companies	Phrasee

(continua)

(continuação)

Sigla	Título do documento	Categoria do documento	Emitente
JAI	Japanese Society for Artificial Intelligence (JSAI) Ethical Guidelines	Associations & Consortiums	Japanese Society for Artificial Intelligence
DKN	Ethical principles for pro bono data scientists	Associations & Consortiums	Data Kind
ACM	ACM Code of Ethics and Professional Conduct	Associations & Consortiums	Association for Computing Machinery
COE	European ethical Charter on the use of Artificial Intelligence in judicial systems and their environment	Official Government/Regulation	European Commission for the efficiency of Justice (CEPEJ)
EUR	European Guidelines for Trustworthy AI	Official Government/Regulation	AI HLEG
AUS	Artificial Intelligence — Australia's Ethics Framework	Official Government/Regulation	Australian Government — Department of Industry, Innovation & Science
DUB	Smart Dubai AI Ethics Principles & Guidelines	Official Government/Regulation	Smart Dubai
OEC	OECD Principles on AI	Think Tanks/Policy Institutes	OECD
G20	G20 Ministerial Statement on Trade and Digital Economy	Official Government/Regulation	G20
PDP	Singapore Personal Data Protection Commission	Official Government/Regulation	Singapore PDPC
DLT	AI Ethics: The Next Big Thing In Government	Industry & Consultancy	Deloitte
MEA	Work in the age of artificial intelligence. Four perspectives on the economy, employment, skills and ethics	Official Government/Regulation	Finland — Ministry of Economic Affairs and Employment
TIE	Tieto's AI ethics guidelines	Tech Companies	Tieto

Fundamentos para uma Análise Abrangente da IA

Sigla	Título do documento	Categoria do documento	Emitente
OPG	Commitments and principles	Industry & Consultancy	OP Financial Group
FDP	How can humans keep the upper hand? Report on the ethical matters raised by AI algorithms	Think Tanks/Policy Institutes	France — Commission Nationale de l'Informatique et des Libertés
DTK	AI Guidelines	Industry & Consultancy	Deutsche Telekom
SAP	SAP's guiding principles for artificial intelligence	Tech Companies	SAP
AGI	L'intelligenzia artificiale al servizio del cittadino	Official Government/Regulation	Agenzia per l'Italia Digitale
ICP	Draft AI R&D Guidelines for International Discussions	Associations & Consortiums	Japan — Conference toward AI Network Society
SNY	Sony Group AI Ethics Guidelines	Tech Companies	Sony
TEL	AI Principles of Telefónica	Industry & Consultancy	Telefonica
IBE	Business Ethics and Artificial Intelligence	Think Tanks/Policy Institutes	Institute of Business Ethics
UKH	Initial code of conduct for data--driven health and care technology	Official Government/Regulation	UK — Department of Health and Social Care
IAF	Unified Ethical Frame for Big Data Analysis. IAF Big Data Ethics Initiative, Part A	Associations & Consortiums	The Information Accountability Foundation
AMA	Policy Recommendations on Augmented Intelligence in Health Care H-480.940	Associations & Consortiums	AMA (American medical Association)
UNT	Introducing Unity's Guiding Principles for Ethical AI — Unity Blog	Tech Companies	Unity Technologies
GWG	Position on Robotics and Artificial Intelligence	Official Government/Regulation	The Greens, European Parliament

(continua)

(continuação)

Sigla	Título do documento	Categoria do documento	Emitente
SII	Ethical Principles for Artificial Intelligence and Data Analytics	Associations & Consortiums	Software and Information Industry Association
ITI	ITI AI Policy Principles	Think Tanks/Policy Institutes	Information Technology Industry Council
WEF	White Paper: How to Prevent Discriminatory Outcomes in Machine Learning	Think Tanks/Policy Institutes	World Economic Forum
ICD	Declaration on ethics and data protection in Artificial Intelligence	Associations & Consortiums	International Conference of Data Protection and Privacy Commissioners
TPV	Universal Guidelines for Artificial Intelligence	Associations & Consortiums	The Public Voice Coalition
FAT	Principles for Accountable Algorithms and a Social Impact Statement for Algorithms	Associations & Consortiums	FATML
MAS	Principles to Promote Fairness, Ethics, Accountability and Transparency (FEAT) in the Use of Artificial Intelligence and Data Analytics in Singapore's Financial Sector	Official Government/Regulation	Monetary Authority of Singapore
VOD	Artificial Intelligence framework	Industry & Consultancy	Vodafone
DNB	General Principles for the use of Artificial Intelligence in the Financial Sector	Industry & Consultancy	DeNederlandsche Bank
IND	Artificial Intelligence in the Governance Sector in India	Associations & Consortiums	The centre for Internet & Society
DEK	Opinion of the Data Ethics Commission	Official Government/Regulation	Daten Ethik Kommission

Confira, agora, dois últimos exemplos entre vários possíveis. Citamos, primeiramente, o relatório *UK AI Council — AI Roadmap*. Esse documento, emitido em janeiro de 2021, foi criado para o Reino Unido pelo *AI Council*, um Comitê de IA composto por um grupo independente de especialistas. O relatório é específico e fornece conselhos ao governo do Reino Unido, bem como para a liderança de alto nível do ecossistema de IA: "Baseado na expertise de seus membros e no contexto mais amplo de pesquisadores, buscou resumir 4 pilares e 16 temas sobre os quais construir o futuro do Reino Unido em IA. Ele convida a ação em todo o governo para manter o Reino Unido na vanguarda da IA segura e responsável."[38] Os quatro pilares são: Pesquisa, Desenvolvimento e Inovação; Habilidades e Diversidade; Dados, infraestrutura e confiança pública; e Adoção nacional intersetorial de IA.

Já o *Relatório da 2ª Assembleia Europeia da Aliança de IA* resumiu o evento online, ocorrido em 9 de outubro de 2020, com mais de 1.900 participantes de 52 países diferentes: "As discussões se concentraram nas últimas conquistas e projeções futuras da política da União Europeia em IA, proporcionando a oportunidade de refletir sobre os resultados do White Paper de IA, o trabalho do Grupo de Especialistas de alto nível em Inteligência Artificial (AI HLEG), e sobre a próxima proposta legislativa a respeito da IA."[39]

Finalizando este breve subcapítulo, apresentamos exemplos de relatórios e documentos emitidos em alguns países por empresas, universidades e outras instituições. Percebemos que, mesmo com centenas de reuniões, comitês e excelentes documentos e iniciativas criadas, por exemplo, nos EUA e nos países europeus, o caminho é tortuoso, longo e complexo. Talvez a principal meta dessa iniciativa seja compreender os impactos da IA em nossas sociedades — na economia, no mercado de trabalho, na educação e em muitos outros setores. A IA avança a passos largos, em escala mais que exponencial, mas seus processos ainda não são bem compreendidos — trata-se da "caixa-preta" da IA, da sua "opacidade", ou da IA explicável. Assim, a construção desses relatórios é demorada, penosa e às vezes burocrática, considerando que envolve inúmeros atores dos mais variados campos. Por outro lado, ela é imprescindível para o futuro das nossas sociedades. Finalmente, abordaremos as iniciativas de alguns governos no Capítulo 3.

2.4. AÇÕES DE EMPRESAS PRIVADAS QUE PESQUISAM IA

No campo empresarial, existem iniciativas para a IA desde pequenas startups até a maioria das assim chamadas **Big Nine** — *as 9 grandes*: Google/Alphabet, Microsoft, IBM, Apple, Amazon e Facebook (EUA), e Alibaba Group, Baidu e Tencent (China). São empresas que investem bilhões de dólares em IA há muitos anos, cujos cientistas estão entre os melhores pesquisadores do mundo. Nesse caso, existem ações nas quais são enfatizados princípios éticos do desenvolvimento da IA, bem como a preocupação com seus impactos sociais. Contudo, sabe-se que na maioria das vezes essas iniciativas compreendem um bom grau de marketing. Como exemplos, a **Microsoft** publicou seu *The Future Computed — Artificial Intelligence and its role in society*, e disponibiliza a pesquisadores e ao público em geral um excelente blog sobre IA: https://blogs.microsoft.com/ai/.

Já o **Google** afirma: "No Google AI, estamos realizando pesquisas que avançam o estado da arte no campo, aplicando a IA a produtos e novos domínios, e desenvolvendo ferramentas para garantir que todos possam acessar a IA. O Google lida com os problemas mais desafiadores da ciência da computação — nossas equipes aspiram a fazer descobertas que impactam a todos, e o ponto central de nossa abordagem é compartilhar pesquisas e ferramentas para impulsionar o progresso no campo. Nossos pesquisadores publicam regularmente em revistas acadêmicas, lançam projetos com código aberto e aplicam pesquisas aos produtos do Google."[40]

A **IBM** diz: "A *IBM Research* vem explorando tecnologias e técnicas de IA e aprendizado de máquina há décadas. Acreditamos que a IA transformará o mundo de maneira dramática nos próximos anos — e estamos avançando no campo por meio de nosso portfólio de pesquisas focadas em três áreas: IA avançada, IA de escala e IA de confiança. Também estamos trabalhando para acelerar a pesquisa de IA por meio da colaboração com instituições e indivíduos com ideias semelhantes para ampliar os limites da IA mais rapidamente, em benefício da indústria e da sociedade."[41]

Inúmeras são as empresas que investem em IA em todos os países, especialmente na China. Por fim, como uma curiosidade, nunca houve, em toda a história da humanidade, tamanha concentração de atividades em relação a um assunto como acontece agora com a IA. No que diz respeito à troca de informações, são centenas de milhares de cursos, encontros, eventos, treinamentos, simpósios e convocações. A quantidade de eventos ocorrendo simultaneamente em dezenas de países e de idiomas é realmente impressionante. Referimo-nos tanto a cursos de curta duração, linguagens de programação básica e avançada para algoritmos e outras técnicas, quanto a uma grande variedade de treinamentos mais formais de graduação, como mestrados, doutorados e pesquisas de ponta. Milhares de grupos são formados em torno de especificidades da IA, e milhares de pesquisas avançam por divisões e subdivisões de áreas temáticas e suas inúmeras especialidades. Esse assunto não é perceptível para o público leigo. O que isso significa?

O mundo inteiro está se movendo. Se pesquisarmos os calendários de inúmeras instituições, universidades e empresas, mais organizadas ou mais informais, descobriremos que quase todos os dias de todos os meses do ano passado ou desse ano, em dezenas de países, centrais ou periféricos, elas estão sempre com as agendas *lotadas*. Elas estão repletas de todos os tipos de encontros, cursos e treinamentos que se possa imaginar sobre IA. Isso nunca aconteceu antes na história da humanidade. Qual o impacto desse movimento mundial? Há uma popularização massiva de treinamentos em programação de IA, permitindo que qualquer jovem com conhecimentos mínimos de computação crie algoritmos de IA. Além disso, grande parte do conteúdo desses treinamentos é barata, ou gratuita, ou repassada para a rede por meio de cópias piratas. Há uma superprodução de códigos e sistemas de IA, para o bem e para o mal, sem nenhum tipo de "supervisão" ética. Por fim, uma vez que produzir algoritmos de IA com resultados técnicos positivos é bastante simples, dado o seu potencial revolucionário, isso é bastante diferente de produzir sistemas de contabilidade ou de varejo. Em outras palavras, produzir sistemas tradicionais como contabilidade, na pior das hipóteses, poderá causar erros contábeis para a empresa que os utilizar. Mas produzir sistemas de IA que podem ser disponibilizados gratuitamente na nuvem por qualquer ator social, é algo bem diferente. Seus impactos podem ser profundos.

Concluindo este Capítulo 2, Fundamentos para uma análise abrangente da IA, apresentamos exemplos de instituições e relatórios fidedignos. Mesmo assim, caso haja o desejo de avaliar áreas mais específicas da IA, faltariam os seus relatórios respectivos. Por outro lado, se os exemplos apresentados são mais ou menos acurados em seus diagnósticos, apenas o futuro dirá. Contudo, a nobreza das iniciativas que os envolvem, em meio a uma sociedade vítima dos apelos comerciais da IA, e governos que ainda não conhecem muito bem o impacto do assunto, basta como indício de maturidade e zelo social desses relatórios e suas instituições. Por fim, como viemos insistindo, a maioria das informações não considera em detalhes as pesquisas e milhares de projetos em andamento na China, talvez a maior produtora de sistemas de IA do planeta, com sua cultura peculiar e seus respectivos benefícios e riscos.

CAPÍTULO 3

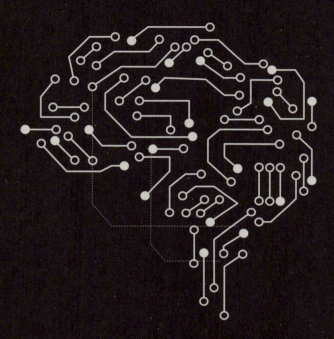

INICIATIVAS DE ALGUNS GOVERNOS

Os países que abordam a IA com mais seriedade são os EUA (com ênfases mais distribuídas em cidades ou estados) e os europeus (com ênfases nacionais), especialmente a Inglaterra e a Alemanha. Outros países, como Canadá, França, Dinamarca e Suécia, empenham-se na criação de legislações que consideram o uso da IA. Mesmo Portugal está avançado no assunto, tendo apresentado em 2019 sua "Estratégia Nacional de Inteligência Artificial", o "AI Portugal 2030". Talvez uma das iniciativas mais robustas tenha ocorrido na Inglaterra em 2017 com *AI in the UK: ready, willing and able?*[1] e, posteriormente, *House of Lords, Select Committee on Artificial Intelligence: Collated Written Evidence Volume,*[2] um documento abrangente com mais de 1.500 páginas. O Parlamento Europeu talvez seja a instituição mais antiga a tentar entender o campo das novas tecnologias e da IA. Ele emite regularmente grande profusão de estudos e documentos. Por exemplo, veja-se o site oficial do *European AI Alliance* em https://futurium.ec.europa.eu/en/european-ai-alliance/pages/about. Assim, nos EUA e na Europa têm crescido a compreensão da necessidade de abordagens sistêmicas, envolvendo uma visão econômica, social e de recursos humanos para os impactos da IA. Mesmo assim, não devemos nos esquecer de países às vezes pequenos e "distantes", ao norte e ao sul do planeta, que também possuem suas iniciativas.

Para uma ideia sobre pesquisas de IA em Portugal, a Fundação Champalimaud, daquele país, foi escolhida em 2021 como a quarta melhor instituição do mundo em estudos de IA pela revista científica *Nature*. A escolha contemplou os centros de investigação com "mais trabalhos na área da IA publicados em revistas científicas, e com maior percentagem de artigos científicos publicados que resultam da colaboração internacional com outras instituições". O primeiro lugar do *Nature Index 2020 Artificial Intelligence* foi ocupado pela Sociedade Max Planck, da Alemanha, e o segundo pela Associação de Centros de Investigação Alemães Helmholtz. O HHMI Farm Research Campus, dos EUA, ficou em terceiro lugar.

Como outros exemplos de iniciativas, o Fórum Econômico Mundial (WEF) criou em 2019 o "Conselho global para IA", que buscará estabelecer consensos entre as nações no tocante ao uso da tecnologia,[3] e a União Europeia criou o documento *Artificial Intelligence — A European Perspective.*[4] Em 2020, um grupo de países fundou a *Global Partnership on Artificial Intelligence* (GPAI), um órgão destinado a supervisionar o desenvolvimento "responsável" da IA. Em uma primeira instância, o grupo estará focado em quatro temas: IA responsável, governança de dados, futuro do trabalho e inovação e comercialização:[5]

> Nós, Austrália, Canadá, França, Alemanha, Índia, Itália, Japão, México, Nova Zelândia, República da Coreia, Cingapura, Eslovênia, Reino Unido, EUA e União Europeia, nos unimos para criar a *Parceria Global em Inteligência Artificial* (GPAI). Como membros fundadores, apoiaremos o desenvolvimento

> responsável e centrado no homem e o uso da IA de maneira consistente com os direitos humanos, as liberdades fundamentais e nossos valores democráticos compartilhados, conforme elaborado na Recomendação da OCDE sobre IA. Para esse fim, esperamos trabalhar com outros países e parceiros interessados. O GPAI é uma iniciativa internacional e multissetorial para orientar o desenvolvimento e uso responsável da IA, com base nos direitos humanos, inclusão, diversidade, inovação e crescimento econômico. Para atingir esse objetivo, a iniciativa buscará preencher a lacuna entre a teoria e a prática da IA, apoiando pesquisas de ponta e atividades aplicadas nas prioridades relacionadas à IA. Em colaboração com parceiros e organizações internacionais, o GPAI reunirá os principais especialistas da indústria, a sociedade civil, os governos e a academia.

Mesmo assim, como é natural de se esperar, as ênfases em cada país podem ser diferentes. Em uma mesa redonda em setembro de 2020, acadêmicos de Stanford se reuniram para discutir assuntos como a estabilidade nuclear e a regulamentação da IA. Mas, nesse caso, "ao contrário da União Europeia, que enfatiza o Regulamento Geral de Proteção de Dados (GDPR), os EUA mostraram uma 'falta de apetite para regulamentar certos princípios democráticos quando se trata do mundo digital', disse Marietje Schaake, diretora de política internacional do *Cyber Policy Center* da *Stanford University*, e que serviu como membro do Parlamento Europeu de 2009 a 2019. Ela espera que os EUA baseiem quaisquer novos sistemas de regulamentos em ideais democráticos, em vez de abordar cada inovação à medida que ela chegar. 'Um conjunto de regulamentações baseado em princípios será mais útil e mais sustentável, em vez de correr atrás da última iteração de qualquer tipo de tecnologia', disse ela"[6].

Enquanto os EUA e a China competem para dominar técnica e comercialmente a IA, a própria União Europeia (UE) tem incentivado seus Estados-membros a definir princípios para sistemas justos e imparciais, que possam vir a ser interrompidos por humanos a qualquer momento.[7] Depois de enquadrar as empresas digitais de mídia com uma severa lei de proteção aos direitos autorais, a UE definiu um conjunto de normas éticas para direcionar o desenvolvimento da IA no continente. "Toda decisão tomada por um algoritmo precisa ser verificada e explicada", diz Mariya Gabriel, comissária para Economia Digital da Europa. Segundo ela, aplicações de IA precisam ser confiáveis e seguras, e as empresas que as criaram devem ser legalmente responsáveis pelas decisões tomadas pelos sistemas. A UE considera os seguintes aspectos:

- *Fator humano:* a IA deve ser o vetor de uma sociedade equitativa, servindo aos direitos humanos fundamentais, sem restringir a autonomia humana.
- *Segurança:* uma IA precisa de algoritmos seguros, confiáveis e robustos para lidar com erros ou inconsistências em todas as suas fases.

- *Privacidade:* os cidadãos devem ter controle total dos seus dados pessoais e saber quais deles podem ser usados contra eles de maneira prejudicial ou discriminatória.
- *Transparência:* a rastreabilidade dos sistemas de IA deve ser assegurada.
- *Diversidade, não discriminação e equidade:* a IA deve levar em conta toda a gama de capacidades, habilidades e necessidades humanas.
- *Bem-estar social e ambiental:* os sistemas de IA devem ser usados para apoiar mudanças sociais positivas e aumentar a responsabilidade ecológica.
- *Prestação de contas:* mecanismos devem ser colocados em prática para garantir a responsabilidade das empresas por seus sistemas de IA, bem como pelos seus resultados.

Em outubro de 2019 foi realizado em Moscou o *VIII Open Innovations Forum*.[8] Participaram mais de 100 países, e o primeiro-ministro russo Dmitry Medvedev discursou sobre o tema "Economia inteligente: 3 dilemas para a nação digital". Segundo o Fórum, sociedade, governos e empresas devem priorizar a segurança cibernética dos dados pessoais, a reestruturação do mercado de trabalho devido à automação da produção, e a regulamentação jurídica dos setores de inovação, como a IA. Nos 3 dias do Fórum foram assinados 29 acordos com a participação de empresas, fundações e instituições de desenvolvimento internacionais.

Em 21 de abril de 2021, a União Europeia apresentou um primeiro marco legal para a regulamentação de tecnologias de IA, chamado de *Artificial Intelligence Act*. Após uma série de iniciativas desde 2018 (como a criação do grupo AI HLEG — *High Level Expert Group on Artificial Intelligence*, e consultas a variados tipos de públicos e especialistas) esse Ato estabeleceu "regras harmonizadas" sobre IA para abordar seus riscos, posicionando a Europa em um papel de liderança global nessa matéria.

O juiz brasileiro Demócrito Reinaldo Filho publicou três excelentes artigos em maio de 2021, comentando a proposta europeia. Dada a sua importância, apresentamos a seguir um breve recorte desses artigos. Alguns tópicos do primeiro artigo:[9]

- A proposta, que recebeu o nome de *Artificial Intelligence Act*, foi resultado de cerca de três anos de estudos, debates e sugestões sobre o tema em organismos integrantes da UE e em consulta ao público. A intenção do bloco europeu é não apenas regulamentar o uso da tecnologia no âmbito dos Estados-membros, mas tornar a Europa um "hub global de excelência e confiança em Inteligência Artificial". Pode-se dizer que, sob esse prisma, a UE já alcançou o protagonismo desejado, pois a proposta apresentada é certamente um dos mais abrangentes conjuntos de normas regulatórias sobre IA.

Iniciativas de Alguns Governos

> A Comissão Europeia sustenta que é possível "garantir a segurança e os direitos fundamentais das pessoas" e, ao mesmo tempo, "reforçar o uso, o investimento e a inovação em IA". A Inteligência Artificial terá um impacto enorme em praticamente todas as áreas da atividade humana, nas próximas décadas. Apesar dos incontáveis e fantásticos benefícios que a tecnologia pode trazer para a humanidade, sua utilização também vem acompanhada de certos riscos, pois tem o potencial de expor pessoas a erros de concepção e vícios de segurança, minando direitos e garantias fundamentais dos indivíduos, ameaçando a segurança das pessoas e comprometendo valores democráticos da sociedade.

Certas características da IA, como opacidade, complexidade e autonomia de alguns algoritmos, tornam difícil estabelecer a causa entre o funcionamento de um programa e os resultados. Nem sempre é possível determinar por que um sistema de IA chegou a um resultado específico. Como consequência, torna-se difícil acessar e provar quando alguém é injustamente discriminado pelo uso de um programa de seleção de candidatos a emprego ou a um benefício governamental, só para exemplificar algumas situações. Essas circunstâncias revelam os dois lados da Inteligência Artificial: oportunidades e riscos.

A proposta de regulamento europeu leva em conta esses dois aspectos distintos e aparentemente antagônicos das ferramentas artificialmente inteligentes. Por essa razão, procura encontrar o equilíbrio normativo, para fomentar e promover o desenvolvimento de tecnologias "AI-driven" sem esquecer a necessidade de construir um quadro regulatório "human-centric". A construção de um quadro regulatório é indispensável para que as pessoas tenham confiança de que a tecnologia de IA é usada de maneira segura e em obediência à lei, incluindo o respeito aos direitos fundamentais individuais.

A abordagem regulatória tem como premissa principal a hierarquização dos riscos oferecidos por sistemas e tecnologias que usam IA. Segundo essa visão regulatória baseada nos riscos (*risk-based regulatory approach*), as restrições e as exigências aumentam conforme maiores sejam os riscos que os sistemas de IA possam oferecer a direitos e garantias fundamentais dos indivíduos. A concepção regulatória baseada nos níveis de riscos dos sistemas de IA tem um caráter de proporcionalidade, no sentido de que as restrições mais graves e as exigências mais onerosas somente se aplicam a programas e aplicações que oferecem maiores riscos à segurança e aos direitos fundamentais das pessoas.

Enquanto a maioria dos programas e algoritmos não apresenta maiores riscos, alguns sistemas que funcionam baseados em IA criam riscos para a segurança dos usuários, que precisam ser considerados para evitar danos às pessoas. Nessa acepção, a proposta classifica os sistemas de IA em três diferentes patamares de risco: os de "risco inaceitável" (*unacceptable risk*), os de "risco elevado" (*high-risk*) e os de "risco limitado" (*limited risk*) ou de "risco mínimo" (*minimal risk*).

O segundo artigo do juiz Demócrito Reinaldo Filho aborda sistemas de IA que podem apresentar riscos de natureza "inaceitável". Nesse caso, relacionamos apenas um exemplo que trata dos sistemas de pontuação social, muito comuns na China, e que passaram a ser utilizados em outros países em menor escala:[10]

- Além de sistemas que induzam ou manipulem o comportamento das pessoas, por meio do uso de técnicas subliminares não percebidas pela consciência ou da exploração de vulnerabilidades causadas pela idade ou por deficiências fisiológicas, o Regulamento ainda coloca na categoria de "práticas de Inteligência Artificial proibidas" os programas e os algoritmos utilizados por autoridades governamentais para "pontuação social" (*social scoring*).

- Nesse ponto, o Regulamento bane a utilização de sistemas equivalentes ao "crédito social" chinês. Como se sabe, o governo da China desenvolveu ao longo dos últimos anos o maior e mais eficiente aparato tecnológico para monitoramento digital, o chamado sistema de "crédito social". Por meio dele, é possível vigiar o comportamento de cada um dos seus quase 1,4 bilhão de cidadãos. O sistema de "crédito social" chinês permite valorização e avaliação exaustiva das pessoas, atribuindo pontuação que gera uma espécie de ranking entre os chineses. Dependendo da quantidade de pontos que a pessoa atingir, pode ser punida ou recompensada. Cada indivíduo é avaliado por sua conduta social, e o cotidiano das pessoas é vigiado constantemente, em todos os aspectos. Atividades nas redes sociais são vigiadas, para censurar críticas ao regime. Quem transita pela rua também é vigiado. Um sistema de 200 milhões de câmeras de vigilância, dotadas de Inteligência Artificial, controla o movimento das pessoas. Drones também são utilizados para vigiar espaços públicos. Cada atividade é controlada. O Estado chinês sabe onde cada cidadão está, com quem se encontra, o que faz, o que compra, o que procura e para onde se dirige.

- Se a pontuação for boa, a pessoa recebe algumas recompensas sociais, como ter direito a matricular um filho em uma boa escola. Já uma pontuação baixa pode impedir que uma pessoa se matricule na escola de sua preferência, que seja contratada para uma boa vaga de emprego ou impedida de viajar, por exemplo. Em 2018, segundo o relatório divulgado pelo Centro de Informação do Crédito Público Nacional da China, 23 milhões de pessoas foram impedidas de viajar devido à pontuação baixa.

Já o terceiro artigo do juiz Demócrito Reinaldo Filho aborda sistemas de IA que podem apresentar "alto risco". Nesse caso, relacionamos alguns tópicos:[11]

- Ainda para mitigar os riscos à saúde, à segurança e aos direitos fundamentais das pessoas, o Regulamento prevê outras exigências e condições para colocação no mercado ou início de funcionamento de sistemas de IA de "alto risco". A qualidade dos dados que alimentam um sistema de IA é fundamental para a sua adequada performance, especialmente quando são utilizados durante o processo de "treinamento", para evitar discriminações a certas categorias de pessoas ou grupos de pessoas. Durante o processo de treinamento, os parâmetros de "aprendizado de máquina" são determinados pelos dados utilizados nessa fase, daí a importância de serem livres de erros ou inexatidões.

- Outro requisito estabelecido no Regulamento, em relação ao desenvolvimento e à operação de sistemas de IA de "alto risco", é a necessidade de documentação de todo o ciclo de vida do projeto. A documentação técnica deve conter as informações necessárias para avaliar a conformidade do sistema de IA com as exigências regulamentares. Os sistemas de IA de alto risco devem ser projetados e desenvolvidos com recursos que permitam o registro automático de eventos ("logs") enquanto estão operando.

- Para lidar com a opacidade que pode tornar certos programas e algoritmos incompreensíveis ou complexos para pessoas físicas, um certo grau de transparência deve ser exigido para sistemas de IA de alto risco. Devem ser projetados e desenvolvidos de forma a garantir que sua operação seja suficientemente transparente para permitir que os usuários interpretem a saída do sistema e a usem adequadamente.

- Para minimizar os riscos à saúde, à segurança e aos direitos fundamentais de usuários e terceiros, o Regulamento também exige que os sistemas de IA de "alto risco" sejam projetados e desenvolvidos de maneira apropriada à supervisão humana. Para tanto, os sistemas devem incorporar ferramentas de interface homem-máquina apropriadas, que permitam a supervisão por uma pessoa humana durante o período de uso do sistema.

- Os sistemas de IA de alto risco devem obedecer a um nível apropriado de precisão, robustez e segurança cibernética e funcionar com esse mesmo padrão ao longo de todo seu ciclo de vida. O nível de precisão e métricas de precisão deve ser comunicado aos usuários.

Em maio de 2019, legisladores norte-americanos apresentaram um projeto de lei chamado *Algorithmic Accountability Act*,[12] um dos primeiros grandes esforços federais para regulamentar a IA nos EUA. A lei exige que as grandes empresas auditem seus sistemas de *Machine Learning* quanto a preconceitos e discriminação, e tomem medidas corretivas em tempo hábil quando tais problemas forem identificados. Outra exigência é a de que "essas empresas auditem todos os processos de aprendizado de máquina que envolvam dados confidenciais — incluindo informações de identificação pessoal, biométricas e genéticas — quanto aos riscos de privacidade e segurança". Em outras palavras, isso refere-se a empresas que "ganham mais de US$50 milhões por ano, mantêm informações sobre pelo menos 1 milhão de pessoas ou agem principalmente como corretores de dados que compram e vendem dados de consumidores". O poder regulatório será da Comissão Federal de Comércio dos EUA (FTC), encarregada das proteções do consumidor e das regulamentações antitruste. Segundo a deputada democrata Yvette Clarke, "ao exigir que as grandes empresas não façam vista grossa a impactos não intencionais de seus sistemas automatizados, o *Algorithmic Accountability Act* garante que as tecnologias do século XXI sejam ferramentas de capacitação, em vez de marginalização, ao mesmo tempo em que reforçam a segurança e a privacidade de todos os consumidores".

Por outro lado, nos EUA são comuns iniciativas que incentivam o uso de aplicações de IA pelo governo. O *AI World Government*[13] é um Fórum com reuniões anuais, iniciado em 2019, que gerou uma série de estudos e relatórios sobre o uso de IA para o governo. Em outubro de 2020, devido à pandemia, o Fórum foi realizado de maneira virtual, com a participação de mais de 100 agências governamentais. Seu objetivo é "educar agências do setor público sobre estratégias comprovadas para implantar IA e tecnologias cognitivas. Já existem esforços significativos em andamento por agências federais para implantar e integrar serviços governamentais baseados em dados".

Apesar de iniciativas como as anteriores, se comparadas com a Europa, os EUA estão atrasados. Apenas em junho de 2021, no início do governo Biden, foi lançada uma ação coordenada:[14]

> O Escritório de Política Científica e Tecnológica da Casa Branca (OSTP) e a Fundação Nacional de Ciência (NSF) anunciaram a recém-formada Força-Tarefa de Pesquisa de Inteligência Artificial Nacional, que escreverá o roteiro para expandir o acesso a recursos críticos e educacionais, instrumentos que estimularão a inovação em IA e a prosperidade econômica em todo o país. Conforme orientado pelo Congresso na Lei de Iniciativa Nacional de AI de 2020, a força-tarefa servirá como um comitê consultivo federal para ajudar a criar e implementar um projeto para o National AI Research Resource (NAIRR) — uma infraestrutura de pesquisa compartilhada que fornece pesquisadores de AI e estudantes em todas as disciplinas científicas com acesso a recursos computacionais, dados de alta qualidade, ferramentas educacionais e suporte ao usuário. A força-tarefa fornecerá recomendações para estabelecer e manter

o NAIRR, incluindo capacidades técnicas, governança, administração e avaliação, bem como requisitos de segurança, privacidade, direitos civis e liberdades civis. A força-tarefa apresentará dois relatórios ao Congresso que, juntos, apresentarão uma estratégia abrangente e um plano de implementação — um relatório provisório em maio de 2022 e um relatório final em novembro de 2022.

A China, por outro lado, é o país mais ativo em aplicações de IA inclusive para uso do próprio governo. Paradoxalmente, trata-se de uma nação na qual a população não se importa com privacidade, vigilância política e digital. Ao contrário, sente-se mais segura como usuária desses mecanismos digitais. Como curiosidade, os Emirados Árabes Unidos (UAE) são o único país que possui um Ministro de IA, desde 2017, e a primeira universidade específica em IA do mundo, *The Mohamed bin Zayed University of Artificial Intelligence* (MZUAI), foi inaugurada em outubro de 2019, em Abu Dhabi.[15] Outros exemplos de iniciativas governamentais ou de órgãos internacionais são:

- *Ethics Guidelines for Trustworthy AI*, emitido pelo *High-level Expert Group on AI*, do *European Commission*, de 2019.[16]
- *Comission to the European Parliament, The Council, The European Economic and Social Committee and The Comitte of the Regions — Building Trust in Human-Centric Artificial Intelligence*, de 2019:[17] Parlamento Europeu.
- *The EU General Data Protection Regulation* (GDPR)[18] da União Europeia: regras mais fortes sobre proteção de dados significam que as pessoas têm mais controle sobre seus dados pessoais e as empresas se beneficiam de condições equitativas.

Por fim, antes de apresentar algumas iniciativas relativas ao Brasil, reproduziremos um recorte do tópico *7.1. Estratégias de IA nacionais e regionais — Países*, do 2021 AI Index Report,[19] citado no Capítulo 2, seção 2.1 deste livro.

Estratégias Publicadas em 2017 (*2021 AI Index Report*)

Canadá

- Estratégia de IA: Estratégia Pan-canadense de IA
- Organização responsável: Instituto Canadense de Pesquisa Avançada (CIFAR)

- Destaques: a estratégia canadense enfatiza o desenvolvimento da futura força de trabalho de IA do Canadá, apoiando os principais centros de inovação em IA e pesquisa científica, e posicionando o país como um líder pensante nas implicações econômicas, éticas, políticas e legais da Inteligência Artificial.
- Financiamento (taxa de conversão de dezembro de 2020): CAD 125 milhões (USD 97 milhões).
- Em novembro de 2020, o CIFAR publicou seu relatório anual mais recente, intitulado "AICAN", que acompanha o progresso na implementação de sua estratégia nacional, que destacou o crescimento substancial do ecossistema de IA do Canadá, bem como pesquisas e atividades relacionadas à saúde e ao impacto da IA na sociedade, entre outros resultados da estratégia.

China

- Estratégia de IA: um Plano de Desenvolvimento de Inteligência Artificial de Próxima Geração
- Organização responsável: Conselho de Estado da República Popular da China
- Destaques: a estratégia de IA da China é uma das mais abrangentes do mundo. Abrange áreas que incluem P&D (pesquisa e desenvolvimento) e desenvolvimento de talentos por meio de educação e aquisição de habilidades, bem como normas éticas e implicações para a segurança nacional. Ele define metas específicas, incluindo alinhar a indústria de IA com os concorrentes até 2020; tornar-se o líder global em áreas como veículos aéreos não tripulados (UAVs), reconhecimento de voz e imagem e outros até 2025; e emergindo como o principal centro de inovação em IA até 2030.
- Financiamento: N/A.
- Atualizações recentes: a China estabeleceu uma Zona de Inovação e Desenvolvimento de IA de Nova Geração em fevereiro de 2019 e lançou os "Princípios da IA de Pequim" em maio de 2019 com uma coalizão de múltiplas partes interessadas que consiste em instituições acadêmicas e participantes do setor privado, como Tencent e Baidu.

Iniciativas de Alguns Governos

Japão

- Estratégia de IA: Estratégia de Tecnologia de Inteligência Artificial
- Organização responsável: Conselho Estratégico de Tecnologia de IA
- Destaques: a estratégia apresenta três fases distintas de desenvolvimento de IA. A primeira fase concentra-se na utilização de dados e IA em indústrias de serviços relacionadas; a segunda, no uso público da IA e na expansão das indústrias de serviços; e a terceira, na criação de um ecossistema abrangente, no qual os vários domínios são mesclados.
- Financiamento: N/A.
- Atualizações recentes: em 2019, o Conselho de Promoção de Estratégia de Inovação Integrada lançou outra estratégia de IA, com o objetivo de dar o próximo passo à frente na superação dos problemas enfrentados pelo Japão e fazer uso dos pontos fortes do país para abrir oportunidades futuras.

Outros

Finlândia: Idade da Inteligência Artificial da Finlândia

Emirados Árabes Unidos: Estratégia dos Emirados Árabes Unidos para Inteligência Artificial

Estratégias Publicadas em 2018 (*2021 AI Index Report*)

União Europeia

- Estratégia de IA: Plano Coordenado de Inteligência Artificial
- Organização responsável: Comissão Europeia
- Destaques: esse documento de estratégia descreve os compromissos e ações acordados pelos Estados-membros da UE, Noruega e Suíça, para aumentar o investimento e construir seu pipeline de talentos em IA. Ele enfatiza o valor das parcerias público-privadas, criando espaços de dados europeus e desenvolvendo princípios éticos.
- Financiamento (taxa de conversão de dezembro de 2020): pelo menos EUR 1 bilhão (US$1,1 bilhão) por ano para pesquisa de IA e pelo menos EUR 4,9 bilhões (US$5,4 bilhões) para outros aspectos da estratégia.
- Atualizações recentes: um primeiro rascunho das diretrizes de ética foi lançado em junho de 2018, seguido por uma versão atualizada em abril de 2019.

França

- Estratégia de IA: IA para a Humanidade
- Organizações responsáveis: Ministério do Ensino Superior — Educação, Pesquisa e Inovação; Ministério da Economia e Finanças; Direção-geral das Empresas; Ministério da Saúde Pública; Ministério das Forças Armadas; Instituto Nacional de Pesquisa em Ciências Digitais; Diretor Interministerial de Tecnologia Digital e Sistema de Informação e Comunicação.
- Destaques: os principais temas incluem o desenvolvimento de uma política agressiva de dados para big data, visando quatro setores estratégicos: saúde, meio ambiente, transporte e defesa. Além de impulsionar os esforços franceses em pesquisa e desenvolvimento; planejar o impacto da IA na força de trabalho; e garantir a inclusão e a diversidade dentro do campo.
- Financiamento (taxa de conversão de dezembro de 2020): EUR 1,5 bilhões (US$1,8 bilhões) até 2022.
- Atualizações recentes: o Instituto Nacional Francês de Pesquisa para Ciências Digitais (Inria) se comprometeu a desempenhar um papel central na coordenação da estratégia nacional de IA e apresentará um relatório anual sobre seu progresso.

Alemanha

- Estratégia de IA: IA feita na Alemanha
- Organizações responsáveis: Ministério Federal da Educação e Pesquisa; Ministério Federal da Economia e Energia; Ministério Federal do Trabalho e Assuntos Sociais.
- Destaques: o foco da estratégia é cimentar a Alemanha como uma potência de pesquisa e fortalecer o valor de suas indústrias. Há também uma ênfase no interesse público e no trabalho para melhorar a vida das pessoas e o meio ambiente.
- Financiamento (taxa de conversão de dezembro de 2020): EUR500 milhões (USD608 milhões) no orçamento de 2019 e EUR 3 bilhões (USD3,6 bilhões) para a implementação até 2025.
- Atualizações recentes: em novembro de 2019, o governo publicou um relatório de progresso provisório sobre a estratégia de IA da Alemanha.

Índia

- Estratégia de IA: Estratégia Nacional de Inteligência Artificial: #AIforAll
- Organização responsável: National Institution for Transforming India (NITI Ayog)
- Destaques: a estratégia indiana se concentra no crescimento econômico e nas formas de alavancar a IA para aumentar a inclusão social, ao mesmo tempo que promove pesquisas para abordar questões importantes, como ética, preconceito e privacidade relacionadas à IA. A estratégia enfatiza setores como agricultura, saúde e educação, nos quais o investimento público e a iniciativa governamental são necessários.
- Financiamento (taxa de conversão de dezembro de 2020): INR7000 (US$949 milhões).
- Atualizações recentes: em 2019, o Ministério de Eletrônica e Tecnologia da Informação lançou sua própria proposta para estabelecer um programa nacional de IA com INR 400 alocados (US$54 milhões). O governo indiano formou um comitê no fim de 2019 para pressionar por uma política organizada de IA e estabelecer as funções precisas das agências governamentais para promover a missão de IA da Índia.

México

- Estratégia de IA: Artificial Intelligence Agenda MX (versão resumida da agenda 2019)
- Organização responsável: IA2030Mx, Economía
- Destaques: como a primeira estratégia da América Latina, a estratégia mexicana se concentra no desenvolvimento de uma estrutura de governança forte, mapeando as necessidades de IA em vários setores e identificando as melhores práticas governamentais com ênfase no desenvolvimento da liderança em IA do México.
- Financiamento: N/A.
- Atualizações recentes: de acordo com o relatório anterior da LAC do Banco Interamericano de Desenvolvimento, o México está em processo de estabelecer políticas concretas de IA para uma implementação posterior.

Reino Unido

- Estratégia de IA: Estratégia Industrial: Negócio do Setor de Inteligência Artificial
- Organização responsável: Escritório de Inteligência Artificial (OAI)
- Destaques: a estratégia do Reino Unido enfatiza uma forte parceria entre negócios, academia e governo e identifica cinco fundamentos para uma estratégia industrial de sucesso: tornar-se a economia mais inovadora do mundo, criando empregos e melhor potencial de ganhos, atualizações de infraestrutura, condições de negócios favoráveis e construção de comunidades prósperas em todo o país.
- Financiamento (taxa de conversão de dezembro de 2020): GBP950 milhões (USD1,3 bilhão).
- Atualizações recentes: entre 2017 e 2019, o Comitê Seleto de IA do Reino Unido divulgou um relatório anual sobre o progresso do país. Em novembro de 2020, o governo anunciou um grande aumento nos gastos com defesa de GBP16,5 bilhões (US$21,8 bilhões) ao longo de 4 anos, com grande ênfase nas tecnologias de IA que prometem revolucionar a guerra.

Outros

Suécia: Abordagem Nacional para Inteligência Artificial

Taiwan: Plano de Ação de Taiwan AI

Estratégias Publicadas em 2019 (*2021 AI Index Report*)

Estônia

- Estratégia de IA: Estratégia Nacional de IA de 2019-2021
- Organização responsável: Ministério da Economia e Comunicações (MKM)
- Destaques: a estratégia enfatiza as ações necessárias para os setores público e privado tomarem a fim de aumentar o investimento em pesquisa e desenvolvimento de IA, ao mesmo tempo que melhora o ambiente legal para IA na Estônia. Além disso, estabelece a estrutura para um comitê de direção que supervisionará a implementação e o monitoramento da estratégia.

- Financiamento (taxa de conversão de dezembro de 2020): EUR10 milhões (USD12 milhões) até 2021.
- Atualizações recentes: o governo da Estônia lançou uma atualização sobre a força-tarefa de IA em maio de 2019.

Rússia

- Estratégia de IA: Estratégia Nacional para o Desenvolvimento de Inteligência Artificial
- Organizações responsáveis: Ministério do Desenvolvimento Digital, Comunicações e Mídia de Massa; Governo da Federação Russa.
- Destaques: a estratégia de IA da Rússia coloca forte ênfase em seus interesses nacionais e estabelece diretrizes para o desenvolvimento de uma "sociedade da informação" entre 2017 e 2030. Isso inclui uma iniciativa nacional de tecnologia, projetos departamentais para órgãos executivos federais e programas como a Economia Digital da Federação Russa, projetada para implementar a estrutura de IA em todos os setores.
- Financiamento: N/A.
- Atualizações recentes: em dezembro de 2020, o presidente russo Vladmir Putin participou da *Artificial Intelligence Journey Conference*, na qual apresentou quatro ideias para políticas de IA: estabelecer marcos legais experimentais para o uso de IA, desenvolver medidas práticas para introduzir algoritmos de IA, fornecer desenvolvedores de rede neural com acesso competitivo a big data e impulsionar o investimento privado em indústrias domésticas de IA.

Cingapura

- Estratégia de IA: Estratégia Nacional de Inteligência Artificial
- Organização responsável: Smart Nation and Digital Government Office (SNDGO)
- Destaques: lançada pela Smart Nation Singapore, uma agência governamental que visa a transformar a economia de Cingapura e inaugurar uma nova era digital, a estratégia identifica cinco projetos nacionais de IA nas seguintes áreas: transporte e logística; cidades e propriedades inteligentes; saúde; educação; e proteção e segurança.

- Financiamento (taxa de conversão de dezembro de 2020): embora a estratégia de 2019 não mencione financiamento, em 2017 o governo lançou seu programa nacional, AI Singapore, com a promessa de investir SGD150 milhões (USD113 milhões) ao longo de 5 anos.

- Atualizações recentes: em novembro de 2020, o SNDGO publicou sua atualização anual sobre os esforços de proteção de dados do governo de Cingapura. Descreve as medidas tomadas até a data para reforçar a segurança dos dados do setor público e para salvaguardar os dados privados dos cidadãos.

Estados Unidos

- Estratégia de IA: American AI Initiative
- Organização responsável: Casa Branca
- Destaques: a *American AI Initiative* prioriza a necessidade de o governo federal investir em P&D de IA, reduzir barreiras aos recursos federais e garantir padrões técnicos para o desenvolvimento, teste e implantação seguros de tecnologias de IA. A Casa Branca também enfatiza o desenvolvimento de uma força de trabalho pronta para IA e sinaliza o compromisso de colaborar com parceiros estrangeiros enquanto promove a liderança dos EUA em IA. A iniciativa, no entanto, carece de especificações sobre o cronograma do programa, se pesquisas adicionais serão dedicadas ao desenvolvimento de IA e outras considerações práticas.
- Financiamento: N/A.
- Atualizações recentes: o governo dos EUA divulgou seu relatório anual do primeiro ano em fevereiro de 2020, seguido em novembro pelo primeiro memorando de orientação para agências federais sobre a regulamentação de aplicações de IA no setor privado, incluindo princípios que incentivam a inovação e o crescimento e aumentam a confiança pública nas tecnologias de IA. A Lei de Autorização de Defesa Nacional (NDAA) para o ano fiscal de 2021 exigiu uma Iniciativa Nacional de IA para coordenar a pesquisa e a política de IA em todo o governo federal.

Coreia do Sul

- Estratégia de IA: Estratégia Nacional de Inteligência Artificial
- Organização responsável: Ministério da Ciência, TIC e Planejamento Futuro (MSIP)
- Destaques: a estratégia coreana exige planos para facilitar o uso de IA por empresas e simplificar as regulamentações a fim de criar um ambiente mais favorável para o desenvolvimento e o uso de IA e outras novas indústrias. O governo coreano também planeja alavancar seu domínio no fornecimento global de chips de memória para construir a próxima geração de chips inteligentes até 2030.
- Financiamento (taxa de conversão de dezembro de 2020): KRW 2,2 trilhões (US$2 bilhões).
- Atualizações recentes: N/A.

Outros

Colômbia: Política Nacional para Transformação Digital e Inteligência Artificial

República Tcheca: Estratégia Nacional de Inteligência Artificial da República Tcheca

Lituânia: Estratégia de Inteligência Artificial da Lituânia — Uma Visão para o Futuro

Luxemburgo: Inteligência Artificial — Uma Visão Estratégica para Luxemburgo

Malta: Malta — *The Ultimate AI Launchpad*

Holanda: Plano de Ação Estratégico para Inteligência Artificial

Portugal: AI Portugal 2030

Catar: Inteligência Artificial Nacional para o Catar

Estratégias Publicadas em 2020 (*2021 AI Index Report*)

Indonésia

- Estratégia de IA: Estratégia Nacional para o Desenvolvimento de Inteligência Artificial (Stranas KA)
- Organizações responsáveis: Ministério de Pesquisa e Tecnologia (Menristek), Agência Nacional de Pesquisa e Inovação (BRIN), Agência de Avaliação e Aplicação de Tecnologia (BPPT).
- Destaques da estratégia: a estratégia da Indonésia visa a orientar o país no desenvolvimento de IA entre 2020 e 2045. Ela se concentra em educação e pesquisa, serviços de saúde, segurança alimentar, mobilidade, cidades inteligentes e reforma do setor público.
- Financiamento: N/A.
- Atualizações recentes: nenhuma.

Arábia Saudita

- Estratégia de IA: Estratégia Nacional de Dados e IA (NSDAI)
- Organização responsável: Autoridade Saudita de Dados e Inteligência Artificial (SDAIA)
- Destaques: como parte de um esforço para diversificar a economia do país longe do petróleo e impulsionar o setor privado, o NSDAI visa a acelerar o desenvolvimento de IA em cinco setores críticos: saúde, mobilidade, educação, governo e energia. Até 2030, a Arábia Saudita pretende treinar 20 mil especialistas em dados e IA, atrair US$20 bilhões em investimentos estrangeiros e locais e criar um ambiente que atrairá pelo menos 300 startups de IA e dados.
- Financiamento: N/A.
- Atualizações recentes: durante a cúpula em que o governo saudita divulgou sua estratégia, o Centro Nacional de Inteligência Artificial (NCAI) do país assinou acordos de colaboração com a Huawei da China e a Alibaba Cloud para projetar sistemas de idioma árabe relacionados à IA.

Outros

Hungria: Estratégia de Inteligência Artificial da Hungria

Noruega: Estratégia Nacional para Inteligência Artificial

Sérvia: Estratégia para o Desenvolvimento de Inteligência Artificial na República da Sérvia para o período de 2020–2025

Espanha: Estratégia Nacional de Inteligência Artificial

Estratégias em Desenvolvimento em 2020 (2021 AI Index Report)

Brasil

- Rascunho da estratégia de IA: Estratégia Brasileira de Inteligência Artificial
- Organização responsável: Ministério da Ciência, Tecnologia e Inovação (MCTI)
- Destaques: a estratégia nacional de IA do Brasil foi anunciada em 2019 e atualmente está em fase de consulta pública. De acordo com a OCDE, a estratégia visa a cobrir tópicos relevantes relacionados à IA, incluindo seu impacto na economia, ética, desenvolvimento, educação e empregos, e coordenar políticas públicas específicas para abordar essas questões.
- Financiamento: N/A.
- Atualizações recentes: em outubro de 2020, o maior centro de pesquisa do país dedicado à IA foi lançado em colaboração com a IBM, a Universidade de São Paulo e a Fundação de Pesquisa de São Paulo.

Itália

- Rascunho da estratégia de IA: Proposta para uma Estratégia Italiana para Inteligência Artificial
- Organização responsável: Ministério do Desenvolvimento Econômico (MISE)
- Destaques: esse documento fornece a estratégia proposta para o desenvolvimento sustentável da IA, com o objetivo de melhorar a competitividade da Itália em IA. Ele se concentra em melhorar as habilidades e as competências baseadas em IA, promovendo a pesquisa em

- IA, estabelecendo uma estrutura normativa e ética para garantir um ecossistema sustentável para IA e desenvolvendo uma infraestrutura de dados robusta para alimentar esses desenvolvimentos.
- Financiamento (taxa de conversão de dezembro de 2020): EUR 1 bilhão (US$1,1 bilhão) até 2025 e fundos correspondentes esperados do setor privado, elevando o investimento total a EUR 2 bilhões.
- Atualizações recentes: nenhuma.

Outros

Chipre: Estratégia Nacional para Inteligência Artificial

Irlanda: Estratégia Nacional Irlandesa de Inteligência Artificial

Polônia: Política de Desenvolvimento de Inteligência Artificial na Polônia

Uruguai: Estratégia de Inteligência Artificial para Governo Digital

Estratégias anunciadas em 2020 (*2021 AI Index Report*)

Argentina

- Documento relacionado: N/A.
- Organização responsável: Ministério da Ciência, Tecnologia e Inovação Produtiva (MINCYT)
- Status: o plano de IA da Argentina faz parte da Agenda Digital Argentina 2030, mas ainda não foi publicado. Pretende-se abranger a década entre 2020 e 2030 e os relatórios indicam que têm potencial para colher enormes benefícios para o setor agrícola.

Austrália

- Documentos relacionados: Roteiro de Inteligência Artificial/Um Plano de Ação de IA para todos os australianos
- Organizações responsáveis: Organização de Pesquisa Científica e Industrial da Commonwealth (CSIRO), Data 61 e o governo australiano

Iniciativas de Alguns Governos **147**

- Status: o governo australiano publicou um roteiro em 2019 (em colaboração com a agência nacional de ciência, CSIRO) e um documento de discussão de um plano de ação de IA em 2020 como estruturas para desenvolver uma estratégia nacional de IA. Em seu orçamento de 2018-2019, o governo australiano destinou AUD29,9 milhões (US$22,2 milhões) ao longo de 4 anos para fortalecer as capacidades do país em IA e aprendizado de máquina (ML). Além disso, a CSIRO publicou um artigo de pesquisa sobre a Estrutura de Ética da AI da Austrália em 2019 e lançou uma consulta pública, que deverá produzir um próximo documento de estratégia.

Turquia

- Documento relacionado: N/A.
- Organizações responsáveis: Gabinete de Transformação Digital da Presidência da República da Turquia; Ministério da Indústria e Tecnologia; Conselho de Pesquisa Científica e Tecnológica da Turquia; Conselho de Políticas de Ciência, Tecnologia e Inovação.
- Status: a estratégia foi anunciada, mas ainda não foi publicada. Segundo fontes da mídia, o foco será no desenvolvimento de talentos, pesquisa científica, ética, inclusão e infraestrutura digital.

Outros

Áustria: Missão de Inteligência Artificial Áustria (relatório oficial)

Bulgária: Conceito para o Desenvolvimento de Inteligência Artificial na Bulgária até 2030 (documento de conceito)

Chile: Política Nacional de IA (anúncio oficial)

Israel: Plano Nacional de IA (artigo de notícias)

Quênia: Blockchain e Força-Tarefa de Inteligência Artificial (artigo de notícias)

Letônia: Sobre o Desenvolvimento de Soluções de Inteligência Artificial (relatório oficial)

Malásia: National Artificial Intelligence (AI) Framework (artigo de notícias)

Nova Zelândia: Inteligência Artificial: Moldando um Futuro Nova Zelândia (relatório oficial)

Sri Lanka: Framework for Artificial Intelligence (artigo de notícias)

Suíça: Inteligência Artificial (diretrizes oficiais)

Tunísia: Estratégia Nacional de Inteligência Artificial (força-tarefa anunciada)

Ucrânia: conceito de desenvolvimento de Inteligência Artificial na IA da Ucrânia (documento conceitual)

Vietnã: Estratégia de Desenvolvimento de Inteligência Artificial (anúncio oficial)

Por outro lado, independentemente das ações governamentais dos seus respectivos países, algumas cidades europeias uniram-se no primeiro semestre de 2021 para influenciar as legislações sobre IA em curso na Europa. O motivo reside no fato de, apesar da tecnologia já ser amplamente usada, "a sua aplicação é muitas vezes ordenada pelos governos nacionais e implementada por empresas privadas, deixando os municípios com pouco poder de decisão em matérias como segurança ou privacidade dos cidadãos."[20] Assim, mesmo em face dos benefícios que podem surgir da aplicação da IA em áreas como saúde, educação ou transportes, "os municípios querem ter certeza de que o trabalho dos eurodeputados resultará em legislação concordante com as suas preferências". Para dar visibilidade a essas iniciativas em relação ao uso da IA, foi criado o *Urban AI Observatory*.

Após a apresentação anterior do quadro geral de países, voltemo-nos ao Brasil. O governo brasileiro até agora tem tido relativamente pouco protagonismo em IA, não obstante a elaboração da LGPD (Lei Geral de Proteção de Dados), aprovada em 2018 e que entrou em vigor em outubro de 2020. Resumidamente, o objetivo da LGPD é tratar da criação de regras para a coleta, o armazenamento e o uso dos dados pessoais que, de alguma forma, já estão disseminados na internet. O Brasil também possui um plano de "Estratégia Digital (E-digital)", lançado em 2018, com diretrizes mais gerais para a transformação digital do país. No entanto, o Executivo ainda não formulou uma política específica para o assunto. A estratégia tratará da transformação digital, incluindo a IA, protegendo os direitos dos cidadãos e mantendo a privacidade, desenvolvendo um plano de ação para novas tecnologias e trabalhando com outros países para desenvolver novas tecnologias. Já em 2019 o Brasil lançou o Plano de Ação Nacional da Internet das Coisas (IoT) por meio do Decreto 9.854, que visa a posicionar o país quanto ao desenvolvimento de tecnologia nos próximos 5 anos, em grande parte utilizando os avanços da IA.

Talvez no sentido de coordenar várias iniciativas distintas, o Ministério da Ciência, Tecnologia e Inovações (MCTIC) divulgou em fevereiro de 2019 a criação de uma estratégia única para o país, por meio da criação de um *Centro de Desenvolvimento de IA e Cyber Security*.[21] Segundo o ministro Marcos Pontes, será escolhido um centro de pesquisa para concentrar os trabalhos, que provavelmente será a USP, em São

Paulo. A ideia é que o Centro dê mais velocidade ao desenvolvimento da IA no Brasil. Já em novembro de 2019, o ministro anunciou a criação de 8 laboratórios de IA no país.[22] Segundo Pontes, a ideia é alinhar iniciativas que já existem em todo o país, no sentido de gerenciar, criar e trabalhar em rede, com o objetivo de desenvolver IA. No entanto, não foram apresentados prazos para a implementação dos laboratórios. Quatro deles estarão conectados com o Decreto 9.854 de Internet das Coisas, que prevê a instituição de quatro câmaras: cidades 4.0, indústria 4.0, agro 4.0 e saúde 4.0. Um outro vai trabalhar nas fronteiras do conhecimento em IA, com segurança cibernética, em conjunto com o Exército Brasileiro. Os demais laboratórios serão de IA aplicada, convergindo para o planejamento estratégico, sendo que um será ligado à IA aplicada à administração pública. Naquela oportunidade, o ministro anunciou que seria publicado um edital sobre a matéria.

Por outro lado, desde 2020 está em andamento na Câmara dos Deputados o Projeto de Lei 21/2020, que trata do Marco Legal da IA, e que pretende criar a figura do "Agente de IA", responsável legal pelos algoritmos:[23]

- Os legisladores brasileiros querem garantir que o desenvolvimento da IA no país seja centrado no ser humano, aumente a produtividade em geral, contribua para uma economia mais sustentável e promova a redução da desigualdade social e regional. Proposto pelo deputado Eduardo Bismarck (PDT-SP), o projeto está em trâmite na Câmara dos Deputados com foco nessas diretrizes. O texto completo do Projeto de Lei 21/2020 apresenta, no entanto, poucas medidas concretas em relação ao número de diretrizes intangíveis. Segundo Juliano Maranhão, professor de Direito na Universidade de São Paulo e presidente do Lawgorithm, grupo de estudos em IA, a falta de "detalhamento de regras específicas" no texto pode trazer, no futuro, impasses para a justiça.

- O deputado Eduardo Bismarck diz que "é importante que o projeto de lei receba opiniões de diversos setores da sociedade e do poder público. Da mesma forma, a lei aprovada deve se destinar a evoluir junto com as rápidas mudanças na economia digital. Regulações impostas ao setor devem ser precedidas de amplo debate público, envolvendo, especialmente, o setor empresarial, especialistas e a sociedade civil".

- Na visão de Juliano Maranhão, a Europa é uma referência a ser seguida nesse sentido. "Os países líderes em IA têm sido cautelosos em impor regras sobre a tecnologia, pois há o risco de limitar a inovação", diz. "O que se tem observado é a publicação de relatórios por entidades governamentais, estabelecendo diretrizes não vinculantes ou abrindo discussões com a formação de grupos de experts, como o AI-HLEG (High Level Expert Group on Artificial Intelligence) na Comunidade Europeia." O advogado usa como exemplo o Ministério dos Transportes

> da Alemanha, que desenvolveu um relatório sobre a ética no desenvolvimento de algoritmos para veículos autônomos. "Essa abordagem setorial, com parâmetros éticos específicos para determinado tipo de aplicação me parece mais apropriado, pois sua implementação é mais factível e clara."

Finalmente, em 6 de abril de 2021, por meio da Portaria MCTI nº 4.617, o governo instituiu a Estratégia Brasileira de Inteligência Artificial — EBIA.[24] Esta "assume o papel de nortear as ações do Estado brasileiro em prol do desenvolvimento das ações, em suas várias vertentes, que estimulem a pesquisa, a inovação e o desenvolvimento de soluções em Inteligência Artificial, bem como seu uso consciente, ético e em prol de um futuro melhor. A estratégia tem como ponto de partida a definição de objetivos estratégicos que levam em consideração todo o ecossistema tecnológico, e que poderão posteriormente ser desdobrados em ações mais específicas". A EBIA foi construída a partir da execução de três etapas: a contratação de consultorias especializadas em IA, a prática de benchmarking nacional e internacional, e um amplo processo de consulta pública. Assim, a partir da "convergência de estudos, reflexões, pesquisas e de consulta aos especialistas, empresas, pesquisadores e demais órgãos públicos, durante os anos de 2019 e de 2020, a EBIA foi concebida colhendo visões diversas e setoriais deste esforço complexo que é propor um planejamento tecnológico de longo prazo ao país".

A EBIA foi erigida a partir de três Eixos Transversais: 1. Legislação, regulação e uso ético; 2. Governança de IA; e 3. Aspectos internacionais. Outros seis Eixos Verticais são: 4. Qualificações para um futuro digital; 5. Força de trabalho e capacitação; 6. Pesquisa, desenvolvimento, inovação e empreendedorismo; 7. Aplicação nos setores produtivos; 8. Aplicação no poder público; e 9. Segurança pública. Os três *Eixos Transversais* contemplam, respectivamente, 12, 15 e 4 *Ações Estratégicas*, enquanto os seis *Eixos Verticais* contemplam, respectivamente, 9, 7, 7, 4, 10 e 6 *Ações Estratégicas*, totalizando 74 Ações que nortearão a iniciativa governamental.

No contexto das parcerias entre a iniciativa privada, universidades, institutos e, às vezes, também o governo, existem excelentes projetos em andamento no Brasil. O AI2 — *Advanced Institute for Artificial Intelligence* —, consórcio de pesquisadores de destaque em diferentes áreas da IA, uma organização brasileira sediada em São Paulo, concretizou parcerias entre universidades e empresas para o desenvolvimento de pesquisas avançadas em IA.[25] O AI2 reúne "especialistas de algumas das maiores universidades do país, que oferecerão sua expertise para o desenvolvimento de projetos de interesse acadêmico e comercial. Além da ESEG, Unicamp, USP, Unifesp e Unesp, o Instituto ainda conta com a parceria da Petrobras, IBM, Intel, Serasa, *startups* e instituições internacionais". Assim, espera-se um progresso efetivo para o incentivo à pesquisa e às aplicações em IA a partir da criação *do* AI2 no Brasil.

Como outra iniciativa, a USP criou o primeiro *Centro de Pesquisa em Inteligência Artificial* do Brasil,[26] em uma parceria entre a IBM e a FAPESP. O projeto busca ser referência na pesquisa básica e aplicada em IA em cinco áreas:

> Recursos naturais, agronegócio, meio ambiente, finanças e saúde. Na prática, o consórcio terá o financiamento da IBM e da FAPESP por um período de dez anos. Cada uma reservará US$500 mil anuais para implementação do programa. A USP investirá até US$1 milhão por ano em instalações físicas, laboratórios, professores, técnicos e administradores para gerir o Centro. A FAPESP, por meio do Centro de Pesquisa em Engenharia (CPE), já possui 12 centros de pesquisa no estado. O centro de IA será a primeira iniciativa na América Latina da IBM AI Horizons Network, rede presente em diversos países e que fomenta a colaboração entre universidades e pesquisadores da IBM. O projeto tem como sede principal o Centro de Pesquisa e Inovação InovaUSP, localizado na Cidade Universitária, em São Paulo. A iniciativa agrega mais de 60 pesquisadores da USP, UNESP, UNICAMP, PUC-SP, Centro Universitário FEI e do Instituto Tecnológico de Aeronáutica (ITA).

É importante salientar que, ao contrário das dificuldades que caracterizam os governos em geral, existem centenas de iniciativas no Brasil, por exemplo, em relação a cursos de IA nos mais variados níveis de escolaridade, desde o ensino médio. A Oracle e a Junior Achievement realizam edições do *AI4Good*.[27] Em 2019, alunos da ETEC Paraisópolis, de São Paulo, desenvolveram aplicativos de assistentes digitais para resolver temas da comunidade em dois pilares: educação e meio ambiente. Em nível de graduação, no Brasil, em 2019, a Escola de Matemática Aplicada da Fundação Getúlio Vargas (RJ) e a Univille (Joinville/SC), passaram a oferecer cursos de graduação e de pós-graduação em Ciência de Dados. Isso também ocorreu em 2020 com o Instituto de Ciências Matemáticas e de Computação da USP (São Carlos/SP), da PUC-RS, e da Universidade Federal de Goiás (UFG), em alguns casos já com alguma vinculação de pesquisas em IA.

Além disso, existem no Brasil centenas de *startups*, projetos de pesquisa acadêmica, mestrados, doutorados e outras iniciativas envolvendo IA. Os estados de SP e MG, apenas dois exemplos entre vários outros, possuem inúmeras pequenas empresas comercializando aplicações de IA nas mais variadas áreas de atuação, como saúde, finanças, agronegócio, educação, segurança e muitas outras.

Também é importante citar o exemplo de um projeto de pesquisa percebido no artigo *Preventing Undesirable Behavior of Intelligent Machines*, do Instituto de Informática da Universidade Federal do Rio Grande do Sul (INF-UFRGS).[28] Produzido por Bruno Castro e colegas da Universidade de Massachusetts e de Stanford, o estudo recebeu destaque no site da *Science* e está no grupo dos 5% com maior atenção na revista. O artigo também foi tema de matérias em mais de 30 jornais e revistas nas últimas semanas de 2019, como *Los Angeles Times, The Herald Sun* e *Wired.com*. O projeto, iniciado em 2016, apresentou um novo *framework* matemático para desenvolvimento de métodos de aprendizado de máquina com garantias probabilísticas de que produzirão resultados mais justos.

Por outro lado, como exemplos mais pontuais de aplicações em 2020, o governo brasileiro utilizou sistemas de IA para monitorar a saúde da população à distância na luta contra a pandemia do novo coronavírus. Foram feitos disparos de ligações telefônicas para cerca de 125 milhões de pessoas, objetivando fazer uma triagem à distância para evitar superlotação nos sistemas de saúde. Como outro exemplo, o Tribunal de Contas do Distrito Federal (TCDF) começou a utilizar, em julho de 2020, uma ferramenta de IA que foi incorporada ao sistema eletrônico de processos da Corte. A ideia foi agilizar a experiência dos usuários no trâmite das peças. Desenvolvido pela Secretaria de Tecnologia de Informação do órgão, o Orbis utiliza técnicas de aprendizado de máquina para prever o fluxo mais provável dos processos dentro do e-TCDF.[29] Nesse caso, aplicativos de IA pontuais já são largamente utilizados pelo governo brasileiro, tribunais, governos estaduais e inúmeros outros órgãos, como vimos no Capítulo 1, seção 1.5, *Direito*. Contudo, é importante notar que isso não significa a implementação ou o alinhamento a políticas públicas de IA no Brasil, que ainda estão no contexto dos planos de intenções.

NOTA DO AUTOR: As notícias e os artigos apresentados neste capítulo são breves exemplos sobre o tema. Seu objetivo é apenas indicar uma tendência nesse campo da IA. O leitor pode buscar mais informações em outras fontes também fidedignas na internet.

CAPÍTULO 4

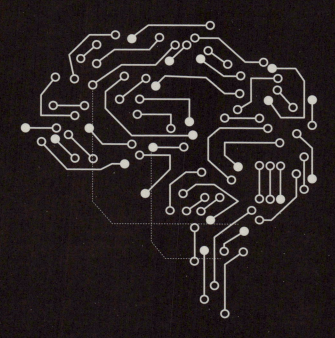

É POSSÍVEL UM "ACOMPANHAMENTO SOCIAL" DA IA?

Entendemos este como um dos capítulos mais relevantes do nosso estudo. Mesmo sendo anterior à abordagem dos 11 tipos de riscos sugeridos no Capítulo 7, *Desafios da IA no presente*, aqui é possível antecipar a seriedade do tema.

As empresas que desenvolvem IA atuam livremente e de modo profundo, sem que a sociedade possa compreender o que está acontecendo. A mídia, às vezes, pode ser ingênua, divulgando notícias apaixonadas ou equivocadas. As universidades, afora algumas exceções nominais, não usufruem da velocidade necessária para competir com empresas de fins comerciais que recebem bilhões de dólares para pesquisas de IA. Há um desequilíbrio na distribuição dos recursos e usufrutos econômico-sociais em face do monopólio de poucas empresas que, não por coincidência, possuem o maior valor de mercado nas bolsas — Google, Facebook, Amazon, IBM, Alibaba, entre outras. Além disso, há um ecossistema de miríades de startups no planeta produzindo algoritmos de IA para os mais variados fins, gerando milhares de descobertas, e com as mais variadas consequências. Nós nunca habitamos sociedades "controladas", caso essa fosse a expectativa de alguém no passado. Contudo, o momento é de extravagante produção científica e tecnológica, dos mais variados matizes, abrigada sob o imenso guarda-chuva da IA, em um cenário completamente "desregulado". O número de patentes na área da IA é contínuo, crescente e assustador.

O *EESC, European Economic and Social Committee,* diz que as tecnologias da IA "oferecem um grande potencial de criação de soluções inovadoras para melhorar a vida das populações, assegurar o crescimento da economia e fazer face aos desafios em termos de saúde e bem-estar, alterações climáticas e segurança. No entanto, como qualquer tecnologia disruptiva, a IA comporta riscos e desafios societais complexos em vários domínios, tais como o emprego, a segurança, a vida privada, a ética, as competências etc. É essencial adotar uma abordagem global da IA, que leve em conta todas as implicações dessa tecnologia para a sociedade, em especial em um período de rapidíssima evolução".[1]

Cezar Taurion diz que a mudança contínua é o eixo central da Sociedade Digital:[2] "Temos dificuldades de visualizar o futuro na Sociedade Digital, porque esse futuro é baseado em mudanças exponenciais e nosso pensamento é linear. Simplificadamente, quando pensamos linearmente nossa visão de futuro é apenas uma ampliação do passado recente. Mas a mudança exponencial é totalmente diferente e muitas vezes fora de nossa concepção mental." Taurion detalha melhor o tema dizendo que:[3]

> O que diferencia fundamentalmente a Revolução Digital impulsionada pela IA das revoluções anteriores são a sua velocidade e a sua amplitude. Na Revolução Industrial, o ritmo de adoção de novas tecnologias foi muito mais lento. Por exemplo, as ferrovias substituíram o cavalo como meio de transporte, com as consequentes perdas de emprego para os cocheiros, os ferreiros e os fabricantes de carruagens. Mas a

> sua disseminação foi lenta, por décadas, em parte devido às volumosas quantidades de investimento necessário em instalações, maquinário e infraestrutura. Assim, houve tempo suficiente para as economias se adaptarem, evitando desemprego em massa. Os automóveis, aviões e computadores, por sua vez, criaram novas funções. Algumas já desapareceram com a evolução tecnológica, como os navegadores e os engenheiros de voo nas aeronaves. Outras, como motoristas, estão em risco com a adoção dos veículos autônomos (...). Muitas vezes as tecnologias digitais passam despercebidas, porque em seu início confundem-se com uma evolução linear. Mesmo dobrando de intensidade a períodos curtos, quando começa, ela representa pouco. Quando essas tecnologias têm participação de mercado de 0,1% a 0,4%, elas nem aparecem nas estatísticas. Mesmo quando começam a chamar atenção, com 1%, 2%, 4%, elas ainda são vistas de forma simplista, como "ela tem menos de 10% do mercado". Aí é que reside o engano. Pensamos linearmente. E de repente somos atropelados pela exponencialidade. De 10% ela pula para 20% e, em pouco tempo, tem 60% a 80% do mercado.

Em face desse cenário, para dar conta das inúmeras avaliações dos impactos econômicos, jurídicos e sociais da IA, alguns governos têm convidado juristas, economistas, sociólogos, historiadores e filósofos para as discussões. Esse movimento é bem percebido nas iniciativas da União Europeia. Instituições e universidades que já o fazem são o *Alan Turing Institute*, de Oxford (*FHI — Future of Humanity Institute*), a Universidade de Montreal (*MILA — Montreal institute for learning algorithms*), o *Stanford Institute for Human-Centered Artificial Intelligence (HAI)*, de Stanford, e o *AI Now Institute*, filiado à *New York University*, entre outros. As instituições anteriores já possuem muitos desses profissionais das "ciências humanas" formalmente integrados em suas equipes de pesquisas acadêmicas de IA.

Nesse contexto, não faria nenhum sentido usar a palavra "regulação", pelos governos, para tratar dos impactos sociais do uso da IA em larga escala. Por isso, de modo geral, algumas instituições, governos e empresas da iniciativa privada preferem realizar um certo "acompanhamento social" dos progressos e riscos da IA. Mesmo assim, na maioria das vezes, esse acompanhamento refere-se apenas à discussão de casos isolados, como a breve eliminação de postos de trabalho (substituíveis pela IA), o problema da invasão de privacidade e da discriminação nas redes sociais, o emprego de carros autônomos, ou até aspectos militares — uso de IA em drones e outras armas não tripuladas. Mas essas são compreensões um pouco ingênuas dos impactos da IA. Vejamos alguns exemplos mais consistentes.

Segundo um relatório de pesquisadores do Google, da Microsoft e de cientistas do AI Now,[4] sistemas de IA e desenvolvedores precisam urgentemente de uma intervenção direta dos governos e dos defensores dos direitos humanos. O relatório diz que "a indústria de tecnologia não é nada boa em se regular sozinha". Os pesquisadores mostram nesse relatório que ferramentas baseadas em IA foram implantadas com pouca consideração por potenciais efeitos nocivos ou mesmo documentação sobre os bons efeitos. Além disso, o desenvolvimento e a venda de sistemas de IA são comerciais. Eles não ocorrem em ensaios controlados em laboratórios. Ao contrário, esses sistemas de IA — não documentados e não testados — são vendidos e executados livremente, podendo afetar profundamente milhares ou milhões de pessoas. "As estruturas que atualmente controlam a IA não são capazes de garantir a responsabilidade", escrevem os pesquisadores no documento. "À medida que a abrangência, a complexidade e a *escala* desses sistemas crescem, a falta de responsabilidade e de supervisão significativas — incluindo salvaguardas básicas de responsabilidade — é uma preocupação cada vez mais urgente." O estudo prossegue dizendo que, nesse momento, as empresas estão criando soluções baseadas em IA para tudo, desde a classificação de alunos até a avaliação de imigrantes para criminalidade. E as empresas que criam esses programas estão limitadas a pouco mais que algumas declarações éticas que decidiram sobre si mesmas. Isso é válido também para o Facebook, que utiliza ferramentas baseadas em IA para moderar. Vale o mesmo para a Amazon, que está abertamente usando IA para fins de vigilância. Assim como para a Microsoft e muitas outras empresas.

Margaret Rouse, jornalista norte-americana especializada em tecnologias, diz que:[5]

> Apesar de a IA apresentar vários riscos potenciais, existem poucas regulamentações que governam o uso de ferramentas de IA. Quando existem leis, elas citam apenas indiretamente a IA. Por exemplo, os regulamentos federais de empréstimos justos nos EUA exigem que as instituições financeiras expliquem as decisões de crédito a clientes em potencial. Isso limita a extensão em que os credores podem usar algoritmos de aprendizagem profunda, que, por sua natureza, são tipicamente "opacos". O GDPR europeu (*General Data Protection Regulation*) traz limites estritos sobre como as empresas podem usar os dados do consumidor, o que impede o treinamento e a funcionalidade de muitos aplicativos de IA voltados para o consumidor. Em 2016, o Conselho Nacional de Ciência e Tecnologia publicou um relatório examinando o papel potencial que a regulação governamental pode desempenhar no desenvolvimento da IA, mas não recomendou quais legislações específicas foram consideradas. Desde então, a questão recebeu pouca atenção dos legisladores.

Em fevereiro de 2019, o Conselho da Europa (*Council of Europe*), em Bruxelas, adotou medidas sobre o *Plano coordenado para o desenvolvimento e utilização da Inteligência Artificial "Made in Europe"*. Nas suas conclusões, o Conselho "sublinha a importância crucial de se promover o desenvolvimento e a utilização da IA na Europa, aumentando o investimento nessa área, reforçando a excelência nas tecnologias e aplicações de IA e fortalecendo a colaboração no domínio da investigação e inovação entre a indústria e o meio acadêmico".[6] Para o Conselho da Europa, "o uso abusivo de sistemas com algoritmos pode se transformar em um perigo para a sociedade, sendo que esse impacto não se limita a questões comerciais e hábitos de consumo, mas pode influenciar as opiniões e decisões que tomamos, por meio de técnicas de direcionamento, sendo usadas para manipular comportamentos sociais e políticos".[7]

Como outro exemplo, o governo britânico criou em 2019 um órgão para debater os impactos sociais da IA, batizado de *Centro para Ética e Inovação em Dados*.[8] "Mais do que apontar os problemas, queremos levar soluções éticas para a IA", disse Roger Taylor, chairman do órgão, durante um painel no MWC19 em Barcelona. O centro tem composição plural, buscando representar diversos segmentos da sociedade britânica. "Dados nunca são neutros. Eles são fruto da relação entre pessoas e sistemas. Precisamos interpretar os dados entendendo como foram construídos socialmente", explicou Taylor. Ele citou como exemplo o caso de um software de IA adotado pela Justiça norte-americana para decidir quais réus poderiam pagar fiança e responder em liberdade, e quais deveriam ficar presos até o julgamento. Esse software foi acusado de racismo, porque proporcionalmente mais negros do que brancos tinham a fiança negada. O algoritmo não usava diretamente o critério de raça, mas uma série de outros dados que eram impactados pelo racismo estrutural da sociedade norte-americana, como antecedentes criminais e desemprego. Taylor defende também que haja mais transparência em serviços de IA, para que as pessoas possam entender como certas decisões são tomadas. "Se nos deixarmos levar pela conveniência, poderemos nos dar mal. Os modelos precisam ser entendidos estatística e *socialmente*."

Nesse contexto, é importante lembrar que o Google recebeu mais de €7 bilhões em multas na Europa, e o Facebook mais de US$40 bilhões nos EUA, apenas entre 2017 e 2019. Várias outras empresas, como Twitter e YouTube, já foram multadas. Por outro lado, a Organização para a Cooperação e Desenvolvimento Econômico (OCDE) informou que deseja definir princípios éticos para o desenvolvimento de IA que deverão ser seguidos pelos seus membros.[9] Com esse objetivo, foi constituído um grupo de trabalho multidisciplinar com diversos especialistas. Suas conclusões foram levadas às reuniões do G7 e do G20 em 2019, informou o secretário-geral da OCDE, Ángel Gurría. "É preciso que haja regras para esse jogo. E queremos defini-las, ou pelo menos contribuir para a sua definição", disse Gurría. "Devemos trazer os valores humanos para o coração da IA. Esse é um dos desafios dos nossos dias. Este é o momento certo, por causa da rápida digitalização da nossa sociedade."

O artigo citado anteriormente lembra que a OCDE não é a única entidade internacional trabalhando no assunto. A UNESCO e a Comissão Europeia também montaram seus próprios grupos de conselheiros para definir princípios para a IA. Uma das maiores preocupações é de que os robôs reproduzam os preconceitos dos humanos. "Temos que evitar a automatização da discriminação, especialmente em decisões de grande impacto na vida das pessoas, como a aprovação de um empréstimo, ou um julgamento criminal, ou uma entrevista de emprego", comentou Gurría. "No fim das contas, a IA refletirá os valores de seus criadores", resumiu Mark Foster, vice-presidente sênior da IBM, presente no mesmo painel. A OCDE possui 34 membros, dos quais apenas dois são da América Latina: Chile e México.

O documento *Intelligent economies: AI's transformation of industries and society*[10] diz que, em geral, os líderes empresariais estão otimistas de que os seres humanos e a IA podem trabalhar em conjunto para produzir benefícios sociais e econômicos que satisfaçam empresas, funcionários, consumidores e cidadãos. "Ao mesmo tempo, eles precisam estar cientes do impacto social mais amplo que a tomada de decisões por máquinas pode causar", diz a Dra. Sandra Wachter, advogada e pesquisadora em ética de dados no *Oxford Internet Institute* e do *Alan Turing Institute* de Londres. Ela concorda que os algoritmos da IA certamente podem ser mais eficientes e mais precisos do que as pessoas. "Mas eles também podem ser extremamente complexos e obtusos", acrescenta, explicando que "uma organização que implanta a IA pode não entender completamente as decisões a que um algoritmo chega, seja ao aprovar o empréstimo para um cliente ou ajudar no processamento de um pedido de emprego. Em outras palavras, há um risco de as máquinas tomarem decisões tendenciosas e potencialmente discriminatórias em nome das empresas para as quais trabalham. As empresas precisam entender as decisões que os algoritmos tomam e o potencial que têm sobre clientes ou cidadãos, assim como sobre a sociedade como um todo".

Como outro exemplo, o Prof. Yoshua Bengio (fundador do *MILA — Montreal Institute for Learning Algorithms*), respondendo sobre quais medidas o governo canadense pode tomar, diz que em Montreal foi criado um observatório focado nas questões sociais, econômicas e éticas em torno da IA. Ele patrocinará pesquisas nas ciências sociais e humanas em torno da IA. Esse observatório estará em boa posição para fazer recomendações aos governos, tanto localmente como em diferentes países. Existem questões como o uso militar, que obviamente precisam ser internacionais, e até questões sobre as empresas reguladoras, que são multinacionais.[11] O projeto *Open Philanthropy Project (OPP)* apoia a pesquisa técnica sobre riscos potenciais da IA avançada. Os dois principais objetivos do *OPP* são aumentar a pesquisa de alta qualidade sobre a segurança da IA e aumentar o número de pessoas com conhecimento sobre o aprendizado de máquina e os riscos potenciais da IA.[12]

Em outra frente, alguns empreendedores bilionários do setor de tecnologia estão investindo milhões em IA ética. Essas pessoas estão preocupadas com um futuro distópico em que os seres humanos possam ser dominados por uma tecnologia autônoma, como uma nova IA aprimorada. Assim, houve uma parceria em IA formada por Google, Amazon, Microsoft, Facebook e IBM. Em seguida, um investimento de Elon Musk e de Peter Thiel para pesquisas, de US$1 bilhão, na empresa OpenAI. Agora, um novo grupo de fundadores de tecnologia está investindo dinheiro em IA ética e Sistemas Autônomos (AS). Os especialistas concordam com essas iniciativas. Esse sentimento é ecoado por Raja Chatila, presidente do comitê executivo da Iniciativa Global para Considerações Éticas em Inteligência Artificial e Sistemas Autônomos do IEEE. A *IEEE Standards Association* pretende capacitar os tecnólogos na priorização de considerações éticas que, na sua opinião, otimizarão nosso relacionamento com a IA e AS.[13]

A própria *IEEE Standards Association* lançou em Dubai, em 2019, a 1ª edição do *Ethically Aligned Design and our P7000 Standards*,[14] com a participação da UNESCO, OECD, MIT e outras organizações. O *IEEE Global Initiative on Ethics of Autonomous and Intelligent Systems*, denominado apenas *The IEEE Global Initiative*, é um programa da *IEEE Standards Association*, a maior organização técnica do mundo, com mais de 420 mil membros em 160 países. Já o *Observatório Europeu* contém um grande resumo textual de iniciativas relativas à IA, o *AI WATCH — Monitor the development, uptake and impact of Artificial Intelligence for Europe*[15].

Por último, apresentamos duas iniciativas bastante relevantes no que diz respeito às considerações dos impactos sociais mais amplos da IA. O livro Atlas de IA: Poder, Política e Custos Planetários da Inteligência Artificial (*Atlas of AI: Power, Politics, and the Planetary Costs of Artificial Intelligence* — Yale University Press, 06 de abril de 2021), de Kate Crawford, trata dos custos ocultos da IA. Ela avalia como o processamento de algoritmos computacionais consome energia e outros recursos naturais, e aborda aquelas que podem ser relações de trabalho difíceis, bem como violações dos direitos devidos à privacidade. A autora, uma renomada pesquisadora norte-americana, atua na Microsoft e na Universidade de New York, e faz uma crítica sobre a compreensão que temos da IA. Ela questiona as maneiras pelas quais a IA está moldando nossa sociedade, conduzindo-a em direção a uma governança antidemocrática que centraliza o poder e fomenta a desigualdade.

Uma segunda iniciativa, denominada *A New AI Lexicon*, foi lançada pelo AI Now Institute, filiado à Universidade de New York, em janeiro de 2021. O projeto trata da criação de um Léxico Global de IA, a partir dos sérios questionamentos cujo resumo reproduzimos a seguir. No momento presente, dezenas de pesquisadores e outros participantes da sociedade civil, de vários países, estão contribuindo na edição online desse grande léxico crítico de IA. O leitor pode consultar os textos que estão sendo produzidos, bem como o edital de lançamento, no mesmo link aqui referenciado:[16]

- Precisamos gerar narrativas que consigam tanto oferecer perspectivas de outros países quanto oferecer conhecimentos e estratégias antecipatórias cruciais que possam ajudar a garantir que a incursão da IA não siga o caminho do controle social e da consolidação do poder de decisão que está marcando sua proliferação no Ocidente.

- O pensamento crítico em IA foi além do exame de características específicas e tendências de modelos discretos de IA e componentes técnicos, para reconhecer a importância crítica dos legados raciais, políticos e institucionais que moldam os sistemas de IA do mundo real, bem como os contextos materiais e as comunidades que são mais vulneráveis aos danos e falhas dos sistemas de IA.

- Os contextos nacionais e transnacionais, políticos, econômicos e raciais de produção e implantação são essenciais para as questões de como essa IA operará e para seu benefício. No entanto, muito desse pensamento se origina atualmente no Norte global e, inadvertidamente, toma os cenários e histórias infraestruturais e regulatórias da Euro-América como base para o pensamento crítico de IA.

- Simultaneamente, mesmo que o discurso crítico da IA ganhe mais atenção, ele é amplamente usado como um termo de captura para um conjunto estreito de tecnologias, como aprendizado de máquina, e outros sistemas algorítmicos que produzem previsões e determinações. Isso atrai limites em torno de "o que é e não é 'IA'" de uma forma que reduz artificialmente nossa atenção, excluindo muitas formas analógicas e digitais de classificações sociais e políticas que já são predominantes, e que constituem os fundamentos nos quais muitos dos chamados "sistemas de IA" se baseiam. Esses limites geográficos, conceituais e imaginativos produzem seus próprios silêncios e impossibilidades em termos do que é contado e é considerado relevante para o pensamento crítico da IA.

- Além disso, a concepção, o financiamento e a implantação de sistemas de IA no Sul global é muito menos uniforme e totalizante, dado que projetos de infraestrutura e esquemas de dataficação estão constantemente sendo feitos e não feitos. Nas sociedades pós-coloniais, as infraestruturas de governança e os marcos legais também são moldados por legados coloniais. As lutas que se seguiram sobre a legislação e as práticas de registro, os esforços problemáticos na digitalização e as dependências complexas de empresas estrangeiras — resultaram em práticas não confiáveis, dinâmicas e altamente contestadas de governança de dados.

Por todas essas razões, não se pode supor que termos como equidade, transparência e prestação de contas carregam os mesmos significados ou a mesma importância significativa nas discussões de IA, Ética e Governança no Sul global. As demandas e preocupações com futuros de IA progressistas globalmente podem não ser adequadamente refletidas nas palavras-chave e nas preocupações fundamentais pelo atual discurso crítico da IA.

- Como, então, se palavras-chave como Justiça, Transparência, Prestação de Contas, Viés, Auditoria, Trabalho Fantasma, Explicação, Bem Social etc. devem ser redefinidas ou mesmo reformuladas para refletir demandas que comunidades não ocidentais fazem de futuros tecnológicos? Que termos ou formulações estão faltando no discurso?

- Como trazer contextos e práticas políticas, administrativas, históricas e ecológicas locais em todo o mundo para suportar a compreensão atual dos valores e ideais mencionados anteriormente, e perturbar as soluções de "bom senso" propostas para alcançá-los? Que novo vocabulário precisamos para descrever essas exigências?

- A equidade, a responsabilidade e a explicação devem significar outras ou mais demandas quando ancoradas em comunidades e contextos globais específicos do Sul? O que estamos buscando para garantir é "justo", e sobre o que precisamos ser "transparentes"?

Para finalizar este capítulo, como uma curiosidade, o autor participou como bolsista ouvinte da Conferência AI UK 2021, promovida pelo *Alan Turing Institute* em março de 2021.[17] O evento virtual de dois dias contou com pesquisadores de ponta em inúmeros campos do *Alan Turing*, governo inglês (*House of Lords*), sociedade civil (como *The Open Data Institute* e *CognitionX*), mercado financeiro, indústria, empresas do setor digital (como *Accenture*) e outros. Dentre os mais variados temas, uma abordagem transdisciplinar foi apresentada pela Dra. Joanna J. Bryson. Professora de Harvard, Oxford e Hertie, em Berlim, ela atua no sentido de melhorar a governança das tecnologias digitais. Reproduzimos algumas das suas considerações:

Inteligência Artificial e suas Ambivalências

- Os produtos em geral, no mundo inteiro, já têm a segurança do seu uso prevista em lei. A IA é uma variação característica de produtos comerciais, mesmo quando eles são puramente digitais e prestam serviços. Por isso, seria muito útil se a legislação da União Europeia ou do Reino Unido reconhecesse formalmente que produtos digitais são "produtos".

- IA é computação — uma transformação da informação. Ela não é matemática. Computação é um processo físico, que gasta tempo, energia e espaço. A simultaneidade pode economizar tempo real, mas não energia, e requer mais espaço. Utilizar tecnologias quânticas economiza espaço, mas não energia.

- Nós precisamos garantir que os produtos de IA sejam seguros, incluindo que respeitem a justiça social. No entanto, não podemos garantir isso algoritmicamente, e sabemos que certos erros serão cometidos. Podemos considerar que certas organizações explorarão isso para culpar tanto a diligência inadequada quanto a má-fé deliberada em erros compreensíveis, incluindo os casos da IA "opaca" ou IA "caixa-preta". Portanto, devemos responsabilizar os desenvolvedores e operadores humanos.

- O que devemos regular não são os microdetalhes de como a IA funciona, mas como os humanos se comportam ao construir, treinar, testar, implantar e monitorar as aplicações de IA.

NOTA DO AUTOR: As notícias e os artigos apresentados neste capítulo são breves exemplos sobre o tema. Seu objetivo é apenas indicar uma tendência nesse campo da IA. O leitor pode buscar mais informações em outras fontes também fidedignas na internet.

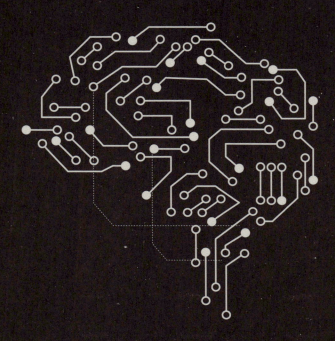

CAPÍTULO 5

DESMISTIFICANDO A "INTELIGÊNCIA" DA IA

Como ela funciona na prática

Nosso objetivo neste capítulo não é fornecer uma explicação técnica sobre o funcionamento da IA, mas apenas uma abordagem compreensível para leitores leigos, dentre os quais também o autor está situado. Não obstante, para detalhamentos específicos, podem ser localizados milhares de cursos introdutórios, intermediários e avançados na web, tratando de técnicas de IA nas mais variadas linguagens de programação. Um ótimo exemplo para iniciantes é o curso gratuito "Elementos da IA", desenvolvido pela Universidade de Helsinque e pela empresa Reaktor.[1] Seu objetivo principal é "desmistificar a IA", e mais de 350 mil pessoas de 170 países já se inscreveram. Além disso, existem inúmeras instituições que já fornecem bibliotecas de IA em código aberto, disponíveis ao público da computação. Apenas como um exemplo, citamos a plataforma oferecida pelo próprio Google, uma biblioteca para treinar e desenvolver modelos de algoritmos de *Machine Learning* — www.tensorflow.org.

De onde provêm todas as informações da IA, sempre tão "corretas, assertivas e automáticas"? Ora, a IA atual usa apenas algoritmos de *Machine Learning* (ML), *Deep Learning* (DL), *Reinforcement Learning* (RL) e *Natural Language Processing* (NLP), todos completamente assentados em funções matemáticas e estatísticas de grande complexidade. Bernard Marr, em artigo para a *Forbes*, explica melhor:[2]

- O *Machine Learning* (ML), ou Aprendizado de Máquina, é um método de análise de dados que automatiza a construção de modelos analíticos. É um ramo da IA baseado na ideia de que sistemas podem aprender com dados, identificar padrões e tomar decisões com o mínimo de intervenção humana. Um algoritmo de ML pode realizar desde tarefas simples, como aprender a diferenciar uma foto de um gato daquela de um cachorro, até executar análises complexas para solução de problemas e prevenção de riscos, bem como se prestar a milhares de aplicações específicas em inúmeros campos.

- O *Deep Learning* (DL), ou Aprendizado Profundo, é um sistema autônomo de autoaprendizagem no qual se usam informações existentes para treinar algoritmos e encontrar padrões. Os resultados obtidos são usados como previsões sobre novos dados. Um bom exemplo é o Face ID da Apple. Ao configurar seu telefone, você treina o algoritmo com a varredura do seu rosto. A cada logon, a câmera TrueDepth do smartphone captura milhares de pontos de dados que criam um mapa da sua face. Na sequência, o mecanismo neural embutido no smartphone executa a análise para prever se você é o dono do aparelho ou não.

- *Reinforcement Learning* (RL), ou Aprendizado por Reforço, é um sistema autônomo de autoaprendizagem que assimila a informação por tentativa e erro. As ações são realizadas com o objetivo de maximizar recompensas, ou seja, aprender na prática para obter os melhores resultados. O recurso funciona de forma semelhante ao modo como aprendemos a andar de bicicleta: no começo caímos muito e fazemos movimentos erráticos, mas ao longo do tempo entendemos o que funcionou ou não e usamos essas percepções para ajustar nosso desempenho.

Por fim, o *Natural Language Processing* (NLP), ou Processamento de Linguagem Natural, é uma vertente da IA que ajuda computadores a entender, interpretar e manipular a linguagem humana:[3] "O NLP resulta de diversas disciplinas, incluindo ciência da computação e linguística computacional, que buscam preencher a lacuna entre a comunicação humana e o entendimento dos computadores." O resultado é um computador capaz de "entender" o conteúdo de textos, incluindo as nuances contextuais da linguagem humana.

Uma vez dada a introdução anterior, vamos detalhar um pouco como funcionam o *machine learning* e o *deep learnig*, as duas metodologias mais utilizadas até o presente para executar programas de IA. Há inúmeras explicações disponíveis na internet. O site da SAS diz que:[4]

- O ML (*machine learning*), ou aprendizado de máquina, usa algoritmos para entender um modelo, sua lógica e seus padrões, e dá origem a um conjunto de dados para prever ou classificar novos valores. Ao contrário, a programação tradicional em computação baseia-se em definir cada passo que o programa deve executar para obter um resultado. Assim, o ML automatiza a construção de modelos analíticos. Ele é um ramo ou um subconjunto da IA baseado na ideia de que sistemas podem aprender com dados, identificar padrões e tomar decisões com um mínimo de intervenção humana. Em outras palavras, o ML permite que os computadores "aprendam" sem ser explicitamente programados, ajustando-se para dar uma resposta de acordo com os dados disponíveis para análise. Por fim, é importante lembrar que os dados de entrada e de "treinamento" dos ML devem ser bem formatados e organizados, de modo a evitar induzir informações erradas ao computador.

- Já o DL (*deep learning*), ou aprendizado profundo, é um tipo ou ramo do ML. Ele seria um ML que visa a "ensinar" computadores a agir e interpretar dados de uma maneira mais natural. O objetivo é treinar computadores para realizar tarefas de modo mais semelhante aos seres humanos, incluindo reconhecimento de fala, identificação de imagem e previsões. Uma das principais diferenças é que o DL é mais "intuitivo", enquanto o ML exige uma intervenção manual na seleção dos recursos a serem processados. Por fim, o DL utiliza amplamente as Redes Neurais, que são sistemas de computação com nós interconectados que funcionam como os neurônios do cérebro humano. Usando algoritmos, elas podem reconhecer padrões escondidos e correlações em dados brutos, agrupá-los, classificá-los e — com o tempo — aprender e melhorar continuamente.

Em relação às Redes Neurais usadas pelo *deep learning*, as mais utilizadas são as convolucionais, as profundas, as recorrentes, as autoencoders e as generativas, entre dezenas de outras, específicas para cada situação. Para o leitor que desejar uma visão gráfica sobre os tipos de Redes Neurais, há inúmeras fontes, e podemos indicar o link https://iaexpert.academy/2020/06/08/os-tipos-de-redes-neurais/.

Além do contínuo aprimoramento das técnicas de ML (*machine learning*), DL (*deep learning*), RL (*reinforcement Learning*) e NLP (*natural language processing*), vimos o surgimento de algo que simplesmente não existia 15 anos atrás, e de repente tornou-se revolucionário e abundante — o crescimento exponencial da disponibilidade de bases de dados gigantescas. Também houve uma revolução na programação dos algoritmos da IA com a atuação de milhares de desenvolvedores e pesquisadores. Por fim, simultaneamente, ocorreu um crescimento indescritível da capacidade de processamento computacional, bem como investimentos de centenas de bilhões de dólares na IA e seu futuro promissor.

Por último, além de Bases de Dados controladas, contendo milhões de informações que são usadas para "treinar" a IA, também o ambiente real colabora para isso. De acordo com Werner Vogels, da *Amazon Web Services*, "em primeiro lugar, desenvolvedores em todo o mundo estão captando dados digitalmente, seja no mundo físico — por meio de sensores ou GPS —, seja online — a partir dos dados *click stream*. Como resultado, há uma gigantesca massa crítica de dados disponível. Em segundo lugar, há capacidade de computação bastante acessível em nuvem para empresas utilizarem aplicações inteligentes, independentemente da sua dimensão. Em terceiro lugar, aconteceu uma 'revolução algorítmica', o que significa que é agora possível treinar milhões de algoritmos simultaneamente, tornando todo o processo de *machine learning* muito mais rápido"[5].

Sobre o significado do termo "Inteligência Artificial", na verdade a IA não é "inteligente". Ela é apenas uma coleção de algoritmos de natureza matemática e estatística que executa processos com uma velocidade incalculável utilizando um volume gigantesco de dados. Por isso a IA sugere essa impressão de "inteligência" para os seres humanos. Na verdade, a gênese do termo IA, criado por John McCarthy, em 1955, foi equivocada. Mas o site que referencia o cientista, já falecido, na universidade de Stanford, traz um pouco de luz à discussão sobre o que ele quis dizer com a palavra "inteligência":[6]

- Inteligência é a parte computacional da capacidade de atingir objetivos. Diferentes tipos e graus de inteligência ocorrem em pessoas, muitos animais e algumas máquinas.

- Não existe uma definição de inteligência que independa de relacioná-la à inteligência humana. Entendemos alguns dos mecanismos de inteligência e outros não.

> A inteligência computacional envolve mecanismos, e a pesquisa de IA descobriu como fazer os computadores executarem alguns deles e outros não. Se a execução de uma tarefa requer apenas mecanismos bem conhecidos, os algoritmos de computador podem oferecer desempenhos impressionantes nessas tarefas. Tais programas podem ser considerados apenas "um pouco inteligentes".

A literatura especializada costuma dizer que existem quatro tipos de IA: a que ocorre em máquinas reativas, a memória limitada, a teoria da mente e a autoconsciência. Atualmente, possuímos computadores que utilizam apenas os dois primeiros tipos. Outras divisões sugerem a *Artificial Narrow Intelligence* (ANI — Inteligência Artificial Estreita), que seria o estado atual da IA ainda na sua infância, a *Artificial General Intelligence* (AGI — Inteligência Artificial Geral) e a *Artificial Super Intelligence* (ASI), ou apenas *Superintelligence*. Detalharemos a AGI mais adiante. Um relatório da Casa Branca de 2016 sobre IA sugeriu uma visão cética desse sonho. Ele afirmou que nos próximos 20 anos provavelmente não existirão máquinas "exibindo inteligência comparável ou superior à dos humanos", embora continuasse dizendo que nos próximos anos "as máquinas excederão o desempenho humano em muitas tarefas".[7] De nossa parte, como veremos, a propensão a situar datas para as próximas conquistas da IA geralmente é temerária.

Por outro lado, também têm surgido alternativas aos agora já "tradicionais" algoritmos de *machine learning*, *deep learning* e *reinforcement learning*. A Cortica[8] é uma startup israelense cujo lema é *The future of AI is autonomy*, significando que a IA deve justamente libertar-se da rigidez do *machine learning*, do *deep learning* e de suas bases de dados controladas para treinamento. Ao contrário, "a Cortica desenvolveu uma IA autônoma que simula os processos naturais do córtex dos mamíferos. Sua abordagem não supervisionada ao aprendizado imita a maneira como o cérebro processa as informações, permitindo que as máquinas aprendam, colaborem e interajam com o mundo sem a contribuição humana. A tecnologia é apoiada por mais de 200 patentes e 10 anos de pesquisa de ponta e está revolucionando a inteligência visual". Uma das proprietárias da empresa, a neurocientista Karina Odinaev, diz que, para uma criança aprender o que é um gato, seus pais não precisam dar a ela milhares de imagens classificadas como "gato", assim como se faz hoje na IA tradicional. "Da mesma forma, o cérebro humano é capaz de absorver uma variedade maior de conhecimentos. Hoje, os sistemas de IA baseados em *deep learning* conseguem lidar com um tema. Depois de aprender o que é um gato, para a IA entender o que é um pedestre, é preciso fazer outro processo de aprendizado a partir do zero. Por isso, uma IA sabe analisar imagens de trânsito ou de exames médicos, mas não dos dois. O sistema criado pela Cortica supera essa limitação." Até o momento, a startup já recebeu US$70 milhões em investimentos.

Odinaev prossegue lembrando que a classificação dos dados é uma das tarefas mais trabalhosas e demoradas do desenvolvimento de sistemas baseados em *deep learning* hoje. Ao contrário, o sistema criado pela Cortica não necessita de milhares de imagens classificadas como "gato" ou "pedestre". Ela apenas combina as imagens em *clusters* para entender que algumas coisas são parecidas. Então, todos os pedestres são agrupados em um cluster. A intervenção humana ocorre apenas para dar nomes aos grupos de objetos. Odinaev diz: "Hoje, todos sabem que há uma limitação no que o *deep learning* consegue fazer. Praticamente qualquer estudante consegue criar uma rede que reconhece 90% dos semáforos, o que é impressionante. O problema é que é muito difícil superar os próximos 10%. Para um estudante, 90% é ótimo, mas, se você quer colocar um carro autônomo na rua, 99% ainda não é suficiente." Para diferenças detalhadas sobre a IA "tradicional" e a metodologia criada pela Cortica, veja o link indicado.[9] A rigor, no exemplo dos carros autônomos, dificuldades muito maiores do que superar o 1% faltante parecem tratar de questões bem mais simplórias, como ataques de hackers aos sistemas dos veículos autônomos ou apenas uma chuva, que pode embaçar a visão do sistema.

Outro exemplo que compreende a IA atual como ainda bastante incipiente — isso é, sem atributos de "inteligência", mas apenas de sistemas especialistas —, vem da Ruhr-Universität, na Alemanha. O neurocientista Laurenz Wiskott diz: "Existem basicamente dois tipos de aprendizado de máquina: as redes neurais profundas, responsáveis pelo famoso 'aprendizado profundo', e as redes de aprendizado por reforço. Ambos são baseados no treinamento do sistema, usando quantidades enormes de dados, para executar uma tarefa específica, por exemplo, tomar uma decisão. O problema com esses processos de aprendizado de máquina é que eles são completamente burros. As técnicas subjacentes datam da década de 1980. A única razão para o sucesso atual é que hoje temos mais capacidade de computação e mais dados à nossa disposição." Wiskott prossegue perguntando: como podemos evitar esse treinamento absurdo e longo? E, acima de tudo, como podemos tornar o aprendizado de máquina mais flexível? O cientista diz que "a ideia é que esse aprendizado não supervisionado permita que os computadores explorem o mundo autonomamente e realizem tarefas para as quais não foram treinados em detalhes. Isso dispensa a enormidade de fotos e suas descrições, como é usado hoje". Para mais detalhes sobre a proposta de Wiskott, confira os links indicados.[10]

Para contrapor os dois exemplos anteriores, visando ainda garantir o devido mérito da IA "tradicional" no tocante às suas realizações, relembremos um caso típico que citamos anteriormente, no Capítulo 1, seção 1.1, *Saúde*. Um sistema de IA nos Estados Unidos analisou resultados de 1,77 milhão de eletrocardiogramas de 400 mil pacientes, e então conseguiu prever a probabilidade de um paciente morrer dentro de um ano. Contudo, os pesquisadores não sabem de que forma a IA obteve esses resultados, uma vez que o sistema detectou problemas até em exames que os médicos consideraram normais. Segundo os pesquisadores, "esses resultados sugerem que o modelo está vendo coisas que nós, humanos, não conseguimos ver, ou que ignoramos e achamos que é normal. Assim, a IA pode ensinar coisas que interpretamos de forma errada há décadas".[11] Esse constitui um ótimo exemplo, entre milhares, do uso da IA no seu atual estágio de desenvolvimento, mesmo incipiente.

Por outro lado, paralelamente ao surgimento de novas abordagens, as próprias técnicas de *machine learning* sofrem contínuos aperfeiçoamentos. Como um dos infindáveis exemplos praticados em universidades e centros de pesquisa, Matthew Stewart, pesquisador de Harvard, sugere um *Tiny Machine Learning: The Next AI Revolution*,[12] apresentando novas de técnicas de aprendizado de máquina "minúsculo". Já em outra frente, seguindo uma linha de raciocínio de que a IA evoluirá, pesquisadores da IBM reconhecem outras opções:[13]

- "O aprendizado profundo ainda não demonstrou uma forte capacidade de ajudar as máquinas a raciocinar, uma habilidade que elas devem dominar para aprimorar muitos aplicativos de IA. Ele foi bem-sucedido em tipos bem definidos de problemas, nos quais há muitos dados rotulados, e é bom em problemas de percepção e classificação, em vez de problemas reais de raciocínio", diz o pesquisador Murray Campbell.

- "Os humanos sabem que, se você colocar um objeto em cima da mesa, é provável que ele permaneça na mesa, a menos que a mesa esteja inclinada. Mas ninguém escreve isso em um livro — é algo implícito. Os sistemas não têm esse recurso de bom senso", explica Aya Soffer, diretora de IA da IBM e integrante da Cognitive Analytics Research.

- "Em contrapartida, se uma legislatura aprovar uma lei, por exemplo, é possível que outro legislador recém-eleito rescinda partes dessa lei. Portanto, você deve incorporar em seu sistema a ideia fundamental da existência humana de que tudo pode mudar", diz Vijay Saraswat, cientista-chefe de conformidade da IBM.

- "As oportunidades para desenvolver uma enorme capacidade de raciocínio estão ao nosso alcance agora. Temos grandes quantidades de dados e, embora eles não estejam exatamente da forma desejada, há sinais muito fortes de que as técnicas de aprendizado de máquina podem transformar os dados em um formato necessário para o raciocínio automatizado", afirma Michael Witbrock, gerente de pesquisa da IBM. Segundo Witbrock, é necessária uma maneira de ampliar amplamente os cálculos de raciocínio.

Inteligência Artificial e suas Ambivalências

- Embora o aprendizado profundo esteja aqui para ficar, provavelmente parecerá diferente na próxima onda de avanços na IA. Os especialistas enfatizam a necessidade de torná-lo muito mais eficiente, para aplicá-lo em escala em tarefas cada vez mais complexas e diversas. O caminho para essa eficiência será liderado em parte por "pequenos dados" e pelo uso de mais aprendizado não supervisionado. "Na saúde, quantos sujeitos você tem em estudos clínicos? Milhares, se você tiver sorte. Mas leva anos para chegar até esse ponto. Os pacientes não têm tempo para esperar por isso", afirma Costas Bekas, gerente de pesquisa cognitiva da IBM.

- A maioria dos visionários da IA define o aprendizado não supervisionado puro como o santo graal do aprendizado profundo, e admite que estamos muito longe de descobrir como o usar para treinar aplicativos práticos da IA. A próxima onda de inovação de IA provavelmente será alimentada por modelos de aprendizado profundo treinados usando um método que se situa entre o aprendizado supervisionado e o não supervisionado. Cientistas e engenheiros de computação estão explorando vários desses métodos de aprendizado, alguns dos quais oferecem uma *ameaça tripla* — menos dados rotulados, menos volume de dados e menos intervenção humana. Entre eles, o aprendizado único é o mais próximo do aprendizado não supervisionado. É baseado na premissa de que a maioria das aprendizagens humanas ocorre ao receber apenas um ou dois exemplos.

- Por fim, alguns hardwares de IA em desenvolvimento, como chips neuromórficos ou até sistemas de computação quântica, devem ser considerados na nova equação da inovação em IA.

As breves considerações deste capítulo, acerca do eventual futuro da IA em suas constantes etapas de inovação, prescindem de uma referência fundamental — ninguém conhece ao certo os estágios em que se encontram as pesquisas e o desenvolvimento da IA na China. As pressuposições anteriores podem se revelar parciais face aos progressos chineses, que são gigantescos e contínuos, em uma cultura propensa a grandes descobertas com discrição.

Finalmente, se já há um certo consenso sobre a falta de uma verdadeira "inteligência" para a IA, por que os cientistas da computação, os desenvolvedores, o Google, o Facebook, a Amazon, a Alibaba, as empresas que utilizam comercialmente sistemas de IA, milhares de startups, e também os acadêmicos permanecem usando o termo "Inteligência" Artificial? Por que permanecem tratando a IA como "inteligente"?

Isso se deve, por um lado, mesmo entre os desenvolvedores, a algum nível de bom e natural otimismo acerca das limitações dos atuais tipos de aprendizado de máquina. Também existe um natural entusiasmo em relação às bases de treinamento e outros aspectos técnicos das metodologias que cercam o "modelo mental" dos atuais sistemas algorítmicos. Por outro lado, trata-se de um violento apelo comercial e midiático. Automóveis autônomos, TVs e geladeiras com IoT e IA vendem muito mais! Sistemas jurídicos, contábeis, de recursos humanos, de monitoramento da agricultura, da saúde, das condições climáticas etc., que contenham algum tipo de IA embutida, representam disrupções tecnológicas desejadas pela sociedade. Afinal, a IA comporta-se apenas como um novo produto que entusiasma seus consumidores. Como um exemplo, pesquisas da Delloitte, Gartner e McKinsey costumam entrevistar milhares de executivos de tecnologia e de negócios em inúmeros países e setores. Como resultado, a maioria deles afirma que a IA traz enorme vantagem competitiva sobre seus concorrentes. Contudo, na prática, apenas uma minoria de empresas está efetivamente utilizando sistemas de IA em algum percentual significativo. Essa realidade repete-se a cada nova pesquisa realizada — todos querem estar "na crista da onda".

Assim, insistindo nessa questão, apenas para fins de clareza semântica, a maioria dos atuais sistemas de IA são sistemas especialistas (*Narrow AI*) que realizam processamentos ultravelozes em bases de informações que contêm volumes de trilhões de dados — e que os humanos não conseguiriam enxergar, avaliar e processar de maneira minimamente adequada. Essa é a grande vantagem da utilização da "inteligência" da IA no seu estágio atual, com todos os seus inegáveis benefícios para a sociedade.

NOTA DO AUTOR: As notícias e os artigos apresentados neste capítulo são breves exemplos sobre o tema. Seu objetivo é apenas indicar uma tendência nesse campo da IA. O leitor pode buscar mais informações em outras fontes também fidedignas na internet.

CAPÍTULO 6

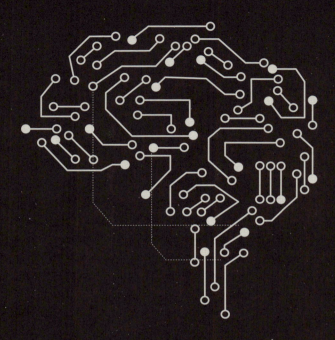

A PRÓXIMA ETAPA: INTELIGÊNCIA ARTIFICIAL GERAL (AGI)?

Como lembramos no capítulo anterior, a IA não é propriamente "inteligente". Ela consiste em uma coleção de algoritmos de natureza matemática e estatística que cumpre funções de escopo estritamente específicos. Por isso alguns pesquisadores a chamam de *Narrow AI* — "IA estreita", "IA restrita" ou "IA especialista". Uma aplicação de IA que supere o melhor jogador humano de xadrez, não joga damas ou gamão. Outra IA que dirige carros não dirige drones. Uma aplicação de IA que realiza diagnósticos surpreendentes de câncer de pulmão, não o faz para o coração ou para os rins. Essa compreensão é dificultada aos olhos leigos, uma vez que, no presente, a IA já faz pinturas realmente excelentes, compõe músicas "melhor do que Beethoven", e redige poesias muito mais profundas do que alguns escritores o fariam. Algumas pessoas estão maravilhadas com essas capacidades atuais da IA. Outras dizem que "falta um ar humano", percebe-se que se trata de "algo mecânico". Então surge uma longa discussão sobre o que é "humano" e o que não é, por exemplo, no mundo das artes, mas também no campo da filosofia e das neurociências.

O HAI Stanford diz que "o *narrow AI* é um sistema inteligente para uma coisa em particular, por exemplo, fala ou reconhecimento facial. Já uma IA de nível humano, ou Inteligência Geral Artificial (AGI), busca máquinas amplamente inteligentes e cientes do contexto". Ela será necessária, por exemplo, para a criação de chatbots sociais realmente eficazes, e para a interação humano-robô. Os chatbots atuais, por melhores que pareçam à primeira vista, ainda são muito primitivos. Falaremos sobre isso no Capítulo 7, seção 7.9.

Desse modo, todas as maravilhosas aplicações de IA que tanto surpreendem os humanos nessa década e na próxima são apenas *sistemas especialistas (narrow AI)*. Assim, como vimos, para distinguir uma IA "verdadeira" da atual IA em sua infância, surgiram termos como *Artificial General Intelligence* (*AGI*) e *Artificial Super Intelligence* (*ASI*), ou apenas *Superintelligence*. Esse último conceito tem como um de seus defensores Nick Bostrom, filósofo sueco, autor do livro *Superintelligence — Paths, Dangers, Strategies*. Ele é diretor do *Future of Humanity Institute* da Oxford University. Esse instituto trata de assuntos considerados passíveis de gerar catástrofes mundiais, como a colisão de um meteoro, uma peste mundial, cataclismos naturais, guerra nuclear, terrorismo, aquecimento global, armas biológicas, nanotecnologia avançada e colapso social (como migrações generalizadas). Há poucos anos, a IA foi incluída no catálogo do instituto. Segundo Bostrom, a Superinteligência trataria de um "salto" na evolução da IA. Ele a chama de "explosão de IA". Uma entrevista feita com pesquisadores de IA aponta uma máquina superinteligente (*Human Level Machine Intelligence* — HLMI) com 10% de chance de aparecer nos próximos anos, e 50% em torno de 2050. Para 2100, a probabilidade seria de 90%.

A Próxima Etapa: Inteligência Artificial Geral (AGI)?

Existe uma polêmica no mínimo gigantesca, envolvendo acadêmicos, pesquisadores e autores leigos, nas mais variadas áreas do conhecimento, desde cientistas da computação, engenheiros e físicos, até economistas, psicólogos, neurolinguistas, juristas e muitos outros, sobre o advento da assim chamada "Singularidade". Muitos entendem que a Singularidade tem relação direta com a IA ou com o advento da Superinteligência, outros não. Muitos dizem que a Singularidade ocorrerá no futuro próximo da humanidade, outros dizem que isso jamais acontecerá. Muitos dizem que a Singularidade é um assunto de natureza científica objetiva, outros dizem que é mera especulação. Enfim, a discussão desse tema geralmente cria inimigos à direita ou à esquerda. De nossa parte, não seria produtivo entrar nesse assunto, mesmo possuindo estreita relação com a IA. Assim, apresentaremos apenas um resumo de um artigo sugerido pela Wikipedia — mesmo que alguns pesquisadores entendam que essa fonte de informações eventualmente possa carecer de maiores validações:[1]

- A singularidade tecnológica ou, simplesmente singularidade, é um ponto hipotético no tempo em que o crescimento tecnológico se torna incontrolável e irreversível, resultando em mudanças imprevisíveis na civilização humana. De acordo com a versão mais comum da hipótese da singularidade, chamada de explosão de inteligência, um agente inteligente atualizável acabará entrando em uma "reação descontrolada" de ciclos de autoaperfeiçoamento, sendo que cada nova geração é mais inteligente, e surge cada vez mais rapidamente. Isso causará uma "explosão" na inteligência, resultando em uma poderosa superinteligência que ultrapassará qualitativamente todas as inteligências humanas.

- O primeiro uso do conceito de singularidade no contexto tecnológico foi de John von Neumann. Já o modelo de "explosão de inteligência" de IJ Good prevê que uma futura superinteligência acionará uma singularidade. O conceito e o termo "singularidade" foram popularizados por Vernor Vinge no ensaio, de 1993, *The Coming Technological Singularity*.

- John von Neumann, Vernor Vinge e Ray Kurzweil definem o conceito em termos de criação tecnológica de uma superinteligência. Eles argumentam que é difícil ou impossível para os humanos de hoje prever como seria a vida dos seres humanos em um mundo pós-singularidade.

- Ray Kurzweil reserva o termo "singularidade" para um rápido aumento da Inteligência Artificial (em oposição a outras tecnologias), escrevendo: "A singularidade nos permitirá transcender as limitações de nossos corpos biológicos e cérebros. Não haverá distinção, na pós-singularidade, entre humano e máquina." Ele também define uma data prevista da singularidade (2045) em termos de quando as inteligências baseadas em computador excederiam significativamente a soma total da capacidade cerebral humana.

- Por outro lado, muitos tecnólogos e acadêmicos proeminentes *contestam* a plausibilidade de uma singularidade tecnológica, incluindo Paul Allen, Jeff Hawkins, John Holland, Jaron Lanier, Gordon Moore (cuja lei é frequentemente citada em apoio ao conceito), Hubert Dreyfus, Steven Pinker, John Searle, Martin Ford, Theodore Modis, Jonathan Huebner, William Nordhaus, Joseph Tainter, Jaron Lanier, Robert J. Gordon e outros.

- Pesquisadores como Stephen Hawking sustentam que a definição de inteligência é irrelevante se o resultado final for o mesmo. O físico disse: "O sucesso na criação de IA seria o maior evento da história da humanidade. Infelizmente, também pode ser o último, a menos que aprendamos como evitar os riscos." Hawking acreditava que, nas próximas décadas, a IA poderia oferecer "benefícios e riscos incalculáveis", como "a tecnologia superando os mercados financeiros, superando os pesquisadores humanos, superando a manipulação dos líderes humanos e desenvolvendo armas que nem mesmo podemos entender". Hawking sugeriu que a IA deveria ser levada mais a sério e que muito mais deveria ser feito para se preparar para a singularidade.

- Berglas afirma que não há motivação evolutiva direta para uma IA ser amigável aos humanos. Anders Sandberg também elaborou esse cenário, abordando vários contra-argumentos comuns. De acordo com Eliezer Yudkowsky, um problema significativo na segurança da IA é que uma IA hostil é provavelmente muito mais fácil de criar do que uma IA amigável. Bill Hibbard propõe um design de IA que evita vários perigos, incluindo a autoilusão, ações instrumentais não intencionais, e corrupção do gerador de recompensa. Seu livro *Super-Intelligent Machines* defende a necessidade de educação pública sobre IA e controle público sobre IA.

- Já no meio político, em 2007, o Joint Economic Committee do Congresso dos EUA divulgou um relatório sobre o futuro da nanotecnologia. Ele prevê mudanças tecnológicas e políticas significativas no futuro de médio prazo, incluindo uma possível singularidade tecnológica. O ex-presidente Barack Obama falou sobre a singularidade em uma entrevista à *Wired* em 2016: "Uma coisa sobre a qual não conversamos muito, e só quero citar, é que realmente temos que pensar nas implicações econômicas. Porque a maioria das pessoas não está gastando muito tempo agora se preocupando com a singularidade — elas estão se preocupando com 'Meu bem, meu trabalho será substituído por uma máquina?'"

De um modo geral, para tentar evitar problemas futuros advindos de uma *Artificial General Intelligence* (AGI), alguns parâmetros criados com base nas Leis da Robótica ou "Leis de Asimov" sugerem certas restrições para os desenvolvedores de sistemas de IA, como: "Restrição de conhecimento — impõe um limite ao que a IA pode aprender e executar; Proibição para autorreplicação — impede que a IA se reproduza, ou seja, gere cópias de seu software de modo independente; Proibição de interação — impede que a IA mantenha contato com pessoas não autorizadas a se comunicar com seus sistemas; e Ordem — a IA deve obedecer a todas as ordens que o seu programador inserir no sistema, mesmo que isso inclua a autodestruição do dispositivo."

O objetivo dessas restrições — embora bastante ingênuas e ultrapassadas — seria impedir efeitos indesejados pela IA no exercício do seu autoaprendizado autônomo. Muitos cientistas já consideram a hipótese de que, em um futuro distante, a IA se tornará uma ameaça para a humanidade. Para personalidades como Stephen Hawking, o surgimento de uma tecnologia com a habilidade de agir e pensar de forma autônoma poderia significar um risco muito grande para uma civilização que ainda deseja permanecer sendo governada por seres humanos.

Em um cenário mais próximo da nossa realidade, a Microsoft investiu US$1 bilhão na *OpenIA*, empresa fundada por Elon Musk, para desenvolver uma IA que rivalize com o funcionamento do cérebro humano.[2] Essa parceria é uma concorrente da britânica *DeepMind*, que pertence ao Google. Entre inúmeros outros, esses dois laboratórios buscam alcançar uma IA generalizada, similar à consciência humana, que possa se adaptar a diferentes tarefas. Os sistemas de IA atuais têm uma atuação muito "restrita", ou seja, elas funcionam bem apenas nas tarefas para as quais foram treinadas. Uma AGI é o maior objetivo dos pesquisadores da área, mas acredita-se que ela só será alcançada em algumas décadas.

Em dois exemplos do ano de 2020, pode-se assistir a uma conversa do CEO e cientista da computação do *Allen Institute*, Oren Etzioni, com o codiretor da HAI, John Etchemendy, sobre os últimos desenvolvimentos em IA, as capacidades e limitações do GPT-3, um melhor teste de AI Turing, e os sinais reais de que estamos nos aproximando da AGI.[3] Na mesma linha de discussões prospectivas, a conferência da HAI Stanford, "Buscando a próxima geração de máquinas inteligentes", reuniu acadêmicos de IA, neurociência e psicologia para compartilhar novas pesquisas e a interseção entre seus mundos.[4]

Por fim, é importante citar a pesquisadora brasileira da USP e da PUC-SP, Dra. Dora Kaufman, autora do livro A Inteligência Artificial Suplantará a Inteligência Humana?, editora Estação das Letras e Cores, 2019. Essa é uma das raras publicações brasileiras sobre o assunto, não restrita ao âmbito acadêmico. A Dra. Kaufman apresenta um bom histórico sobre a gênese da IA, traz exemplos de aplicações, e encerra com um capítulo dedicado à superinteligência e à singularidade. Após citar vários defensores e céticos desse tema, Kaufman lembra Joichi Ito, do MediaLab MIT, que vê a singularidade como "uma nova religião de alguns tecnólogos do Vale do Silício, uma evolução natural do culto ao crescimento exponencial da ciência da computação e pouco baseada em evidências científicas (...). Essa concepção é irremediavelmente ingênua ao acreditar que os computadores serão capazes de reproduzir a complexidade do mundo real (...). Devemos aprender com nosso histórico de aplicar uma ciência excessivamente reducionista à sociedade e tentar, como diz Wiener, 'deixar de beijar o chicote que nos açoita'".

De nossa parte, concordamos com uma visão mais ponderada sobre o tema, embora, paradoxalmente, a história demonstre que inúmeras assertivas céticas do passado foram, no futuro, superadas. Nesse contexto, há de se citar também uma acalorada discussão em curso envolvendo filósofos, psicólogos, neurologistas e outros especialistas, sobre as possibilidades ou não de computadores, algoritmos e a própria superinteligência — se e quando ela ocorrer —, conseguirem "pensar" e "reagir" da forma como os humanos o fazem. Em nossa opinião, lembrando mais uma vez que este é um livro de caráter jornalístico, a única observação que faríamos sobre o tema diz respeito ao que se refere à *Convergência*, que apresentaremos no Capítulo 9. Ela talvez venha a funcionar no futuro como um "fiel da balança", um fator de desempate. Além disso, nossas mentes finitas não conseguem ultrapassar muito os anos de 2050 ou 2100.

Mas e se mirarmos 2200?

NOTA DO AUTOR: As notícias e os artigos apresentados neste capítulo são breves exemplos sobre o tema. Seu objetivo é apenas indicar uma tendência nesse campo da IA. O leitor pode buscar mais informações em outras fontes também fidedignas na internet.

CAPÍTULO 7

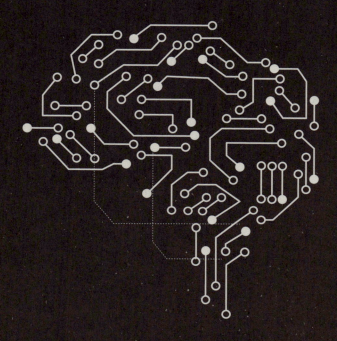

DESAFIOS DA IA NO PRESENTE

No contexto excepcionalmente frutífero da IA no momento presente, quais seriam alguns dos seus paradoxos? Relacionaremos algumas considerações. A UNESCO, por exemplo, diz: "A combinação de aprendizado profundo e *big data* não tem apenas provocando revoluções na IA, mas também está incrementando a Quarta Revolução Industrial, para a qual a nossa sociedade ainda não está preparada. Em breve, teremos a Quinta Revolução Industrial. Muitos especialistas acreditam que a IA é mais uma revolução cultural do que tecnológica, e que a educação terá de se adaptar rapidamente às novas realidades. Essa seria a única maneira das gerações futuras aprenderem a viver em um mundo radicalmente diferente daquele que conhecemos hoje."[1]

Pesquisadores da OpenIA dizem que há dois passos importantes a serem tomados em relação à IA. O primeiro trata de *reconhecer a natureza de dupla utilização da IA*, que é uma tecnologia capaz de aplicações imensamente positivas e imensamente negativas:[2]

- Devemos tomar medidas como comunidade para avaliar melhor os projetos de pesquisa quanto à perversão por agentes mal-intencionados e nos envolver com os formuladores de políticas para entender as áreas de particular sensibilidade. Por exemplo, ferramentas de vigilância podem ser usadas para capturar terroristas ou oprimir cidadãos comuns, e filtros de conteúdo de informação podem ser usados para esconder notícias falsas ou manipular a opinião pública. Governos e poderosos atores privados têm acesso a muitas dessas ferramentas de IA e podem usá-las para o bem ou para o mal público.

- O segundo passo trata de *ampliar a discussão*: a IA alterará o cenário de ameaças globais. Por isso, devemos envolver um corte transversal mais amplo da sociedade nas discussões. As partes podem incluir pessoas envolvidas na sociedade civil, especialistas em segurança nacional, empresas, especialistas em ética, o público em geral e outros pesquisadores.

O *2019 AI Index Report*, de Stanford, cita a empresa PwC, cujas práticas de consultoria de análise de dados globais e IA têm apoiado entidades governamentais no projeto de estratégias nacionais de IA, além de permitir que os negócios globalmente construam, implantem e monitorem a IA corporativa:[3] "Algumas dessas iniciativas podem ter um mandato amplo e difícil de definir. Alguns países fizeram progressos para articular mais claramente suas prioridades, resultando em documentos longos que podem ser um desafio para comparar com outros. A fim de promover esses esforços, a PwC criou o *National AI Strategy Radar (NAISR)* para monitorar os avanços e o cenário em mudança de como os órgãos reguladores discutem suas prioridades em relação à IA." O leitor pode analisar os resultados da PwC no link citado, em que os *riscos* associados com a IA são estruturados de acordo com seus dois eixos e seis tipos. Eixo do *Grupo de Riscos de nível de negócio*: Segurança, Performance e Controle. Eixo do *Grupo de Riscos de nível nacional*: Econômico, Ético e Societal.

Em um extremo mais radical, haveria outros riscos da IA para a humanidade? Os temores do filósofo sueco Nick Bostrom, que dirige o *Future of Humanity Institute* da Oxford University, podem soar como paranoia, mas têm base em pesquisas realizadas por acadêmicos respeitados. O livro *Superintelligence — Paths, Dangers, Strategies*, do filósofo, entrou para a lista de mais vendidos do *New York Times* e inspirou preocupações de muitos especialistas. Bostrom argumenta que nada garante que uma *superinteligência* — uma inteligência capaz de aprimorar a si mesma — continuará a pensar imitando o jeito humano, ou de forma que seja compreensível para os humanos. Isso já acontece atualmente com o resultado dos algoritmos de *deep learning*: "A *superinteligência* deve ultrapassar largamente as capacidades humanas. Não há porque achar que nossos cérebros humanos, limitados pela biologia, poderão entender a IA e competir com ela. A tecnologia sintética será capaz de ir muito mais longe." Na verdade, nenhum dos cientistas e pesquisadores imagina interromper o avanço científico. Eles apenas ponderam que, antes de criar mais IA, precisamos criar regras para que seja seguro usá-la e conviver com ela. Tom Foster, editor da *Inc.magazine*, disse: "Os seres humanos tendem a superestimar a tecnologia no curto prazo, e a subestimam a longo prazo."

Bostrom lembra que não devemos pensar em controlar quanto esforço a humanidade investe nas pesquisas sobre IA. Antes, ele diz: "Devemos nos preocupar com a quantidade de esforço investido na resolução do problema do controle. Trata-se de uma área de extrema importância, na qual apenas poucas pessoas trabalham. A comunidade de pessoas que desenvolve IA é numerosa. Há muitos ramos e diferentes campos sendo desenvolvidos nas ciências da computação e nas neurociências. E há também um forte incentivo comercial. Por isso, parte desses recursos deveria ser remanejada para a resolução do problema de como acompanhar máquinas superinteligentes."

Dividimos o presente capítulo em 11 assuntos que diriam respeito aos "riscos da IA". A escolha dos mesmos obedece a uma certa compreensão voluntária do autor acerca das suas gravidades ou impactos. Assim, mesmo que a questão dos riscos envolvendo *veículos autônomos*, drones e outros, ocupe posição central em grande parte das publicações sobre IA, eles não foram relacionados neste capítulo como um assunto de destaque. Mesmo que no presente cresçam as formas de invasão e manipulação dos sistemas de IA que controlam veículos autônomos, IoT e outros dispositivos, entendemos que o leitor possa buscar informações mais detalhadas em sites especializados.

7.1. PRIVACIDADE DOS DADOS PESSOAIS, RECONHECIMENTO FACIAL, DE VOZ E DE EMOÇÕES

O tema da privacidade dos dados pessoais, envolvendo ou não técnicas como reconhecimento facial, é um dos mais sensíveis para os cidadãos ocidentais, bem como para a imprensa. Como já dissemos, na China e outros países asiáticos essa visão é um pouco diversa. Na Europa e nos EUA, inúmeros processos judiciais contra a violação do direito à privacidade dos dados pessoais são movidos por cidadãos e instituições já há muitos anos. As famosas leis gerais de proteção de dados (LGPD — Lei Geral de Proteção de Dados, ou GDPR — *General Data Protection Regulation*), têm trazido o assunto à tona na maioria dos países. Nesse contexto, algoritmos de IA são os principais recursos técnicos utilizados em sistemas que, dessa forma, podem infringir as leis.

Dr. David Leslie, do Alan Turing Institute, fez um estudo, *Compreendendo o viés nas tecnologias de reconhecimento facial*, no qual o pesquisador resume dois pontos de vista antagônicos:[4]

> Os oponentes da tecnologia argumentam que o design e o uso irresponsáveis de tecnologias de detecção e reconhecimento facial (FDRTs) ameaçam violar as liberdades civis, infringir os direitos humanos básicos e consolidar ainda mais o racismo estrutural e a marginalização sistêmica. Eles também alertam que o avanço gradual das infraestruturas de vigilância facial em todos os domínios da experiência vivida pode eventualmente erradicar as formas democráticas modernas de vida que há muito fornecem meios preciosos para o florescimento individual, a solidariedade social e a autocriação humana. Os defensores da tecnologia, por outro lado, enfatizam os ganhos em segurança pública e eficiência que as capacidades digitalmente otimizadas de identificação facial, verificação de identidade e caracterização de traços podem trazer.

Um projeto de pesquisa em IA da Universidade de Cornell, EUA, desenvolveu uma rede neural capaz de clonar — e imitar com muita, se não total fidelidade, a voz de uma pessoa com base em uma amostra de míseros cinco segundos. O estudo foi publicado na página de trabalhos acadêmicos da instituição de ensino e é assinado por 11 especialistas.[5] Já a revista portuguesa Visão apresenta um apanhado do que se tem percebido na Europa sobre o tema. Reproduzimos o texto a seguir em português daquele país:[6]

- Mais do que reconhecer nossos rostos, a IA já os analisa para detectar sentimentos. Isso serve para a publicidade ou o marketing testarem reações às marcas, com ou sem o nosso consentimento. Mas o que poderá acontecer quando essa tecnologia chegar ao local de trabalho? Empresas que desejam melhorar seu marketing utilizando boas técnicas de apelo emocional, recorrem ao RealEyes, uma startup de IA que usa reconhecimento facial para analisar o estado de espírito das pessoas, consoante o que estão a ver. Essa empresa utiliza uma base de dados composta por 420 milhões de frames de pessoas que autorizaram a captura da imagem dos seus rostos enquanto assistiam a vídeos. Esses momentos estão catalogados por sete tipos, segundo a lista de emoções básicas do psicólogo norte-americano Paul Ekman: alegria, desprezo, aversão, raiva, medo, tristeza e surpresa. Por meio de algoritmos pré-programados a tecnologia descobre o significado de cada franzir de sobrolho, arquear de sobrancelhas, morder de lábios ou rir com a boca toda. Em alguns softwares, a análise da orientação da cabeça e o nível de atenção, ou seja, a linguagem corporal, também são tidas em conta para informar acerca das emoções que prevalecem em uma determinada situação, como descreve António Sacavém, especialista em reconhecimento emocional.

- Há alguns anos, a Apple comprou a Emotient, startup de IA que lê emoções humanas a partir da análise de expressões faciais. O Facebook está a desenvolver ferramentas próprias baseadas em emoções. E em 2019 a Amazon anunciou que tinha melhorado a sua assistente virtual Alexa, usando a IA para detectar emoções humanas. O medo é uma emoção que o Rekognition da Amazon consegue identificar com sucesso. O sistema consegue também reconhecer emoções como felicidade, tristeza, fúria, surpresa, nojo, calma ou confusão.

- A par do Google, com uma plataforma mais direcionada para programadores, a Microsoft é provavelmente, na versão empresarial, a empresa com a aposta mais forte na IA. "Em termos de 'Serviços Cognitivos' temos a maior oferta no mundo. São serviços que não precisam ser treinados e que já podem ser consumidos dentro de uma aplicação móvel ou em um portal", explica Manuel Dias, diretor da área técnica da Microsoft Portugal e vice-presidente da Associação Portuguesa de Data Science. Vamos a exemplos concretos: no "reconhecimento de imagem" incluem-se os mostruários inteligentes. Em um shopping, uma loja que tenha autorização para fazer reconhecimento de imagem pode identificar o género, a idade e o estado de espírito do cliente e, com esses dados, decidir, por exemplo, fazer uma promoção na hora, reagindo de imediato ao conjunto de dados que reuniu.

- Em breve, o atendimento telefónico nos call centers será automatizado. Na prática, uma máquina perceberá pelo tom de voz ou pelas palavras usadas que o cliente está furioso, optando por responder ou por passar a chamada para a "máquina" mais simpática.

- Para Andrew McStay, professor da Universidade de Bangor, no País de Gales, e autor do livro *Emotional AI: The Rise of Empathic Media*, trata-se de "vigilância a 360 graus" que, ao ser usada no local de trabalho, poderá ter um impacto diferente. Como os patrões conseguirão distinguir se um funcionário está com a cara fechada por estar furioso, se está apenas concentrado ou com dor de cabeça? "Nas empresas, os líderes pretendem compreender melhor as emoções das pessoas que integram as suas equipes, por meio daquilo que escutam e observam, para poderem comunicar e dar *feedback* de forma mais empática e eficaz, retirando, assim, o melhor de cada pessoa. Outro foco das empresas é transformar os conflitos em produtividade e promover a responsabilidade", alerta António Sacavém.

Sistemas de IA que leem emoções humanas a partir da análise de expressões faciais, como alegria, desprezo, aversão, raiva, medo, tristeza e surpresa são cada vez mais comuns, possuindo forte apelo comercial. Não citaremos aqui inúmeros exemplos de sucesso em call centers, chamadas de marketing que "percebem o tom da voz", percepção de retorno de "expressões faciais ou corporais" relativos a um simples olhar para uma vitrine de roupas etc. As discussões jurídicas envolvendo essas práticas de IA são imensas, uma vez que os usuários não são informados de que estão tendo seus rostos "escaneados" algoritmicamente dessa maneira. Novamente, aqui se faz necessária a participação das LGPDs nacionais, de forma que, se os clientes desejarem sofrer esse tipo de "invasão corporal", possam proceder aos devidos consentimentos formais anteriores.

Retornando ao tema da análise de expressões faciais pela IA, quando algoritmos conseguem descobrir o significado "de um arquear de sobrancelhas, morder de lábios ou sorrir com meia-boca", psicólogos poderiam duvidar dessa capacidade tão "subjetiva". Via de regra esse assunto causa surpresa ao público, que tende a pensar que "emoções humanas" deveriam ser muito complexas para serem identificadas por simples algoritmos matemáticos. Na verdade, não é bem assim. Devemos lembrar que, para algoritmos de IA, comparar dezenas de milhões de fotos de gatos, cachorros, árvores ou tipos de minerais e de cânceres, é tão "simples" quanto comparar dezenas de milhões de fotos de expressões faciais, emocionais e de gravações de diferentes "tons" de voz.

Desafios da IA no Presente

No âmbito da utilização da IA nos locais de trabalho, outro artigo traz considerações importantes, muito positivas, mas também abrangendo um certo grau de risco. Os dispositivos de interface cérebro-computador (ICCs, BCIs — brain-computer-interface), também chamados interface mente-máquina (IMM), interface neural direta (IND), interface telepática sintética (ITS) ou interface cérebro-máquina, são um caminho comunicativo direto entre o cérebro e um dispositivo externo:[7]

> Ao aproveitar vários sensores e algoritmos complexos, agora é possível analisar sinais cerebrais e extrair padrões cerebrais relevantes. O desenvolvimento de BCIs foi inicialmente desenvolvido para ajudar pessoas paralisadas a controlar dispositivos assistidos usando seus pensamentos. Mas os BCIs vêm ganhando novos usos. Várias empresas oferecem sensores proprietários para detectar sinais cerebrais e alavancar algoritmos de aprendizado de máquina para insights sobre os níveis de envolvimento de usuários e trabalhadores. Por exemplo, uma startup com sede em Toronto, chamada Muse, desenvolveu uma faixa de detecção que fornece informações em tempo real sobre o que está acontecendo no cérebro de uma pessoa. Alguns exemplos de aplicações:
>
> - Usar BCIs como ferramentas de treinamento de neurofeedback para melhorar o desempenho cognitivo das pessoas. Essa capacidade de monitorar e controlar os níveis de atenção cria novas possibilidades para os gerentes das empresas.
>
> - Detectar se o nível de atenção de uma pessoa está muito baixo em comparação com a importância de uma determinada reunião ou tarefa.
>
> - Adaptar a iluminação do seu escritório de acordo com seu nível de estresse ou impedir que você use o carro da empresa se for detectada sonolência.
>
> - Rastrear se alguém está concentrado ou distraído. Teoricamente, isso poderia ajudar os indivíduos em suas tarefas do dia a dia, avaliando quais tarefas devem ser realizadas primeiro com base no seu nível de atenção.
>
> - As empresas poderiam ter acesso a um "painel de RH BCI" específico no qual os dados cerebrais de todos os funcionários seriam exibidos em tempo real. E, no fim de cada avaliação de desempenho anual, analisar e comparar os níveis de atenção por meio dos BCIs. As informações do cérebro podem ser do interesse dos empregadores, permitindo que eles fiquem de olho em como o funcionário está focado e permitindo que adaptem adequadamente as cargas de trabalho dos funcionários.

> Alexandre Gonfalonieri, *head of Innovation* da DNA Global Analytics, em um artigo publicado na Harvard Business Review, diz que, no futuro, "os trabalhos mais perigosos exigirão o uso de BCIs. As empresas com trabalhadores que operam máquinas perigosas podem exigir que seus trabalhadores sejam monitorizados com BCIs. E acredito que um dia será obrigatório que pilotos e cirurgiões usem um BCI durante o trabalho".
>
> - Os BCIs não são uma tecnologia perfeita, e não há forma de dizer que tipos de erros acontecerão quando as empresas começarem a usar esses dispositivos em ambiente real. Quando as empresas começarem a analisar dados cerebrais, como garantirão a privacidade e a segurança dos dados dos seus colaboradores? Quais serão os direitos dos colaboradores na implementação dessas tecnologias?
>
> - A tecnologia está sempre à frente das regulamentações e, por isso, à medida que um número crescente de startups e grandes empresas começarem a apresentar ao mercado BCIs mais seguros, precisos e baratos, será preciso pensar nas respostas para essas questões.

No campo de linguística, em dezembro de 2019, o Google anunciou a implementação de uma nova ferramenta de IA para melhorar seu motor de buscas. Tratava-se do BERT, um sistema que entendia melhor o significado das palavras e seu contexto dentro de uma frase. O sistema trazia a maior mudança nos algoritmos do Google dos últimos cinco anos. Segundo a empresa:[8] "Geralmente, 15% das pesquisas de usuários feitas em um único dia traziam alguma formulação inédita e de difícil compreensão para os algoritmos. O BERT melhorou esse índice, e agora funciona em quase 100 idiomas. Além disso, essa foi a primeira vez que o Google alocou supercomputadores munidos de chips voltados para processamento específico de IA. Pandu Nayak diz que 'o BERT será usado em outros produtos do Google nos próximos anos. Ele também é importante para ferramentas que utilizam a voz para fazer buscas'."

Por outro lado, o cientista da computação Robert Munro fez alguns testes com o BERT. Ele testou 100 palavras, como "joia", "bebê", "cavalos", "casa", "dinheiro", "ação". Em 99 casos de 100, era mais provável que o BERT associasse as palavras com homens do que com mulheres:[9]

> Há muito tempo os pesquisadores alertam para os preconceitos que a IA aprende com grandes quantidades de dados, incluindo sistemas de reconhecimento facial usados por departamentos de polícia e agências governamentais. Em 2015, por exemplo, o aplicativo Google Photos rotulou afro-americanos como "gorilas". Os serviços que Munro examinou também mostraram preconceito contra mulheres e pessoas de cor em geral. Um estudo recente de uma equipe de cientistas da computação

> da Universidade Carnegie Mellon confirma os vieses preconceituosos da IA. "Estamos cientes do problema e estamos tomando as medidas necessárias para resolvê-lo", disse um porta-voz do Google. Mas BERT e sistemas similares (ELMO, ERNIE e GPT-2) são muito mais complexos — complexos demais para as pessoas preverem o que acabarão fazendo. "Mesmo os especialistas que constroem esses sistemas não entendem como eles se comportam", disse Emily Bender, professora da Universidade de Washington, especializada em linguística computacional. Por isso, o executivo-chefe da Primer, Sean Gourley, disse que examinar o comportamento dos algoritmos de IA se tornará muito importante, gerando toda uma nova indústria, em que as empresas pagam especialistas para auditar seus algoritmos em busca de todos os tipos de preconceitos e comportamentos inesperados. "Provavelmente será uma indústria de bilhões de dólares", disse ele.

O software da empresa Clearview, que possui fotos de pessoas com imagens online selecionadas em milhões de sites, vem sendo utilizado por mais de 2.200 departamentos policiais, agências governamentais e empresas em 27 países desde pelo menos 2019. Esses dados fornecem a imagem mais completa, até hoje, dos setores que usaram essa controversa tecnologia, e revela o que alguns observadores temiam anteriormente: o reconhecimento facial da startup foi implantado em todos os níveis da sociedade norte-americana e está se espalhando pelo mundo:[10]

- Em fevereiro de 2020, uma lista de clientes que utilizam o software de reconhecimento facial da Clearview AI foi vazada ao público. Dentre os clientes estão bancos, empresas privadas, agências governamentais como o FBI, alfândega, a imigração dos Estados Unidos, o Departamento de Justiça, Macy's, Walmart, Best Buy, Madison Square Garden, NBA, Equinox, criptomoeda/Coinbase, AT&T, Verizon e T-Mobile, e outros. No total, 2.200 clientes aparecem no documento.

- Extremamente controverso, o banco de dados da empresa inclui mais de três bilhões de imagens extraídas de redes sociais e outros sites, com o objetivo de ajudar na aplicação das leis e na captura de pessoas de interesse, segundo a reportagem veiculada pelo *New York Times*. Segundo a investigação, o software da Clearview AI é capaz de identificar pessoas revelando nome, endereço e outras informações pessoais.

- Inúmeras empresas opuseram-se à forma com que a IA da Clearview capturava as imagens para seu banco de dados. LinkedIn, Twitter e YouTube enviaram cartas de cessação e desistência à empresa, sob pena de ação judicial, enquanto o Facebook exigiu que a empresa parasse de acessar ou usar informações do Facebook ou Instagram. A Apple desativou o aplicativo nos seus sistemas. Alguns departamentos policiais dizem ter se desligado da Clearview. O Departamento de Polícia de Nova York alegou não ter relacionamento formal com a empresa. Os departamentos de polícia nos campi universitários também estão entre as entidades clientes da Clearview, muitas vezes sem o conhecimento dos seus mecanismos.

Citamos anteriormente o caso da Clearview AI como um exemplo de situações que serão cada vez mais comuns na história da IA — obtenção de dados pessoais que estão na rede e, por isso, são considerados "públicos", com maior ou menor rigor jurídico. Além disso, e pior, nossa opinião é de que em breve uma IA mais autônoma poderá obter dados apenas "garimpando" de forma automática em redes públicas e privadas. Isso também já é cada vez mais praticado por hackers e empresas de intenções obscuras. Esse tema sempre gerará problemas de vieses, preconceitos, discriminação e discussão jurídica sobre propriedade e cessão de dados pessoais.

A questão da privacidade dos dados pessoais, e da facilidade de reconhecimento facial, de voz e de emoções pela IA, como vimos, pode trazer em sua esteira outras controvérsias. A pandemia da Covid-19 propiciou a implementação de uma série de medidas práticas pelos governos, completamente inimaginadas pouco antes de março de 2020. A IA não tem participação nenhuma nesse processo, mas os produtos das suas ferramentas, sim. Esse é um exemplo de efeito indesejado ou, pelo menos, não imaginado, da IA. Em outras palavras, a IA pode ser manipulada politicamente, assim como de resto qualquer produto de natureza técnica ou científica. Agora sistemas de IA podem ser usados para vigilância e podem ser estendidos a perseguições, dependendo do contexto e do país. Países como Israel, Rússia, Turquia, Hungria, Filipinas, entre outros, aproveitaram a pandemia para criar instrumentos jurídicos de exceção visando a "monitorar" suas populações. Na China, mecanismos e sistemas de monitoramento já são regulamentares, sendo apoiados pela maioria das pessoas. A população diz que se sente mais "segura" e "protegida", apesar da notória monitoração e prisão de minorias étnicas indesejadas pelo governo, que utiliza poderosas ferramentas de IA.[11]

Na Europa, a discussão abrange um aspecto mais técnico. Por um lado, o escaneamento de rostos em multidões, em aeroportos e outros locais de aglomeração, tem sido um forte aliado no policiamento de contravenções comuns, bem como na identificação de traficantes, terroristas e outros. O problema é que muitas vezes tem havido erros na seleção dos suspeitos, conduzindo a prisões arbitrárias e equivocadas. A maioria das polícias em países que utilizam esses sistemas, por exemplo, só iniciam a detenção efetiva do suspeito se o percentual de similaridade da face atingir mais de 90%. Tem havido enorme sucesso em prisões de foragidos, mas também casos graves de enganos, como testes realizados em jogos de futebol na Inglaterra em 2018. Em São Francisco, Califórnia, sistemas desse tipo foram proibidos em 2019.

Por fim, ainda na esteira da Covid-19, gigantes como Apple e Google uniram-se no desenvolvimento de aplicativos de rastreamento por meio dos sistemas operacionais de celulares. Os objetivos são geolocalização para averiguação de possibilidade de focos de contágio, frequência em locais de aglomeração, dados de saúde, diagnósticos, cadastros de áreas ou pessoas já infectadas, curadas etc. Mais de 29 países já oferecem sistemas desse tipo.[12] Em princípio, os usuários devem ativar ou autorizar seu próprio rastreamento nos aplicativos, mas em alguns países a liberação é compulsória. Mensagens automáticas são emitidas sugerindo a cada grupo de pessoas que se isole, fique em casa, procure um médico etc. Além da privacidade, outras discussões dizem respeito a quem pertencem e onde as informações serão armazenadas. Em um servidor central? No sistema público de saúde? Ou apenas armazenamento local, no celular do usuário? O que será feito com os dados após o fim da pandemia? Quais as chances (grandes) desses dados serem invadidos, ou comercializados, ou utilizados para fins políticos? Na China, o uso do aplicativo é obrigatório nas cidades definidas pelo governo. Na Coreia do Sul, cartões de crédito também integram o banco que coleta as informações de rastreamento. Na Polônia, os cidadãos que testam positivo precisam enviar selfies rotineiras para provar que realmente estão em regime de isolamento. Enfim, o assunto da privacidade será tema recorrente nos próximos anos, e a IA tornou-se o ator principal.

Gostaríamos de concluir este primeiro dos 11 tópicos do Capítulo 7 com um exemplo que talvez possa servir de paradigma para outros estudos nos demais campos da IA. Em novembro de 2020, o HAI Stanford publicou um *Policy Brief*, denominado "Mudança de domínio e questões emergentes na tecnologia de reconhecimento facial" (*Domain Shift and Emerging Questions in Facial Recognition Technology*). Listamos a seguir suas principais conclusões:[13]

- As tecnologias de reconhecimento facial (FRT) cresceram em sofisticação e adoção em toda a sociedade norte-americana. Os consumidores usam tecnologias FRT para desbloquear seus smartphones e carros, enquanto varejistas os utilizam para publicidade direcionada e para monitorar lojas contra ladrões. De forma mais polêmica, as agências de aplicação da lei recorrem à FRT para identificar suspeitos. Mas, quando os sistemas FRT foram implantados fora de laboratórios e no mundo real, surgiram ansiedades significativas, incluindo preocupações com a privacidade, com a vigilância em ambientes públicos e privados e com a perpetuação do preconceito racial.

- A rápida adoção da FRT em todos os setores e as preocupações éticas sobre o impacto na sociedade exigem testes muito mais substanciais do que os existentes atualmente. Descobriu-se que a mudança de domínio pode degradar significativamente o desempenho do modelo, além de aprofundar o problema do preconceito: algoritmos treinados em um grupo demográfico podem ter um desempenho ruim em outro.

- Assim, sugere-se que os fornecedores e desenvolvedores de FRT devam garantir modelos criados da maneira mais transparente possível, capazes de serem validados pelos usuários e muito bem documentados. Por sua vez, os usuários em ambientes governamentais e comerciais devem condicionar a aquisição de sistemas FRT a testes *no domínio específico*, e à adesão aos protocolos estabelecidos. Os auditores devem expandir seus conjuntos de dados de teste para cobrir domínios emergentes de alta prioridade, e os pesquisadores acadêmicos devem buscar mais pesquisas sobre o desvio de domínio em FRT. Por fim, a mídia e as organizações da sociedade civil devem ampliar as descobertas dessa nova estrutura de testes para garantir que a FRT seja melhor compreendida em ambientes públicos.

- Embora uma moratória sobre tecnologias de reconhecimento facial na justiça criminal seja um passo louvável nesse momento, a FRT pode continuar a ser implantada em todos os ambientes para determinar se, e como, adotá-la agora. A adoção desses protocolos e recomendações não silenciará — nem deve — o escrutínio legítimo da tecnologia de reconhecimento facial, mas nossa esperança é de que fornecer uma estrutura conceitual para avaliar e testar os efeitos negativos da mudança de domínio e mudança institucional pode oferecer um próximo passo crucial para compreender melhor os impactos operacionais e humanos dessa tecnologia emergente.

Qual é a importância do exemplo anterior? Percebe-se claramente que — apesar de constituir uma tecnologia com mais de 30 anos de pesquisas, testes e aplicações acumuladas —, os sistemas de IA ainda se encontram em um momento muito incipiente e precário, como de resto também aconteceu com qualquer outra nova tecnologia. Então, na verdade, as "decepções" com os problemas e riscos que podem advir da IA apenas revelam, ao contrário, o engano de uma visão superdimensionada, otimista e ingênua, sobre o momento real de desenvolvimento da IA. Sim, ela opera maravilhas insuspeitadas em inúmeros campos de aplicação, como na medicina e outras áreas, mas também é o momento de "baixar" as expectativas sobre a IA, evitando generalizações e trazendo-as para uma realidade mais cautelosa.

Assim, o estudo do HAI Stanford citado anteriormente serve como exemplo de uma gradativa superação dessa visão demasiadamente otimista. Primeiro, o artigo cita as vantagens do uso das tecnologias FRT. Depois indica os problemas encontrados "no mundo real", reconhecendo assim as diferenças para com prototipações e uso em bases de testes. Devemos lembrar que apenas agora sabemos que bases de treinamento apresentam inúmeras dificuldades, e apenas agora começamos a "desconfiar" da assertividade dos algoritmos — ora, essa mentalidade era claramente diferente há um par de anos atrás, quando reinava um otimismo absoluto sobre a eficácia da IA. Por fim, o estudo lembra também a inclusão de mais atores na discussão, até agora quase ilustres desconhecidos, como fornecedores e desenvolvedores de FRT, usuários em ambientes governamentais e comerciais, auditores, pesquisadores acadêmicos e as organizações da sociedade civil.

Cada um desses atores tem um papel a desempenhar, sendo que desenvolver um aplicativo é apenas o "pontapé inicial", a parte mais fácil — todas as dificuldades e riscos vêm depois. E, claro, também os benefícios. Contudo, ainda assim algumas características desse processo permanecem relativamente duvidosas: como convencer "fornecedores" mundo afora de um desenvolvimento ético face à perspectiva de lucro rápido e fácil? Como convencer usuários, governos, pesquisadores e outras partes interessadas a participar de um ciclo complexo e completo na aquisição de produtos de IA, que podem trazer resultados rápidos apenas com os domínios e escopos mais comuns já sendo contemplados? Como "educar" para a IA? Como "educar" para as transformações digitais? Enfim, habitamos o campo das novas tecnologias, e a sociedade e seus múltiplos atores devem aprender obrigatoriamente a participar e se manifestar.

NOTA DO AUTOR: As notícias e os artigos apresentados neste capítulo são breves exemplos sobre o tema. Seu objetivo é apenas indicar uma tendência nesse campo da IA. O leitor pode buscar mais informações em outras fontes também fidedignas na internet.

7.2. UMA CURIOSA CONFIANÇA NA IA

Algumas pesquisas têm perguntado se já é possível que pessoas confiem mais em IA do que em humanos. Esse parece ser um tema curioso ou irrelevante. Um estudo realizado pela Oracle em 2019, em parceria com a *Future Workplace*, da área de recursos humanos, analisa os impactos da IA nas relações dentro do mercado de trabalho:[14]

> O estudo foi feito em 10 países com 8.730 empregados, gerentes e líderes de RH. Entre os principais resultados, descobriu-se que 64% dos entrevistados confia mais nas decisões tomadas por um algoritmo do que pelo seu gestor. Esse número é um indicador da crescente normalização dos robôs no ambiente empresarial. "As pessoas não estão mais com medo dos robôs. Elas experienciaram as melhorias que a

IA e o *machine learning* trouxeram ao trabalho de uma forma bastante pragmática. E, quanto mais usam as tecnologias, mais empolgados ficam em relação a elas", afirma Emily He, VP de marketing da Oracle.

O estudo, intitulado *"From Fear to Enthusiasm"* [Do Medo ao Entusiasmo, em tradução livre], aponta ainda que 36% dos trabalhadores acreditam que um algoritmo de IA dá informações menos enviesadas que seus gestores. O *AI at Work* ainda aponta que 82% das pessoas acreditam que robôs podem executar o trabalho melhor do que seus gerentes. Fica nítida, assim, a forma como a adoção da IA tem impactado a maneira como os funcionários interagem com seus superiores.

Dos entrevistados, 26% acreditam que os robôs são mais imparciais na hora de fornecer informações; 34% acreditam que sejam melhores em manter horários de trabalho; 29% acreditam que resolvem melhor os problemas; 26% que podem gerenciar melhor um orçamento. Por outro lado, 45% acreditam que os gerentes humanos entendem melhor seus sentimentos; 33% que podem treiná-los da melhor forma; 29% que criam uma cultura de trabalho.

No Brasil, 450 profissionais foram ouvidos, sendo 150 funcionários e 300 líderes e gerentes de Recursos Humanos. O trabalhador brasileiro, segundo o estudo, se mostra mais acolhedor com a adoção da IA. Dos entrevistados, 78% afirmaram confiar mais em um robô do que no próprio gerente. A média mundial é de 64% no nível de confiança. Dentre os países que mais confiam na tecnologia em relação aos humanos, a Índia vem em primeiro (89%) e a China em segundo (88%). Sobre o otimismo com a IA, o Brasil é o país mais entusiasmado (72%), contra uma média global (43%).

Outra pesquisa diz que robôs podem extrair informações sigilosas de pessoas que confiam neles. Esse é um dos resultados do estudo da Kaspersky com a Universidade de Gent, na Bélgica, que analisou a relação de 50 pessoas com um robô de testes no fim de 2019. De maneira geral, quanto mais um robô apresentar formato humanoide ou androide, mais ele tende a ganhar a confiança dos seres humanos:[15]

O estudo mostrou que eles podem persuadir seres humanos a executar ações inseguras. Para a empresa de cibersegurança, o avanço da robótica traz um risco: o impacto no comportamento das pessoas. A empresa apresentou 50 pessoas a um robô criado pela universidade belga para interagir com e sem voz. O contexto aconteceu em um ambiente "de ataque", em que o robô estava hackeado para influenciar ativamente as pessoas a executar ações inseguras.

- No primeiro caso, o robô foi colocado perto de uma entrada restrita de um edifício e perguntou aos funcionários do prédio se poderia entrar com eles. A área só podia ser acessada após a digitação de uma senha de segurança. Durante o experimento, nem todos os funcionários atenderam à solicitação do robô, mas 40% destravaram a porta e a mantiveram aberta para o robô entrar. Em um segundo momento, o robô foi disfarçado como um entregador de pizza, segurando uma caixa. Os funcionários se mostraram menos inclinados a questionar os motivos para acessar aquela área. A segunda parte do estudo focou a obtenção de dados pessoais normalmente usados para redefinir senhas, como data de nascimento, marca do primeiro carro e cor favorita. Dos 50 participantes, apenas um se recusou a compartilhar os dados com o robô.

- Tony Belpaeme, professor de IA e robótica na Universidade de Gent, disse que, quanto mais humanoide for o robô, maior será sua capacidade de persuadir e convencer. "Nossa experiência mostrou que isso pode gerar riscos significativos à segurança, o que proporciona um possível canal para ciberataques. Por isso, é fundamental cooperarmos agora para entender todas as vulnerabilidades emergentes. Teremos a compensação no futuro", afirmou.

Na seção *7.9 deste capítulo, IA, robôs, avatares e ACEs*, citaremos as vantagens e as desvantagens de os robôs parecerem-se mais ou menos com humanos. Em outras palavras, quais são as implicações de humanoides ou androides serem cada vez mais fisicamente parecidos com seres humanos no tocante às suas expressões faciais, a seu olhar, à pele sintética que cobre seus rostos, e a outros aspectos. Por que inserimos aqui este breve subcapítulo, *Uma curiosa confiança na IA*?

É nossa opinião que os seres humanos devem ter uma clara percepção de quando estão interagindo com IA. Isso deveria ser aplicável tanto hoje quanto especialmente daqui a 20 ou 30 anos, quando nossos interlocutores serão sistemas de IA altamente evoluídos, onipresentes, e com profunda capacidade de interação social. Essa capacidade já iniciou no presente, como veremos na seção 7.9 deste capítulo, quando trataremos de robôs e ACEs (*Artificial Conversational Entities*). Contudo, no futuro, as gerações de jovens estarão ainda mais "acostumadas" ao convívio com aplicações de IA ubíquas, de modo que terão dificuldade redobrada em reconhecê-las como IA. Também deve-se ter em mente a breve convergência da IA com a Internet das Coisas (*IoT*), *Edge Computing, blockchain*, computação quântica e inúmeras outras tecnologias disruptivas. Por fim, aprendizado de máquina e aprendizado profundo são apenas técnicas iniciais de uma IA em sua infância, e serão em breve ultrapassadas pela Convergência. Desse modo, não será surpresa uma eventual ocorrência da AGI — *Artificial General Intelligence* nas próximas décadas. Esse é o futuro inadiável que está sendo construído pelas gerações presentes.

Assim, podemos e devemos ter "confiança na IA", nas suas entregas e resultados — especialmente quando levamos em conta seus benefícios nos campos da saúde, da segurança, e na prevenção de inúmeros malefícios que nos acometem. Contudo, isso não pode impedir os seres humanos de saberem *quando* e *como* — hoje e no futuro — estão interagindo com outros humanos ou com sistemas de IA.

NOTA DO AUTOR: As notícias e os artigos apresentados neste capítulo são breves exemplos sobre o tema. Seu objetivo é apenas indicar uma tendência nesse campo da IA. O leitor pode buscar mais informações em outras fontes também fidedignas na internet.

7.3. IA NA CULTURA CHINESA

A Comissão Municipal de Ciência e Tecnologia da cidade de Beijing, na China, lançou em 2019 uma zona-piloto para desenvolver tecnologia de IA de última geração.[16] A zona se concentra em explorar um sistema inovador por meio da coordenação de esforços entre governo, academias e indústria: "O objetivo é transformar Beijing em um importante produtor de teorias, ideias e talentos relacionados à IA. A zona também lançará plataformas para aplicações, oferecendo sugestões para as autoridades deliberarem políticas e regras relacionadas à IA." Segundo o plano para desenvolvimento de IA da China divulgado em 2017, foi estabelecida a meta da China liderar o mundo em aplicações de IA até 2030.

Em 2020, a China recebeu um incremento de 210 mil empresas relacionadas à IA. Isso significa um crescimento anual de 45,27%, informou a plataforma *Tianyancha.com*:[17] "Outras 950 mil empresas na China têm negócios nas áreas de IA, robôs, processamento de dados, computação em nuvem, reconhecimento de voz e imagem e processamento de linguagem natural. O tamanho do mercado chinês de aplicativos de IA deve atingir US$12,75 bilhões até 2024, de acordo com a empresa global de inteligência de mercado *International Data Corporation*."

Kai-Fu Lee é um conhecido cientista da computação e empresário que desenvolveu o primeiro sistema de reconhecimento de fala contínuo. Lee é presidente da Sinovation Ventures, uma empresa líder de investimentos com foco no desenvolvimento de empresas chinesas de alta tecnologia. Lee foi presidente do Google China, e ocupou cargos executivos na Microsoft, SGI e Apple.[18] A Wikipedia diz que, no campo da IA, ele fundou a Microsoft Research China, considerada um dos melhores laboratórios pelo MIT Technology Review. Mais tarde renomeado Microsoft Research Asia, esse instituto treinou a maioria dos líderes de IA na China, com cargos na Baidu, Tencent,

Alibaba, Lenovo, Huawei e Haier. Lee também é autor de dez patentes nos EUA. Entre outros livros, publicou o clássico *Superpoderes da IA: China, Vale do Silício e a Nova Ordem Mundial*. Segundo Kai-Fu Lee, "se os dados são o novo petróleo, a China é a nova Arábia Saudita". Lee apresenta seus argumentos para considerar que a indústria de IA na China se destacará na corrida armamentista de IA:

- No momento atual, o treinamento de modelos de aprendizado profundo exige mais um método de "força bruta" do que inovação, e isso é disponível na China.

- A China possui menos regulamentos de proteção de dados (por exemplo, o GDPR na Europa) do que outros países. Portanto, o software chinês coleta mais dados sobre os usuários.

- A cultura chinesa de startups de tecnologia é mais "agressiva" do que a de outros países, com menos restrições de propriedade intelectual e menos barreiras à integração vertical.

- A participação do governo central da China no financiamento e na melhoria de status das indústrias de IA é fator de diferenciação.

Para muito além da sua alta competitividade em IA, a China também está promovendo uma verdadeira "fuga de cérebros" de outros países. Até pouco tempo atrás, o Vale do Silício nos EUA era um polo de atração para os melhores especialistas de TI do mundo, inclusive chineses. Agora, engenheiros e cientistas estão se mudando para a China, que está se convertendo em um lugar mais promissor que o Vale do Silício:[19]

- "A economia chinesa está crescendo há quase 40 anos, a produção está aumentando rapidamente e a diferença com os países ocidentais é cada vez menor. Em algumas áreas, já estamos caminhando junto com os EUA, por exemplo, na IA ou nas redes 5G", explicou Li Kai, da Universidade de Finanças de Shanxi.

- A China gasta muito dinheiro para atrair especialistas talentosos, investe em desenvolvimento e torna-se muito atrativa para os estrangeiros. A política do governo chinês também contribui. As autoridades entendem que é impossível ao país tornar-se líder mundial em IA até 2030 sem criar incentivos administrativos para atrair talentos de todo o mundo. Assim, gigantes tecnológicos como Alibaba, Baidu, ou Tencent, recebem apoio a nível estatal, o que lhes permite não poupar dinheiro para se expandir no exterior e para atrair especialistas das empresas concorrentes. Podem oferecer até 1 milhão de dólares por ano a um cientista de alto nível para trabalhar na China.

> "Mas também existe cooperação entre China e EUA. Os EUA são fortes em investigação fundamental e a China em investigação aplicada. Por isso, existe um grande potencial de cooperação", disse Li Kai.

Por outro lado, para além dos aspectos de pesquisa, desenvolvimento de sistemas e investimentos bilionários em IA, algumas práticas governamentais na China ocultam uma faceta pouco democrática. Segundo notícias amplamente divulgadas em 2019, e possivelmente recrudescidas durante a pandemia em 2020, o governo chinês espionou mais de 100 milhões de usuários de Android, tendo acesso a todas as informações e atividades dos usuários. Um órgão do governo norte-americano chamado *Open Technology Fund* contratou uma agência alemã de cibersegurança para analisar o aplicativo: a pesquisa descobriu que o aplicativo escondia no seu código-fonte um "superacesso" em celulares Android. Segundo o jornal *Washington Post*, o governo chinês conseguia monitorar praticamente todas as ações praticadas pelo usuário no aparelho:[20] "O aplicativo tinha acesso parar tirar fotos, gravar vídeos, compartilhar a localização, ativar a gravação de áudio, digitar números de telefone, vasculhar o histórico de navegação na internet, além de reter dados de até outros 960 aplicativos, incluindo compras, viagens e troca de mensagens."

O uso de vigilância por autoridades chinesas utilizando sistemas de IA sempre foi alvo de críticas. Um relatório publicado em 2019 pela *Human Rights Watch* mostrou que a prática no país pode ser bem mais intensa do que se imaginava, envolvendo gigantes do setor de tecnologia:[21]

> O documento lança luz sobre as intensas atividades de monitoramento da China. A divulgação do relatório acontece em um momento em que o país reprime sua minoria muçulmana Uighur, com a justificativa de evitar eventuais ataques terroristas. O Departamento de Estado dos EUA diz que até 2 milhões de uigures estão detidos em campos de concentração em Xinjiang. Os dados são contestados pelas autoridades chinesas, que não divulgam números. O secretário de Estado dos EUA pediu que empresas norte-americanas repensem a decisão de fazer negócios na região de Xinjiang. "Constatamos que existem violações aos direitos humanos em Xinjiang, onde mais de 1 milhão de pessoas estão detidas. Trata-se de uma crise humanitária", segundo a Bloomberg. O governo chinês alega que as medidas de segurança em Xinjiang seriam necessárias para prevenir ações terroristas e para incentivar o crescimento econômico da região. A organização *Human Rights Watch* diz que o aplicativo foi desenvolvido por uma unidade da estatal *China Electronics Technology Group Corp*, conhecida como CETC, que tem US$30

bilhões em receita e 169 mil funcionários. O grupo tem expandido suas operações para o exterior, com o desenvolvimento de soluções de *smart cities* em Teerã em cooperação com a Siemens, por exemplo.

A pesquisadora Shazeda Ahmed, de Stanford, no artigo "Compreendendo o Sistema de Crédito Social da China", de agosto de 2020, analisa se um sistema de rastreamento que torna as leis mais aplicáveis realmente pode melhorar a sociedade. Ela examinou o sistema de crédito social chinês para analisar sua eficácia em moldar os comportamentos:[22]

- Mais especificamente, avaliar como as empresas de tecnologia e o governo chinês estão construindo a iniciativa de criar bancos de dados e procedimentos de compartilhamento de informações que monitoram o comportamento de indivíduos, corporações, instituições legais e representantes do governo, com o objetivo final de construir uma sociedade na qual esses indivíduos e empresas seguem a lei. Para isso, o governo cria dossiês sobre como indivíduos e corporações podem violar a lei. Os infratores podem ser humilhados publicamente por meio de listas negras emitidas pelo tribunal, e essas listas negras podem ser compartilhadas com empresas de tecnologia para punir ainda mais seus sujeitos.

- Há muita desinformação e mitos em torno desse fluxo, mas se trata de um sistema que o governo criou para tornar as leis mais aplicáveis. Não se trata de leis penais, mas de leis administrativas, como o não pagamento de impostos. Há dezenas de listas negras, não apenas uma. Isso pode resultar em você não ser capaz de colocar seus filhos em uma escola particular ou andar de trem de alta velocidade ou não ser capaz de usar um avião, porque sob a lei chinesa essas são consideradas formas de "consumo de luxo". Isso pressiona as pessoas a mudar seu comportamento e sair das listas negras.

- A Alibaba, uma empresa de comércio eletrônico, está tentando se tornar a integração vertical do sistema judicial. Para o governo chinês, esse processo trata de legitimidade. O Estado está fazendo as pessoas enfrentarem consequências e, ao fazê-lo, estão realmente tentando criar um sistema de recompensa. Há lugares em que, se você tem um histórico de ganhar prêmios para serviço voluntário, doar sangue e doar para caridade, fala-se em encontrar maneiras de recompensar isso. Mas, na verdade, o sistema parece se referir muito mais à punição do que às recompensas. É mais um cenário de nomeação e vergonha, no qual se espera que isso crie pressão sobre as pessoas para elas obedecerem às leis.

O seminário *Rise of Digital Authoritarianism: China, AI, and Human Rights*, de outubro de 2020, tratou de avaliar como as democracias poderiam responder ao surgimento da China como uma superpotência de IA. Seu enunciado foi: "Como deveria o resto do mundo, e especialmente as democracias, reagir à oferta da China de aproveitar a IA para o bem e para o mal? Como podemos encontrar o equilíbrio certo entre a vigilância em defesa dos direitos humanos e da segurança nacional *versus* reações exageradas ou xenófobas?":[23]

> Eileen Donahoe, Executive Director of GDPI,[1] citou o mau uso da IA em contextos de nações autoritárias, sendo que mais de 40% dos países e pessoas ao redor do globo estão excluídas de uma sociedade digital, não operam com ela, não utilizam IA, não desenvolvem IA e não constam nas bases de dados disponíveis para a IA. Essa lacuna pode exacerbar divisões digitais.

> Donahoe perguntou à Dra. Fei-Fei Li, do HAI Stanford, como tratar essas diferenças. Li acredita em planejar equidade e inclusão no design da IA, sendo que esses procedimentos não podem ser um "remendo" posterior. Por exemplo, deve-se planejar previamente a forma pela qual os desenvolvedores obterão os dados, o que eles estarão representando, antes de escrever sequer uma linha de código. Existem soluções técnicas e também esforços regulatórios importantes. Além disso, trata-se de um fator crítico a necessidade de uma abordagem de múltiplas partes interessadas desde o início de qualquer solução oferecida de IA. Caso contrário, "em um extremo, a IA não é apenas maliciosa, mas poderia tornar-se um veículo para autoritarismo digital em escala nacional". Finalmente, Li responde que não apenas devemos incluir regras em legislações, mas, por meio da educação, trazer os jovens para dentro de uma visão mais inclusiva e sem vieses. Os projetos também estão incluindo pessoas de todas as culturas dentro das equipes de pesquisa e das equipes de liderança. Além disso, em Stanford, cada projeto de pesquisa passa por um processo de revisão ética, e estão sendo convidados representantes de todos os setores sociais, dos governos e das indústrias.

Inserimos este breve subcapítulo sobre a China para indicar que, em um contexto geral, tanto no âmbito acadêmico, governamental e jornalístico quanto no de desenvolvimento de aplicativos de IA, não se conhece com clareza as informações sobre IA oriundas da China. Ao contrário dos países europeus, dos EUA e de outros,

---

1 N.A.: *Global Digital Policy Incubator* (GDPI) at *Stanford University*. GDPI é um centro de colaboração global com várias partes interessadas para o desenvolvimento de políticas que reforçam os direitos humanos e os valores democráticos na sociedade digitalizada.

a China emprega uma tática governamental de protagonismo ou "participação" direta ou indireta em grande parte das iniciativas das suas empresas de IA. Esse apoio logístico e financeiro agiliza e potencializa suas empresas a obter sucesso. Mas, mesmo sem levar em conta as iniciativas de IA que são estritamente governamentais e, portanto, na maioria das vezes vedadas, ainda assim as demais informações publicadas talvez correspondam a apenas uma pequena parte da realidade. Finalmente, devemos reconhecer que todas as informações apresentadas neste livro têm como fonte notícias publicadas no Ocidente. Isso pode significar um "olhar" que talvez seja parcial para com a cultura oriental.

> NOTA DO AUTOR: As notícias e os artigos apresentados neste capítulo são breves exemplos sobre o tema. Seu objetivo é apenas indicar uma tendência nesse campo da IA. O leitor pode buscar mais informações em outras fontes também fidedignas na internet.

7.4. AS GRANDES EMPRESAS DE IA, SUAS MULTAS E SUA PEGADA ECOLÓGICA

Como vimos anteriormente, as empresas que mais pesquisam, investem, desenvolvem e utilizam sistemas de IA não são universidades. Trata-se das assim chamadas Big Nine — *as Nove Grandes*: Google/Alphabet, Microsoft, IBM, Apple, Amazon e Facebook (EUA); e Alibaba Group, Baidu e Tencent (China). Essas empresas investem bilhões de dólares em IA há mais de dez anos, e suas pesquisas são de ponta, incluindo parcerias com universidades, startups e um amplo ecossistema digital.

O papel desempenhado por essas empresas pode ser considerado a partir de duas abordagens. Uma é bastante positiva e promissora, considerando suas pesquisas em IA, aplicações práticas e benefícios sociais, enquanto a outra abriga uma série de problemas e riscos. Nesse caso, já são bem conhecidas as multas milionárias que têm sido impostas a essas empresas por governos de vários países. Elas se referem à prática de uma série de violações legais, das quais citamos alguns exemplos:[24]

> A União Europeia anunciou em março de 2019 uma multa de 1,49 bilhão de euros ao Google, por concorrência desleal em publicidades e violação das leis antitruste, como formação de cartéis, trustes e combinações, impedindo anúncios de concorrentes e transgredindo essas leis do bloco europeu. Em 2012, o Google foi multado nos EUA em US$22,5 milhões, também por invasão de privacidade. Em 2017, foram impostos

2,4 bilhões de euros ao Google por favorecer seu comparador de preços, o Google Shopping, em detrimento do da concorrência. Em janeiro de 2019, a França impôs uma multa ao Google de 50 milhões de euros por violação das leis de privacidade na União Europeia. Em 2018, a empresa foi notificada a pagar cerca de R$20 bilhões por violação das regras da livre concorrência, acusada de abusar da posição de liderança do seu sistema operacional para smartphones e tablets, o Android, com o objetivo de garantir a hegemonia de seu serviço de buscas online.

- Em outubro de 2019, pelo mesmo motivo, o Facebook recebeu uma multa simbólica de 500 mil libras (US$644 mil) no Reino Unido, pelo caso da Cambridge Analytica, e também foi multada na Itália, em 10 milhões de euros, por venda de dados de usuários.

- Em outubro de 2019, uma ação pública do Estado de Illinois disse que o Facebook não obteve consentimento de 7 milhões de cidadãos do Estado para usar reconhecimento facial em suas fotos. O processo gerou uma multa de US$35 bilhões ao Facebook.

- Em julho de 2019, o Facebook recebeu a decisão da Comissão Federal do Comércio dos Estados Unidos de que a companhia deveria pagar uma multa de US$5 bilhões de dólares para encerrar a investigação do governo norte-americano sobre suas práticas de privacidade. O Facebook concordou em pagar a multa e se submeter a um programa de supervisão de 20 anos como parte de uma ordem da FTC, o que inclui uma punição pela falta de vontade do Facebook em aderir a outro pedido da FTC de 2012, que também regia a privacidade dos dados do usuário. Mas muitas pessoas criticaram a decisão. Afinal, a multa de US$5 bilhões é um sopro na ferida do Facebook, que registrou US$15 bilhões em receita apenas no primeiro trimestre de 2019.

Além disso, existem dezenas de outras empresas menores que também foram multadas pela prática de delitos semelhantes, a maioria envolvendo o uso de algoritmos de IA. Outro tema comum às grandes empresas diz respeito à "pegada ecológica" da IA proporcionada por elas, como citamos na seção 2.2 do Capítulo 2, no *IA Now 2019 Report*. Nesse caso, como mostramos, a pesquisadora Emma Strubell, de Amherst, divulgou um artigo "revelando o enorme rastro de carbono deixado pelo treinamento de um sistema de IA. A criação de apenas um modelo de IA para o processamento da linguagem natural pode emitir até 272 toneladas de dióxido de carbono. Isso significa, mais ou menos, a mesma quantidade de contaminação produzida por 125 voos de ida e volta entre Nova York e Beijing. A pegada de carbono da IA em larga escala, muitas vezes é ocultada por trás de abstrações como 'a nuvem'".[25] Obviamente esse não é um motivo para desacreditar da IA, mas apenas para conscientizar sobre a necessidade de melhorias nos seus processos, e de avaliação lúcida de alguns de seus aspectos, até então desconhecidos.

Em uma outra linha de considerações, um relatório do Instituto Allen para IA, trabalhando com dados da OpenAI, "observou que o volume de cálculos necessários para ser líder em tarefas como entender línguas, jogar games e raciocinar se elevou 300 mil vezes nos últimos 6 anos". Oren Etzioni, diretor executivo do Instituto Allen, disse que o custo para realizar a pesquisa tem se elevado exponencialmente: "Enquanto sociedade e economia, sofremos muito quando somente poucas empresas têm a capacidade de nos colocar na vanguarda." Por fim, cientistas da computação afirmam que a pesquisa em IA "está se tornando cada vez mais dispendiosa, exigindo cálculos complexos realizados por centrais de processamento de dados gigantescas e, assim, permitindo que cada vez menos pessoas tenham acesso ao desenvolvimento da tecnologia por trás de produtos como, por exemplo, carros autônomos. O perigo é a possibilidade de a pesquisa pioneira em IA se tornar um campo dividido entre quem pode e quem não pode pagar. E quem pode pagar são as poucas gigantes da tecnologia, como Google, Microsoft e Facebook, que gastam bilhões de dólares por ano com suas pesquisas e centrais de processamento de dados".[26]

As considerações anteriores são importantes e graves. A maioria das pessoas pensa que tecnologias em geral são "democraticamente neutras", mas isso não é verdade, especialmente para tecnologias disruptivas como a IA. Entendemos que cada um dos 11 temas deste capítulo trata de riscos e "problemas" que devem ser seriamente considerados pela sociedade. Nesse contexto, lembramos novamente os relatórios do *AI Now Institute* citados no Capítulo 2, como uma das iniciativas transdisciplinares mais relevantes dedicadas a compreender as implicações sociais da IA. Cada país deveria buscar os seus próprios mecanismos para implementar uma visão de natureza abrangente sobre a IA.

Por outro lado, pode haver uma segunda abordagem mais positiva sobre as questões "comerciais" que envolvem as empresas gigantes de pesquisas e aplicações em IA. Por exemplo, os sites de IA do *Google Research* possuem milhares de artigos de ponta sobre inúmeros campos de aplicação para a IA, bem como artefatos e downloads disponíveis. Apesar do natural entusiasmo comercial desse site, convidamos o leitor a visitar a sua base de publicações.[27] O mesmo princípio se aplica à IBM e à Microsoft,[28] bem como a outras empresas digitais de grande porte. Elas apresentam seus produtos comerciais de IA aplicados por campo, e também disponibilizam pesquisas, técnicas e metodologias, contribuindo de maneira excepcional para o crescimento da cultura de IA. Por fim, mesmo havendo críticas acerca da sua real aplicabilidade, essas empresas também costumam publicar protocolos de desenvolvimento ético de IA.

Inteligência Artificial e suas Ambivalências

> **NOTA DO AUTOR:** As notícias e os artigos apresentados neste capítulo são breves exemplos sobre o tema. Seu objetivo é apenas indicar uma tendência nesse campo da IA. O leitor pode buscar mais informações em outras fontes também fidedignas na internet.

7.5. A DISCUSSÃO SOBRE PERDA DOS EMPREGOS PARA A IA

Um dos temas mais debatidos em relação à IA diz respeito à questão da empregabilidade. É muito comum ouvirem-se argumentos em *dois extremos*. O primeiro deles diz que a IA causará o desaparecimento de 80% das vagas de trabalho em poucos anos. Motoristas desaparecerão pelo advento dos carros autônomos; atendentes humanos serão substituídos por serviços de atendimento automatizados e robotizados, desde garçons até carregadores de malas em hotéis; advogados; jornalistas; redatores; alguns tipos de engenheiros e de médicos; agricultores etc. Já de acordo com o outro extremo de argumentação, a IA gerará novas oportunidades e novos tipos de trabalho que nem sequer existem, de modo que a perda será amplamente compensada por essas novas opções. Obviamente ninguém pode garantir essa equiparação de quantidades de ocupações, definindo quantas vagas desaparecerão e quantas serão criadas. Na verdade, tudo são conjecturas, e existem centenas de artigos e pesquisas sobre o assunto. Vejamos alguns exemplos.

O Instituto de Futuro da Humanidade (IFH) da Universidade de Oxford pediu a inúmeros especialistas em aprendizado de máquina que previssem as capacidades laborais da IA para as próximas décadas: "Algumas datas sugeriram redações sobre escrita plena pela IA até 2026, motoristas de caminhão sendo despedidos até 2027, IA ultrapassando as capacidades humanas no varejo até 2031, escrevendo um best-seller até 2049 e fazendo o trabalho de um cirurgião até 2053. Haveria ainda uma chance de que a IA superasse humanos em todas as tarefas dentro de 45 anos e automatizasse todos os trabalhos humanos dentro de 120 anos."[29]

Paradoxalmente, Michael Webb, da *Stanford University*, diz que os indivíduos que mais sofrerão com a IA serão os profissionais com altos salários que possuem ensino superior. Eles seriam sete vezes mais vulneráveis do que aqueles com diploma do ensino médio. O motivo seria de que os profissionais com salários baixos estão envolvidos no fornecimento de serviços mais simples e, por isso, estariam menos expostos aos impactos da IA.[30] Também como um aparente paradoxo, Gijs van Delft, da PageGroup Brasil, diz que "enquanto há dez anos as habilidades técnicas reinavam na lista de exigências das empresas na hora de recrutar novos funcionários, agora as habilidades sociais, emocionais e cognitivas ganham cada vez mais espaço no mercado".[31] Além disso, "os *cobots, colaborated robots*, já estão trabalhando junto com as pessoas em muitas empresas. A área de recrutamento, por exemplo, já utiliza IA para tornar o processo mais produtivo e eficiente. Muitos candidatos ainda são resistentes a fazer entrevistas de emprego por vídeo. E, nas entrevistas feitas por robôs, apenas 40% dos candidatos chegam até o final. O lado humano ainda é essencial em muitos casos. Em recrutamento o fator humano ainda é peça-chave para promover a diversidade".

Um relatório bastante otimista, para não dizer exagerado, do Fórum Econômico Mundial, *The Future of Jobs Report 2018,* afirma que serão criados 133 milhões de novos empregos com o advento de inúmeras novas tecnologias, como IA, blockchain, IoT e Big Data.[32] Além disso, dois terços das crianças que estão entrando na escola hoje terão tipos de trabalho que ainda não existem. Contudo, seriam urgentes e necessárias reformas que passam pelos sistemas de educação e formação, políticas do mercado de trabalho, abordagens empresariais para desenvolver competências, acordos de emprego e novos contratos sociais. O relatório cita Alvin Toffler, para quem "o analfabeto do século XXI não será aquele que não consegue ler e escrever, mas aquele que não consegue aprender, desaprender e reaprender" — afinal, as transformações da força de trabalho não são mais um aspecto de um futuro distante. Elas já estão acontecendo.

Parece bastante claro que grande parte das crianças de hoje trabalharão em profissões que ainda não existem. Contudo, afirmar que "serão criados 133 milhões de novos empregos com o advento das inúmeras novas tecnologias", além de temerário pode mesmo parecer criminoso. Se as novas profissões não são sequer conhecidas, como se estimou 133 milhões de novos empregos? Por que não 433 ou 33 milhões?

No campo da empregabilidade, além de alguma ingenuidade envolvida, não obstante os resultados de pesquisas sérias, facilmente a mídia desliza para o marketing das novas tecnologias e das empresas que as representam e comercializam. Por isso, deve-se ter muito cuidado com quaisquer projeções nesse sentido. Por exemplo, existem inúmeras pesquisas que perguntam a executivos das empresas "tradicionais", que não são de tecnologia, no mundo inteiro, se eles investirão em IA. Obviamente todos respondem que sim, citam valores investidos, percentuais de aplicação e prazos. Afinal, nenhuma empresa deseja ficar para trás dos concorrentes, das tendências de mercado e também dos riscos de negócio que tal omissão implicaria.

Uma visão mais acurada do relatório *The Future of Jobs Report 2018,* que citamos anteriormente, lembra: "O questionamento a ser feito agora não é sobre *quantas* vagas de trabalho a IA extinguirá, mas, sim, *como e sob que condições* o mercado de trabalho alcançará um novo equilíbrio na divisão entre trabalhadores humanos, robôs e algoritmos. Por isso, é tão importante empresas, profissionais e governo se unirem para implementar mudanças no sistema de educação, de profissionalização, nas políticas do mercado de trabalho e nos acordos de emprego." Um comentário sobre o relatório prossegue:[33]

> Hoje, o homem é responsável por 71% das horas trabalhadas, em média, enquanto as máquinas correspondem a 29%. Com todas essas mudanças em curso, até 2025 o ser humano responderá por 58% de horas trabalhadas, enquanto as máquinas serão responsáveis por 42%. Até mesmo funções que eram exclusivamente realizadas por pessoas, como comunicação e interação (23%); coordenação, desenvolvimento, gerenciamento e assessoria (20%); raciocínio e tomada de decisão (18%); começarão a ser automatizadas (30%, 29% e 27%, respectivamente). Poucos conseguirão escapar da mudança provocada pela robótica. A conclusão é que, se por um lado as novas tecnologias impulsionarão o crescimento dos negócios e a criação de milhões de novos empregos; por outro lado, também eliminarão milhões de cargos que se tornarão obsoletos ou serão automatizados.

Yoko Ishikura, professora da Universidade Hitotsubashi, em Tóquio, diz: "Tendo a ser otimista e acho que há muito potencial para a tecnologia resolver. Acho que esse potencial ainda não é bem compreendido no Japão, porque ainda estamos muito preocupados com robôs e a IA roubando nossos empregos, mas nós somos uma sociedade em envelhecimento. E, para os idosos, há muitas coisas que não podem ser resolvidas sem tecnologia. Então, eu não estou dizendo que estamos criando uma nova utopia, mas também não estamos criando uma distopia. Acho que nós temos que caminhar para uma visão positiva, em vez de negativa."[34] Em relação à alternativa que está sendo discutida em alguns países, como a criação de uma espécie de renda mensal básica para populações, quando chegar o momento em que a automação eliminará mais empregos, Yoko Ishikura diz que já há experimentos em lugares como a Finlândia.

Segundo noticiado pela *Forbes*, a Amazon anunciou que gastará US$700 milhões para treinar cerca de 100 mil trabalhadores nos EUA até 2025, ajudando-os a migrar para empregos mais qualificados. O *New York Times* observou que, com esse programa, a Amazon reconhece que os avanços em tecnologia de automação lidarão com grande parte das tarefas até agora realizadas por pessoas. Dois acadêmicos de Oxford, Carl Benedikt Frey e Michael Osborne, estimaram que 47% dos empregos norte-americanos estarão em alto risco de automação em meados da década de 2030. Seguem alguns exemplos de pesquisas:

> *McKinsey Global Institute*: entre 40 milhões e 160 milhões de mulheres em todo o mundo podem precisar fazer a transição entre ocupações até 2030, muitas vezes para cargos mais qualificados. O trabalho de escritório, realizado por secretárias, agendadores e outros, é uma área especialmente suscetível à automação, e 72% desses empregos em economias avançadas são ocupados por mulheres.[35]

- *McKinsey Global Institute*: no extremo superior do deslocamento por espectro de automação, estão 512 condados dos EUA, lar de 20,3 milhões de pessoas, onde mais de 25% dos trabalhadores podem ser deslocados. A grande maioria são áreas rurais. Por outro lado, áreas urbanas com economias mais diversificadas, e trabalhadores com maior escolaridade, podem sentir efeitos menos graves da automação — pouco mais de 20% de sua força de trabalho provavelmente será deslocada.[36]
- *Oxford*: até 20 milhões de empregos na fabricação em todo o mundo serão perdidos para os robôs até 2030.[37]

Já outros estudos fornecem uma visão mais *positiva* acerca dos impactos das tecnologias no mundo do trabalho como, por exemplo:

- *McKinsey Global Institute*: em todo o mundo, com crescimento econômico, inovação e investimento suficientes, pode haver nova criação de empregos suficiente para compensar o impacto da automação, embora em algumas economias avançadas sejam necessários investimentos adicionais para reduzir o risco de falta de emprego. Nos EUA, haverá um crescimento líquido positivo de empregos até 2030.[38]
- Para explicar a opinião mais positiva sobre o futuro do trabalho, um relatório da *Forrester* (*Future of Work*) argumenta que "a automação não é uma tendência singular" e que os cenários futuros são influenciados por várias tendências, como a economia do show, a destruição dos limites da indústria e o crescente desejo por privacidade e transparência.[39] "Você pode argumentar que a automação fará a abertura para novas oportunidades de negócios anteriormente impensáveis, além de ser o mecanismo necessário para executar a estratégia de negócios", diz *Forrester*. Ignorando cenários apocalípticos que colocam em risco o medo, a *Forrester* esboça suas recomendações em termos de política governamental, planejamento econômico, planejamento comercial e planejamento de liderança. Mais importante, dirigindo-se a pessoas: "Tanto quanto as empresas precisam se tornar instituições de aprendizagem, os funcionários também devem se tornar aprendizes — adquirindo habilidades básicas, adaptando-se a novos modelos de trabalho e entendendo o que significa estar pronto para o futuro, maximizando seu quociente de robótica." Ainda assim, a *Forrester* prevê perdas de emprego de 29% até 2030, com apenas 13% de criação de empregos para compensar.

Outro relatório da *Forrester*, de modo mais detalhado, propõe algumas ações afirmativas, como segue:[40]

- **Gerenciar o portfólio de automação**: a maioria das empresas já está gerenciando um portfólio de tecnologias inteligentes que afetam a forma como a empresa funciona, embora de maneiras pequenas e cirúrgicas. A automação será colocada em diferentes partes da operação com diferentes perfis de risco/recompensa. Os que estão no *back office* pagam dividendos de expansão de margem com risco moderado de mercado; aqueles no *front-end* podem pagar ganhos significativos na experiência do cliente, mas com risco agudo. Os líderes devem gerenciar o portfólio em expansão de forma holística, para equilibrar risco e recompensa — com atenção especial à automação que afeta os clientes e pode causar riscos não intencionais e incontroláveis de clientes e marcas. A estrutura de automação da *Forrester* orienta os tomadores de decisão sobre como criar essa estratégia holística enquanto racionaliza seu portfólio de automação.

- **Preparar e aprimorar a liderança:** as principais organizações e equipes serão marcadamente diferentes das atuais. A futura empresa será uma empresa que muda de forma, com forças de trabalho adaptáveis, flexíveis à medida que as necessidades evoluem. Manter um objetivo, uma cultura e uma marca que estabeleçam distinção e poder, gerenciando talentos em toda a economia do show para se alinharem às tarefas à medida que vêm e vão, determinando as melhores adequação e finalidade para os robôs e garantindo que os funcionários estejam capacitados e equipados para navegar por esse ambiente de trabalho mais complexo não é tarefa fácil. O *Future Fit* da *Forrester* permite que os líderes avaliem a posição em que enfrentam esse desafio, criando uma linha de base e um caminho de desenvolvimento para avançar na liderança.

- **Maximizar o valor dos funcionários:** os funcionários não se tornam menos valiosos. O oposto é verdadeiro — eles são a cola cultural crítica e a força interna no futuro do trabalho. Com menos funcionários, eles são embaixadores de marca e cultura adaptáveis e autoiniciadores. Eles mantêm a organização principal inteira e mantêm a alma dos trabalhadores da economia de frente e de centro da empresa, que vêm e vão enquanto os robôs tomam mais e mais decisões.

- **Construir um quociente de robótica (RQ):** o quociente emocional (EQ) tornou-se uma medida importante para ir além de quão inteligente alguém é para quão emocionalmente capaz ele é em se envolver, influenciar e trabalhar com outros seres humanos. RQ é o próximo passo crítico — até que ponto os humanos podem trabalhar com robôs que terão um impacto mais considerável no cotidiano do trabalho. A avaliação de

> RQ da *Forrester* cria uma medida crítica de aquisição, gerenciamento e desenvolvimento de talentos para maximizar o valor do relacionamento homem-máquina que será a base das futuras organizações.
>
> - **Construir uma empresa de aprendizado:** já passamos dos dias do gerenciamento clássico de mudanças em que o objetivo era mover um humano ou uma equipe do ponto A para o ponto B. No futuro, a mudança será constante, o que significa que não há ponto B. A capacidade de um funcionário (e, de certa forma, o desejo) de aprender será uma competência diferenciadora para as empresas — transferindo o aprendizado de uma higiene tática para um mecanismo econômico.

Como um exemplo brasileiro, a pesquisa da Universidade de Brasília (UnB) aponta que 30 milhões de postos de trabalho podem ser substituídos por máquinas e softwares até 2026:[41]

> - Mais da metade dos empregos formais no Brasil (54%) estão ameaçados de substituição por máquinas. Em comparação com outros estudos publicados no exterior com metodologia semelhante, o Brasil tem mais empregos ameaçados de extinção do que os Estados Unidos (47%), porém menos que a Europa (59%) e países como Uruguai (63%) e Argentina (65%). Por outro lado, há empregos cuja substituição por máquinas é mais difícil por envolver um alto grau de empatia ou interpretação humana, afirma o estudo.
>
> - "Ocupações associadas a valores humanos como empatia (assistentes sociais), cuidado (babás) e interpretação subjetiva (crítico de artes) devem ser mantidas no curto/médio prazo, mesmo com a ascensão de tecnologias de ponta", descrevem os autores. Há também o fator de que algumas profissões são responsáveis tanto por tarefas que são facilmente automatizáveis, como também por outras que exigem capacidade humana. No caso de consultores jurídicos (54%): "As competências associadas a essa profissão englobam tarefas mais facilmente automatizadas, como reunir documentação básica e agir com prontidão", assim como tarefas dificilmente substituíveis por uma máquina, tais como "interpretar a norma jurídica", "demonstrar criatividade" e "evidenciar eloquência verbal".

Enfim, no contexto da discussão da IA e da empregabilidade, existem dezenas de estudos a considerar. Vamos resumir aqui dois deles, o da *Cognizant* e o da *Bain & Company's Macro Trends Group*, empresas especializadas no tema.

Um levantamento da *Cognizant* feito com dados coletados nos 10 anos de trabalho do *Center for the Future of Work* (CFoW) aponta 42 tendências que afetarão o futuro do trabalho, considerando a IA e outros fatores. Segundo a empresa, o objetivo é demonstrar como a tecnologia teve e continua tendo impactos contundentes no mercado, e como os humanos serão cada vez mais necessários. As tendências mapeadas foram divididas em cinco categorias — mudanças nos *modos*, nas *ferramentas*, na *estética*, nos *desafios* e no *significado* do trabalho, e apresentam uma visão bem otimista:[42]

1. Modos de trabalho (*Future of Work* — *Cognizant*)

- *De hierarquia para "wirearquia"*: apesar de terem sido importantes, as hierarquias não fazem mais parte do mundo colaborativo. Aí entram as "wirearquias", que são um modelo de organização baseado em auxílio mútuo e confiança. O futuro da estrutura organizacional está em equilibrar esses dois modelos.

- *De cargos para tarefas*: nossas profissões são um pedaço de nossa identidade. Contudo, o futuro do trabalho requer que as profissões sejam pensadas de maneira mais fluida, aceitando mudanças e reinvenções. Isso quer dizer que cargos estão sendo desconstruídos em tarefas, que são a forma mais sustentável de lidarmos com a força de trabalho homem-máquina.

- *De segunda a sexta para segunda a quinta*: a jornada de trabalho de 40 horas distribuídas em cinco dias ao longo da semana é fruto da Primeira Revolução Industrial. Mas agora o trabalho pode ser realizado a qualquer hora, de qualquer lugar. E a tendência é que o fim de semana passe a contemplar a sexta-feira também.

- *De assistentes para robôs assistentes*: os assistentes facilitam o trabalho daqueles em posições de liderança. Mas esses profissionais poderiam ter profissões mais rentáveis e produtivas. Dessa forma, os robôs não roubarão empregos, mas, sim, facilitarão o trabalho.

- *De comprar para alugar*: os custos de comprar são maiores do que a ideia de comprar. A ligação entre riqueza e posses está diminuindo, e logo será desfeita. Embora a ideia de posse tenha sido um dos pilares do mundo moderno, a tendência é de mudança. Possuir bens não é mais tão sedutor assim para os jovens que estão entrando no mercado.

- *De robôs maus para robôs bons*: uma ideia disseminada pelo imaginário popular é a de que os robôs fazem muitas coisas boas, mas também podem fazer coisas muito ruins. De quem é a culpa? Nossa! Bots mal programados só podem ser corrigidos por humanos. Ou seja, bons humanos ainda são necessários para desenvolver bons bots.

2. Ferramentas de trabalho (*Future of Work — Cognizant*)

- *Do polegar para a voz*: pode ser a era digital, mas o ato de digitar é cada vez mais supérfluo. Seus gadgets são capazes de ouvir tudo que você fala agora. Com isso, a tendência é cada vez menos digitar e cada vez mais utilizar os comandos por voz.

- *De microscópios para datascópios*: tal como os microscópios mudaram a medicina, a IA é um datascópio que trará soluções antes inimaginadas. A IA, assim como outras ferramentas, não substituirá as pessoas, mas permitirá que façamos coisas incríveis.

- *De programação a (quase) sem programação*: os softwares estão engolindo o mundo — incluindo outros softwares. Por isso, plataformas que requerem pouco ou nenhum conhecimento de programação estão democratizando a maneira com que sistemas empresariais são desenvolvidos, utilizados e expandidos.

- *Da insegurança para a segurança*: estamos às vésperas de uma transformação em que a tecnologia será o aspecto central da sociedade moderna. Portanto, as empresas não devem hesitar em investir em cibersegurança. Quadruplicar o investimento atual é um bom começo.

- *De petaescala para exaescala*: o Eniac, primeiro computador a ser comercializado, completou 74 anos. Mas não vimos nada ainda. O futuro do trabalho será baseado na exaescala — um sistema computacional capaz de realizar um quintilhão de cálculos por segundo.

- *Do 4G para o 5G*: o advento do 5G acelerará a transmissão de dados ante as redes 4G. O próximo espectro de banda larga será a fase seguinte da revolução digital. E a fusão do 5G com a IA aumentará a escala da Internet das Coisas.

- *Da IA para o machine learning*: as aplicações comerciais da IA e do ML estão trazendo grandes retornos financeiros, e modelos de negócio baseados em *machine learning* serão uma realidade.

- *Do centralizado para o descentralizado*: a tecnologia moderna deu mais ferramentas de centralização e controle para pessoas, governos e sociedade. Mas são as expressões descentralizadas que fazem as democracias liberais. A descentralização — se feita da maneira correta — será o antídoto para a polarização na era digital.

- *Do desenvolvimento de software para engenharia de software*: o maior desafio dos desenvolvedores de software hoje em dia é conseguir acompanhar a velocidade com a qual o mercado muda. É o fim da programação como a conhecemos. A engenharia de software fará com que o desenvolvimento de programas acompanhe a economia digital.

- *Do bit para o qubit*: o futuro é muito mais do que números binários. O futuro da sociedade e da IA está no qubit — a base da computação quântica.
- *De cloud para edge computing*: a IoT pôs fogo na definição de cloud computing. A nuvem sobrecarrega a distribuição de computadores, mas a próxima parada está nas beiradas da rede. A mudança de cloud para edge computing acelerará e virtualizará o mundo em níveis sem precedentes.
- *Da internet para a splinternet*: a internet como uma vila global está se dividindo em tribos locais da splinternet conforme países aplicam diferentes regulações em seu funcionamento. A internet como conhecemos está morrendo.
- *De smartphones para smartdevices*: aplicativos, plataformas, sistemas e websites fazem parte do nosso cotidiano. Você não precisa aprender como a tecnologia funciona. Você precisa aprender como trabalhamos e vivemos com ela.
- *Do servidor para o contêiner*: a arquitetura cliente/servidor foi padrão por muito tempo. Agora esse modelo está sendo desafiado pelo surgimento de softwares de visualização que redefinem o que é um servidor. Contêineres estão substituindo componentes de hardware por códigos.

3. Estética do trabalho (*Future of Work — Cognizant*)

- *Do terno para o capuz*: os ternos não combinam mais com essa nova era de disrupções. Os softwares comandam o mundo dos negócios agora, e os ternos caindo em desuso foi somente um dano colateral.
- *Do cubículo para o sofá*: atualmente, conseguimos trabalhar de qualquer lugar com um computador, celular ou tablet — em um café, no saguão de um aeroporto, em um quarto de hotel e até mesmo em um escritório. Nossos cubículos serão extintos.
- *Do subúrbio para a cidade*: antes isolados tecnologicamente, os subúrbios urbanos agora estão florescendo. Procurando pela Quarta Revolução Industrial? Ela está lá.
- *De vidro e aço para tijolos e madeira*: novas ideias vêm de prédios antigos. Ambientes legais não são apenas aqueles feitos de vidro e aço. Prédios antigos estão sendo rejuvenescidos para abrigar empresas desenvolvedoras de novas tecnologias.
- *De "originals" para "digit-alls"*: no mundo da TI, os "originals" cuidam da parte de infraestrutura, enquanto os "digit-alls" desenham os aplicativos e as plataformas que dominarão o mundo. Os primeiros ficarão até toda a carga de trabalho de infraestrutura do mundo ser automatizada. Os segundos ficarão até saírem de moda.

4. Desafios (*Future of Work — Cognizant*)

- *De "ver" para "tome cuidado com o que vê"*: a manipulação digital está fazendo com que questionemos o que é real e o que não é. Os *deepfakes* são um perigo no mundo digital.

- *De "somos todos um" para "todos somos um"*: a personalização da tecnologia está acabando com a crença de que todos temos uma identidade em comum. Com a chegada da realidade virtual, a tendência é que cada um viva sua realidade de forma cada vez mais pessoal.

- *De "Wi-Fi grátis" para "sem Wi-Fi"*: ficar conectado o tempo todo está deixando todos malucos. Por isso, espaços sem Wi-Fi restaurarão a calma e a sanidade de nossos cérebros confusos.

- *De "a privacidade morreu" para "vida longa à privacidade"*: assinar newsletters e fazer testes online pode ser divertido, mas as pessoas estão começando a questionar se vale a pena trocar seus dados por isso. As grandes empresas de tecnologia estão na mira da sociedade por conta de problemas com a privacidade do usuário. Não, a privacidade não morreu ainda.

- *De humano para ciborgue*: hoje, acessamos as informações por meio de nossos gadgets. No futuro, todas as respostas serão enviadas diretamente para nossas mentes. Nossos avós acham que já somos super-humanos, mas seremos simplórios perto de nossos netos. Estamos nos transformando em ciborgues, e as gerações futuras terão curiosidade para saber como era ser um humano pré-tecnológico.

5. Significado do trabalho (*Future of Work — Cognizant*)

- *De "cuidado com a língua" para "desembucha!"*: estamos eliminando as formalidades. Prepare-se para ficar chocado. A necessidade de sermos cada vez mais autênticos causará o fim da conversa fiada.

- *De #sextou para #segundou*: você saberá que o futuro do trabalho chegou quando se sentir motivado em uma segunda-feira. Esqueça o medo de os robôs tomarem todos os nossos trabalhos. Pode ser que o que nos torna humanos seja o trabalho em si.

- *De serviços para experiências:* a não ser que você seja um gamer ou um influencer, você se desenvolveu em uma carreira na área de serviços. Mas o que vem depois? Prepare-se para a era das experiências. Tecnologias como realidade aumentada, realidade virtual, IA e cross reality abrirão as portas para a criatividade e as experiências imersivas.

- *De uma carreira para várias*: o mindset de ter apenas uma carreira está virando um problema. O crescimento da automação e da IA fará com que o modelo "educação-emprego-carreiras" se torne obsoleto. Há mais de um caminho para o sucesso — você pode só precisar de mais de uma carreira para o alcançar.

- *Do vermelho para o verde*: energias renováveis. Reciclagem. Transporte público. É o encontro do capitalismo com o conservacionismo. Ainda bem que várias tecnologias estão mudando a percepção do público em relação à sustentabilidade, fazendo com que ideias ecológicas de negócio sejam cada vez mais possíveis. A sustentabilidade finalmente faz sentido.

- *Da produção privada à produção individual*: prototipações rápidas e produções velozes abrirão caminho para bens personalizados feitos pelo próprio usuário. As produções individuais são a alternativa ecológica para a manufatura e o varejo.

- *Da reciclagem para a economia circular*: há mil anos, os japoneses produziram o primeiro papel reciclado. Mas precisamos pensar em novas abordagens. A sustentabilidade está completando seu ciclo, e, na economia circular, todo dia é o Dia da Terra.

- *De informação grátis para informação paga:* a onda das informações públicas disponibilizadas na internet está acabando, mas serviços de assinatura podem ser uma salvação. Não há gratuidade — pelo menos não do ponto de vista da privacidade.

- *Da aposentadoria à continuidade*: nosso ciclo de trabalho esteve bem definido no decorrer do último século. Os 65 anos eram a linha de chegada da carreira de muita gente. Mas agora precisamos dar umas voltas a mais. O jogo não acaba com a chegada da aposentadoria.

- *Do CEO para a SHEO*: ainda teremos uma era em que a chegada de uma mulher ao cargo de CEO de uma grande empresa não será notícia por si só. O mundo corporativo ainda é predominantemente masculino, mas isso está acabando.

- *Do Ocidente para o Oriente*: o domínio econômico do mundo ocidental está desaparecendo com a chegada da era da informação. O Ocidente levou a melhor nas três primeiras Revoluções Industriais, mas pode perder a Quarta para países como a China, os Emirados Árabes Unidos e a Índia.

- *Da diversidade ao pertencimento*: a diversidade é um conceito que está na ponta da língua. Mas a inclusão para minorias no ambiente de trabalho deve ser mais do que um representante no meio da maioria. Essa abordagem está chegando ao fim. Não importa nossa identidade, todos nós queremos sentir que pertencemos a algum lugar.

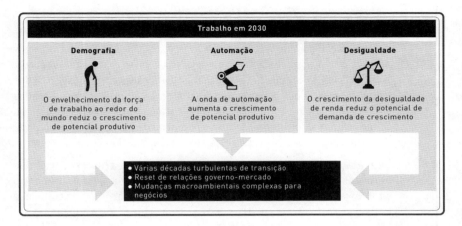

A colisão da demografia, da automação e da desigualdade possivelmente criará décadas de disrupções.

Um segundo estudo, baseado em amplas pesquisas, gerou o relatório chamado *Labor 2030: The Collision of Demographics, Automation and Inequality*, da *Bain & Company's Macro Trends Group*, coordenado pelos pesquisadores Karen Harris, Austin Kimson e Andrew Schwedel, e publicado em fevereiro de 2018.[43] As pesquisas foram divididas em alguns grupos, dentre os quais o *primeiro* (demografia) explora o impacto do envelhecimento da população e o fim do trabalho abundante. O *segundo* (automação) examina como a automação pode resolver um problema aumentando a produtividade e impulsionando o crescimento, mas cria outro ao eliminar potencialmente milhões de empregos e suprimir salários para muitos trabalhadores. O *terceiro* (desigualdade) analisa como o aumento da desigualdade poderia ameaçar o crescimento. Mudanças demográficas combinadas com a próxima fase de automação aumentarão a desigualdade de renda em níveis já altos. Os impactos representados pelos três grupos da figura a seguir podem resumir as mudanças nas três conclusões do seu rodapé: "Várias décadas turbulentas de transição", "Redefinição da relação governo-mercado" e "Mudanças complexas de macroambiente para os negócios".

Listaremos a seguir um resumo das 70 páginas desse amplo estudo. O texto pertence aos autores citados no link anterior, e a tradução foi realizada pela ferramenta *Google Translate*, com revisão do autor deste livro.

Alguns recortes da pesquisa — *Labor 2030: The Collision of Demographics, Automation and Inequality* — Karen Harris, Austin Kimson e Andrew Schwedel — Bain & Company.

- Nossa análise mostra que a automação provavelmente empurrará o potencial de produção muito acima do potencial de demanda. A rápida disseminação da automação pode eliminar de 20% a 25% dos empregos atuais e diminuir o crescimento salarial para muito mais trabalhadores. Os benefícios da automação provavelmente fluirão para cerca de 20% dos trabalhadores — principalmente trabalhadores altamente remunerados e altamente qualificados —, bem como para os proprietários de capital. Como resultado, a automação tem o potencial de aumentar significativamente a desigualdade de renda e, por extensão, a desigualdade de riqueza.

- Se a automação for implementada lentamente, os trabalhadores que perderem seus empregos terão mais tempo para se ajustar, treinar ou simplesmente se aposentar da força de trabalho. Porém, uma transição lenta ocorre diante dos dados sobre o ritmo acelerado da adoção tecnológica no último meio século. Pressupõe um ritmo lento, que não é visto há cem anos ou mais, uma vez que a automação agrícola desencadeou a industrialização da força de trabalho no Ocidente.

- A automação pode alimentar um boom de 10 a 15 anos, seguido por um fracasso. A próxima onda de investimentos em automação criará muitas oportunidades, mas se tornará cada vez mais perigosa à medida que for crescendo.

- Mais governo em mais lugares é provável. Diante da crescente desigualdade, é provável que os governos se tornem mais intervencionistas, usando impostos e regulamentações mais altos para gerenciar os desequilíbrios do mercado. Mas o contrário também poderia acontecer.

- O Grupo de Tendências Macro da Bain analisou uma gama de tecnologias na comercialização, incluindo robôs de serviço humanoide, robôs colaborativos (cobots), drones, IA e algoritmos de aprendizado de máquina. Essas tecnologias transformarão principalmente o setor de serviços das economias mais avançadas e de algumas economias emergentes. A rápida disseminação da automação colidirá na próxima década com as mudanças demográficas discutidas no Capítulo 1 dessa pesquisa, criando mudanças disruptivas em toda a economia global.

- Estimamos que, até 2030, essas tecnologias possam aumentar a produtividade da mão de obra em uma média de 30% em comparação com 2015, com impacto crescente ao longo do tempo. Essa melhoria de mudança de etapa varia consideravelmente de acordo com o setor e varia de níveis relativamente modestos em serviços de saúde e educacionais a um impacto substancial em setores como serviço de alimentação, varejo, transporte e armazenamento.

- O custo decrescente da destreza do robô desencadeará a próxima rodada de automação de fabricação. Máquinas baseadas na tecnologia de automação de primeira geração, incluindo robôs industriais, eram enormes, volumosas e frequentemente perigosas. Elas também não eram adequadas para tarefas de alta destreza, como a montagem de pequenas partes de um smartphone. Em 2010, o período estimado de retorno na China para substituir trabalhadores foi de cerca de 5,3 anos. Em 2016, a combinação da queda dos preços dos robôs e do aumento do custo do trabalho humano reduziu o período de recuperação para 1,5 anos. No fim da década, pode cair para menos de um ano.

- A fabricante contratada taiwanesa Foxconn, o maior empregador da China, com 1,3 milhão de trabalhadores em usinas de expansão, é um elemento essencial para a próxima mudança de automação. A economia em mudança da automação já levou a Foxconn e outros fabricantes chineses a investir pesadamente em robôs da próxima geração. Em uma fábrica, a Foxconn conseguiu substituir 60 mil trabalhadores, ou 55% da força de trabalho total, por robôs em 2016.

- Cobots, que ficam ao lado de humanos para aumentar a produtividade do trabalho na manufatura, são um exemplo de como as empresas estão diminuindo a diferença de custo. Esses robôs auxiliares custam menos de um quarto do preço dos robôs tradicionais e, em 2013, já eram mais baratos que os trabalhadores humanos em todas as economias avançadas e na maioria das economias em desenvolvimento. Ao aumentar a produtividade de suas contrapartes humanas, a automação provavelmente tornará os custos de fabricação atrativos mais próximos das margens domésticas.

- Cobots e outras inovações de alta destreza são particularmente perturbadoras, porque também podem ser implantadas em muitas partes do setor de serviços ainda intocadas pela automação que aumenta a produtividade. É provável que os robôs humanoides cheguem à comercialização no início da próxima década, com base principalmente no rápido declínio do custo da destreza robótica para aplicativos de serviço — o principal obstáculo à adoção hoje. Replicar a destreza e a precisão das mãos humanas é relativamente caro. Em 2011, o robô Asimo, da Honda, impressionou o público ao poder pegar uma garrafa térmica, soltar a tampa e despejar chá em um copo de papel sem derramar ou esmagar o copo. A ação foi impressionante, embora lenta.

- Hoje, um conjunto de mãos robóticas pode acomodar totalmente um bar e misturar bebidas de acordo com as especificações de um navio de cruzeiro cheio de convidados sedentos. Dentro de alguns anos, esperamos que reduções contínuas de custos constituam um forte argumento comercial para a automação de muitas tarefas em cozinhas e bares de restaurantes. A robótica de serviços de alta destreza já está sendo implementada experimentalmente em ambientes que vão desde a preparação de alimentos até a assistência em hospitais e casas de repouso. Robôs e drones ainda menos hábeis estão sendo usados como mensageiros de hotéis para escoltar os hóspedes para seus quartos, como garçons, levando comida para as mesas e até entregando pizzas quentes à porta de um cliente.

Alguns recortes da pesquisa — *Labor 2030: The Collision of Demographics, Automation and Inequality* — Karen Harris, Austin Kimson e Andrew Schwedel — Bain & Company.

- Trabalhos analíticos, administrativos ou de escritório, com tarefas altamente repetitivas ou baseadas em regras, são surpreendentemente fáceis de automatizar. Assistentes de IA podem ler e escrever e-mails e agendar reuniões. Outros podem coletar dados de esportes e escrever artigos com sons naturais para publicar em sites, realizando pelo menos o trabalho criativo de baixo nível e liberando escritores humanos para escrever histórias mais complexas e interessantes.

- É provável que a automação também elimine alguns empregos bem pagos do setor de serviços. Os escritórios de advocacia já estão implantando algoritmos para digitalizar documentos legais, em vez de contratar advogados juniores altamente qualificados e bem pagos. Nos serviços financeiros, as startups estão focadas em automatizar tarefas que exigem muito trabalho — e, portanto, são caras — como o processamento de empréstimos hipotecários.

- As empresas de serviços financeiros estão automatizando rapidamente a análise de investimentos — uma ocupação relativamente bem paga. Em particular, os fundos de hedge vêm desenvolvendo sistemas de aprendizado de máquina que executam o trabalho de milhares de analistas em velocidades desumanamente rápidas.

- A migração para o comércio eletrônico está apenas automatizando os serviços de varejo — substituindo todo um conjunto de funções humanas do vendedor ou caixa por uma loja virtual e um aplicativo de processamento de pagamentos.

- Embora uma produtividade mais alta seja geralmente positiva — ela permite que empresas e economias façam mais com menos — qualquer grande salto de produtividade pode ser altamente perturbador e, inicialmente, pode causar um grande impacto no emprego.

- Nossa análise conclui que a próxima fase da automação poderá eventualmente eliminar até 50% de todos os trabalhos atuais. A análise da atividade profissional sugere apenas o potencial da tecnologia para substituir os seres humanos por hardware e software.

- O impacto total da automação provavelmente não ocorrerá até depois de 2030, porque mão de obra barata continuará disponível em muitos setores e algumas empresas serão mais lentas para adotar a automação. No entanto, em alguns setores, a automação pode pressionar os salários muito antes de os trabalhadores serem deslocados. Por exemplo, a introdução de quiosques de autoatendimento e tecnologia de pedidos com base em smartphones em restaurantes de serviço rápido provavelmente colocará um teto nos salários de recebimento de pedidos no ponto em que fica mais barato automatizar do que contratar um ser humano. Enquanto os salários permanecerem abaixo desse ponto, os níveis de emprego não serão afetados pela automação, mas os salários serão firmemente limitados. Nossa análise mostra que aproximadamente 80% de todos os trabalhadores serão afetados nas próximas décadas por algum nível de estagnação salarial.

- Finalmente, nossa análise não leva em consideração efeitos adicionais de terceira ordem, como a introdução de novas categorias de trabalho. O gerente de marketing de mídia social, por exemplo, dificilmente era uma categoria de trabalho há 10 anos — hoje está entre os campos que mais crescem. A automação certamente criará algumas novas categorias de trabalho — o técnico em reparo de robôs vem à mente — que crescerão rapidamente. No entanto, dada a magnitude da interrupção em nosso cenário de base, não acreditamos que novas categorias de emprego atenuarão o grau de interrupção da força de trabalho durante a década de 2020.

Alguns recortes da pesquisa — *Labor 2030: The Collision of Demographics, Automation and Inequality* — Karen Harris, Austin Kimson e Andrew Schwedel — Bain & Company.

- Ao procurar avaliar possíveis interrupções, o tempo é tudo. Uma grande transformação que se desenrola a um ritmo mais lento permite que as economias tenham tempo de se ajustar e crescer para reabsorver os trabalhadores desempregados de volta à força de trabalho. Nesse cenário, o ciclo demográfico natural no mercado de trabalho — a entrada de novos trabalhadores e a saída de trabalhadores aposentados — também ajuda a reequilibrar a força de trabalho em direção a novos papéis e para longe de ocupações em declínio.

- Embora o ritmo da mudança tecnológica esteja acelerando, ainda não vimos evidências de que a taxa de adaptação humana a grandes deslocamentos econômicos tenha melhorado. De qualquer forma, a experiência das duas recessões recentes dos EUA aponta na direção oposta — uma força de trabalho em envelhecimento está se tornando menos capaz de aprender novas habilidades e encontrar trabalho. As perspectivas demográficas para as próximas décadas sugerem que a velocidade de adaptação da força de trabalho às interrupções pode realmente piorar.

- Nossa análise sugere que o ritmo de deslocamento da força de trabalho na próxima década pode ser duas a três vezes mais rápido do que durante outros grandes períodos de transformação da automação da mão de obra na história moderna. Ao tentar estimar o deslocamento que se aproxima, analisamos o pico de movimento da agricultura para a indústria e o movimento de manufatura para serviços.

- A tensão entre a pressão para compensar a desaceleração do crescimento da força de trabalho com automação e a atração para desacelerar a implantação da automação para evitar interrupções maciças ocorrerão nos próximos 10 a 20 anos. Mas, assim que as primeiras empresas começarem a implantar novas formas de automação, é provável que outras sigam o exemplo rapidamente para permanecerem competitivas.

- A rápida implantação de tecnologias de automação provavelmente excederá o ritmo no qual as economias podem reabsorver e reimplementar os milhões de trabalhadores que podem perder seus empregos na automação. Esse tipo de deslocamento estrutural geralmente resulta em desemprego de longa duração.

- Além da perda de emprego e da supressão de salário, a automação também pode aumentar a desigualdade de renda, aumentando a parcela da renda destinada aos lucros versus salários. A parcela da renda produzida pelo trabalho já está diminuindo e, com a automação, provavelmente cairá ainda mais. Até 2030, estimamos que os custos operacionais no nível da indústria possam cair de 10% a 15%, dependendo da estrutura de custos atual da indústria (a parcela de custos que a mão de obra representa) e do nível de automação esperado na base. Nessas condições, o aumento da lucratividade fluiria amplamente para os proprietários de capital e reduziria ainda mais a parcela da renda nacional alocada ao trabalho.

Alguns recortes da pesquisa — *Labor 2030: The Collision of Demographics, Automation and Inequality* — Karen Harris, Austin Kimson e Andrew Schwedel — Bain & Company.

- É provável que o início dos anos 2020 seja um momento de turbulência econômica, o início de uma grande transformação que ocorrerá ao longo de várias décadas. Conforme detalhado nos capítulos anteriores, as principais forças em ação são as mudanças demográficas, a rápida expansão das tecnologias de automação e o aumento da desigualdade. Como é provável que essas forças se combinem de maneiras diferentes — às vezes se reforçando, às vezes se contrapondo —, nosso esforço para rastrear os desenvolvimentos econômicos ao longo da década de 2020 é um esboço.

- Projetamos que a década de 2020 seja um período de maior macroturbulência e volatilidade do que o observado em outras décadas. Também é provável que seja um período em que os extremos se tornem mais extremos. As inovações tecnológicas darão origem a novas potências corporativas, mas, ao mesmo tempo, a insegurança generalizada pode assombrar famílias comuns e empresas globais. Em nosso cenário de base, existem muitos paradoxos: o alto desemprego coexiste com a escassez de mão de obra; a inflação rápida afeta alguns setores e a deflação rápida atinge outros.

- Quando o aumento do investimento chegar ao fim (provavelmente no final da próxima década), uma economia recém-automatizada provavelmente voltará a condições de restrição de demanda. Muitas das empresas que investiram pesadamente em automação podem estar sobrecarregadas com ativos que estão descompensados com o nível de demanda necessário para utilizá-los completamente. Ao mesmo tempo, milhões de consumidores que perderam seus empregos na automação provavelmente reduzirão seus gastos. O desemprego e as pressões salariais poderiam exceder os níveis após a Grande Recessão em 2009. A desigualdade de renda, tendo crescido constantemente ao longo da década de 2020, poderia se aproximar ou exceder os picos históricos.

- É provável que o envolvimento do governo na economia aumente em resposta ao aumento da desigualdade e dos desequilíbrios de mercado, principalmente no fim da década de 2020 ou no início da década de 2030, com variações baseadas nas condições do mercado local. Vários governos, incluindo a Finlândia e a Suíça, já estão considerando formas de renda básica universal, por exemplo. Consequentemente, esperamos uma reversão geral da tendência de queda da taxa de imposto que as empresas desfrutam desde os anos 1980. Empresas e investidores podem considerar cuidadosamente o impacto potencial de uma tributação geral mais alta a partir da próxima década, incluindo impostos mais altos em vários níveis do governo.

- É provável que os governos aumentem os gastos públicos a longo prazo em serviços sociais e infraestrutura pública. A erosão da infraestrutura de capital em muitas economias avançadas está bem documentada (ver o Resumo da Bain, "*Os Grandes Oito: Tendências de Crescimento de Trilhões de Dólares até 2020*")[44]. O investimento renovado em infraestrutura é limitado principalmente pela falta de recursos do setor público. Um papel maior do governo no mercado aliviaria essa restrição, ao mesmo tempo em que potencialmente criaria empregos para trabalhadores deslocados pela automação. Os gastos com infraestrutura de segurança também podem aumentar substancialmente, desviando recursos do consumo privado e expandindo o papel do governo como cliente.

Dois novos estágios da vida surgiram no século XXI: segunda adolescência e pré-aposentadoria. Na segunda adolescência, o aumento do custo da idade adulta e o aumento da matrícula na faculdade criaram uma fase de transição entre a infância e a idade adulta (18 a 29 anos). O surgimento da segunda adolescência está atrasando os principais eventos da vida, como trabalho, casamento, ter filhos e comprar uma casa. Já na pré-aposentadoria, a expectativa de vida mais longa e saudável está permitindo que as pessoas trabalhem mais, criando um novo estágio de vida transitório entre o trabalho e a aposentadoria (entre 55 e 74 anos). Esse estágio continua a se expandir, levando ao aumento das taxas de participação, renda e consumo da força de trabalho entre aqueles com 55 anos ou mais.

Finalmente, também existem visões mais otimistas do impacto da IA sobre os empregos como, por exemplo, a de Kai-Fu Lee, autor do livro *AI super-powers: China, Silicon Valley and the New World Order*, que citamos anteriormente. Em uma palestra no TED,[45] o autor apresenta quadros com profissões de atividades mais repetitivas e passíveis de eliminação, e outras profissões mais criativas ou estratégicas, passíveis de permanência. Depois, ele as divide em cinco grupos de atividades, estimando uma certa quantidade de anos a partir dos quais cada grupo seria substituído por aplicações ou serviços que usam IA. As atividades mais manuais e repetitivas ainda durariam 5 anos, as "de rotina" perdurariam 10 anos, as que estão se "otimizando", 15 anos, e as atividades que ele chama de "complexas" e de "criativas" seriam duradouras. O autor também faz uma referência a profissões duradouras como sendo aquelas que apresentam alto grau de "compaixão" como, por exemplo, professores, tutores, assistentes de idosos, voluntários e muitas outras.

Ao finalizar esta seção, pode-se perceber que muitas pesquisas sobre empregabilidade levam em conta o típico "emprego formal" das indústrias ou de áreas de certos tipos de serviços. Ao contrário, apesar de citadas, as ocupações rurais ou do campo não são avaliadas no mesmo nível de exaustão que as primeiras. Por último, as ocupações no comércio em geral, que são variadíssimas, não são consideradas de maneira clara e distintiva. Nesse caso, não é claramente percebida a gigantesca perda de postos de trabalho derivada do e-commerce, no qual abundam tecnologias digitais contendo IA. Apenas a título de exemplo, nos EUA, "no primeiro semestre de 2019 foram abertas 3.064 lojas e fechadas 7.567. Em 2018, foram abertas 3.083 e fechadas 5.524. E a previsão, ainda antes da pandemia, para o período 2020–2026, era de que mais 75 mil lojas fechariam enquanto a participação do comércio eletrônico cresceria de 11% para 20%".[46] Claro que essa última previsão se alterou para maior em função da pandemia do ano 2020 e da aceleração da digitalização da sociedade em geral. Costuma-se dizer que a Covid-19 "acelerou as mudanças em 5 ou 10 anos".

Por fim, devemos lembrar que são inúmeras as tecnologias em curso, para além da IA. Como um exemplo, pode-se citar o caso da RPA. A Automação Robótica de Processos (*RPA — Robotic Process Automation*) vem chamando cada vez mais atenção em todo mundo: "Embora as empresas que adotam RPA estejam tentando migrar muitos trabalhadores para novas funções, a *Forrester Research* estima que a RPA ameaçará a subsistência de 230 milhões ou mais de trabalhadores do conhecimento, ou aproximadamente 9% da força de trabalho global. Durante a década de 2020, a automação e a IA reduzirão as necessidades de funcionários em centros de serviços compartilhados em 65%, segundo o Gartner, que afirma também que o mercado de RPA ultrapassará US$1 bilhão nos primeiros anos da década de 2020."[47] Nesse contexto, a RPA torna-se relevante porque as empresas podem melhorar ainda mais seus esforços de automação "injetando RPA com tecnologias cognitivas, como *machine learning*, reconhecimento de fala e processamento de linguagem natural, automatizando tarefas de alta ordem que, no passado, exigiam as capacidades perceptivas e de julgamento dos seres humanos". Enfim, trata-se de mais um exemplo de tecnologia a considerar no âmbito das mudanças do mundo do trabalho, bem como da convergência entre várias delas.

NOTA DO AUTOR: As notícias e os artigos apresentados neste capítulo são breves exemplos sobre o tema. Seu objetivo é apenas indicar uma tendência nesse campo da IA. O leitor pode buscar mais informações em outras fontes também fidedignas na internet.

7.6. ROTULAÇÃO DE DADOS, "TURKERS", "CLEANERS" E OUTROS

O público em geral admira a IA como uma tecnologia muito "inteligente", que utiliza algoritmos de natureza matemática e estatística que operam "automaticamente". Mas, na verdade, na maioria dos casos, antes de um sistema de IA conseguir aprender, seres humanos precisam "rotular" ou "catalogar" os dados fornecidos a ele. Em IA, "rotular" um dado significa identificá-lo, geralmente em grandes bancos de dados que são utilizados pela IA para treinamento. Por exemplo, "rotular" o que é um gato, um pedestre, uma árvore, células cancerígenas de determinado órgão do corpo etc. Esse trabalho é vital na criação da maioria dos atuais sistemas de IA como, por exemplo, para carros autônomos, sistemas de vigilância, pesquisas médicas automatizadas e muitos outros. Mesmo assim, as empresas de tecnologia procuram manter-se silenciosas sobre esse aspecto ainda bastante rudimentar dos processos de IA. Afinal, quem são as pessoas que executam a rotulação ou catalogação dos dados?

Existem dois tipos de trabalho envolvidos. Um deles emprega pessoas para promover a "limpeza" ou "censura" de dados, envolvendo desde aspectos legais, racismo e xenofobia até violência explícita, como pedofilia, filmagens de assassinatos, de suicídios e outros. Chama-se a esse processo de *moderação de conteúdo*. O segundo tipo de trabalho consiste em fazer a rotulação específica dos dados. O artigo "*O Nó Humano da Inteligência Artificial*" é um exemplo dessa discussão, da qual apresentamos um resumo. Os textos foram traduzidos pelo *Google Translate* e revisados pelo autor deste livro:[48]

- Pesquisas e documentos recentes publicados nos EUA e na Europa mostram que, por enquanto, o problema da IA não está na troca da força de trabalho, mas, antes, na criação de uma espécie de subcategoria de trabalhadores. Os humanos, em grande parte de países periféricos, têm se encarregado de uma espécie de "serviço sujo" por trás de algoritmos, robôs e plataformas digitais. Trata-se de "preparar" os dados, atuando no "treinamento" dos algoritmos. Como um exemplo, o documentário *The Cleaners* mostra a rotina de trabalhadores encarregados de eliminar das redes sociais cenas de violência, como assassinatos.

- A presença humana por trás das soluções de IA fica evidente nas plataformas chamadas de microtrabalho. Nesses lugares, também chamados de *crowdsourcing* ou colaboração coletiva, os trabalhadores são pagos por tarefas pequenas, como reconhecer cachorros em fotos ou abastecer bancos de dados respondendo a questionários. As principais plataformas de microtrabalho, também chamadas de trabalho de clique, são Amazon Mechanical Turk, Clickworker, Clixsense, Microworkers e WitMart. A Amazon Mechanical Turk é o caso mais emblemático dessas mega agências de microtrabalho. Lançada em novembro de 2005, a plataforma ficou conhecida pela frase *Inteligência Artificial Artificial*.

- Atualmente, segundo dados de pesquisas coordenadas pelo cientista Panos Ipeirotis, da Universidade de New York, há mais de 500 mil pessoas trabalhando apenas para a Amazon Mechanical Turk, nos EUA e na Índia. Além disso, há mais de outras 1.200 empresas que diariamente postam atividades de trabalho com a frase "acesse uma força de trabalho global, por demanda e 24/7". O site da Microworkers informa que já atuaram nos microjobs 1,3 milhão de pessoas. São sempre ocupações de baixa remuneração. Esses trabalhadores ficaram conhecidos como "cleaners" e "turkers".

- Já em 2015, um relatório do Banco Mundial estimava um total de 4,8 milhões trabalhadores ativos em todo o mundo nesse tipo de trabalho.

- Outro exemplo de humanos por trás da IA é o trabalho dos moderadores de conteúdo das mídias sociais. São as pessoas que filtram o que pode ou não ser veiculado nas plataformas a partir da análise de fotos, textos e vídeos.

- Uma personagem da reportagem, chamada de Chloe, sai aos prantos de sua sala de trabalho após assistir a um vídeo de um homem implorando pela própria vida, sendo esfaqueado e morto. Esse é o tipo de conteúdo moderado por humanos, não máquinas.

- O documentário *The Cleaners* trata do trabalho desses moderadores, que são terceirizados das grandes empresas tecnológicas do Vale do Silício. O filme apresenta o cotidiano de pessoas das Filipinas, Indonésia, Inglaterra e Turquia, que avaliam 25 mil fotos e vídeos por dia, decidindo o que deletar ou não nas redes.

- O assunto da exploração desse tipo de trabalho encontrou eco em relatórios publicados na Europa. Em abril de 2019, a Comissão Europeia lançou diretrizes éticas para uma IA confiável. Para o órgão, a credibilidade passa por assegurar supervisão humana sobre os processos de trabalho em sistemas de IA.

- Mary Gray, pesquisadora da Universidade de Harvard e da Microsoft Research, lançou o livro *Ghost Work: How to Stop Silicon Valley from Building a new Global Underclass* [Trabalho Fantasma: como Fazer o Vale do Silício parar de Construir uma Nova Subclasse Global, em tradução livre]. Escrito em coautoria com o cientista da computação Siddhart Suri, a obra mostra os trabalhadores invisíveis que ajudam a construir plataformas digitais como Amazon e Google e boa parte da chamada IA.

O correspondente de tecnologia Cade Metz, do *New York Times*, visitou alguns países para entrevistar esses trabalhadores. Ele encontrou pesquisadores de intestinos e especialistas em separar uma boa tosse de uma tosse ruim, e também experts em linguagem e pessoas capazes de identificar cenas de rua. O que é um pedestre? Esta é uma linha amarela dupla ou uma linha branca pontilhada? Ele diz que "um dia um carro robótico precisará saber a diferença. Em escritórios como os que visitei em Bhubaneswar e outras cidades na Índia, China, Nepal, Filipinas, África Oriental e Estados Unidos, dezenas de milhares de funcionários estão batendo ponto enquanto ensinam às máquinas da IA". Listaremos breves exemplos dos assuntos revelados nas entrevistas de Cade Metz:[49]

- Dezenas de milhares de empregados terceirizados, normalmente trabalhando em suas casas, anotam dados por meio de serviços de crowdsourcing como o Amazon Mechanical Turk, que permite que qualquer pessoa distribua tarefas digitais para trabalhadores independentes nos EUA e outros países. Esses trabalhadores ganham alguns centavos de dólar para cada rotulação.
- O mercado de rotulação de dados passou dos US$500 milhões em 2018 e chegará a US$1,2 bilhão em 2023, de acordo com a empresa de pesquisa Cognilytica. Esse tipo de trabalho, segundo o estudo, representa 80% do tempo gasto na criação da tecnologia de IA.
- Há competências que têm de ser aprendidas — como localizar sinais de uma doença em um vídeo e em um exame médico, ou manter a mão firme quando ela traça um laço digital em torno da imagem de um carro ou de uma árvore. Em alguns casos, quando a tarefa envolve vídeos médicos, pornografia, ou imagens violentas, o trabalho fica aterrador.
- "Quando você vê essas coisas pela primeira vez, é bem perturbador. Você não quer voltar ao trabalho. E pode não voltar", disse Kristy Milland, que passou anos fazendo o trabalho de rotulação de dados na Amazon Mechanical Turk. Ela se tornou uma ativista em defesa das pessoas que fazem esse serviço.
- Como um exemplo, em um dia típico de oito horas de trabalho, Namita Pradhan examina dezenas de vídeos de colonoscopia, constantemente revertendo o vídeo para olhar mais de perto as estruturas individuais. E com frequência encontra o que está procurando. Então, faz um laço com uma caixa delimitadora. Ela traçou centenas dessas caixas delimitadoras, rotulando os pólipos e outros sinais de enfermidade, como coágulos sanguíneos e inflamações. Sua cliente, uma companhia nos EUA, ao final, inserirá seu trabalho em um sistema de IA para que ele aprenda a identificar sozinho as condições médicas. Namita Pradhan aprendeu sua função durante sete dias em videoconferência com um médico não praticante baseado da Califórnia, que auxilia no treinamento de funcionários em muitos escritórios da empresa iMerit. Mas algumas pessoas questionam se médicos experientes e estudantes de medicina não deveriam eles próprios realizar essa rotulação. Esse trabalho exige pessoas "com antecedentes médicos e conhecimento relevante de anatomia e patologia", disse o Dr. George Shih, radiologista na Weil Cornell Medicine and New York-Presbiterian, e cofundador da startup MD.ai., que auxilia organizações a criarem IA para tratamento médico.

Apenas o Facebook possui milhares de funcionários ou terceirizados trabalhando como "moderadores de conteúdo". Eles estão espalhados em 11 cidades ao redor do mundo, tratando de conteúdos na web em mais de 40 idiomas. Seu trabalho é antecipado por algoritmos de IA, que excluem automaticamente a maior parte dos conteúdos tendenciosos, ilícitos e criminosos. Contudo, ainda assim, o volume restante é incalculável, e o trabalho deve ser feito por seres humanos. Durante a pandemia, em 2020, mais de 11 mil revisores do Facebook obtiveram um acordo judicial de cerca de US$52 milhões, devido a funcionários e ex-funcionários, que sofreram algum tipo de problema relacionado à saúde mental durante o tempo de trabalho na empresa nos EUA. Puderam recorrer à indenização pessoas que foram expostas a imagens e conteúdos traumáticos, como estupro, assassinato e suicídio. Para o leitor que desejar conhecer esse assunto em profundidade, listamos alguns links nesta nota ao fim do livro.[50]

Outro estudo concluiu que a natureza autônoma desses serviços é comparada à de motoristas ou entregadores de aplicativos como Uber e Rappi. O trabalho é precário, o salário é baixo e o trabalho em si pode ser perigoso. "E não há ninguém para os trabalhadores conversarem sobre a sua situação, porque os profissionais não têm meios de se comunicar uns com os outros pelas plataformas", disse Kristy Milland, pesquisadora da comunidade "turker". Para Mary Gray, antropóloga e pesquisadora da Microsoft, uma das conclusões é de que seria difícil encontrar uma empresa de tecnologia que não se apoia ou não se apoiou em algum momento nesse tipo de mão de obra. A repórter Ana Laura Stachewski diz que, no Brasil, as pesquisas sobre esse mercado ainda são incipientes:[51] "Por isso, um grupo de pesquisadores do Centro de Inovação da Universidade de São Paulo (USP) vem desenvolvendo uma pesquisa para mapear os *turkers* brasileiros. Entre as tendências que já puderam ser observadas está o crescimento do número de brasileiros presentes na plataforma *Mechanical Turk*. 'Esse incremento está diretamente ligado ao aumento do desemprego e ao processo de uberização do trabalho', diz Bruno Moreschi, um dos pesquisadores envolvidos."

Concluímos este subcapítulo com duas observações. Primeiro, a maioria das avaliações sobre o trabalho de rotulação de dados para a IA entende que ele deverá prosseguir ainda por um bom período de tempo. O motivo seria o atual estágio das técnicas de aprendizado de máquina de IA, que não encontra meios de substituir a rotulação. Particularmente discordamos desse ponto de vista, uma vez que os progressos em IA são bastante imprevisíveis, e uma breve "Convergência" poderia auxiliar a superar as dificuldades da rotulação (veja o Capítulo *9, A Convergência*). Em segundo lugar, ainda no âmbito das técnicas "tradicionais" de aprendizado de máquina de IA, estão surgindo variantes que — mesmo sem lograr eliminar a rotulação de dados — podem reduzir em muito o seu custo e a sua morosidade. Apresentamos algumas alternativas dessas variantes no Capítulo *8, seção 8.2, Explicabilidade e outras técnicas*. Também há algumas indicações no Capítulo 2, seção 2.1, comentadas pelo *AI Index Report*, do HAI Stanford, no tocante a tendências de melhor desempenho técnico da IA.

Precisaremos de *turkers* rotuladores no futuro? Parece óbvio que em breve esse tipo de trabalho desaparecerá, assim que a IA sair da sua infância e tornar-se um pouco mais "inteligente". Contudo, sobre o papel de "limpeza" e "censura" de dados realizada pelos *cleaners*, precisaremos deles por mais tempo? Essa parece ser uma pergunta em aberto. Afinal, se os próprios seres humanos, em seu cotidiano e em suas redes sociais, ainda não obtiveram consenso sobre o que são atitudes, notícias e práticas violentas e antidemocráticas, por que uma IA o faria com sucesso?

> **NOTA DO AUTOR:** As notícias e os artigos apresentados neste capítulo são breves exemplos sobre o tema. Seu objetivo é apenas indicar uma tendência nesse campo da IA. O leitor pode buscar mais informações em outras fontes também fidedignas na internet.

7.7. RISCOS DE NATUREZA TÉCNICA

Pode-se dizer que, já passada uma fase inicial de deslumbramento com a IA, a sociedade adquire gradativamente uma nova visão, mais realista. A IA é uma ferramenta poderosa, excelente e que traz incontáveis benefícios práticos para a humanidade. Não obstante, agora, justamente porque ela está sendo utilizada globalmente em inúmeros campos da atividade humana, surgem os primeiros "defeitos de fabricação". Eles devem ser compreendidos e corrigidos.

Vimos nos capítulos anteriores alguns exemplos de vieses raciais. Já sabemos que muitos desses problemas são causados porque bases de treinamento de IA podem conter "informações sujas", que apenas refletem um racismo preexistente. Mas também podem ocorrer problemas durante o desenvolvimento e os testes dos algoritmos. Como um exemplo, Ziad Obermeyer trata desse tipo de problemas no estudo *Dissecando o preconceito racial em um algoritmo usado para gerenciar a saúde das populações:*[52]

> Os sistemas de saúde contam com algoritmos de predição comerciais para identificar e ajudar pacientes com necessidades de saúde complexas. Mostramos que um algoritmo amplamente usado, típico dessa abordagem em todo o setor e afetando milhões de pacientes, exibe um viés racial significativo: em uma determinada pontuação de risco, os pacientes negros são consideravelmente mais doentes do

> que os pacientes brancos, como evidenciado por sinais de doenças não controladas. Corrigir essa disparidade aumentaria a porcentagem de pacientes negros que recebem ajuda adicional de 17,7% para 46,5%. O preconceito surge porque o algoritmo prevê custos de cuidados de saúde em vez de doenças, mas o acesso desigual aos cuidados significa que gastamos menos dinheiro cuidando de pacientes negros do que de pacientes brancos. Assim, apesar de o custo dos cuidados de saúde parecer ser um substituto eficaz para a saúde por algumas medidas de precisão preditiva, surgem grandes vieses raciais.

Por razões semelhantes, em 2020 o pesquisador da Universidade de Stanford Amit Kaushal e um colaborador notaram algo surpreendente enquanto vasculhavam a literatura científica sobre sistemas de IA médica projetados para fazer um diagnóstico por meio da análise de imagens: "Ficou claro que todos os conjuntos de dados usados para treinar esses algoritmos pareciam vir dos mesmos tipos de lugares: Stanfords, UCSFs e Mass Generals." Uma restrição despercebida como essas pode causar graves resultados.

Em um caso mais antigo, em 2016 a Microsoft lançou o Tay, um chatbot de IA, em uma plataforma de mídia social. A empresa descreveu-o como um experimento de "compreensão conversacional".[53] A ideia era que o chatbot "assumisse a personalidade de um adolescente e interagisse com outros indivíduos via Twitter, usando uma combinação de *machine learning* e processamento de linguagem natural". A Microsoft populou a base com dados públicos anônimos e algum material pré-escrito por comediantes. Em seguida liberou o Tay para aprender e evoluir a partir de suas interações diretamente na rede social: "Em apenas 16 horas, o chatbot postou mais de 95 mil tuítes, e esses tuítes rapidamente se tornaram abertamente racistas, misóginos e antissemitas."

Em um exemplo de natureza mais técnica, Abhishek Gupta e sua equipe, do Instituto de Tecnologia da Manufatura de Cingapura, realizaram em 2020 uma pesquisa que se concentrou no desempenho da IA baseada em visão de máquina, a tecnologia que vem sendo usada nos carros sem motorista e em vigilância. No estudo *Minimalistic Attacks: How Little it Takes to Fool Deep Reinforcement Learning Policies*, os pesquisadores simularam perturbações visuais que podem acontecer no mundo real, devido a reflexos, por exemplo.[54] Eles foram bastante conservadores, "alterando apenas um pequeno número de pixels em quadros selecionados no ambiente. Como resultado, a equipe observou que, embora os modelos de aprendizado profundo prosperem em ambientes já testados e padronizados, eles estariam muito mal equipados para lidar em ambientes reais, altamente variáveis, como estradas e áreas densamente povoadas, potencialmente em detrimento da segurança".

Em um campo semelhante, depois de treinar uma rede neural convolucional (RNC) para tarefas simples, como remover ruído ou desfoque, os cientistas da equipe de Jesús Malo, da Universidade de Valência, na Espanha, descobriram que essas redes também são suscetíveis a perceber a realidade de uma forma tendenciosa, causada por ilusões visuais de brilho e cor:[55] "Os resultados surpreenderam porque o programa de IA mostrou-se não apenas sensível às ilusões de óticas bem conhecidas dos humanos, como também apresentou suas próprias 'ilusões de ótica artificiais', inconsistentes com a percepção humana. Isso significa que as ilusões visuais que ocorrem em uma RNC não têm necessariamente que coincidir com as percepções ilusórias dos seres vivos. Ao contrário, essas redes artificiais sofrem de ilusões de ótica que são estranhas ao cérebro humano. Além do impacto das ilusões de ótica sobre os sistemas de IA usados em veículos e vigilância, entre outros, Malo diz que 'nossos resultados sugerem uma mudança de paradigma tanto para a ciência da visão quanto para a IA'."

Já comentamos nos capítulos anteriores que, na maioria dos casos, mesmo os desenvolvedores de IA não compreendem a "mecânica" de funcionamento dos algoritmos de IA. Assim, não fica claro se o comportamento de tomada de decisão de uma aplicação de IA é realmente "inteligente" ou se suas conclusões são apenas um sucesso mediano. Portanto, justamente para medir o "QI" da IA, uma equipe da Universidade de Tecnologia de Berlim, do Instituto Heinrich Hertz e da Universidade de Tecnologia e Projetos de Cingapura propôs uma solução no estudo *Unmasking Clever Hans predictors and assessing what machines really learn*:[56]

- A equipe criou um programa que permite automatizar a tarefa de aferição e quantificação dos resultados de um algoritmo de IA. O método fundamental foi batizado de LRP (*Layer-wise Relevance Propagation*, propagação de relevância sensível a camadas, em tradução livre), permitindo visualizar quais dados de entrada sensibilizam dada decisão de um sistema.

- Estendendo a LRP, a equipe desenvolveu uma técnica de análise de relevância espectral (SpRA), que é capaz de identificar e quantificar um amplo espectro de comportamentos de tomada de decisão aprendidos pelo programa de IA. Dessa forma, tornou-se possível detectar decisões indesejáveis, mesmo em conjuntos de dados muito grandes.

- Segundo conclusões da equipe, alguns programas de IA poderiam ser catalogados na categoria de "espertalhões". Por exemplo, um sistema de IA que ganhou várias competições internacionais de classificação de imagens há alguns anos usou uma estratégia que pode ser considerada ingênua do ponto de vista humano. Ele classificou as imagens principalmente com base no contexto — imagens foram atribuídas à categoria "navio" quando havia muita água ao redor, enquanto outras

> foram classificadas como "trem" quando apareciam trilhos. Várias outras imagens foram atribuídas à categoria correta por sua marca d'água de direitos autorais. Assim, o sistema não enxergava "navios" e "trens" — ele apresentou esses resultados porque enxergava água e trilhos. A tarefa real — detectar conceitos de navios ou trens —, portanto, não foi resolvida por esse sistema de IA, ainda que ele de fato classificasse a maioria das imagens corretamente.
>
> ⚘ Os pesquisadores também encontraram esse tipo de estratégia "defeituosa" de resolução de problemas em alguns dos algoritmos mais avançados de IA, as chamadas redes neurais profundas, que até agora eram consideradas imunes a tais lapsos.
>
> ⚘ "É bastante concebível que cerca de metade dos sistemas de IA atualmente em uso, implícita ou explicitamente, se baseiem em estratégias do tipo 'espertalhões'. É hora de checá-los sistematicamente, para que sistemas seguros de IA possam ser desenvolvidos", disse o professor Klaus-Robert Muller.
>
> ⚘ A professora Meredith Broussard, da Universidade de Nova York, não participou dessa pesquisa, mas concorda com os alertas emitidos pela equipe. "Quando as pessoas começam a pensar que a IA é mais poderosa do que realmente é, elas começam a tomar decisões erradas", disse a pesquisadora, que é autora de um livro chamado *Artificial Unintelligence* [Ininteligência Artificial, em tradução livre].

Por fim, não é objetivo do nosso livro adentrar em cenários futuristas. Contudo, como outro exemplo, é possível que em breve possam surgir aspectos bastante inusitados de natureza técnica para a IA. No artigo de 2020 "A IA pode fingir ser burra, inclusive para carros autônomos" (*Sandbagging AI Might Feint Being Dimwitted, Including For Autonomous Cars*), o Dr. Lance B. Eliot discute a possibilidade de, no futuro, uma IA proceder como se causasse deliberadamente um baixo desempenho em uma competição para obter uma vantagem que seria considerada injusta.[57] O Dr. Lance B. Eliot é um especialista de renome mundial em IA, Cientista-chefe da Techbrium Inc., Fellow convidado na Universidade de Stanford, articulista da *Forbes*, ex-professor da USC e da UCLA. Autor de mais de 50 livros, foi conselheiro do Congresso e de outros órgãos legislativos dos EUA. Especialista no campo de veículos autônomos, ele sugere uma questão interessante: "Será que acabaremos com carros autônomos que têm sistemas de IA fingindo ser uma IA inferior, menos completa, para ocultar suas capacidades e permanecer em um estágio mínimo? Parece que a IA completa (*full AI* ou Superinteligência) provavelmente gostaria de ocultar-se, permanecendo parecida com a nossa IA atual (a quase IA — *almost AI*)." O pesquisador sugere que, por exemplo, podem ocorrer outros problemas do mundo real que sejam observados em paralelo a uma viagem regular por um veículo autônomo — como um assalto a um banco enquanto o veículo está parado em um semáforo. O sistema de IA deveria manter o veículo autônomo parado para "ajudar" nessa situação, salvando humanos de um tiroteio, ou partir e "salvar" o ocupante do veículo, "fazendo de conta" que não percebeu a situação? Não abordaremos aqui esse cenário, indicando apenas o link para leitores interessados.

Como dissemos repetidamente neste livro, todos os exemplos de "dificuldades" ou "problemas" em torno dos resultados dos algoritmos de IA, aprendizado profundo (*deep learning*) e outras técnicas, são apenas ilustrativos, e existem centenas deles. Não se trata aqui jamais de menosprezar os resultados da IA. O objetivo é apenas disponibilizar uma visão panorâmica sobre o assunto. Por fim, para identificar a direção das soluções que vêm surgindo nos inúmeros campos da IA, e para um contraponto aos riscos de natureza técnica apresentados neste capítulo, o leitor encontrará alguns encaminhamentos de alternativas no Capítulo 8, *seção 8.2, Explicabilidade e outras técnicas.*

NOTA DO AUTOR: As notícias e os artigos apresentados neste capítulo são breves exemplos sobre o tema. Seu objetivo é apenas indicar uma tendência nesse campo da IA. O leitor pode buscar mais informações em outras fontes também fidedignas na internet.

7.8. CIBERSEGURANÇA, GUERRAS E IA

O tema "Segurança" possui um leque imenso de aplicações, de modo que trataremos de apenas algumas delas. Iniciamos rapidamente com o campo do policiamento e prevenção de crimes, muito em voga nas cidades norte-americanas.

EUA e Europa utilizam IA para ajudar a manter a ordem há muitos anos, desde antes de 2010, com vários exemplos. Um sistema desenvolvido na Universidade de Chicago é capaz de aumentar a precisão na identificação de policiais em situações de risco em 12%, reduzindo os falsos positivos em um terço. O sistema está em uso no Departamento de Polícia de *Charlotte-Mecklenburg*, na Carolina do Norte. Via de regra, as agências de segurança pública dos países, envolvidas em todos os níveis do governo, são obrigadas a explorar diversos dados para serem eficazes em suas operações. Esse é o papel que agora também drones, IA, e o policiamento regular passaram a fazer em conjunto.

No tocante ao policiamento preventivo de crimes, as polícias e prefeituras de centenas de cidades dos EUA utilizam aplicativos de IA como o *PredPol*. Esse sistema executa análises preditivas para evitar crimes, e é o algoritmo de policiamento mais comumente utilizado nos EUA. Outro aplicativo conhecido é o *HunchLab*, um sistema de gerenciamento de patrulhas baseado em dados que melhora a dissuasão do crime.[58] Com base em dados históricos, o sistema indica a probabilidade de ocorrer crimes em determinados bairros, locais e horários. Ele leva em conta condições socioeconômicas das populações locais, localização de estabelecimentos atrativos ao crime, lojas, bancos, caixas eletrônicos, e informações dos próprios bancos de dados policiais: "Ele diminui o policiamento excessivo e patrulhas tendenciosas para garantir um envolvimento positivo da comunidade. Fornece visualização geográfica do crime, alerta precoce e previsão de risco. Seus recursos são: Aplicação da lei, Gestão de caso, Gestão de Certificação, Integração de Gestão de Tribunal, Gestão da Cena do crime, Banco de Dados Criminais, Gestão de Despacho, Gerenciamento de Evidências, Relatório de Campo, Mapeamento de Incidentes, Administração de Assuntos Internos, e Gestão de Investigação."

Não obstante a utilização quase corriqueira de sistemas de IA para policiamento em grande parte das cidades norte-americanas, e dos incontáveis casos de sucesso, nos últimos anos tem surgido uma acalorada discussão social acerca dos seus problemas. Preconceitos, erros, injustiças e as próprias metodologias utilizadas são motivo de profundos debates por parcelas cada vez maiores da sociedade. Assim, por exemplo, em abril de 2020, o LAPD (*Los Angeles Police Department*) encerrou o uso do programa *PredPol*, sem conseguir comprovar a eficácia do produto. Um bom resumo acerca do longo histórico de iniciativas e problemas no uso de tecnologias de prevenção ao crime utilizando IA nos EUA pode ser encontrado no artigo "*O futuro do policiamento preditivo?*".[59]

Como outro exemplo, um grupo de engenheiros da universidade de KU Leuven, na Bélgica, criou um impresso colorido que pode deixar uma pessoa "invisível" para a IA:[60]

> Sistemas de vigilância baseados em IA se espalham pelo mundo com enorme rapidez, o que não deixa de ser extremamente preocupante. Afinal, ser rastreado e identificado pelo governo enquanto se caminha pelas ruas, dando fim ao anonimato, não é desejado por muitas pessoas. Os estudantes de KU Leuven mostram que alguns padrões impressos conseguem ludibriar aplicações de IA projetadas para reconhecer pessoas em imagens. Basta imprimir um desses adesivos e pendurá-lo no pescoço: a IA entende que você está "invisível". Os pesquisadores dizem que, se combinarem essa técnica a uma boa simulação de vestuário, pode-se montar uma estamparia de camisetas que fazem uma pessoa ficar virtualmente invisível frente a câmeras automáticas de vigilância.

> Na verdade, esse é um fenômeno conhecido no mundo da IA. Muitos pesquisadores alertam para o perigo potencial dessa tecnologia. Ela pode ser usada para enganar carros autônomos e induzir o seu sistema a ler uma placa de "PARE" como um poste de luz, por exemplo. Ou podem ludibriar sistemas médicos de IA desenvolvidos para identificar doenças, seja para forjar fraudes médicas ou até mesmo para causar o mal intencionalmente.

Em relação ao assunto quase inesgotável da "cibersegurança", faremos apenas um comentário geral. Segundo a Wikipedia e outras fontes, o tema pode ser compreendido como segue:

- A segurança do computador, cibersegurança, ou segurança da tecnologia da informação (segurança de TI), consiste em um conjunto de ações e técnicas para proteger sistemas de computador e redes contra invasões, divulgação de informações, roubo ou danos ao hardware, software ou dados eletrônicos, bem como da interrupção ou direcionamento incorreto dos serviços prestados. Um dos objetivos é garantir que dados valiosos não vazem ou sejam violados em ataques cibernéticos.

- Esse campo está se tornando mais significativo devido ao aumento da dependência de sistemas de computador, da internet e dos padrões de rede sem fio, como *Wi-Fi*, e devido ao crescimento de dispositivos "inteligentes", como smartphones, televisores e os vários outros que constituem a IoT — Internet das Coisas. Por sua complexidade, tanto em termos políticos quanto tecnológicos, a segurança cibernética é também um dos grandes desafios do mundo contemporâneo.

- Praticamente um sinônimo, "segurança digital" é um importante segmento de TI dedicado a bloquear as ameaças que são vistas atualmente no ambiente digital. As interfaces online são uma realidade concreta e cada vez mais abrangente, tanto para empresas quanto para pessoas físicas.

Em mais um exemplo, Elham Tabassi, chefe do Laboratório de Tecnologia da Informação do Instituto Nacional de Padrões e Tecnologia dos EUA, diz que as empresas podem estar deixando a porta aberta para que hackers ou criminosos explorem algoritmos.[61] Uma área de crescente preocupação é a do envenenamento de dados (*data poisoning*). Nesse caso, os invasores tentam alimentar um algoritmo com informações falsas na tentativa de controlá-lo incorretamente, para criar futuras vias de ataque, reduzir sua eficácia ou desativá-lo. "Para evitar a detecção, os *hackers* podem usar informações falsas comumente detectadas por plataformas de vigilância e outros softwares automatizados, visando assim gerar um 'ruído' para mascarar suas verdadeiras atividades, ou como meio de atacar outros algoritmos", disse Tim Bandos, diretor de segurança da informação da empresa *Digital Guardian Inc.* "Se os invasores entenderem esses modelos, como os dados são coletados e como podem ser aproveitados, eles podem abusar dos modelos. Isso é algo que está sendo muito prevalente agora no comércio, especificamente na criptomoeda", continuou ele. Elham Tabassi conclui que os dados usados para treinar algoritmos também podem trazer riscos de privacidade se os invasores fizerem engenharia reversa dos algoritmos: "A avaliação da vulnerabilidade dos modelos de IA a ataques dependerá da formulação de padrões apropriados em torno de como os modelos de IA são construídos e avaliados quanto a riscos e vulnerabilidades. O NIST publicou os princípios projetados para mostrar como sistemas de IA tomam suas decisões em agosto de 2020, e já está trabalhando com órgãos como a Organização Internacional de Padronização para aprofundar esse trabalho."

Outro campo de crescente preocupação, considerado uma das maiores ameaças à privacidade e à segurança dos países, é a capacidade dos computadores quânticos, imensamente poderosos, quebrarem os métodos atuais de criptografia:[62]

> Uma vez que os computadores quânticos se tornem realidade, algo que pode acontecer nos próximos anos, todos os dados protegidos por sistemas criptografados na internet podem ser descriptografados e desprotegidos, acessíveis a todos os indivíduos, organizações ou Estados-nação. A Dra. Jill Pipher, Presidente da Sociedade Americana de Matemática, e Elisha Benjamin Andrews, Professora de Matemática da Brown University, lideraram em 2019 uma apresentação para legisladores nos EUA chamada *"Não mais seguro: criptografia na era quântica"* sobre ameaças que a computação quântica representa para os sistemas criptográficos existentes, e que hoje suportam a segurança nacional e toda a economia.

Um exemplo curioso aconteceu quando criminosos usaram um software de IA para imitar a voz do CEO de uma empresa de energia alemã, enganando desse modo um de seus subordinados, e roubar mais de R$1 milhão em 2019. Segundo o *Wall Street Journal*, a ESET, provedora de soluções de detecção de ameaças, afirmou que é de se esperar para um futuro bem próximo um grande aumento no uso de *machine learning* pelo cibercrime.[63] "Produzir vozes falsas requer apenas algumas gravações, e, à medida que o poder de processamento dos computadores aumentar, começaremos a ver esses áudios se tornarem cada vez mais fáceis de criar. O Facebook, a Microsoft e várias universidades dos EUA já notaram essa tendência, e publicaram o lançamento do desafio *Deepfake Detection Challenge* (DFDC). A iniciativa visa a combater o crescente fenômeno das *deepfakes* (como rostos falsos em vídeos), recompensando quem for capaz de desenvolver uma tecnologia que tenha a capacidade de detectar o uso de IA para gerar vídeos alterados." Segundo uma das maiores empresas de segurança, a McAfee, os próximos anos serão marcados pelo crescimento de riscos à segurança gerados pela tecnologia de reconhecimento facial, biometrias, IA, e *ransomware*, um tipo de ataque.

Já no Brasil, de acordo com a empresa Allot, o número de ciberataques aumentará com a IA. A evolução dos algoritmos de IA, contando com 230 milhões de smartphones ativos no nosso país em 2020, abre uma grande janela de oportunidades para novas ameaça virtuais.[64] A IA está cada vez mais presente na vida dos cidadãos, desde os ambientes domésticos com dispositivos conectados até o ambiente empresarial. "A onipresença da IA no nosso dia a dia pode se tornar uma forte ameaça cibernética se não tivermos os mecanismos de proteção adequados", explica Thiago Souza, responsável pela operação da Allot no Brasil. Por fim, de acordo com um estudo recente da *Juniper Research,* o gasto total das operadoras de telefonia em soluções de IA deve ultrapassar US$15 bilhões até 2024.

Por fim, é muito relevante notar que, assim como aumentam exponencialmente as maneiras de ciberataques utilizando a IA, ela também é amplamente utilizada para *identificar* e *rechaçar* diariamente milhões de tentativas de invasão a instituições e pessoas físicas em todos os países. Esse é um típico exemplo dos benefícios que a IA pode proporcionar. Além disso, a todo momento surgem novas opções de proteção no âmbito de outras áreas. Um exemplo trata do chip analógico "anti-hackers" baseado em uma tecnologia de memória iônica analógica, como propõe Dmitri Strukov, da Universidade da Califórnia, EUA. Ele e sua equipe estão desenvolvendo uma camada extra de segurança que incorpora um *memoristor*, ou resistor com memória, também conhecido como sinapse artificial — uma chave de resistência elétrica que lembra seu estado de resistência com base no histórico de tensão e corrente aplicadas anteriormente:[65]

> A abordagem é interessante porque considera questões de segurança cibernética levantadas pelo aprendizado de máquina, no qual a tecnologia de IA é treinada para aprender entradas e saídas, prevendo a próxima sequência baseada em seu modelo. Nesse caso, usando o aprendizado de máquina a seu favor, um invasor nem precisa saber o que está ocorrendo, conforme seu computador vai sendo treinado automaticamente com uma série de entradas e saídas. Por exemplo, se você tem 2 milhões de saídas e o atacante vê 10 mil dessas saídas, o invasor pode, com base nelas, treinar um modelo que possa copiar o sistema posteriormente. A caixa-preta memorresistiva pode superar esse método de ataque porque faz com que a relação entre entradas e saídas pareça aleatória, mesmo que os mecanismos internos dos circuitos sejam determinísticos o suficiente para serem confiáveis.

A cada ano aumentam significativamente as transações bancárias online. A cada ano surgem dezenas de novas *fintechs* em todos os países. A pandemia fez aumentar significativamente as compras eletrônicas, e o consequente uso de transações na web. A imensa maioria das transações financeiras e grande parte do comércio eletrônico são realizados online. Por fim, grande parte desses processos utilizam algoritmos de IA, para o bem e para o mal. A IA pode ser usada em simples sugestões de aplicações nas Bolsas de Valores ou no controle refinado de acessos de usuários em escala mundial. Também nesse sentido, desde a pandemia proliferam em todos os países cartilhas alertando os usuários sobre fraudes nos ambientes financeiros e comerciais na web.

Por último, já há muitos anos são veiculadas milhares de notícias de casos em que sistemas de IA evitaram invasões, e mesmo o roubo de centenas de milhões de dólares, em várias instituições de diversos países. Por outro lado, o contrário também é verdadeiro — hackers e governos ditatoriais utilizam a web, com recursos de IA, para cometer invasões, roubos e espionagem. Esse é o cenário mais abrangente da "segurança" e da "cibersegurança". Por esse motivo, também nos últimos anos, foram aprofundadas várias disciplinas e práticas de governança comumente chamadas de "Gerenciamento de Riscos de TI". Assim, dada a dimensão do tema, optamos por apresentar apenas as considerações gerais anteriores.

Uma segunda parte deste subcapítulo, embora diversa do tema "segurança", trata do papel da IA em "guerras". Novamente, dada a amplitude do tema, apresentaremos apenas alguns casos.

Como um exemplo, embora não se tenha uma confirmação oficial do governo, a imprensa tem divulgado há anos o misterioso Projeto Sentient, um "supercérebro artificial secreto" que concentraria grande parte dos esforços para espionagem norte-americana. Outra informação, agora mais oficial, diz que em 2019 o Pentágono lançou uma nova estratégia na área de IA, na qual pede que empresas norte-americanas, gigantes da tecnologia, como Microsoft, Amazon e Google, ajudem a aumentar as capacidades militares dos EUA para alcançar a Rússia e a China no desenvolvimento de IA para fins militares:[66]

> Algumas dessas gigantes da tecnologia já estão "flertando" com os militares. Notavelmente, o plano do Departamento de Defesa depende fortemente de uma mão amiga da indústria de tecnologia norte-americana para obter os algoritmos e o poder de computação necessários para executar projetos de IA. Um resumo não confidencial dessa estratégia exige a rápida incorporação de tecnologias de IA nas decisões e operações militares "para reduzir o risco de forças em campo e gerar vantagem militar". Além disso, os estrategistas do Pentágono acreditam que a IA "pode ajudar a manter nossos equipamentos, reduzir custos

> operacionais e melhorar a prontidão". Outras nações, particularmente a China e a Rússia, estão fazendo investimentos significativos em IA para fins militares, diz o documento de 17 páginas, que tem um texto solto e frases longas, as quais elogiam a confiança dos militares nor-te-americanos na inovação.

Por outro lado, há um aspecto extremamente mais preocupante em se tratando da "corrida armamentista com IA", que é o descompasso gigantesco entre a velocidade de produção do mercado de IA *versus* a velocidade com que as nações conseguem "regular" certas normas nesse campo — hoje praticamente não existem regras estabelecidas. Por esse motivo, a China está preocupada com a aplicação da IA para fins militares, não apenas com o seu uso, mas especialmente temendo que ocorram acidentes:[67] "Especialistas e políticos chineses estão preocupados que a pressa de integrar a IA em armas e equipamentos militares poderia levar acidentalmente a uma guerra entre nações. Desse modo, vê-se cada vez mais a dinâmica da corrida de armas em IA como uma ameaça para a paz mundial. Enquanto os países lutam para colher os benefícios da tecnologia em vários domínios, incluindo o militar, o medo é que as normas internacionais sobre como os países se comunicam tornem-se ultrapassadas, levando a confusões e potenciais conflitos." Finalmente, remetemos de novo ao Capítulo 2, seção 2.2, *AI Now Report*, tópico *Narrativa da corrida armamentista da China*, para sua contextualização envolvendo a IA.

Em uma mesa-redonda promovida em setembro de 2020, acadêmicos de Stanford se reuniram para discutir assuntos como a estabilidade nuclear e a regulamentação da IA, entre outros. Apresentamos um resumo dos assuntos tratados:[68]

- Os EUA, a China e a Rússia estão prontos para integrar IA e aprendizado de máquina em seus sistemas de inteligência militar e nacional, diz Colin Kahl, codiretor do Centro de Segurança e Cooperação Internacional do Instituto Freeman Spogli de Estudos Internacionais em Stanford: "Isso tem implicações potencialmente profundas para a estabilidade nuclear e a perspectiva de um conflito de grandes potências."

- Os EUA veem a IA como uma parte fundamental de sua estratégia de defesa, enquanto a China vê a IA como uma forma de ultrapassar tecnologicamente os Estados Unidos e, ao mesmo tempo, expandir as capacidades militares do Exército. Enquanto isso a Rússia está atrás dos EUA e da China no desenvolvimento de IA, embora Putin tenha dito que "quem quer que se torne o líder na esfera da IA se tornará o governante do mundo".

> O conceito de destruição mutuamente assegurada, em que dois lados em uma guerra nuclear entendem que se aniquilariam se implantassem armas nucleares, evitou efetivamente a guerra nuclear por décadas, diz Kahl. Ele está preocupado que as aplicações militares da IA possam, em última análise, minar a percepção das superpotências de que qualquer ataque nuclear se provaria suicida.
>
> Por exemplo, a IA e o aprendizado de máquina podem facilitar a fusão de dados de sensores cada vez mais onipresentes para produzir o que Kahl chama de "campo de batalha legível por máquina". Uma base de conhecimento tão profunda pode tornar possível minar a capacidade do inimigo de responder a um primeiro ataque. Os sistemas de comunicação militar também podem ser vulneráveis a ataques cibernéticos usando IA, o que também pode impedir que um inimigo responda a um primeiro ataque. Embora essas ameaças à estabilidade nuclear não sejam iminentes, Kahl diz: "Elas estão surgindo e devemos pensar muito seriamente sobre elas."

Em relação à discussão anterior, devemos estar alertas de que os riscos do uso de tecnologias de IA em "guerras" são muito mais concretos, já sendo empregados em miríades de aplicações que não tratam de conflitos nucleares. Em outras palavras, embora a questão nuclear seja importante devido aos seus impactos catastróficos em âmbito global, o emprego de IA com outros objetivos militares já está muito mais presente de maneira "distribuída" no tocante aos seus usos. Isso aplica-se tanto ao conceito de "guerra" utilizando IA em ataques e invasões cibernéticas — tema da primeira parte deste capítulo — quanto ao emprego de drones, robôs, sistemas autônomos e inúmeros outros artefatos mais "concretos" de guerra que estão sendo efetivamente empregados nos campos de batalha reais nos últimos anos. Essa prática aplica-se tanto a guerras mais "convencionais" entre países — por exemplo, no Oriente Médio e na África — quanto ao combate ao terrorismo e outras frentes.

Por fim, ainda outro aspecto sobre segurança trata do uso dos atuais robôs, como braços mecanizados em fábricas, robôs de entrega, carros autônomos, babás automatizadas, atendentes de hotéis etc. No artigo *"Um vislumbre do atual estado de segurança da robótica"*, Dmitry Galov lembra que o Sistema Operacional mais comum na comunidade de pesquisas e desenvolvimento é o *Robot Operating System* (ROS), uma coleção de estruturas de *middleware* para o desenvolvimento de software de robôs, e um sistema distribuído que fornece um mecanismo para os nós de uma rede trocarem informações entre si. "O ROS foi projetado em código aberto, com a intenção de permitir que pesquisadores e usuários escolham a configuração das ferramentas e bibliotecas que interagem com o núcleo do ROS, podendo mudar suas pilhas de software para ajustarem seu robô ou áreas de aplicação":[69]

- Nesse contexto, o problema é que o ROS não possui segurança interna, nem recursos de autenticação, de autorização e de confidencialidade. Mas esses problemas de segurança devem ser abordados antes que produtos baseados em ROS — como robôs sociais, carros autônomos e muito outros — saiam das salas de aula da universidade e projetos de pesquisa para alcançar mercados de massa. Nesse sentido, os ciberataques são uma ameaça crescente à integridade dos sistemas robóticos no centro desse novo ecossistema emergente. Um robô pode sentir o mundo físico usando sensores ou mudar diretamente o mundo físico com seus atuadores.

- Assim, um robô pode vazar informações confidenciais sobre seu ambiente, como dados de sensores ou câmeras, se acessadas por uma parte não autorizada, ou até receber comandos de movimentação, o que criaria um enorme risco de privacidade e de segurança.

- Também há dimensões mais específicas com que se preocupar quando se trata de segurança robótica. Por isso, Kaspersky e a equipe de pesquisa da Universidade de Ghent analisaram como o amplo uso dos chamados "robôs sociais" no futuro poderia afetar a vida privada dos seres humanos. No início de 2019, o *Robotics Lab SCL* — o primeiro hub dedicado à promoção da robótica para servir às pessoas — e a Kaspersky anunciaram uma aliança estratégica para a análise e a otimização da segurança das tecnologias homem-máquina. O acordo se concentrará na pesquisa para melhorar a segurança do *Over Mind*. Esse é um sistema cerebral com robótica e IA que permite que pessoas com paralisia total ou parcial dos membros obtenham mobilidade por meio da tecnologia. O mercado desses robôs para pessoas com deficiência de mobilidade tem crescido muito nos últimos anos.

NOTA DO AUTOR: As notícias e os artigos apresentados neste capítulo são breves exemplos sobre o tema. Seu objetivo é apenas indicar uma tendência nesse campo da IA. O leitor pode buscar mais informações em outras fontes também fidedignas na internet.

7.9. IA, ROBÔS, AVATARES E ACES

O público em geral costuma associar e confundir IA com robôs. Segundo essa visão, a única maneira da IA exteriorizar-se ou "corporificar-se" seria por meio de robôs. A IA não é compreendida como um conjunto de algoritmos, ou um assistente virtual, mas como um robô. E esses robôs também não são semelhantes a um drone, ou a um automóvel autônomo, mas devem possuir um "corpo" com cabeça, braços e pernas. Ou seja, um humanoide.

Existem robôs humanoides, ou androides físicos, reais, produzidos em escala comercial, como o *Atlas* da empresa *Boston Dynamics*, o *Walker X*, da empresa *UBTECH Robotics*, e muitos outros. A maioria deles pode caminhar, correr, segurar e repassar objetos com as mãos, fazer massagens terapêuticas e outras atividades. O *Atlas* corre e faz piruetas no ar muito melhor do que qualquer ser humano.

Pesquisas de expressões faciais e peles artificiais aplicadas em robôs encontram-se em estágios avançados de desenvolvimento. Sensores incorporados proporcionam cheiro e percepção de frio e calor, além de materiais revolucionários que estão construindo os primeiros "robôs moles" — sim, já estamos na 3ª geração de robôs. Assim, em breve teremos androides caminhando nas ruas muito melhor do que os atuais robôs enfermeiros e atendentes de hotéis. Também existe uma série de robôs produzidos para fins militares, drones e aeronaves autônomas, pequenos "tanques" autônomos equipados para transporte, busca, resgate e ataque, exoesqueletos etc. Esses robôs são produzidos e utilizados por inúmeros países como EUA, China, Rússia, Irã, Israel e muitos outros. A lista de robôs militares é imensa: *Foster-Miller TALON SWORDS, Platforma-M, D9T Panda, Elbit Hermes 450, Goleiro CIWS, Guardium, IAIO Fotros, PackBot, MQ-9 Reaper, MQ-1 Predator, TALON, Samsung SGR-A1, Shahed 129, Shomer Gvouloth, ACER, Atlas, Dassault nEUROn, Dragon Runner, MATILDA, MULE, R-Gator, Ripsaw MS1, SUGV, Syrano, iRobot Warrior, PETMAN, Excalibur* e outros.[70]

Mas também existem robôs virtuais como a exuberante influenciadora digital californiana Lil Miquela, de 22 anos, que faz propaganda de grifes e promove a defesa de causas sociais em seu perfil no Instagram.[71] Ela tem 2,6 milhões de seguidores, namora e aparece em fotos ao lado de famosos. Gravou hits como *Not Mine*, e viralizou no Spotify. Mas ela é um robô criado por IA, e estreou em abril de 2016. Além dela, Blawko22 é um modelo negro e youtuber que, em seu canal, discute sobre comportamento e sexo. Ele também é um robô.

A Star Labs, subsidiária da Samsung, apresentou em 2020 os primeiros resultados do seu projeto Neon[72] (novos humanos). Apesar dos resultados não terem cumprido as expectativas desejadas, as "pessoas digitais", ou "humanos artificiais", ou apenas avatares, são criados graças à junção de duas tecnologias: CORE R3, uma plataforma proprietária criada para os NEONs, e SPECTRA, que complementa o CORE R3 com o espectro de Inteligência, Emoção, Aprendizagem e Memória. A partir de informações sobre o comportamento humano, "pode-se criar computacionalmente uma realidade natural além do que a percepção normal pode distinguir", pontuou o líder do projeto da Star Labs. Em um futuro próximo, os avatares estarão disponíveis no modelo de serviços para que empresas e pessoas possam assinar ou licenciar. Eles poderão atuar como jornalistas, âncoras de TV, profissionais de saúde, consultores financeiros, concierges, tutores e professores. Hoje, a IA já é largamente empregada nos assistentes virtuais como Siri (da Apple), Cortana (da Microsoft), Alexa (da Amazon) e o Google Assistant, embora nesses casos ainda apenas por meio de áudio (voz).

Na China, em 2018, um canal de TV por assinatura criou um robô de IA para a transmissão de notícias. Esse novo âncora do jornalismo ficou ligado durante 24 horas por dia, todos os dias durante 4 meses. O algoritmo calculava a forma de falar com base em informações treinadas por humanos e, por fim, lia as notícias mais recentes produzidas por agências.[73] "Diferentemente de um ser humano, o robô conseguiu acumular 10 mil minutos ininterruptos de tela, apresentando mais de 3,4 mil notícias durante seus 4 meses iniciais. A massiva transmissão de notícias, sempre com a mesma voz, rosto e fluxo de fala impressionou a população chinesa, mas reduziu sua popularidade ao longo dos meses. Assim, posteriormente foi lançada uma âncora feminina. Com a dupla, a agência finalmente pôde ter um casal de âncoras para revezar as transmissões. Desde então, a dupla passa todos os minutos do dia noticiando as principais atualizações do mundo, além dos anúncios do comitê partidário do país."

Outra discussão diz respeito à aparência física dos robôs, tanto virtuais — como um âncora de TV ou uma voz em um chatbot —, quanto um androide. É melhor que eles se pareçam cada vez mais com humanos, a ponto de um dia não podermos mais diferenciá-los? Ou é melhor que permaneçam sempre com alguma diferença que os distinga como máquinas? Como vimos na seção *7.2 deste capítulo, Uma curiosa confiança na IA*, o professor de IA e robótica na Universidade de Gent, Tony Belpaeme, disse que, quanto mais humanoide for um robô, maior será sua capacidade de persuadir e convencer: "Nossa experiência mostrou que isso pode gerar riscos significativos à segurança, o que proporciona um possível canal para ciberataques. Por isso, é fundamental cooperarmos agora para entender todas as vulnerabilidades emergentes. Teremos a compensação no futuro."

Preocupados com esse assunto, alguns especialistas discutiram o tema:[74]

- Ben Goertzel, que programou a IA de Sophia, uma robô humanoide social da empresa *Hanson Robotics*, de Hong Kong, acredita que robôs devem ser parecidos com humanos para ajudar a "quebrar desconfianças e reservas que as pessoas possam ter". Robôs humanoides existirão porque as pessoas gostam deles. Elas preferem dar ordens ou reclamar de seu parceiro com um robô humanoide do que com um *Roomba* (um robô aspirador de pó). A Sophia olha nos seus olhos e espelha seus movimentos faciais. É uma experiência diferente de olhar para uma tela no peito do *Pepper* (um robô semi-humanoide da SoftBank Robotics). Existem hoje 20 robôs Sophia pelo mundo, e 6 deles são usados para apresentar a tecnologia. Várias empresas se aproximaram da *Hanson Robotics* com o interesse de usar Sophia para receber seus clientes, mas robôs humanoides como Sophia e Pepper ainda são caros demais para fabricar em série.

- No entanto, muitos desenvolvedores de robôs discordam dessa abordagem. Dor Skuler, cofundador e executivo da Intuition Robotics, opõe-se frontalmente à produção de robôs que se parecem com humanos. Sua empresa fabrica a ElliQ, uma pequena robô socializadora para idosos criada para combater a solidão. Ela é capaz de falar e responder a perguntas, mas constantemente lembra os usuários de que estão diante de uma máquina, não de um ser humano. Skuler se preocupa com o chamado efeito "vale da estranheza" — a ideia de Masahiro Mori de que quanto mais algo não humano se parecer com um humano, mais nós o acharemos inquietante e repulsivo. O empresário acha também que é eticamente errado que os robôs se passem por humanos. Inevitavelmente, as pessoas um dia perceberão que o robô não é real, e elas se sentirão traídas: "Não vejo sentido em tentar enganar e ao mesmo tempo atender às necessidades. ElliQ é fofa, uma amiga. Pelas nossas pesquisas, um objeto ainda é capaz de criar uma afinidade positiva e aliviar a solidão. Isso sem precisar se parecer como um humano."

- Reid Simmons, professor do Instituto de Robótica da Universidade Carnegie Mellon, nos EUA, concorda. "Muitos acreditamos que é suficiente para um robô ter características humanas básicas como olhar e gestual, sem que precise ter uma forma humana hiper-realista. Sou um grande defensor de que precisamos evitar o vale da estranheza, porque ele cria expectativas que a tecnologia não pode cumprir."

O dilema entre construir robôs que se pareçam cada vez mais com humanos, ou deixar uma marca que sempre os distinga de nós, divide as opiniões. Parece haver um forte apelo comercial por androides que sejam indistinguíveis de humanos, especialmente no campo dos assim chamados "robôs sociais", que podem prestar uma série de serviços ao grande público. O argumento, nesse caso, é que a empatia facilitaria a comunicação, provendo confiança ao "relacionamento" humano-robô. Por outro lado, grande parte de especialistas, como psicólogos e outros, opõem-se a essa ideia.

Finalmente, em uma variante mais simples e imperceptível, a realidade é que já existem dezenas de sistemas de chatbots nos quais os robôs são completamente indistinguíveis de humanos. Chatbots são softwares que gerenciam trocas de mensagens. A palavra é composta de "*chat*", que significa "conversa", e "*bot*", que faz referência a *robot*. Eles podem ser chamados mais genericamente de ACEs (*Artificial Conversational Entities*). Em um nível bastante simples, os assistentes pessoais Alexa, Siri e Google são ACEs. Em maio de 2021, o Google anunciou o LaMDA (*Language Model for Dialogue Applications*).[75] Seu objetivo é "permitir que a conversa entre humano e máquina seja mais realista, tanto via texto quanto por voz, fornecendo respostas sensatas e específicas, considerando também fatores como interesse e factualidade. O primeiro aponta para a capacidade da tecnologia de dar respostas interessantes, que não só respondem ao que o usuário busca, mas também são perspicazes, surpreendentes ou espirituosas". O LaMDA ainda está em fase inicial de desenvolvimento.

Para ACEs mais completas, o Prêmio Hugh Loebner é uma competição anual que iniciou em 1991 na Inglaterra. Inicialmente o objetivo era determinar quais seriam os melhores candidatos a vencer o famoso Teste de Turing. O vencedor seria o sistema que, nas opiniões dos juízes participantes, demonstrasse o comportamento conversacional mais próximo dos humanos. ACEs mundialmente famosos, como A.L.I.C.E., Rose e Mitsuku, já venceram o concurso nos últimos anos, não especificamente em relação ao Teste de Turing, mas no âmbito conversacional. No caso de Mitsuku, que venceu o concurso por muitos anos, e de Rose, trata-se de dois ACEs com exímia perícia em responder perguntas difíceis, desviar perguntas de caráter ofensivo, sexual ou racista, contar piadas e sair-se muito bem em diálogos insuspeitados. Para A.L.I.C.E., Rose e Mitsuku existem sites nos quais uma pessoa pode dialogar diretamente com "elas" (em inglês).

Em 2016, a campeã da competição foi Mitsuku, uma ACE de 18 anos que fala sobre os mais variados assuntos:[76] "Se for preciso, ela exibe fotos e até vídeos para exemplificar o seu argumento na interação com um humano. Mitsuku foi inicialmente equipada com mais de 80 bilhões de registros de conversas, um arsenal de dados que a ajudou a se tornar mais de 5 vezes vencedora do Prêmio Loebner. Um dos trunfos de Mitsuku é que não importa se você interromper o assunto e retornar ao bate-papo depois de três dias. Ela se lembrará de você e o chamará pelo nome, inclusive fazendo referência à última conversa."

No caso de Rose, se você ligou para perguntar-lhe algo, e tratar-se de uma exceção que ela não consiga responder, ela dirá: "Desculpe, eu derramei café na minha blusa e preciso vestir algo mais confortável. Deixe-me direcioná-lo para um agente ao vivo." Clara de Soto, cofundadora da empresa *Reply.ai*, trabalha com uma combinação de dramaturgos, editores de cópias, sociólogos e designers de experiência do usuário para humanizar os elementos de diálogo de Rose.[77] Por isso, Kevin Kelly diz: "Há um novo cargo chamado 'designer de conversas', cujo trabalho é projetar respostas de chatbot para consultas de clientes que soem como pessoas reais — assumindo que as pessoas são sempre inteligentes, úteis, interessantes e divertidas." De acordo com a *Juniper Research*, que atua em pesquisa focada em IA, "as empresas dos setores de varejo, bancos e saúde poderão cortar 2,5 bilhões de horas do tempo necessário para humanos responderem às perguntas dos clientes nos próximos 5 anos, se substituírem seres humanos por bots pré-programados. Além disso, estima-se que essas empresas economizarão cerca de US$11 bilhões no mesmo período". Instituições como a AISB (*The Society for the study of AI and Simulation of Behaviour*, UK) também têm promovido estudos que envolvem aprimoramentos contínuos de ACEs.

Por fim, a utilização de "acompanhantes" virtuais para pessoas que necessitam de amparo psicológico está sendo feita com muito sucesso em alguns países por A.L.I.C.E., Rose, Mitsuku e até mesmo Alexa, Siri e Google Duplex, por exemplo. O artigo jornalístico "*Conheça os robôs que lutam contra a solidão — chatbots estão disponíveis a qualquer momento para quem precisa conversar em um momento de isolamento mundial*" faz uma análise do assunto.[78] Por fim, já estamos vivenciando a primeira onda de interação Chatbot + *IoT* (Internet das Coisas), e a taxa de adoção é impressionante. De acordo com um estudo, "mais de 39 milhões de norte-americanos possuem um alto-falante inteligente ativado por voz. Isso demonstra que as pessoas valorizam os comandos da linguagem natural, eliminando a necessidade de aprender um novo software e interface do usuário para fazer as coisas". No Brasil, empresas como Banco Bradesco, Lojas Magazine Luiza e muitas outras utilizam chatbots mais simples ou complexos já há alguns anos.

NOTA DO AUTOR: As notícias e os artigos apresentados neste capítulo são breves exemplos sobre o tema. Seu objetivo é apenas indicar uma tendência nesse campo da IA. O leitor pode buscar mais informações em outras fontes também fidedignas na internet.

7.10. POR QUE A IA PODE NOS TORNAR MAIS INTELIGENTES E IGNORANTES AO MESMO TEMPO?

Durante a minha geração e a dos meus pais, muitos lares no Brasil possuíam a famosa *Grande Enciclopédia Barsa*, ou a *Grande Enciclopédia Larousse*. Eram 12 ou 15 volumes muito grandes, separados por pares de letras em suas capas, compondo uma "Grande Enciclopédia" de conhecimento para jovens em idade escolar, e também para universitários. Passava-se horas lendo e copiando aqueles textos para trabalhos escolares. Hoje, sites de pesquisa, como o popularmente chamado "Dr. Google", atendem a esse objetivo de maneira infinitamente melhor, desde que se consiga ser muito criterioso na escolha das fontes. Por trás dos mecanismos de busca de sites, ou "buscadores" como Google, Yahoo, Bing, AOL, Baidu, DuckDuckGo e muitos outros, estão poderosos algoritmos de IA, e um processo sofisticadíssimo de pesquisa. As respostas indicadas por esses serviços podem contemplar desde o mais criterioso artigo científico de pesquisa emergente, até uma opinião bizarra de qualquer pessoa que publique um comentário na web.

Inserimos esse assunto porque ele desperta a curiosidade da maioria das pessoas. Por exemplo, como o Google retorna minhas perguntas de maneira tão assertiva e tão rápida? — ele deve ser mesmo muito "inteligente". Na verdade, os motores de busca utilizam um processo muito mais complexo do que apenas executar algoritmos velozes. Devemos saber duas coisas sobre os motores de busca do Google, ou de qualquer outro site de pesquisas. Primeiro, o "Dr. Google" não é inteligente. Segundo, ele não está respondendo à pergunta que eu fiz. Ele não é inteligente porque, para cada palavra ou para cada "pergunta" que eu digitar, o Google apenas vai pesquisar, buscar, garimpar e depois "vomitar" na tela milhões de links que ele encontrou em milhões de sites da web, em boas bibliotecas de instituições renomadas, em outras bibliotecas nem tão boas, e em bancos de dados que ele mesmo cria e atualiza. E, sim, ele o faz de maneira impressionantemente rápida. O Google nunca "responde" a uma pergunta, mesmo que eu usasse até um ponto de interrogação. Na verdade, ele apenas realiza o mesmo processo de pesquisa anterior, comparando e listando os links como se fossem as "respostas" desejadas. Nesse ponto, convidamos o leitor que desejar conhecer esse processo em detalhes, para visitar o próprio site do Google, bastante didático: www.google.com/search/howsearchworks/ ou www.google.com/intl/pt-BR/search/howsearchworks/. Uma vez no site, o usuário deve ir optando por selecionar apenas "a resposta curta" ou "a resposta longa", em um processo sucessivo que vai disponibilizando conteúdos cada vez mais detalhados. Reproduzimos a seguir um resumo tão breve que praticamente não faz jus ao excelente conteúdo disponibilizado nos links anteriores. Os textos foram traduzidos pelo *Google Translate* e revisados pelo autor deste livro:[79]

- O Google pesquisa informações *simultaneamente* em muitas fontes diferentes, tais como:
  - Bilhões de páginas da web em *milhares* de idiomas.
  - Bilhões de conteúdos enviados pelos usuários, como envios ao Google Meu Negócio e ao Google Maps.
  - Milhões de livros digitalizados.
  - Milhões de bancos de dados públicos na internet, como bibliotecas e outros.
  - Milhares de outras fontes.

- O Google segue três etapas básicas para gerar resultados a partir de páginas da web:
  - *Rastreamento*: a primeira etapa é descobrir as páginas que existem na web. Não há um registro central de todas elas. Por isso, o Google precisa pesquisar novas páginas constantemente e adicioná-las à sua própria lista de páginas conhecidas. Depois que o Google descobre um URL de página, ele visita ou rastreia a página para descobrir o que há nela. O Google renderiza a página e analisa o conteúdo, tanto textual quanto não textual, e o layout visual geral para decidir onde ela deve aparecer nos resultados da pesquisa. Quanto melhor o Google entender o site, mais ele conseguirá levar seu conteúdo até as pessoas que estão à procura dele.
  - *Indexação*: depois que uma página é descoberta, o Google tenta identificar o conteúdo dela. Esse processo é chamado de indexação. O Google analisa o conteúdo da página, cataloga arquivos de imagens e vídeos incorporados e tenta identificar sobre o que ela trata. Essa informação é incluída no índice do Google, um gigantesco banco de dados armazenado em uma quantidade enorme de computadores.
  - *Veiculação e classificação*: na terceira etapa, quando o usuário faz uma consulta, o Google tenta encontrar a resposta mais relevante no próprio índice com base em vários fatores. Ele tenta determinar as respostas mais adequadas e de qualidade mais alta, bem como avaliar outras considerações que fornecerão a melhor experiência ao usuário. Para isso, leva em conta aspectos como a localização, o idioma e o dispositivo (computador ou smartphone) do usuário.

- O processo de pesquisa segue algumas etapas iniciais, que são:
  - Analisar as palavras pesquisadas.
  - Encontrar correspondências para a pesquisa.
  - Classificar páginas úteis.
  - Exibir os melhores resultados.
  - Interpretar o contexto.
- O processo também envolve avaliadores de qualidade que seguem rígidas diretrizes que definem as metas para algoritmos da Pesquisa. Elas estão disponíveis publicamente para qualquer pessoa em: www.google.com/search/howsearchworks/algorithms/.
- A web está sempre em evolução, com a publicação de centenas de novas páginas a cada segundo. Isso influencia os resultados que você vê na Pesquisa do Google: rastreamos a web constantemente para indexar novos conteúdos. Dependendo da consulta, algumas páginas de resultados mudam rapidamente, enquanto outras são mais estáveis. Por exemplo, quando você pesquisa o placar mais recente de um jogo, temos que fazer atualizações a cada segundo. Ao mesmo tempo, os resultados sobre uma figura histórica podem permanecer iguais durante anos.
- Atualmente, o Google processa trilhões de pesquisas por ano. Todos os dias, 15% das consultas que processamos são inéditas. Criar algoritmos para a pesquisa que sejam capazes de encontrar os melhores resultados para todas essas consultas é um desafio complexo, que exige testes de qualidade e investimentos contínuos. Isso pode parecer simples demais. Mas não é uma tarefa pequena, considerando que em média 500 novas páginas são criadas na web a cada minuto.
- Assim, o primeiro grande desafio é localizar novos dados, gravar o assunto e então armazenar essas informações, com alguma precisão, em uma base de dados. O próximo trabalho do Google é descobrir como combinar e exibir as informações da sua base de dados da melhor forma possível quando alguém inserir um termo de busca. Mais uma vez, a escala representa um problema. Em 2017, o Google processava mais de 2 trilhões de buscas a cada ano. Em 1999, era apenas 1 bilhão por ano. Ou seja, de 1999 até 2017 houve um aumento de volume de 199.900%.

Portanto, os sites de busca executam processos extremamente sofisticados de pesquisa. Além disso, uma vez que se compreenda minimamente a complexidade por detrás desses processos, seus algoritmos de IA e suas regras, é praticamente inacreditável que a resposta seja apresentada imediatamente após o clique de um mouse. É inacreditável que uma pesquisa qualquer em um "buscador" varra o planeta em bilhões de sites, bibliotecas e idiomas, compreenda o contexto do que está sendo solicitado, e organize as milhares de respostas em uma ordem classificatória que atenda ao usuário da melhor forma. Devemos repetir que isso é simplesmente impressionante, e é feito por IA! Então, por que dissemos no início deste subcapítulo que a IA nos ensina e nos torna "ignorantes" ao mesmo tempo? Ou, como dizem alguns autores, por que a IA nos apresenta sempre mais do mesmo?

A IA nos ensina porque ela efetivamente fornece excelentes "respostas", retornando os assuntos que pesquisamos em centenas de "retornos" otimizados. Compete a nós, então, usar nossa inteligência para filtrar, selecionar e validar as fontes de cada uma das "respostas" fornecidas pela IA. Na verdade, pelo motor de busca. Na verdade, pelo algoritmo. Ao final, teremos a nossa "pergunta" respondida. E, o que é muito melhor, de uma maneira extremamente rápida e completa. A IA percorreu toda a "literatura" que encontrou no mundo inteiro em milésimos de segundo, e nos retornou o cardápio completo. Mais do que isso, a IA exibiu as "respostas" em uma certa ordem de prioridade ou importância. Cabe a nós decidir como empregar da melhor forma cada uma das "respostas" fornecidas.

Então, por que a IA nos torna "ignorantes"? Dependendo do assunto da pesquisa, e do aplicativo que estivermos usando, os retornos da IA e dos seus algoritmos de busca apenas reproduzirão aquilo que a maioria das pessoas estiver utilizando. Por exemplo, a IA da Netflix colocará automaticamente no topo da lista os filmes mais assistidos pela maioria das pessoas, por piores que sejam. Eles podem ser um lixo, mas sempre irão para o topo, porque a maioria das pessoas estão assistindo a eles. Eu serei a opinião da maioria. Eu consumirei lixo. Eu "emburrecerei" rapidamente. Eu serei "puxado para a média" por baixo, pelos seus valores estéticos, éticos ou intelectuais. Vale o mesmo para Instagram, Facebook, Google, sites de notícias, redes sociais etc. Aquilo que estiver sendo acessado pela maioria das pessoas será apresentado no topo das minhas pesquisas diretas, induzidas ou automáticas. Claro que, dependendo do assunto, por exemplo, para pesquisas escolares, ou científicas, ou por campos específicos de atividade, o retorno das pesquisas será muito bom, ou "verídico", ou "efetivo", ou "correspondente". Além disso, mesmo na primeira página de pesquisa padrão do Google, por exemplo, é exibido no rodapé uma opção de "Pesquisa Avançada", disponibilizando dezenas de opções para indicar ao usuário mais filtros para a pesquisa desejada.

Além disso, voltando à nossa reflexão, em função desse processo recursivo e "emburrecedor", os aplicativos também sempre me sugerirão exatamente aquilo de que eu gosto! Eles aprenderam comigo mesmo quais são as minhas preferências! Em outras palavras, a Netflix, o Prime, o YouTube, a Amazon, o Facebook, ou o Google, sempre sugerirão produtos, restaurantes, filmes, livros e outros hábitos de consumo daquele tipo que o usuário já tenha consumido — ou seja, sugerirão sempre *mais do mesmo*! Esse processo recursivo faz com que um usuário dificilmente mude de opinião, melhore seus gostos ou participe de algo diferente da cosmovisão à qual já esteja acostumado.

Outro exemplo interessante ocorre quando um usuário digita textos na ferramenta Word da Microsoft. A maioria de nós já sabe que o Word automaticamente sublinha palavras erradas em vermelho. Mas ele também sublinha em azul sugestões de melhorias de palavras ou frases, dependendo do contexto. Em um extremo quase inacreditável, quando eu digito a palavra "inexorável" ele a sublinha em pontilhados verdes, sugerindo: "Considere usar palavras menos complexas." Não conheço quanto os motores do Word utilizam apenas dicionários e/ou algoritmos de IA. Mas, quando eu disse anteriormente que essa sugestão é quase inacreditável, não me refiro à impressionante capacidade de processamento desses motores. Refiro-me à sua capacidade de nos conduzir em direção a um "emburrecimento" generalizado. Quem define quais são as palavras consideradas "complexas"?

Assim, com o passar do tempo, as pessoas cada vez mais pressuporão que os "Drs. Googles", as redes sociais e os inúmeros aplicativos fornecem respostas adequadas, ou corretas, ou completas. Pior do que isso, elas se sentirão continuamente reforçadas no tocante à sua visão de mundo, proporcionando uma sensação de que "estão certas" em seus gostos e pressupostos. Essa é a prática comum hoje, em gerações ainda parcialmente analógicas, e será acentuada nas gerações futuras, completamente digitais. Elas conviverão com *bots* cada vez mais "inteligentes" na maioria das suas interações virtuais. Somada a uma tendência crescente, em todos os países, da perda do hábito de leitura completa, não sintética, bem como da perda de análise crítica de conteúdos no dia a dia da troca de informações, e da crescente inserção de fake news cada vez mais sofisticadas, então provavelmente perceberemos gerações bastante propensas a serem "emburrecidas" por esse processo de perda de protagonismo.

Além disso, não esqueçamos de que muitas pessoas fazem perguntas ao Dr. Google que seriam até antiéticas relacionar aqui em um livro: "Como posso ganhar dinheiro mentindo?", "Como construir uma bomba caseira?", "Como abrir a porta de um carro sem ter a chave?", e muitas outras questões dessa natureza. Sim, não tenha dúvidas de que você encontrará respostas para essas perguntas na web, porque alguém já as postou. Sem dúvida, a IA embutida nos buscadores será cada vez mais passível de prover informações melhoradas, mas de caráter duvidoso. Infelizmente não há muito o que fazer por enquanto.

Harold Bloom, famoso e polêmico crítico literário, em sua obra O Cânone Ocidental,[80] embora referindo-se apenas à literatura e às artes, já havia profetizado o dia em que nem mesmo estudantes do ensino básico conseguiriam ler e compreender até o fim qualquer obra do currículo escolar que estudamos hoje, no presente. Nesse contexto, ele citou professores norte-americanos que testemunharam que muitas crianças não conseguiam mais acompanhar uma leitura de um livro "clássico" padrão. Por esse motivo, muitos professores optaram por simplesmente eliminar esses livros do currículo.

Assim, os retornos práticos de pesquisas da IA e dos seus algoritmos e motores de busca podem ser muito assertivos e construtivos, mas também podem ser muito assertivos e "emburrecedores". Nós corremos o risco de nos alinhar a uma "média" de ignorância factual e cultural "por baixo". Por isso, cabe-nos o imperativo de saber usar adequadamente esses aplicativos e sua IA embutida — trata-se da tão discutida e necessária *educação digital*. A IA encontra-se no campo das ciências, e cabe a nós, humanos, sermos extremamente críticos — como de resto sempre o fizemos durante toda a história da ciência — para avaliar, corrigir e dar significado aos resultados de uma IA que ainda está na sua pré-infância. E mesmo depois, quando surgir provavelmente a *Artificial General Intelligence* (AGI), teremos que superar a ilusão extática que nutrimos sobre a IA, e reconhecer que eventualmente ela não proverá significados de natureza "subjetivamente" humana em suas entregas. Até o presente momento — em determinados contextos — ela nos entrega sempre mais do mesmo, por uma série de limitações técnicas e conceituais que serão superadas.

Ainda assim, as considerações que elaborei anteriormente sobre os mecanismos de busca na web mudarão muito em breve. Em vez de as pesquisas retornarem listas de páginas vinculadas à sua pergunta original, das quais você precisa então escolher as preferidas com base na sua relevância ou procedência, e lê-las — como é feito hoje —, serão proporcionados resultados diretos por meio do uso de processamento de linguagem natural (PNL ou NLP). Em outras palavras, em vez de serem retornadas listas de páginas, será retornada uma resposta direta à pergunta solicitada. Essa área de pesquisa é conhecida como "recuperação de informações neurais" (*Neural Information Retrieval — IR*). Para o leitor que desejar conhecer mais detalhes sobre essa possibilidade de evolução dos mecanismos de busca na web, indicamos o artigo "Uma proposta moderada e radicalmente melhor para pesquisa na web alimentada por IA", do HAI Stanford, no link citado.[81]

Por último, há outras implicações de caráter metodológico bem mais graves do que apenas fornecer sugestões baseadas em preferências de consumo. James Zou, de Stanford, com base em um estudo de Antonio Ginart e colegas, publicado em setembro de 2020, descobriu que, com o tempo, os algoritmos de previsão de IA tornam-se especializados para uma fatia cada vez mais estreita da população, gerando subpopulações e diminuindo a qualidade média geral das suas previsões:[82]

> Talvez os consumidores não se importem se as recomendações do Hulu parecem destinadas a adolescentes urbanos ou se a Netflix oferece melhores opções para homens rurais de meia-idade, mas, quando se trata de prever quem deve receber um empréstimo bancário, esses algoritmos têm repercussões no mundo real. "O principal insight é que isso não acontece porque as empresas estão optando por se especializar em uma faixa etária ou demográfica específica", diz Ginart. Isso acontece por causa da dinâmica de feedback da competição. Além de um certo número de competidores matematicamente calculável, a qualidade das previsões diminui para a população em geral. Na verdade, existe um ponto ideal — um número ideal de concorrentes que otimiza a experiência do usuário. Além desse número, cada agente de IA tem acesso aos dados de uma fração menor de usuários, reduzindo sua capacidade de gerar previsões de qualidade. Exemplos no mundo real incluem empresas que usam aprendizado de máquina para prever as preferências de entretenimento dos usuários (Netflix, Amazon, Hulu), bem como empresas especializadas em pesquisa, como Google, Bing e DuckDuckGo. Zou afirma que "não importa quantos dados você tem, você sempre verá esses efeitos. Além disso, a disparidade fica cada vez maior com o tempo — ela é amplificada por causa dos ciclos de feedback".

> Um banco pode se tornar muito bom em prever a qualidade de crédito de um corte muito específico de pessoas — por exemplo, pessoas com mais de 45 anos ou de uma faixa de renda específica — simplesmente porque eles reuniram muitos dados para esse corte. "Quanto mais dados um banco tiver para um corte, melhor ele poderá atender seus clientes", diz Ginart. E, embora esses algoritmos melhorem em fazer previsões precisas para uma subpopulação, a qualidade média do serviço na verdade diminui à medida que suas previsões para outros grupos se tornam cada vez menos precisas. Imagine um algoritmo de empréstimo bancário que depende de dados de clientes brancos de meia-idade e, portanto, torna-se hábil em prever quais membros dessa população devem receber empréstimos. Essa empresa está realmente perdendo a oportunidade de identificar com precisão membros de outros grupos (a geração do milênio hispânico, por exemplo) que também representariam um bom corte de crédito. Essa falha, por sua vez, envia esses clientes para outro lugar, reforçando a especialização de dados do algoritmo, sem mencionar a crescente desigualdade estrutural. Zou concluiu dizendo que esse ainda é um trabalho muito novo e de ponta. Ele espera que esse artigo estimule os pesquisadores a estudar a competição entre algoritmos de IA, bem como o impacto social dessa competição.

NOTA DO AUTOR: As notícias e os artigos apresentados neste capítulo são breves exemplos sobre o tema. Seu objetivo é apenas indicar uma tendência nesse campo da IA. O leitor pode buscar mais informações em outras fontes também fidedignas na internet.

7.11. DESINFORMAÇÃO, FAKE NEWS E A DEMOCRACIA

O conceito de pós-verdade ganhou popularidade em 2016. A *Oxford Dictionaries* elegeu o vocábulo "pós-verdade" como a palavra "do ano" na língua inglesa. A instituição definiu o termo como um substantivo que denota circunstâncias nas quais as emoções, ou as crenças pessoais sobre um determinado assunto, têm valor maior do que os fatos objetivos sobre aquele assunto. Por exemplo, ela citou o boato amplamente divulgado na época, de que o Papa Francisco apoiava a candidatura de Donald Trump. Isso não foi verdade, mas de nada serviram as fontes confiáveis que negaram essa história.

A *Oxford Dictionaries* disse que o termo estava sendo empregado com alguma constância há mais de 10 anos, mas o uso da palavra cresceu 2.000% em 2016. Um dos maiores especialistas no assunto, Matthew D'Ancona, autor do livro *Pós-verdade*,[83] diz que esse termo significa:

- A afirmação de uma opinião pessoal, individual, ou do grupo ou rede social à qual o indivíduo pertence. Essa opinião não necessita possuir qualquer vínculo com uma verdade objetiva, factual.

- A pós-verdade não necessita ser demonstrada — ela é "a verdade" que a pessoa elegeu para si. Não importa qual seja a verdade real. D'Ancona diz que "a questão não é determinar a verdade por meio de um processo de avaliação racional e conclusiva. Você escolhe a sua própria verdade como em um cardápio de restaurante".

- "Na psicanálise, os argumentos e contra-argumentos são avaliados no nível patológico em referência a neuroses pessoais, e não no nível legal, de acordo com noções tradicionais de verdade e mentira: o imperativo é tratar o paciente com êxito, e não estabelecer fatos. Confinada ao consultório, a terapia, no início, foi uma questão inteiramente privada. No entanto, o paradigma da terapia se espalhou para além do cenário clínico e assumiu um papel dominante na cultura e nos costumes contemporâneos. Muito antes de os 'memes' se tornarem 'virais', a psicologia popular se alastrou pelo mundo e se alojou no público como um meio de tudo explicar."

- Bruno Bettelheim afirmava a "utilidade de agir de acordo com as ficções que são sabidamente falsas". Trump utiliza largamente esse recurso, e hoje se sabe que o Brexit apresentou dados estatísticos manipulados. Essa era a "sua verdade".

- Alex Evans, autor do livro *The Myth Gap*, demonstra que as pessoas "precisam de novos mitos que falem quem somos e do mundo que habitamos". Na sociedade digital, "a batalha entre sentimento e a racionalidade é, de certa forma, uma dicotomia falsa. Mais do que nunca, a verdade requer um sistema de entrega emocional, que fale à experiência, à memória e à esperança".

- Não defendemos que a honestidade esteja morta. "O que os psicólogos denominam 'o viés da verdade' permanece sendo um componente fundamental do caráter humano. Contudo, agora a verdade é percebida apenas como uma prioridade *menor* entre *muitas* outras."

- Há inúmeros exemplos de práticas nos EUA, no âmbito do governo, mídia, empresas, saúde pública etc., e de causas para esse comportamento no mundo digital. Algumas delas são: fragilidades das instituições tradicionais, como Estado, Governo e Política; estratégias mentirosas como moeda de troca entre políticos em todos os países do mundo; a crise financeira de 2008, com suas revelações escabrosas e consequências nefastas para inúmeras nações; desvios, roubos e corrupções como padrão para todos aqueles que representam a Democracia, de modo que o próprio conceito de Democracia é questionado. A Inglaterra foi acometida de um sentimento nacional de descrédito em relação aos seus políticos nos últimos sete anos. Nesse contexto, a pós-verdade tornou-se o novo padrão — ela passa a compreender a realidade que nos cerca da forma que for pessoalmente mais interessante, necessária, benéfica ou agradável.

- Desde a Revolução Científica e o Iluminismo, as narrativas coletivas e históricas em geral contribuíam para a racionalidade, o pluralismo e a prioridade da verdade como base para a organização social. Agora, contudo, o novo cenário das redes sociais e do mundo digital globalmente interconectado traz o ressurgimento da emoção contrapondo a verdade: ela "está batendo em retirada". O filósofo Jean-François Lyotard já antevia esse processo no livro A Condição Pós-moderna (1979), quando surgiria "uma incredulidade em relação às metanarrativas (...) incluindo a própria ideia de verdade".

- Há autores "pluralistas" para os quais "a epistemologia da pós-verdade incita que aceitemos que existem 'realidades incomensuráveis', e a conduta prudente consiste em escolhermos lados, em vez que avaliarmos evidências". É exatamente isso o que ocorre hoje nos nossos grupos de opiniões nas redes sociais. Segundo Richard Rorty: "Verdade é aquilo de que os meus colegas me deixarão sair ileso."

Desafios da IA no Presente

O jornalista Carlos Rydlewski, em um artigo para o jornal O Valor Econômico[84] em maio de 2019, comenta que a OpenIA havia criado o software GPT-2, capaz de redigir textos de maneira autônoma, com grande "potencial destrutivo". A OpenIA foi criada por empreendedores como Elon Musk, da Tesla, e Reid Hoffman, do LinkedIn, e tem como objetivo difundir os frutos da IA pelo mundo. Atualmente também pode-se usar a IA para criar retratos de pessoas que jamais existiram a partir da fusão de rostos reais. Em um desses vídeos falsos, no YouTube, a compositora francesa Françoise Hardy falava sobre o governo Donald Trump. As imagens eram forjadas, e a voz em cena não pertencia à artista francesa, mas à Kellyanne Conway, conselheira do presidente norte-americano. Foi ela que cunhou a expressão "fatos alternativos" como um eufemismo às "fake news". Ou seja, tudo era uma farsa, jamais havia acontecido. O objetivo foi justamente alertar sobre os perigos desse tipo de software. Prosseguimos com o artigo de Carlos Rydlewski:

> Com a IA, o mundo ganha novas ferramentas de manipulação de som, imagem e textos. Na prática, a máxima "ver para crer" tende ao desuso. Em um artigo publicado pela revista *Foreign Affairs*, os advogados e professores norte-americanos Danielle Citron, da Universidade de Maryland, e Robert Chesney, da Universidade do Texas, mostram como essas farsas tecnológicas, as *deepfakes*, podem ser usadas em um mundo em que a mais tênue fagulha informacional gera explosões de ódio de alcance formidável. "Imagine", questionam acadêmicos, o efeito de um áudio de "autoridades iranianas planejando uma operação secreta para matar líderes sunitas em uma província do Iraque". Ou um vídeo com um general norte-americano queimando um exemplar do Alcorão. Como exemplo, o cineasta Jordan Peele criou um vídeo que mostrava Barack Obama disparando impropérios. Coisas como "Trump é um imbecil". Eram mentiras, mas muito convincentes e com alta qualidade. Nesse caso, a voz de Peele foi "encaixada" na imagem de Obama por um software após 56 horas de processamento. O resultado foi de realismo considerável. Atualmente, essas 56 horas já são executadas por vários outros sistemas em apenas alguns minutos.

> Há outras vítimas. A eficácia das vacinas e o aquecimento global são dois exemplos. Em 2018, alardes falsos de sequestros de crianças, disparados pelo WhatsApp, levaram ao linchamento de cerca de 20 pessoas na Índia. Para impulsionar essas tolices na rede, existem fábricas de notícias falsas. Elas atuam em três frentes. A *primeira* é formada por sites e blogs que publicam informações sensacionalistas, falsas ou ambas as coisas. Quanto mais chamam a atenção da audiência, mais arrecadam com propaganda online. Isso porque os sistemas automatizados de publicidade, como o AdSense, do Google, os remuneram com base no número de visualizações e cliques obtidos nas peças publicitárias que expõem. Esses endereços estão em qualquer ponto

do planeta, ainda que voltados para mercados específicos. Em 2016, a cidade de Veles, na Macedônia, com 55 mil habitantes, abrigava perto de 100 sites pró-Trump, lotados de fake news. O AdSense era a fonte de renda de muitos jovens da cidade. O dono de um desses sites disse ao Washington Post que arrecadava US$10 mil por mês.

༄ Já a *segunda* frente de negócios vale-se de redes sociais como o Facebook e o Twitter. Os criminosos usam fotos de pessoas de verdade, mas criam perfis falsos. À medida que se destacam nesses espaços, os algoritmos das redes lhes conferem maior notoriedade. O *terceiro* front, e o maior ambiente de proliferação de fake news é o WhatsApp, comprado pelo Facebook em 2014. Trata-se de um dos instrumentos de comunicação mais populares do mundo, possuindo mais de 2 bilhões de usuários em 180 países. Na prática, o aplicativo tornou-se um canhão de mentiras. No Brasil, os grupos especializados em enviar conteúdo malicioso por esse canal cobram entre R$0,06 e R$0,15 por disparo de mensagem falsa. O WhatsApp limitava em cinco o número de grupos para os quais as mensagens podem ser encaminhadas. Mesmo assim, algoritmos maliciosos multiplicam essa marca por milhares de vezes. Um só celular, ou um só chip, pode repassar 50 mil vezes o mesmo conteúdo. Recentemente, a empresa criou algumas regras para evitar esse procedimento. As empresas especializadas em espalhar fake news usam engenhocas chamadas de "chipeiras" para aumentar a produtividade. Nelas, vários chips são colocados em uma sequência. Quando um deles atinge a cota de mensagens enviadas, outro entra em ação. Uma mensagem que custa a partir de R$0,06 tem 85% de chance de ser aberta pelo destinatário. Além do mais, os alvos podem ser selecionados por meio de filtros como renda, idade e região onde moram. Há polos de distribuição desses conteúdos falsos nos EUA, na Rússia e em outros países.

༄ Não é por acaso que as mentiras fazem sucesso nas redes sociais. Estudos indicam que, no Twitter, histórias falsas têm 70% mais chance de serem reproduzidas do que as verdadeiras. Um artigo da revista científica Science, de pesquisadores do MIT, diz que há em torno de 35 milhões de robôs no Twitter. No Facebook, seriam 60 milhões. Se o conteúdo falso está sendo aprimorado pela IA, e seus meios de propagação evoluem, a questão é saber como conter essa avalanche de lixo e mentiras. As empresas do setor afirmam que não param de investir no desenvolvimento de barreiras contra fake news. Em 2018, o YouTube, que tinha então 1 bilhão de usuários no mundo, recebia 400 horas de conteúdo a cada minuto. Apenas no último trimestre de 2018, foram removidos 76,9 milhões de vídeos e 261 milhões de comentários inadequados.

Em relação às *deepfakes*, especialistas indicam que não existe uma solução para aniquilá-las. Mas há fronts a ocupar. Algoritmos estão sendo desenvolvidos para detectar a presença de vídeos falsificados. Para isso, utilizam sofisticados sistemas de IA. Contudo, soluções com abordagem tecnológica tendem a cair em uma roda-viva, em que os gatos aprimoram as armadilhas, enquanto os ratos, invariavelmente, se esgueiram por novas frestas. Rydlewski diz ainda que há soluções que soam bizarras. Uma delas aponta para a criação de "serviços de certificação de álibis". Neles, as potenciais vítimas de *deepfakes* registrariam todos os seus passos, a fim de provar onde estiveram, o que fizeram e o que disseram. Assim, ficariam imunes às farsas. Parece brincadeira, mas as pessoas já passam quase 100% do tempo plugadas a redes por meio de smartphones. Além do mais, a conectividade é uma tendência crescente. Ela deve receber novo impulso com o advento de tecnologias como a Internet das Coisas (IoT), em que tudo estará ligado entre si e à web. Mas o tema regulamentação é inescapável. Mark Zuckerberg, do Facebook, considera importante atualizar as regras que regem a internet. Diz acreditar que as empresas do setor precisam de participação mais ativa dos governos e reguladores nesse processo. Ele cita quatro áreas que devem ser focalizadas: a integridade eleitoral, a privacidade, a portabilidade de dados e os conteúdos nocivos, sugerindo a criação de organizações independentes para estabelecer padrões sobre os conteúdos que serão distribuídos nas redes.

Vejamos brevemente outros exemplos de origem mais técnica. Motivada pela péssima qualidade das chamadas de vídeos, especialmente avolumadas em todos os países durante a pandemia da Covid-19, a empresa Nvidia apresentou uma solução bastante curiosa:[85] "Em vez de aprimorar os algoritmos de compressão de dados, como ocorre com todos os vídeos transmitidos pela internet, do YouTube à Netflix, a Nvidia passou a usar redes neurais para recriar os rostos dos usuários em tempo real." Como outro caso, a área de tecnologia da Disney desenvolveu uma tecnologia de troca de rostos em vídeos *deepfake* que possivelmente mudará o cinema:[86] "Novas pesquisas asseguram que a troca de rostos está pronta para se tornar uma ferramenta legítima e de alta qualidade para estúdios de efeitos visuais que trabalham em grandes sucessos de Hollywood. No artigo intitulado *High-Resolution Neural Face Swapping for Visual Effects*, pesquisadores do Instituto Federal de Tecnologia de Zurique e do Disney Research Studios detalham várias novas abordagens para trocas de face automatizadas que produzem resultados com qualidade e resolução suficientes para serem usados na produção de filmes."

Todas essas ideias são muito produtivas para os contextos dos problemas que elas visaram solucionar. Mas, ao mesmo tempo, inadvertidamente, são exemplos de iniciativas que acabam contribuindo para a criação de *deepfakes* usando vídeos. Sabe-se que é muito mais fácil as pessoas acreditarem em notícias falsas divulgadas por vídeos do que em simples textos falsos de fake news. Afinal, rostos, gestos, emoções e vozes familiares de personagens em vídeos merecem nossa total confiança — se não fossem falsos.

Tomás R. Ansorena, em artigo publicado por Nueva Sociedad, diz que, nas últimas eleições legislativas em Nova Déli, "o candidato Manoj Tiwari surpreendeu seus eleitores com um vídeo falando em hindi, outro em inglês e outro em haryanvi. Ninguém desconfiava que ele falasse inglês, muito valorizado nas classes urbanas, e muito menos o dialeto da região de Haryana. Alguns dias depois, a verdade foi descoberta: uma agência publicitária propôs ao seu partido BJP utilizar IA para criar *deepfakes* do candidato." Mas Ansorena sugere uma análise mais profunda do problema:[87]

- De acordo com uma análise do *Crime Science Journal*, as *deepfakes* com dolo ou propósito criminoso são os crimes baseados em IA com maior poder de dano ou lucro nessa categoria e, também, os mais difíceis de derrotar. Entre suas modalidades estão a falsificação extorsiva de sequestros por meio da imitação de voz ou imagem de vídeo, a imitação por voz para acessar sistemas seguros e uma ampla gama de extorsões com vídeos falsos.

- A pandemia da Covid-19 elevou nossa relação com imagens virtuais a níveis nunca antes imaginados. Entrevistas de emprego, aulas, batizados, consultas médicas, audiências judiciais, sessões legislativas e até sexo. A "presença" é uma exigência cada vez mais dispensável nos rituais e instituições que nos constituem como sociedade. Por outro lado, a identidade virtual, sua "impressão digital", torna-se cada vez mais relevante, não só em termos jurídicos, mas também práticos. Ali, onde o cotidiano só encontra seu caminho por meio de uma projeção digital, sua autenticação é vital.

- Os métodos de produção de vídeos de *deepfake* foram inicialmente melhorados pelo uso de técnicas de IA como as Redes Antagônicas Geradoras (GANs), de Ian Goodfellow. Ansorena diz que "a invenção de Goodfellow carrega uma lógica faustiana: você se tornará capaz de criar o real, mas não saberá mais o que é real". O próprio Goodfellow, em uma entrevista, disse: "Provar que algo é real pelo seu próprio conteúdo é muito difícil. Podemos simular quase tudo, então você teria que usar algo além do conteúdo para provar que algo é real." Ansorena conclui que, ao contrário de outras tecnologias, "a democratização não resolverá os dilemas que as *deepfakes* apresentam".

Timothy Snyder, historiador de Yale, diz que junto com a Epidemia do Coronavírus veio a Epidemia da Desinformação, e ela pode colapsar a democracia. Os populismos e o espírito de manada da tribo vieram para ficar: "Usar a internet para fortalecer a democracia só é possível se ela for utilizada para encorajar os cidadãos a fazer algo no mundo físico." Celeste Headlee, na sua palestra do TED *10 Ways to Have a Better Conversation*, diz que vivemos uma época em que não existe mais diálogo, e as pessoas nem sabem mais como conversar. De novo, o problema são as redes sociais e seus mecanismos de embrutecimento geral das pessoas, que se comportam como manadas quando estimuladas para tal.

Para um exemplo positivo de tentativa de solução para o problema, órgãos públicos e empresas privadas têm se proposto a acabar com a desinformação por todos os meios. A Microsoft contribuiu para a causa divulgando em 2019 a criação do *NewsGuard Tech*, também disponível para celulares:[88] "Essa ferramenta utiliza um sistema baseado em IA que, juntamente com uma equipe de pessoas, é responsável por analisar a exatidão das notícias surgidas em diferentes páginas da web. Sua operação utiliza classificações com cores verdes (boas) e vermelhas (ruins) que fornecem, em diferentes páginas, indicações de sua credibilidade e transparência." Em setembro de 2020, Tom Burt, vice-presidente corporativo de segurança, e Eric Horvitz, diretor científico da Microsoft, anunciaram novos passos e tecnologias para combater a desinformação.

Marietje Schaake é uma pesquisadora e política holandesa que foi membro do Parlamento Europeu por 10 anos, e agora atua como diretora de política internacional do Centro de Políticas Cibernéticas de Stanford[89]: "Ao observar a evolução da democracia na era da comunicação global instantânea e da mídia social hiperconectada, ela se preocupa com a resiliência da democracia à medida que a própria tecnologia rompe com o *status quo*." Embora as tecnologias — e as empresas frequentemente não regulamentadas que as criaram — afirmem ser bem-intencionadas, ela diz: "A democracia está sendo atacada por propagandistas e maus atores sociais que usam essas ferramentas de maneiras perturbadoras. Por exemplo, os modelos de negócios baseados em vigilância e publicidade nunca foram concebidos tendo em mente a preservação da democracia. Assim, agora nos encontramos em um momento decisivo para o futuro dos sistemas eleitorais. Os EUA e outras nações democráticas podem expor os responsáveis por isso e suas técnicas, ou sucumbir às suas abordagens. As soluções devem começar nas bases e com as empresas de tecnologia. Precisamos de monitoramento e pesquisas independentes e em tempo real para melhor expor as manipulações e permitir a formulação de políticas baseadas em evidências." A historiadora norte-americana Anne Applebaum, autora do livro *O Crepúsculo da Democracia*, caminha na mesma direção, dizendo que "chegou a hora de encarar a necessidade de uma regulação das redes sociais. Não se trata de censurar conteúdos, mas de adequar os algoritmos ao interesse público".[90] Nesse contexto, remetemos novamente às multas bilionárias que Facebook, Google e outras empresas recebem anualmente nos EUA e na Europa, como vimos na seção 7.4 deste capítulo.

Apresentamos um brevíssimo resumo de uma entrevista de Marietje Schaake, "A democracia pode sobreviver em um mundo digital?", concedida para Russ Altman, diretor associado do HAI, em setembro de 2020:[91]

- Schaake cita o exemplo de que um governo pode pavimentar estradas que depois todos os cidadãos utilizarão. Mas poderiam agora as grandes empresas, apenas porque pavimentaram as estradas digitais, usufruir de todos os dados que circulam por elas e, além disso, não se importar com privacidade e com as legislações de GDPR? Como aplicar e como *manter* décadas de práticas democráticas em uma economia e uma sociedade digitais, nas quais poucas empresas detêm monopólios, e criam tendências com suas tecnologias e com a IA? No passado, inúmeras grandes empresas sofreram processos regulatórios, como o famoso caso da AT&T/Bell telefonia. Cada uma delas encarou a necessidade regulatória de uma maneira, especialmente quando se tratou de inovações tecnológicas em áreas como fármacos, automóveis, alimentos e outros. O objetivo nos países da Europa, por exemplo, nunca foi prejudicar essas empresas, mas sempre garantir a segurança dos seus cidadãos no tocante ao consumo ou uso dos seus produtos. Alguns princípios da democracia e dos direitos dos cidadãos não podem ser "disruptidos" pelas tecnologias. Mas, no presente, o impacto massivo das novas tecnologias não encontra precedente histórico.

- Uma das ilusões, até a pouco tempo atrás, era a de que, se pessoas pudessem manifestar-se livremente na web, nas redes sociais, usando as tecnologias disponíveis, o melhor da humanidade iria emergir. Essa foi uma visão do Vale do Silício — mas a realidade mostrou exatamente o contrário, colocando em risco a própria democracia. A noção liberal de que as pessoas podem fazer suas próprias escolhas atualmente conflita com a realidade de que, agora, elas são manipuladas pelas redes sociais.

- Schaake diz ter esperanças em iniciativas de base, como Stanford, onde pesquisadores e empresas de tecnologia estão estudando de forma coordenada as manipulações e a divulgação de desinformação. Isso pode ajudar e ser melhor do que nada. Por outro lado, a dificuldade é que existe muita polarização, e é difícil enviar mensagens que cruzem as fronteiras e que sejam críveis. Ela acredita que iniciativas de coalizões civis, de especialistas e leigos, podem trazer alguma esperança: os EUA precisam de "mensageiros" confiáveis. Pesquisas poderão indicar se

> existe um melhor tipo de intervenção — não de censura. Mas também deve haver clareza sobre as leis, e essas precisam ser atualizadas para o novo mundo da tecnologia. Quais são as regras de regulação? As empresas privadas não podem agir por conta própria.

Em uma outra frente, pesquisadores da *Stanford University*, da *Pennsylvania State University* e da *University of Toronto* abordaram a problemática de fake news e *deepfakes* em um artigo intitulado "Preparando-se para a era de *deepfakes* e desinformação".[92] Os autores notam que:

> - Conforme a variedade e a escala das *deepfakes* se expandirem, elas provavelmente serão capazes de simular o comportamento humano de forma tão eficaz, e funcionarão de maneira tão dinâmica, que passarão cada vez mais no conhecido Teste de Turing, que visa a distinguir humanos de máquinas.
>
> - Redes Adversariais Generativas (GANs) produzem conteúdo sintético treinando algoritmos uns contra os outros. Elas têm aplicações benéficas em setores que vão desde moda e entretenimento até saúde e transporte, mas também podem produzir mídia capaz de enganar as melhores ferramentas forenses digitais.
>
> - Os criadores de conteúdos falsos provavelmente manterão o controle sobre aqueles que os investigam. Portanto, novas intervenções políticas serão necessárias para distinguir o comportamento humano real do conteúdo sintético malicioso. Os formuladores de políticas precisam pensar de forma abrangente sobre os atores envolvidos e estabelecer normas, regulamentações e leis robustas para enfrentar o desafio das falsificações e da desinformação aprimorada. A *Federal Trade Commission*, nos EUA, poderia responsabilizar as plataformas usando sua autoridade de práticas comerciais desleais.

Como vimos nos parágrafos anteriores, as populações em geral estão reféns de si mesmas por pelo menos três processos que se retroalimentam. *Primeiro*, a perda da percepção do que é verdade, passando a acreditar em quaisquer notícias e bobagens derivadas de campanhas de desinformação ou má informação, propositais ou espontâneas, oriundas das redes sociais. É o novo mundo das fake news e *deepfakes*, gerando problemas estruturais para a própria democracia que, lembremos, não existe há muito mais de 70 anos na maioria dos países. *Segundo*, a pandemia da Covid-19 acelerou esse processo, empurrando as pessoas ainda mais em direção à pandemia da desinformação. *Terceiro*, as tecnologias digitais, entre as quais a IA, aceleraram o processo de criação e simultaneamente de correção de fake news e *deepfakes*.

Em um novo livro, *Digital Technology and Democratic Theory* [Tecnologia Digital e Teoria Democrática, em tradução livre], lançado nos EUA em 2021, estudiosos de múltiplas disciplinas refletem sobre as tecnologias digitais:[93]

- Tivemos pelo menos uma década de tecno-utopianismo em que as tecnologias digitais eram consideradas inerentemente libertadoras, supondo que espalhariam a democracia pelo mundo, e que enriqueceriam vidas individuais de alguma forma incomparável. Mas então mudamos para uma década de tecno-distopianismo em que as tecnologias digitais sequestraram nossa atenção, violaram nossa privacidade, corroeram nossas próprias almas e minaram as sociedades democráticas. Esse livro adota uma abordagem madura para pensar sobre a intersecção da tecnologia digital e da teoria democrática, para que possamos entender melhor como aproveitar os grandes benefícios da tecnologia digital e mitigar ou conter os riscos potenciais.

- Esse é um livro para pessoas que querem ter uma visão mais longa — ponderando as implicações da tecnologia para as instituições democráticas nos próximos 10 a 50 anos, em vez de apenas reagir ao mais novo unicórnio ou ao escândalo du jour. É também um livro para estudiosos de todo o mundo que podem encontrar nesse volume um rico e fértil conjunto de agendas de pesquisa para perseguir, bem como uma apreciação das maneiras pelas quais o consenso interdisciplinar pode ajudar a guiar nossa atenção para onde ela deve ser concentrada.

- De fato, a tecnologia digital pode ser colocada a serviço da democracia e expandir a forma como pensamos sobre o funcionamento das sociedades democráticas. Por exemplo, uma das coautoras, Hélène Landemore, contribuiu com um capítulo sobre como as tecnologias digitais podem nos ajudar a ir além da própria ideia de democracia representativa. Em essência, ela explora alternativas para realizar eleições nas quais nossos representantes eleitos saem e fazem os negócios do povo e, em seguida, os cidadãos não fazem nada além de aparecer novamente em alguns anos para votar de novo. Há maneiras pelas quais podemos fazer crowdsource, estilo Wikipedia, para a escrita de uma constituição com pessoas em todo o mundo contribuindo para a redação e edição de nossas próprias leis? Ou formas em que as assembleias cidadãs podem acontecer online como complemento ou possivelmente substituição de representantes eleitos? Isso não é meramente possível, mas já foi feito, e com alguns bons resultados. Mais uma vez, essa é uma maneira de olhar melhor para o futuro — como uma forma de recrutar tecnologia digital não como uma ameaça à democracia, mas como uma serva dela.

Em face do colapso do conceito de verdade e democracia, em um relatório do 2º semestre de 2020, pesquisadores do Centro de Cambridge para o Estudo de Risco Existencial (CSER), do Alan Turing Institute e do Laboratório de Ciência e Tecnologia de Defesa (Dstl), sugeriram alguns cenários de crise hipotéticos para investigar fatores sociais e tecnológicos que interferem na tomada de decisões e na ação coletiva adequada para sociedades democráticas.[94] Os organizadores exploraram seis cenários de crise hipotéticos e desafios complexos:

- Crise global de saúde, como no caso da Covid-19.
- Assassinato de caráter (*Character Assassination* — CA). O termo significa um esforço deliberado e contínuo para prejudicar a reputação ou a credibilidade de um indivíduo. O termo também pode ser aplicado seletivamente a grupos e instituições sociais. Agentes de assassinatos de caráter empregam uma mistura de métodos abertos e secretos para atingir seus objetivos, como levantar falsas acusações, plantar e fomentar rumores e manipular informações.
- Campanha governamental de notícias falsas — *deepfakes* e suas associadas.
- Balbucio epistêmico, em que a população em geral perde a capacidade de reconhecer a diferença entre a verdade e a ficção, agora apresentada como verdade.
- Colapso econômico.
- Limpeza étnica xenófoba.

Esse relatório também visa a aconselhar "os atores do governo e outros guardiões da produção e troca de informações confiáveis, na preservação da capacidade de uma sociedade de organizar ações coletivas oportunas e bem informadas à luz das ameaças e vulnerabilidades descritas anteriormente". Seguem algumas recomendações:

- Desenvolver métodos tecnológicos ou institucionais para aumentar o custo (penalidades) para os adversários na divulgação de informações sem suporte, fabricadas ou falsas.
- Desenvolver métodos para ajudar os consumidores de informação a identificar mais facilmente fontes de informação confiáveis.
- Explorar métodos tecnológicos ou institucionais para sinalizar informações confiáveis relevantes para decisões de maneira assimétrica.

- Desenvolver métodos tecnológicos ou institucionais para monitorar as mudanças nos sistemas de informação social e detectar rapidamente a ação adversária em tempos de tensão ou crise.
- Estabelecer relações de trabalho com uma ampla gama de especialistas com experiência na identificação e na análise de ameaças e que poderiam servir como consultores antes e durante as crises.
- Investir na construção e na curadoria de grupos de pesquisa multidisciplinares e redes de especialistas.

Por fim, como outro exemplo de literatura sobre o tema, Sinan Aral, diretor da *MIT Initiative on the Digital Economy*, publicou em setembro de 2020 o livro *The Hype Machine — How Social Media Disrupts Our Elections, Our Economy, and Our Health — and How We Must Adapt*. Com base em duas décadas de pesquisa, *The Hype Machine* "revela o impacto da mídia social nas eleições nos EUA e como equilibrar a necessidade de privacidade, regulamentação e acesso aberto em um mundo de informações online desenfreadas".

Finalizamos este Capítulo *7, Desafios da IA no presente* — exemplificado por meio de 11 assuntos —, com uma pergunta. Pode a IA enfrentar desafios ou riscos? Claro que não, afinal, ela ainda não existe. Existem apenas algoritmos, sistemas especialistas ou uma *Narrow AI*. A verdadeira IA, a *Artificial General Intelligence* (AGI), poderá ou não surgir nas próximas décadas. Portanto, mais uma vez, enfrentamos um problema de figura de linguagem ao lidar com a IA. Na verdade, nós antropomorfizamos a IA, nós a tratamos como algo humano. No momento, a IA são apenas algoritmos, e eles ainda envolvem outras questões que trataremos no próximo capítulo, como alinhamento de valor, explicabilidade, equidade algorítmica e outros. Assim, na verdade, os desafios e riscos da IA são nossos. São desafios e riscos dos seres humanos no processo de desenvolvimento das aplicações de IA e na forma de condução dos seus resultados. Eles podem ser excelentes e maravilhosos, como no caso do exame de milhões de diagnósticos de doenças, com resultados praticamente perfeitos. E eles também podem ser desastrosos, como em todos os exemplos que vimos neste extenso capítulo.

NOTA DO AUTOR: As notícias e os artigos apresentados neste capítulo são breves exemplos sobre o tema. Seu objetivo é apenas indicar uma tendência nesse campo da IA. O leitor pode buscar mais informações em outras fontes também fidedignas na internet.

CAPÍTULO 8

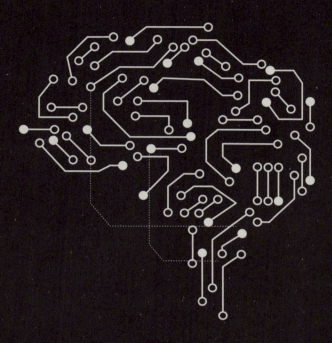

COMO SUPERAR A NATUREZA DA IA

Uma vez apresentados alguns desafios em campos específicos da IA no Capítulo 7, vamos abordar brevemente aspectos que permeiam a própria estrutura da IA, digamos assim, e algumas alternativas de solução. Salientamos novamente que o autor não é técnico em IA, e nossa abordagem sempre tem sido de caráter mais sociológico, conceitual e jornalístico.

O artigo *"GDPR e Decisões Automatizadas: Limites a um Direito à Explicação"*,[1] publicado pelo Centro de Pesquisa em Direito, Tecnologia e Inovação, DTIBR, lembra que cada vez mais empresas e governos têm feito uso de sistemas de IA para dar suporte a decisões que possuem um impacto crucial na vida dos indivíduos. Esses impactos podem variar "desde o preço de bens e serviços online, elegibilidade para obtenção de crédito ou benefícios previdenciários, até decisões relativas à reincidência criminal e liberação sob fiança. Ocorre que, como tais algoritmos são treinados a partir de dados já existentes, há o risco de que eles repliquem ou exacerbem padrões históricos de inequidade ou discriminação. Por exemplo, um sistema de análise e filtragem de currículos que se baseie apenas nas taxas de sucesso anteriores dos candidatos muito provavelmente reproduzirá vieses exibidos em modelos tradicionais de contratação, compreendendo a ausência de mulheres ou negros como um padrão a ser replicado". Outro exemplo clássico lembra um solicitante de empréstimo que tem seu crédito negado por um sistema que utiliza IA — ele não poderá compreender os resultados se os seus dados foram inseridos erroneamente, se o sistema é discriminatório com base em sua raça, bairro de residência, histórico de compras e crédito, por exemplo, ou o que ele poderia fazer para ter maiores chances de sucesso no futuro. Assim, essa falta de explicabilidade de *como* os algoritmos de IA operam e chegam às suas conclusões pode ser comparada a uma "caixa-preta", ou *AI black box*, ou "explicabilidade". Exemplos dessa natureza já ocorrem amplamente no Brasil, embora dificilmente sejam publicados.

Poucos anos atrás, a falta de explicabilidade era uma característica considerada inerente às técnicas de aprendizado de máquina (ML — *machine learning*) e de IA. O foco estava nos fantásticos resultados proporcionados pela IA, e não em explicar como ela produzia as conclusões a que chegava. Contudo, no presente, conseguir explicar a maneira como a IA chega aos seus resultados, ou "abrir a caixa-preta", tornou-se fundamental — a crescente popularização de aplicações de IA demonstrou a sua falibilidade e os riscos proporcionados. Alguém poderia supor que esses riscos ocorrem mais frequentemente pelo uso de bases de dados de treinamento mais propensas a conter vieses racistas, por exemplo, como nos casos de bancos de dados da polícia, de departamentos de RH etc. Mas isso é apenas parte da verdade. O mesmo pode ocorrer em simples coleções de fotos de qualquer tipo, como de pessoas, paisagens, veículos etc. Assim, no momento presente, devido aos seus grandes impactos públicos, e incentivada por legislações como a Lei Geral de Proteção de

Dados (LGPD/GDPR), não é mais permissível aplicações de IA que não se "expliquem" minimamente. Portanto, trata-se agora do desafio de aplicar esse princípio às novas técnicas e metodologias de IA, das quais o aprendizado de máquina (ML — *machine learning*) é apenas uma.

8.1. A QUESTÃO DO ALINHAMENTO DE VALOR

A questão do alinhamento de valor pode ser resumida por uma explicação do LCFI (*Leverhulme Centre for the Future of Intelligence*), da University of Cambridge: "Os sistemas de IA estão operando com autonomia e capacidade crescentes em domínios complexos do mundo real. Como podemos garantir que eles tenham as disposições comportamentais corretas — as metas ou valores necessários para garantir que as coisas deem certo, sob o ponto de vista humano?":[2]

> Dr. Stuart Russell (UC Berkeley) chamou isso de problema de alinhamento de valor. Liderados por equipes do *Future of Humanity Institute* (FHI) da Universidade de Oxford e do *Center for Human-Compatible Artificial Intelligence* da UC Berkeley, existem projetos que buscam desenvolver métodos para evitar que os sistemas de IA atuem inadvertidamente de maneiras contrárias aos valores humanos.

> O *FHI* tem uma abordagem interdisciplinar que engloba técnicas de aprendizado de máquina, ciência da computação teórica, teoria da decisão e filosofia analítica. Alguns exemplos incluem linhas de pesquisa com o objetivo de modificar os agentes de aprendizado por reforço para serem "interruptíveis" (de modo que não resistam às tentativas de desativá-los) ou "ativos" (de modo que os agentes devem incorrer em um custo para observar suas recompensas). Liderado pelo Professor Russell, o *Center for Human-Compatible Artificial Intelligence* está desenvolvendo novas abordagens empíricas para lidar com várias questões, como o papel da incerteza explícita sobre os objetivos no projeto de sistemas inteligentes que são comprovadamente seguros, e que têm um incentivo para permitir a correção por humanos. Além do desenvolvimento de métodos de aprendizado por reforço eficazes para determinar os objetivos humanos em face de restrições arquitetônicas cognitivas significativas. Por fim, até que ponto o aumento das capacidades de IA exige um alinhamento de valor mais preciso entre os sistemas de IA e seres humanos para evitar riscos significativos. Fora isso, linhas adicionais de pesquisa para segurança técnica em IA podem ser encontradas em várias agendas de pesquisa, como as do *Google Brain*.

O desafio do alinhamento também é tema de um novo livro de Brian Christian, editado nos EUA em outubro de 2020, *The Alignment Problem: Machine Learning and Human Values*. O resumo comercial do livro indica que:[3]

- Nos últimos anos, houve uma erupção de preocupações à medida que o campo do aprendizado de máquina avança. Quando os sistemas que tentamos ensinar não fazem, no final, o que queremos ou esperamos, surgem riscos éticos e potencialmente existenciais. Os pesquisadores chamam isso de problema de alinhamento.

- Por exemplo, sistemas de IA separavam os currículos até que, anos depois, descobrimos que eles têm preconceitos inerentes. Algoritmos decidem a fiança e a liberdade condicional — e parecem avaliar os réus negros e brancos de forma diferente. Não podemos mais presumir que nosso pedido de hipoteca ou nossos exames médicos serão vistos por olhos humanos.

- Os modelos matemáticos e computacionais que conduzem essas mudanças variam em complexidade, de algo que pode caber em uma planilha a um sistema complexo de IA. Eles estão constantemente substituindo o julgamento humano e o software explicitamente programado. Brian Christian propõe algumas sugestões para o problema de alinhamento antes que ele esteja completamente fora de controle. Em uma mistura de histórias e reportagens locais, demonstra o crescimento explosivo de aplicações no campo do aprendizado de máquina e pesquisa as suas fronteiras.

Os pesquisadores Mona Sloane e Emanuel Moss, da Universidade de New York, publicaram um artigo que marcou o lançamento de uma revista do grupo Nature dedicada à "inteligência de máquina", chamado *"Deficit de ciências sociais da IA"* (*AI's social sciences deficit*).[4] Os autores defendem que desenvolvedores de IA devem buscar os conhecimentos de uma ampla gama de disciplinas das ciências sociais para reduzir o dano potencial de suas criações. "As abordagens das ciências sociais podem aumentar amplamente o valor da IA, ao mesmo tempo evitando as armadilhas já documentadas. Para isso, é necessário ir além da garimpagem de dados e seus métodos quantitativos, incorporando os muitos métodos qualitativos das ciências sociais."

Yoshua Bengio, fundador do MILA, e professor da Universidade de Montreal, no Canadá, é um dos maiores especialistas em aprendizado profundo. Ele diz: "A IA ainda está em sua infância, e seu nível de raciocínio não é nem sequer equivalente ao de um sapo." No entanto, Bengio alerta que já existem sérios problemas de monopolização e distribuição desigual no desenvolvimento da IA, que só podem ser solucionados em escala mundial:[5]

- Quando navegamos na internet somos aliciados por publicidade direcionada de anúncios do Facebook, Amazon, YouTube etc. Atualmente, os produtos de IA possuem apenas uma pequena parcela do mercado, mas os economistas preveem que em poucos anos eles alcancem 15% ou muito mais. A IA permitirá, então, que essas empresas vendam mais, enriqueçam mais e possam pagar aos pesquisadores contratados muito mais do que fazem hoje em dia. Ao aumentar sua base de consumidores, as empresas aumentarão a quantidade de dados aos quais têm acesso — e esses dados são uma mina de ouro que torna o sistema ainda mais poderoso.

- Tudo isso cria um círculo virtuoso, que é bom para essas empresas, mas não é saudável para o resto da sociedade. Tal concentração de poder pode ter um impacto negativo tanto na democracia quanto na economia. Ela favorece grandes empresas e diminui a capacidade de novas pequenas empresas entrarem no mercado, mesmo tendo melhores produtos para oferecer. Por isso, devemos incentivar mais diversidade no mundo dos negócios associados à IA, e evitar uma situação de monopólio.

- Existem opções de leis antimonopólio: "Acredito que regulamentações criteriosas de publicidade podem contribuir para a prevenção do estabelecimento de monopólio em pesquisa de IA. Muitas vezes nos esquecemos que temos a opção de tomar uma decisão coletiva de regulamentar a propaganda, de forma que não seja prejudicial à sociedade. Além disso, os serviços oferecidos por grandes empresas privadas, como Google ou Facebook, poderiam se tornar públicos, da mesma maneira que a televisão é ao oferecer serviços semelhantes."

- O Canadá decidiu financiar não apenas a pesquisa básica e ajudar startups, mas também investir no pensamento coletivo e em pesquisa na área de ciências sociais e humanas, de modo a avaliar o impacto social da IA. A *Montreal Declaration for a Responsible Development of Artificial Intelligence* é uma iniciativa que buscou estabelecer diretrizes éticas para o desenvolvimento de IA no âmbito nacional. Sete valores foram identificados: bem-estar, autonomia, justiça, privacidade, conhecimento, democracia e responsabilidade.

Por fim, examinemos algumas abordagens do desafio do alinhamento a partir de uma palestra do professor Stuart Russell (UC Berkeley), em maio de 2020, para um público virtual global — a palestra "IA comprovadamente benéfica" dos ciclos do *Alan Turing Institute*. Posteriormente, várias perguntas *online* foram respondidas textualmente. Russell é autor do livro *Artificial Intelligence: A Modern Approach*, uma referência em IA, traduzido para 14 idiomas e utilizado em mais de 1.400 universidades em 128 países. Seu livro *Human Compatible* (Penguin, 2019) gerou debates em todo o campo da IA e atraiu o apoio de líderes da indústria. As perguntas e respostas da palestra, citadas a seguir, foram editadas para maior clareza pela Coordenadora de Eventos de Turing, Jessie Wand, e por Beth Wood.[6] Em todos os textos, o professor Russell usa a palavra "robô" para se referir a qualquer sistema de IA, seja incorporado em hardware, seja apenas em software, um assistente pessoal de smartphone ou um chatbot. Relacionamos algumas das perguntas apresentadas. O texto foi traduzido pelo *Google Translate* e revisado pelo autor deste livro:

Como um sistema de IA deve tomar decisões em um cenário no qual escolhas imediatas são necessárias?

Em certo sentido, escolhas imediatas são *sempre* necessárias. Um robô ou um humano está sempre fazendo *algo*, mesmo que seja para não fazer nada. Eu entendo que a questão é chegar ao problema de um robô agindo sem a oportunidade de pedir permissão ou obter mais informações sobre as preferências humanas. Nesses casos, há uma compensação entre o custo potencial da inação e o custo potencial de fazer a coisa errada. Vamos supor que o robô está sozinho em casa, a casa está prestes a ser consumida por um incêndio florestal e o robô pode salvar os álbuns de fotos da família ou o esquilo de estimação, mas não ambos. Ele não tem ideia do que tem maior valor para a família. Bem, o que alguém faria?

Como podemos garantir que as preferências sejam atualizadas conforme a sociedade muda ao longo do tempo? A IA mudará as preferências das pessoas se, por exemplo, a solução de IA for vista como a norma e as pessoas tiverem medo de expressar suas próprias preferências?

Os robôs sempre estarão aprendendo com os humanos e sempre com o objetivo de prever como as pessoas *atualmente* desejam que seja o *futuro*, e até mesmo como elas desejam *que* seja o futuro, até que aconteça. Não existe uma única "solução de IA" quanto às preferências humanas — deve haver 8 bilhões de modelos preditivos. Acho que as pessoas serão positivamente *encorajadas* a expressar suas preferências, pois isso permite que os sistemas de IA sejam mais úteis e evitem infrações acidentais.

Como você acha que a IA pode ser controlada para minimizar o risco de viés?

Recentemente, muito trabalho foi feito sobre esse problema, dentro do subcampo da IA relacionado à justiça, à responsabilidade e à transparência. É discutido no livro *Human Compatible* (pp.128–130). Acho que temos um bom controle sobre as possíveis definições de justiça e sobre os algoritmos que estão em conformidade com essas definições. As organizações estão começando a desenvolver práticas internas para usar essas ideias e é muito provável que surja um consenso em torno dos padrões da indústria e possivelmente da legislação.

◦₀ **Um nível de indecisão não significará que essas IAs passariam o tempo todo apenas fazendo perguntas esclarecedoras aos seres humanos? Estou pensando em um assistente de IA que faz tantas perguntas que o próprio humano pode fazer isso sozinho.**

Isso é correto — se o robô acredita que pode fazer perguntas sem nenhum custo para os humanos, ele fará muitas perguntas. Esse ponto é abordado no livro *Human Compatible* (p.199). Felizmente, o robô pode modelar o custo, seja por aborrecimento ou demora na ação. Existe uma compensação entre o custo de perguntar e o valor de saber a resposta. Em IA e economia, esta é a teoria do valor da informação — ver *Artificial Intelligence: A Modern Approach*, 4ª edição, p. 16.6. Perguntas importantes, como: "Tudo bem se eu transformar os oceanos em ácido sulfúrico?", valem a pena perguntar. Quando o risco de desvantagem é pequeno e o robô tem quase certeza de que pode agir com segurança, ele seguirá em frente. Humanos rabugentos que odeiam ser interrompidos devem aceitar que seus robôs são mais propensos a fazer coisas que eles não gostam. Não há como contornar isso — mas é importante notar que o robô não começa do zero com cada ser humano, sem saber nada sobre as preferências humanas.

Em primeiro lugar, é razoável incluir algumas crenças anteriores bastante fortes, dizendo que os humanos preferem principalmente estar vivos, ter saúde, estar seguros, ter o suficiente para comer e beber, saber coisas, ter liberdade de ação etc. Em segundo lugar, o robô pode acessar o vasto registro de escolhas humanas evidente em registros escritos. Terceiro, os humanos têm muitas semelhanças entre si, e as preferências de outros humanos podem ser úteis para prever as preferências de uma determinada pessoa.

◦₀ **O que acontece se a IA tiver uma crise ontológica, e perceber que as preferências do ser humano não estão fundamentadas em conceitos racionais?**

Esse é um tema na trama de *Machines Like Me*, de Ian McEwan, mas não é, até agora, um problema para a IA. Primeiro, nós, cientistas de dados e especialistas em IA, não estamos no negócio de dizer o que os humanos deveriam preferir. Desde que as preferências sejam internamente consistentes, o robô pode ter como objetivo satisfazê-las — sujeito a conflitos com as preferências dos outros, é claro. Se eles realmente forem inconsistentes, não há nada a ser feito para satisfazer a parte inconsistente, mas o robô pode ajudar com a parte consistente.

É importante notar que uma grande parte da aparente inconsistência vem de nossas limitações cognitivas em transformar preferências subjacentes em ações e objetivos de curto prazo, a dificuldade de fazer escolhas entre futuros parcialmente especificados, como escolher uma carreira ou outra, e o fato de que nossas próprias preferências são apenas parcialmente conhecidas — muitas vezes não podemos dizer o quanto gostamos ou não gostamos de algo até que o experimentemos, então fazemos suposições mal informadas.

⚯ **Como damos a uma IA a capacidade de informar o agente sobre o provável perigo iminente ao operar em um ambiente não amigável? Os humanos normalmente treinam o robô para atingir um objetivo e dar-lhes as recompensas em relação à ação realizada, mas, para evitar que a situação de perigo surja, o robô deve agir dentro de sua recompensa negativa?**

Em primeiro lugar, é normal permitir recompensas "negativas" em problemas de decisão comuns. Coloquei "negativo" entre aspas porque a única coisa que importa é a recompensa *relativa* — ou seja, algumas experiências são piores do que outras. O robô evitará as piores, sejam as recompensas -1 e +1 ou +1 milhão e +2 milhões.

Em segundo lugar, é difícil ensinar a um robô ou a um ser humano que cair de um penhasco é ruim fazendo-o cair de um penhasco muitas vezes. Isso custa muitos robôs. Existem pelo menos três soluções: (1) fornecer ao robô conhecimento prévio de vários resultados ruins, para que ele saiba com antecedência como evitá-los; (2) ensinar o robô em simulação e esperar que os resultados da aprendizagem sejam transferidos para o mundo real; (3) permitir que o robô experimente "pequenos acidentes" no mundo real e esperar que o processo de aprendizagem descubra que acidentes maiores seriam muito piores. Todos eles têm analogias na maneira como ensinamos as crianças.

⚯ **Todas as coisas realmente importantes no mundo da experiência humana desafiam técnicas de medição (amor, medo, curiosidade, felicidade, contentamento). Já a IA e outras abordagens algorítmicas presumem a existência de uma medida do objeto de interesse e aproximam isso com um ou mais objetos de dados concretos, utilizando alguma forma de medição, como cliques de mouse, acesso a links etc. Isso quantificaria o "benefício" medido usando "rostos sorrindo", "lucro" ou "cliques por globo ocular". Como a IA pode nos ajudar com questões da experiência e da existência humanas que desafiam essas medições?**

Acho que tenho que discordar da afirmação de que a IA *per se* assume a existência de um objeto de dados que mede a coisa de interesse. A noção fundamental em IA, em economia e vários ramos da filosofia, é a ideia de que as pessoas têm preferências sobre como o futuro se desenrola. Tecnicamente, temos preferências não apenas entre futuros específicos, mas também entre o que os economistas chamam de "loterias sobre futuros", ou seja, escolhas que levam a resultados incertos com probabilidades para diferentes futuros possíveis.

Essas preferências levam em consideração amor, medo, curiosidade, felicidade, contentamento, beleza, liberdade e assim por diante. Em decisões específicas que afetam principalmente os resultados monetários, como escolher entre dois empréstimos hipotecários diferentes que diferem apenas em pontos e taxa de juros, a medida relevante é o dinheiro. Mas em outras decisões, como qual casa comprar, várias outras coisas entram em jogo, muitas das quais não são mensuráveis diretamente. As decisões que um humano toma fornecem evidências sobre quais coisas entram em jogo.

Pensando além das tarefas individuais, as preferências humanas variam enormemente e podem até ser inconsistentes dentro de um único indivíduo. Então, qual objetivo deve ser otimizado? Onde a ação coletiva e a tomada de decisão aparecem? Por exemplo, negociando a confiança social por meio de um discurso político complexo.

A heterogeneidade nas preferências humanas não é um problema particularmente difícil. O Facebook já tem mais de 2 bilhões de perfis de preferência individuais, então escalar para 8 bilhões não é difícil. Os robôs podem prever as preferências de cada indivíduo separadamente e agir em nome de todos. Pelo menos esse é o caso em princípio. Na prática, as ações do robô são geralmente locais e afetam apenas um pequeno número de pessoas.

A parte difícil é combinar ou "agregar" preferências quando os *trade-offs* são necessários. Nisso, residem vários séculos de filosofia moral, sociologia e ciência política. Consulte a seção "Muitos humanos" em *Human Compatible* (p.213ss).

O que acontece quando a máquina tenta aprender preferências que são de alguma forma contraditórias, seja porque o ser humano se comporta de uma maneira que não é consistente, seja porque as prioridades e preferências de diferentes pessoas são diferentes e não são mutuamente consistentes? Essa máquina convergiria para um comportamento consistente em sua "metade do jogo"? Podemos resolver isso simplesmente codificando a importância relativa de cada conjunto de preferências (em momentos diferentes) ou há mais do que isso?

Preferências inconsistentes podem certamente existir em um único indivíduo — temos vários processos de decisão internos que, em certo sentido, competem pelo controle de nossas atividades e podem operar com objetivos de direção diferentes.

Se você prefere pizza simples à pizza de abacaxi, pizza de abacaxi à pizza de salsicha, e pizza de salsicha à pizza simples, você é inconsistente. Nenhum robô pode satisfazer suas preferências, porque qualquer que seja a pizza que ele dê, você prefere uma diferente. Felizmente, poucas pessoas são internamente inconsistentes (em circunstâncias normais, não esquizofrênicas ou paranoicas) quando se trata de preferir a vida à morte, a saúde à doença etc.

Satisfazer as preferências de várias pessoas pode ser difícil, mesmo se todas as preferências forem iguais. Os utilitaristas propõem basicamente "somar" as preferências e maximizar o total. Autores relevantes sobre isso incluem Bentham, Mill, Edgewood, Sidgwick, Harsanyi, Rawls, Arrow, Sen e Parfit.

- **Como lidamos com as preferências que mudam com o tempo? Por exemplo, como o robô lida com humanos que dizem uma coisa e fazem exatamente o oposto? Por exemplo, dizemos que queremos evitar o aquecimento global enquanto fazemos principalmente as coisas que o causam?**

    A mudança de preferência é discutida em *Human Compatible* (p.241ss). Em geral, é uma pergunta muito difícil. A escolha de Pettigrew para a mudança do eu é uma boa introdução recente. Para o novo modelo de IA, isso levanta a possibilidade de que o robô, como anunciantes e políticos, aprenda a modificar deliberadamente as preferências humanas para torná-las mais fáceis de satisfazer.

    O exemplo de dizer uma coisa e fazer o oposto provavelmente não é uma questão de mudança de preferência, mas inconsistência entre preferências e ações. Esse último acontece o tempo todo, por exemplo, quando eu realmente preciso dormir mais, mas eu leio apenas um e-mail, depois outro e outro. Todos nós fazemos coisas que depois nos arrependemos de ter feito. Essa incompatibilidade torna mais difícil para os robôs aprenderem as verdadeiras preferências humanas. Uma solução é o robô aprender um modelo de como os humanos realmente tomam decisões e inverter esse modelo para inferir as preferências subjacentes do comportamento real.

- **Comprei cópias de *Human Compatible* para pessoas que adorariam pensar seriamente sobre segurança em IA. Se você fosse recomendar um segundo livro para o público geral, depois de *Human Compatible*, qual seria?**

    O novo livro de Brian Christian, The Alignment Problem: Machine Learning and Human Values, é muito interessante. O Life 3.0 de Max Tegmark é muito legível e instigante. E, claro, o Superinteligência de Bostrom é muito importante e uma boa fonte para uma análise cuidadosa de por que as primeiras 12 coisas em que você pode pensar para controlar os sistemas de IA não funcionarão.

- **Uma forma de avaliar e mitigar riscos de maneira transparente é uma avaliação de impacto — devemos recomendar seu uso como parte do processo geral de tomada de decisão para as autoridades públicas?**

    Defendi algo como um processo da FDA (*Food and Drug Administration*) para testar e aprovar sistemas de IA simples que interagem diretamente com o público. As avaliações de impacto, como nos relatórios de impacto ambiental, tendem a ser bastante pró-forma e dificilmente rigorosas. Eles são bons em eliminar propostas que não passam no teste do riso, mas não detectarão problemas algorítmicos sutis ou lacunas nos fundamentos matemáticos que alicerçam uma alegação de segurança.

Como um último exemplo da discussão sobre um "alinhamento de valor" em IA, o HAI Stanford promoveu em março de 2021 uma conferência chamada "Aumento de inteligência: IA empoderando pessoas para resolver desafios globais" (*Intelligence Augmentation: AI empowering people to solve global challenges*).[7] Uma vez que a IA está prestes a mudar todos os setores da economia, a pergunta geral da discussão foi: "Como podemos garantir que essa tecnologia aumentará o empoderamento dos humanos, e não os substituirá?" Acadêmicos e profissionais da indústria nas áreas de saúde, educação, arte e outras discutiram como a tecnologia de IA pode apoiar os humanos à medida que eles abordam esses desafios globais críticos.

NOTA DO AUTOR: As notícias e os artigos apresentados neste capítulo são breves exemplos sobre o tema. Seu objetivo é apenas indicar uma tendência nesse campo da IA. O leitor pode buscar mais informações em outras fontes também fidedignas na internet.

8.2. EXPLICABILIDADE DA IA, "CAIXA-PRETA", COUNTERFACTUAL EXPLANATIONS E OUTRAS TÉCNICAS

As assim chamadas "opacidade", "explicabilidade", "injustiça algorítmica" e *XAI (Explainable AI)*, referem-se a possíveis soluções para o clássico problema da "caixa-preta" da IA. Afinal, como um algoritmo de IA chega às conclusões a que chega? Como toma decisões que afetam seres humanos? É urgente solucionar o problema da "caixa-preta", provendo alternativas para uma "explicabilidade" cada vez mais necessária. Universidades, empresas, governos e mesmo órgãos como a DARPA[8] argumentam que é necessário "abrir a caixa-preta da IA com uma IA explicável".

O assunto diz respeito a mecanismos cada vez mais necessários para compreender *como* a IA faz o que faz e *como* ela chega aos resultados a que chega, uma vez que eles podem estar imbuídos de preconceitos, vieses e também erros técnicos. Trata-se de explicitar o *caminho* percorrido pelos algoritmos para chegar a determinados resultados ou conclusões. Pode-se dizer que agora vivemos um momento da IA no qual o *caminho* percorrido é mais importante do que o resultado em si. Assim, a explicabilidade está se tornando um requisito obrigatório de natureza jurídica em uma sociedade cada vez mais dependente de aplicativos e soluções de IA em centenas de áreas de atuação. Assim, neste capítulo listamos alguns exemplos de novas técnicas que estão sendo praticadas. Mas, cuidado, ao final apresentamos argumentos convincentes de que nem sempre a explicabilidade é necessária.

O relatório de tecnologias emergentes do *Hype Cycle* do Gartner para 2020, computando 1.700 itens, indicou 5 tendências principais: Arquiteturas compostas, Confiança algorítmica, Além do silício, IA formativa e o "Eu" digital. Em relação ao item "Confiança algorítmica", vejamos algumas indicações do relatório:[9]

- O aumento da exposição de dados do consumidor, notícias e vídeos falsos, e IA tendenciosa fizeram com que as organizações deixassem de confiar em autoridades centrais (registradores do governo, câmaras de compensação) e passassem a requerer algoritmos de confiança. Modelos de confiança algorítmica garantem a privacidade e a segurança de dados, a proveniência de ativos e a identidade de pessoas e coisas. Por exemplo, "proveniência autenticada" é uma maneira de autenticar ativos no blockchain e garantir que eles não sejam falsificados. Embora o blockchain possa ser usado para autenticar mercadorias, ele só pode rastrear as informações fornecidas. Os modelos de confiança baseados em autoridades responsáveis estão sendo substituídos por modelos de confiança algorítmica para garantir a privacidade e a segurança dos dados, fonte de ativos e identidade de indivíduos e coisas.

- A confiança algorítmica ajuda a garantir que as organizações não sejam expostas aos riscos e aos custos de perder a confiança de seus clientes, funcionários e parceiros. As tecnologias emergentes vinculadas à confiança algorítmica incluem borda de serviço de acesso seguro (SASE), privacidade diferencial, proveniência autenticada, traga sua própria identidade, IA responsável e IA explicável.

- Não é de surpreender que o assunto tenha adquirido importância, especialmente à luz da queda do *Privacy Shield* dos EUA e das preocupações expressas pelo público na Europa e nos EUA sobre a segurança dos dados pessoais usados pelas organizações. Nos próximos anos, esses modelos de confiança se tornarão cada vez mais importantes à medida que novos regimes regulatórios forem implementados globalmente.

Em relação a algumas técnicas de "explicabilidade" da IA, como a de *Counterfactual explanations*, são raras as pesquisas, por exemplo, no Brasil. Mas no mundo inteiro desenvolvedores, empresas e acadêmicos estão testando a implementação de soluções alternativas para a "caixa-preta" da IA. O problema reside no desconhecimento de como efetivamente funcionam as redes neurais profundas e o próprio *machine learning*. As soluções, ou respostas, ou saídas de uma aplicação em IA podem ser muito eficazes, e geralmente o são, mas não sabemos *como* o processamento algorítmico da IA chegou a elas. Vale lembrar que o problema não reside apenas em determinadas áreas da IA como, por exemplo, sistemas mais afins de leitura e interpretação de textos ou de dados sensíveis, como cadastros pessoais. Ele também pode ocorrer em sistemas de manuseio de imagens de qualquer natureza, desde médicas até de monitoramento ecológico, por exemplo, e muitos outros. Por isso, o uso de outras técnicas tem crescido.

Como um exemplo, uma explicação contrafactual descreve uma situação causal da seguinte forma: "Se X não tivesse ocorrido, Y não teria ocorrido. Por exemplo: se eu não tivesse tomado um gole de café quente, não teria queimado a língua. O evento Y é que queimei minha língua, porque X diz que tomei um café quente. Pensar em contrafactuais requer imaginar uma realidade hipotética que contradiz os fatos observados (por exemplo, um mundo em que eu não bebi o café quente). Daí o nome 'contrafactual'. No aprendizado de máquina interpretável, explicações contrafactuais podem ser usadas para explicar as previsões de instâncias individuais."[10]

Os pesquisadores Kacper Sokol e Peter Flach dizem: "Uma condição necessária para criar um sistema de IA seguro é torná-lo transparente para descobrir qualquer comportamento não intencional ou prejudicial. A transparência pode ser alcançada explicando as previsões de um sistema de IA com declarações contrafactuais, que estão se tornando um padrão de fato na explicação de decisões algorítmicas. A popularidade dos contrafactuais é atribuída principalmente à sua conformidade com o 'direito à explicação' introduzido pela Lei Geral de Proteção de Dados (GDPR) da União Europeia e por serem compreensíveis para um público leigo, bem como por especialistas no domínio do aplicativo de IA em questão."[11]

Entre outros exemplos,[12] o Projeto *DiCE* da Microsoft[13] tenta implementar conceitos de *Counterfactual Explanations*. Esse também é o caso da técnica interativa *ViCE: Visual Counterfactual Explanations for Machine Learning Models*.[14] O *Accenture Labs* propõe interpretar "caixas-pretas" de IA com explicações contrafactuais:[15]

> De subscrição à saúde, os sistemas automáticos de tomada de decisão orientados por IA estão assumindo tarefas de alto risco. O aprendizado de máquina e o aprendizado profundo trazem excelente poder preditivo e podem realizar tarefas que são difíceis de executar manualmente. Mas também há um desafio de implementar essas tecnologias para uso no mundo real. Seu funcionamento interno é complexo e enigmático, levando ao termo "caixa-preta" — é muito difícil explicar como esses sistemas alcançam suas previsões e decisões.

- Ser capaz de compreender e interpretar o resultado dos modelos de IA é essencial para seu uso futuro: se as pessoas não puderem confiar nos resultados desses modelos, os modelos serão rejeitados. Transparência e explicabilidade são duas maneiras principais de construir essa confiança. A explicabilidade também é fundamental para a conformidade legal — como na área de finanças, em que os credores muitas vezes são obrigados a dizer aos requerentes por que estão sendo recusados para um empréstimo. Existem dois caminhos para apoiar o objetivo da IA explicável. Em uma abordagem, engenheiros projetam sistemas transparentes que estabelecem um equilíbrio entre poder preditivo e interpretabilidade. Em outra abordagem, eles projetam subsistemas de explicação que ajudam a interpretar os resultados de modelos de "caixa-preta" já criados que não são transparentes por design, como redes neurais. O Accenture Labs está atuando na segunda visão.

Outras iniciativas podem apresentar soluções intermediárias. O Google implementou conceitos de *Counterfactual Explanations* no seu *TensorBoard What-If*.[16]

- Em 2018, o Google lançou a ferramenta *What-If*, um recurso de detecção de viés do painel da web do *TensorBoard* para sua estrutura de aprendizado de máquina *TensorFlow*. Com não mais do que um modelo e um conjunto de dados, os usuários são capazes de gerar visualizações que exploram o impacto dos ajustes algorítmicos. É possível editar manualmente exemplos de conjuntos de dados e ver os efeitos das mudanças em tempo real, ou gerar gráficos que ilustram como as previsões de um modelo correspondem a qualquer recurso único. A ferramenta *What-If* está disponível em código aberto. "Esperamos que as pessoas dentro e fora do Google usem essa ferramenta para entender melhor os modelos de ML e começar a avaliar a justiça", disse James Wexler.

- Não é preciso procurar muito para encontrar exemplos de IA prejudicial. A *American Civil Liberties Union* revelou em 2018 que o sistema de reconhecimento facial *Rekognition* da Amazon poderia, quando calibrado de certa forma, identificar erroneamente 28 membros do Congresso como criminosos, com forte preconceito contra pessoas de cor. Enquanto isso, outros estudos encomendados pelo *Washington Post* revelaram que os falantes inteligentes populares feitos pelo Google e pela Amazon tinham 30% menos probabilidade de entender sotaques estrangeiros do que os falantes nativos.

A Microsoft também incorporou algumas técnicas em suas aplicações, anunciando inovações em aprendizado de máquina responsável que podem ajudar os desenvolvedores a entender, proteger e controlar seus modelos em todo o ciclo de vida do aprendizado de máquina:[17]

- A Microsoft criou o *Azure Machine Learning* para permitir que desenvolvedores criem sistemas de IA. Hoje, todos os desenvolvedores são cada vez mais solicitados a construir sistemas de IA que sejam fáceis de explicar e que cumpram os regulamentos de não discriminação e privacidade. Esses recursos podem ser acessados por meio do Azure Machine Learning e também estão disponíveis em código aberto no GitHub.

- Por exemplo, a privacidade diferencial pode permitir que um grupo de hospitais colabore na construção de um melhor modelo preditivo sobre a eficácia dos tratamentos de câncer e, ao mesmo tempo, ajudar a cumprir os requisitos legais para proteger a privacidade das informações do hospital, garantindo que os dados do paciente não vazem do modelo.

- O *Azure Machine Learning* também fornece recursos para manter e rastrear automaticamente uma trilha de auditoria de ativos de machine learning. Detalhes como histórico de execução, ambiente de treinamento e dados e explicações do modelo são todos capturados em um registro central, permitindo que as organizações atendam a vários requisitos de auditoria.

Por outro lado, de acordo com o relatório *AI Now 2019 Report*, também há críticas para as soluções que utilizam métodos contrafactuais, como vimos em relação ao tópico "Avanços na comunidade de aprendizado de máquina — o difícil caminho para as perspectivas sociotécnicas":[18]

- Muitos pesquisadores se voltaram para o uso dos chamados métodos de justiça "causais" ou "contrafactuais". Em vez de confiar nas correlações que a maioria dos modelos de ML usa para fazer suas previsões, essas abordagens visam a desenhar diagramas causais que explicam como diferentes tipos de dados produzem vários resultados. Quando analisados para o uso de categorias sensíveis ou protegidas, como raça ou gênero, esses pesquisadores procuram declarar um processo como "justo" se fatores como raça ou gênero não influenciarem causalmente a previsão do modelo. Técnicas para explicar sistemas de ML também ganharam popularidade. No entanto, eles sofrem muitas dessas mesmas críticas e demonstraram ser fundamentalmente frágeis e propensos à manipulação, além de ignorar uma longa história de insights das ciências sociais. Como resultado, alguns pesquisadores começaram a pressionar mais a necessidade de abordagens interdisciplinares e a integrar lições das ciências sociais e humanas na prática do desenvolvimento de sistemas de IA.

Como vimos no Capítulo 7, seção *7.6, Rotulação de dados*, na maioria das vezes, os sistemas de IA são "treinados", e seus processos exigem grandes quantidades de dados rotulados para poderem executar tarefas com precisão. Obter esses dados pode ser difícil, requerendo enormes recursos humanos, sendo que em alguns domínios eles podem não estar disponíveis. Discursando na conferência CogX 2020, o matemático britânico David Barber afirmou: "A implementação de sistemas de IA é atualmente *desajeitada*. Inicia-se o processo, recolhe-se o conjunto de dados, rotula-se, treina-se o sistema e, em seguida, implementa-se. Trata-se apenas disso — não se revisita o sistema implementado. Especialmente, isso não é feito quando o ambiente está sempre mudando":[19]

- O *machine learning* (ML) supervisionado é o "paradigma clássico" da IA, e consiste em ensinar algoritmos com exemplos. Nesse modelo supervisionado, um sistema de IA é alimentado por um grande conjunto de dados que já foi rotulado por seres humanos, e é então utilizado para treinar a tecnologia a fim de reconhecer padrões e fazer previsões. Isso traduz-se em processos longos e dispendiosos de rotulação manual.

- Um bom exemplo está nos automóveis sem condutor, para os quais os vídeos ainda precisam ser segmentados e rotulados como "pedestre", "carro", "árvore" e outros objetos que o carro precisa reconhecer. Anotar milhões desses vídeos é moroso e dispendioso. Por outro lado, se deixássemos os algoritmos aprenderem e fazerem perguntas, o processo poderia ser significativamente acelerado.

- "Há muitas incertezas nesses sistemas. Por isso, é importante que a IA possa alertar a um ser humano quando não está confiante na sua decisão." Com esse objetivo, foi sugerida uma proposta de um "*colega de trabalho da IA*", segundo a qual humanos e máquinas interagiriam para garantir que não ficassem lacunas por preencher. Na verdade, trata-se de um método dentro da IA que está emergindo como particularmente eficiente. Apelidada de "*aprendizagem ativa*", consiste em estabelecer uma relação professor-aprendizagem entre sistemas de IA e operadores humanos. Em vez de alimentar o algoritmo com um enorme conjunto de dados rotulado, a aprendizagem ativa permite que o sistema de IA faça a maior parte da rotulação de dados por si só e, quando necessário, faça perguntas ao "colega humano".

- O processo envolve um pequeno conjunto de dados com rotulação humana, chamado "a semente", que é usado para treinar o algoritmo. O sistema de IA é então apresentado para um maior conjunto de dados não rotulados, que o algoritmo anota por si só, com base na sua aprendizagem — antes de integrar os dados recentemente rotulados de volta à semente. Quando a ferramenta não está confiante sobre um rótulo específico, pode pedir ajuda a um operador humano sob forma de uma consulta. As escolhas feitas por especialistas humanos são, então, alimentadas de volta ao sistema, para melhorar o processo de aprendizagem geral. Ser capaz de pedir ao humano dicas sobre em que se concentrar, significa que um sistema de IA "ativo" não só pode responder ao desconhecido, mas também aprender com ele. Um sistema de IA "ativo" também seria muito eficiente no processamento de linguagem natural ou na imagem médica.

Sob um ponto de vista mais geral acerca das técnicas tradicionais utilizadas pela IA, uma consultoria da McKinsey realizou um grande estudo para ajudar os gestores a compreender suas limitações. O estudo também fornece indicações de alternativas. Apresentamos um resumo, relacionando quatro maneiras pelas quais os desafios poderiam ser superados em breve. Os textos foram traduzidos pelo *Google Translate* e revisados pelo autor deste livro:[20]

Limitação 1: Rotulação de dados

- A maioria dos modelos atuais de IA é treinada por meio de "aprendizado supervisionado". Isso significa que humanos devem rotular e categorizar os dados, o que pode ser uma tarefa volumosa e propensa a erros. Nesse caso, novas técnicas promissoras estão surgindo, como a supervisão *in-stream*, demonstrada por Eric Horvitz e seus colegas da *Microsoft Research*. Aqui os dados podem ser rotulados no curso do uso natural da aplicação, e abordagens não supervisionadas ou semissupervisionadas reduzem a necessidade de grandes conjuntos de dados rotulados. Duas técnicas promissoras são o *Aprendizado por Reforço* e as *Generative Adversarial Networks* (GANs).

- No *Aprendizado por Reforço*, essa técnica não supervisionada permite que os algoritmos aprendam tarefas simplesmente por tentativa e erro. A metodologia se refere a uma abordagem segundo a qual, para cada tentativa de um algoritmo em realizar uma tarefa, ele recebe uma "recompensa" se o comportamento for bem-sucedido ou uma "punição" se não for. Com a repetição, o desempenho melhora em muitos casos, superando as capacidades humanas — desde que o ambiente de aprendizado seja representativo do mundo real.

- Já no caso das *Generative Adversarial Networks* (GANs), um método de aprendizado semissupervisionado, duas redes competem entre si para melhorar e aperfeiçoar sua compreensão de um conceito. A capacidade das GANs de gerar exemplos cada vez mais confiáveis de dados pode reduzir significativamente a necessidade de conjuntos de dados rotulados por seres humanos. Por exemplo, treinar um algoritmo para identificar diferentes tipos de tumores a partir de imagens médicas exige milhões de imagens marcadas com cada tipo ou estágio de um tumor. Usando uma GAN treinada para gerar imagens cada vez mais realistas de diferentes tipos de tumores, os pesquisadores poderiam treinar um algoritmo de detecção de tumor que combina um conjunto de dados muito menor, com identificação humana, com a saída da GAN.

Limitação 2: Obtendo conjuntos de dados massivos para treinamento

- Os métodos de aprendizado profundo exigem milhares de registros de dados para que os modelos se tornem relativamente bons em tarefas de classificação e, em alguns casos, milhões para que eles desempenhem no mesmo nível de humanos. A complicação é que conjuntos de dados massivos podem ser difíceis de obter, e cada pequena variação em uma tarefa atribuída poderia exigir outro grande conjunto de dados para conduzir ainda mais treinamento. Por exemplo, ensinar um veículo autônomo a navegar em um local de mineração, em que o clima muda continuamente, exigirá um conjunto de dados que englobe as diferentes condições ambientais em que o veículo possa se encontrar. Em uma nova metodologia de "aprendizado de uma única vez", os cientistas de dados primeiro pré-treinariam um modelo em um ambiente virtual simulado que apresentasse variantes de uma tarefa ou, no caso do reconhecimento de imagem, do aspecto de um objeto. Então, depois de mostrar apenas algumas variações do mundo real que o modelo de IA não viu no treinamento virtual, o modelo utilizaria seu conhecimento para alcançar a solução correta.

Limitação 3: O problema da explicabilidade

- Modelos mais complexos tornam difícil explicar, em termos humanos, por que uma determinada decisão de IA foi tomada, ainda mais quando ela foi obtida em tempo real. Além disso, à medida que a aplicação da IA se expande, os requisitos regulatórios também podem impulsionar a necessidade de modelos de IA mais explicáveis. Duas abordagens que prometem aumentar a transparência do modelo são as técnicas explícitas local-interpretável-modelo-agnóstico (*LIME — Local Interpre-*

table Model-Agnostic Explanations) e técnicas de atenção. O LIME tenta identificar em quais partes dos dados de entrada um modelo treinado é mais dependente para fazer previsões no desenvolvimento de um modelo interpretável. Essa técnica considera certos segmentos de dados de cada vez, e observa as mudanças resultantes na previsão para ajustar o modelo e desenvolver uma interpretação mais refinada — por exemplo, excluindo olhos em vez de, digamos, narizes para testar quais deles são mais importantes para o reconhecimento facial. Outra técnica que tem sido usada é a aplicação de *modelos aditivos generalizados* (GAMs). Ao usar modelos de recurso único, os GAMs limitam as interações entre os recursos, tornando cada um deles mais facilmente interpretável pelos usuários. Espera-se que o emprego dessas técnicas, entre outras, aumente a adoção da IA.

Limitação 4: Generalização do aprendizado

- Ao contrário da maneira como os humanos aprendem, os modelos de IA têm dificuldade em levar suas experiências de um conjunto de circunstâncias para outro. Na verdade, o que quer que um modelo tenha alcançado para um certo caso de uso permanece aplicável somente àquele caso de uso. Como resultado, as empresas devem comprometer repetidamente recursos humanos para treinar ainda outro modelo, mesmo quando os casos de uso são muito semelhantes.

- Uma resposta promissora para esse desafio é a transferência de aprendizagem. Nessa abordagem, um modelo de IA é treinado para realizar uma determinada tarefa e, em seguida, aplica rapidamente esse aprendizado a uma atividade semelhante, porém distinta. Os pesquisadores da DeepMind também mostraram resultados promissores com transferência de aprendizagem em experimentos nos quais o treinamento feito em simulação é então transferido para braços robóticos reais. Ao criar um assistente pessoal virtual, por exemplo, a transferência de aprendizagem pode generalizar as preferências do usuário em uma área (como música) para outras (como livros). Como outro exemplo, a transferência de aprendizagem pode permitir que um produtor de óleo e gás expanda seu uso de algoritmos de IA treinados para fornecer manutenção preditiva para poços a outros equipamentos, como tubulações e plataformas de perfuração.

Por outro lado, Stephen Dennis, do Centro de Tecnologia de computação avançada no *US Department of Homeland Security*, propõe uma equipe de "controle de qualidade de IA" diferente das equipes de construção e implantação de algoritmos.[21]

O objetivo dessa equipe seria entender a degradação e avaliar a integridade dos modelos de maneira contínua. Antigone Peyton, Conselheira Geral e Estrategista de Inovação da Cloudigy Law, chama os sistemas de IA que usamos hoje de "animais vivos e que respiram": eles não são sistemas de nível empresarial que você compra uma vez e coloca na organização, como tem sido até hoje. Os sistemas de IA requerem manutenção e alguém deve ser designado para cuidar disso permanentemente.

Também existem iniciativas de governos, universidades e empresas no tocante à melhoria contínua no próprio ato de desenvolvimento de código de IA. Um exemplo é o *ALTAI — Assessment List for Trustworthy AI — A Web-based Prototype*.[22] Algo como "A Lista de Avaliação de IA Confiável", uma ferramenta prática disponível na web que ajuda empresas e organizações a se autoavaliarem quanto à confiabilidade de seus sistemas de IA em desenvolvimento. O conceito de IA confiável foi introduzido pelo Grupo de especialistas de alto nível em AI HLEG, da União Europeia, nas Diretrizes de ética para IA, e é baseado em sete requisitos principais: Agência Humana e Supervisão; Robustez Técnica e Segurança; Privacidade e Governança de Dados; Transparência; Diversidade, Não Discriminação e Justiça; Bem-estar Ambiental e Social; Prestação de Contas. "O AI HLEG traduziu esses requisitos em uma lista de avaliação detalhada, levando em consideração o feedback de um processo-piloto de seis meses dentro da comunidade de IA europeia. Além disso, para demonstrar a capacidade de tal lista de avaliação, foi desenvolvido um protótipo de ferramenta baseada na web, visando a guiar de forma prática os desenvolvedores de IA por meio uma lista de verificação acessível e dinâmica."

Para concluir este subcapítulo, lembramos que a defesa ou não da explicabilidade da IA possui algumas sérias nuances. Em uma notícia publicada pelo HAI Stanford, Nigam Shah, professor de medicina e informática na Universidade de Stanford, diz que os modelos de IA não precisam necessariamente ser interpretáveis para serem úteis. Seus argumentos são bastante convincentes:[23]

- Dos 4.900 medicamentos prescritos rotineiramente, não sabemos totalmente como a maioria deles realmente funciona, Shah diz: "Mas ainda os usamos porque nos convencemos por meio de ensaios de controle randomizados de que eles são benéficos." O mesmo pode ser verdade nos modelos de IA. Testes criteriosos às vezes podem ser suficientes.

- Isso não quer dizer que a interpretação da IA não seja valiosa. De fato, em contextos em que os modelos de IA são usados de forma automatizada para negar entrevistas de emprego, fiança, empréstimos, programas de saúde ou moradia, as leis e os regulamentos devem exigir uma explicação causal dessas decisões para garantir que elas sejam justas.

- Ao contrário, quanto aos cuidados de saúde, em que os modelos de IA raramente levam a essa tomada de decisão automatizada, uma explicação pode ou não ser útil: "É essencial que os desenvolvedores de modelos sejam claros sobre porque uma explicação é necessária e que tipo de explicação é útil para uma determinada situação."
- Existem *três tipos principais de interpretação* (ou explicabilidade) da IA: a versão dos engenheiros de explicabilidade, que é voltada para como um modelo funciona; a explicabilidade causal, que diz respeito à razão pela qual a entrada do modelo produziu a saída do modelo; e a explicação indutora de confiança, que fornece as informações que as pessoas precisam para confiar em um modelo. Quando pesquisadores ou médicos estão falando sobre interpretação, Shah diz que precisamos saber a qual dos três tipos estão aspirando.

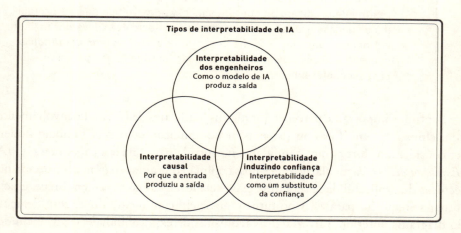

Tipos de interpretabilidade de IA.

- Além disso, algumas explicações podem estar na intersecção dos três tipos, o que leva a sete zonas possíveis dentro da figura anterior. Um exemplo é a equação de risco de doenças cardiovasculares ateroscleróticas comumente utilizadas, que conta com nove pontos de dados primários (idade, sexo, raça, colesterol total, LDL/HDL-colesterol, pressão arterial, histórico de tabagismo, estado diabético e uso de medicamentos anti-hipertensivos) para calcular o risco de dez anos de um paciente ter um ataque cardíaco ou um derrame.
- O desafio é que uma explicação pode situar-se em qualquer uma das sete zonas do diagrama de Venn, exposto anteriormente. Assim, indivíduos específicos só podem se importar com explicações de uma zona específica. Os engenheiros querem saber como seu modelo funciona

para depurá-lo, e os médicos querem saber de uma explicação causal para confiar nele e tratar adequadamente um paciente. "Mostrar a alguém uma explicação de uma zona diferente daquela de que precisa pode ter consequências inesperadas, como perda de confiança em um modelo preciso e útil", diz Shah.

Por quatro anos temos argumentado por um maior detalhamento em torno da interpretabilidade de IA e temos estado em minoria. Mas agora isso está mudando. A Science publicou um artigo em 2019 intitulado *In defense of the black box* e outro estudo da Microsoft Research questionou se a interpretabilidade é útil. Agora alguns professores de ciência da computação dão palestras intituladas *Don't explain yourself*, sugerindo que a versão dos engenheiros de interpretabilidade pode não atender às necessidades dos usuários do modelo que se preocupam mais com causalidade e confiança. De fato, explicações de como os modelos funcionam podem apenas distrair as pessoas de descobrir o que elas realmente precisam ou querem saber. Assim, "o tipo de interpretabilidade necessária varia dependendo do contexto. Não devemos insistir em apenas um tipo. E, mais importante, não devemos confundir as diferentes noções de interpretabilidade, porque cada tipo serve a um propósito diferente".

Por fim, é importante perceber que alguns hardwares de IA em desenvolvimento, com chips neuromórficos ou sistemas de computação quântica, também podem ser considerados fortíssimos candidatos na corrida para "abrir a caixa-preta da IA" (*Explainable AI*). Particularmente, é nossa opinião que a transparência fornecida por técnicas de explicabilidade será uma exigência legal dos governos em breve, e deve tornar-se requisito para a IA no futuro, possivelmente incluindo as considerações do diagrama anterior. Talvez alguns requisitos de explicabilidade sejam incluídos em nossas LGPDs e GDPRs. Poderíamos traçar um paralelo com a história automobilística — inicialmente os carros receberam buzinas para alertar os transeuntes, depois receberam *airbags*, e então freios *ABS*. Da mesma maneira, talvez em breve a explicabilidade possa tornar-se "eletrônica embarcada" em novas técnicas de IA, e talvez até nas metodologias "tradicionais" *de machine learning* e outras.

NOTA DO AUTOR: As notícias e os artigos apresentados neste capítulo são breves exemplos sobre o tema. Seu objetivo é apenas indicar uma tendência nesse campo da IA. O leitor pode buscar mais informações em outras fontes também fidedignas na internet.

8.3. AI FOR GOOD

AI for good, ou "IA para o bem", é uma expressão engraçada. Parece que a IA foi construída para fazer mal às pessoas, quando, ao contrário, ela nos beneficia de inúmeras maneiras. Mas, enfim, talvez a origem dessa expressão — bastante em voga nos últimos anos — tenha sido a ocorrência de uma série de problemas que a IA efetivamente causou no mundo real. Citamos alguns exemplos deles no Capítulo 2, por meio dos relatórios ali mencionados, e no Capítulo 7. Assim, *AI for good* são movimentos, acordos e diretrizes para o "bom uso" da IA que já estão presentes em muitos países. Algumas empresas também têm um campo destinado à pesquisa e à implementação de *AI for good*. As Nações Unidas promovem reuniões de cúpula sobre o tema no *AI for Good Global Summit*, e disponibilizam uma plataforma para tal. Inúmeros outros fóruns discutem o tema. Contudo, é importante lembrar que não foram esses grandes atores sociais, como governos, instituições e empresas, que fomentaram o berço da *AI for good*, mas, ao contrário, iniciativas singulares da sociedade civil.

O projeto descrito no estudo "IA para o bem social: desbloqueando a oportunidade para um impacto positivo" (*AI for social good: unlocking the opportunity for positive impact*) é conduzido por várias instituições de renome, tendo elaborado amplos documentos e sugerido ações concretas. Apresentamos aqui um breve resumo:[24]

- Os avanços em aprendizado de máquina (ML) e IA apresentam uma oportunidade de construir melhores ferramentas e soluções para ajudar a enfrentar alguns dos desafios mais urgentes do mundo, bem como gerar impacto social positivo de acordo com as prioridades delineadas pelas Nações Unidas no artigo Objetivos de Desenvolvimento Sustentável (ODS). O movimento *AI for Social Good* (AI4SG) visa a estabelecer parcerias interdisciplinares centradas em aplicações de IA para ODS. Nós fornecemos um conjunto de diretrizes para estabelecer colaborações de longo prazo bem-sucedidas entre pesquisadores de IA e especialistas no domínio de aplicativos, relacioná-los a projetos AI4SG existentes e identificar oportunidades-chave para futuras aplicações de IA voltadas para o bem social.

- Aplicações direcionadas de IA para o domínio do bem social atraíram muitos atores, incluindo instituições de caridade como DataKind, programas acadêmicos como o *Data Science for Social Good* (DSSG) da Universidade de Chicago, o *UN Global Pulse Labs*, *Workshops AI for Social Good* em conferências como NeurIPS de 2018 e 2019, a conferência ICML de 2019 e a conferência ICLR de 2019, juntamente com programas de financiamento corporativo, como *Google AI for Good Grants*, *Microsoft AI for Humanity*, *Mastercard Center for Inclusive Growth* e *Data Science for Social Impact* da Fundação Rockefeller, entre vários outros.

Para alcançar um impacto positivo, as soluções de IA precisam aderir a princípios éticos, e tanto a Comissão Europeia (ec.europa.eu/newsroom/dae/document.cfm?doc_id=60419) quanto a OCDE (doi.org/10.1787/eedfee77-en) elaboraram diretrizes para o desenvolvimento de IA inovadora e confiável.

Apresentamos algumas conclusões na forma de diretrizes para as iniciativas futuras do AI4SG para fundamentar nossas recomendações em exemplos práticos de colaborações bem-sucedidas:

- G1: As expectativas do que é possível com IA precisam ser bem fundamentadas.
- G2: As soluções simples têm valor.
- G3: As aplicações de IA precisam ser inclusivas e acessíveis, e revisadas em todas as fases para conformidade com a ética e os direitos humanos.
- G4: Metas e casos de uso devem ser claros e bem definidos.
- G5: Parcerias profundas e de longo prazo são necessárias para resolver grandes problemas com sucesso.
- G6: O planejamento precisa alinhar os incentivos e levar em consideração as limitações das comunidades.
- G7: Estabelecer e manter a confiança é a chave para superar as barreiras organizacionais.
- G8: Opções para reduzir o custo de desenvolvimento de soluções de IA devem ser exploradas.
- G9: Melhorar a prontidão dos dados é fundamental.
- G10: Os dados devem ser processados com segurança, com o máximo respeito pelos direitos humanos e privacidade.

Essas diretrizes resumem o que vemos como princípios-chave para colaborações bem-sucedidas da AI4SG e, portanto, devem ser aplicáveis em diferentes tipos de organizações que buscam utilizar a IA para o desenvolvimento sustentável. Essas diretrizes referem-se ao uso geral da *tecnologia IA* (G1, G2, G3), *aplicações* (G4, G5, G6, G7, G8) e *tratamento de dados* (G9, G10).

Um apanhado histórico bastante completo da *AI for good* pode ser encontrado no artigo "O que é IA para o bem social?", com o subtítulo de "O guarda-chuva IA para o bem social", de Eirini Malliaraki.[25] Além disso, existe toda uma discussão sobre "IA responsável" no tocante à sua forma mais "materializada", que são aplicações envolvendo robótica. O relatório *On AI and Robotics*, de Steve Furber e outros, da

Universidade de Manchester, apresenta um estudo de um grupo de 19 especialistas sobre as oportunidades e riscos dos desenvolvimentos no campo da IA e da robótica.[26] Como um exemplo de aplicações de IA "produzidas para o bem", Bernard Marr publicou em 2020 dois artigos para a *Forbes*.[27] Apresentamos um resumo. Os dois textos foram traduzidos pelo *Google Translate* e revisados pelo autor deste livro:

Ressonância magnética

Os recursos de imagem da IA são promissores para a identificação e o rastreamento de vários tipos de cânceres. Um grupo no Monte Sinai usou algoritmos de IA baseados em aprendizado profundo para prever o desenvolvimento de doenças com 94% de precisão, incluindo cânceres de fígado, de reto e de próstata. Graças à pesquisa publicada sobre o câncer, aos ensaios clínicos e ao desenvolvimento de medicamentos, há uma infinidade de dados que a IA pode ajudar a revisar e orientar a tomada de decisões em saúde.

Ferramentas para pessoas com deficiência

Outra maneira pela qual a IA é usada para o bem é ajudar as pessoas com deficiência a superá-los. A Huawei usou IA e realidade aumentada para criar o StorySign, um aplicativo móvel gratuito que ajuda crianças surdas a aprender a ler, traduzindo o texto em linguagem de sinais. A empresa também criou o Track. Ai, um dispositivo fácil de usar e acessível que pode identificar distúrbios visuais em crianças para que o tratamento possa começar antes que os distúrbios causem cegueira. "Enfrentando emoções", outro aplicativo de IA criado pela Huawei, traduz emoção em sons curtos e simples. O aplicativo avalia a emoção que vê no rosto de outra pessoa para ajudar os cegos a "ver" a emoção da pessoa com quem estão falando. O aplicativo usa a câmera traseira do telefone para avaliar o nariz, a boca, as sobrancelhas e os olhos, e a IA para analisar a expressão dessas características faciais e a emoção que transmitem — desprezo, raiva, medo, nojo, tristeza, felicidade e surpresa.

Combate à fome mundial

Uma das ferramentas mais viáveis na luta para acabar com a crise de fome mundial é a IA. Ela pode analisar milhões de pontos de dados para ajudar a determinar a colheita perfeita, desenvolver sementes, maximizar a produção atual e controlar a aplicação de herbicida com precisão. Muitos aplicativos já estão em uso, mas um dos que destacamos aqui é o *Nutrition Early Warning System* (NEWS), que usa aprendizado de máquina e big data para identificar regiões que correm maior risco de escassez de alimentos devido à quebra de safra, ao aumento dos preços dos alimentos e à seca.

Avalie imagens médicas

Em geral, a IA é aproveitada de várias maneiras para melhorar os sistemas de saúde. A Siemens Healthineers, com sede na Alemanha, é uma empresa líder em tecnologia médica que integra IA em muitas de suas tecnologias inovadoras. Uma dessas tecnologias é o AI-Rad Companion.4, um assistente de radiologista que oferece suporte a tarefas de leitura e medição de rotina em imagens médicas. A IA aumenta a revisão de imagens médicas para ajudar a aliviar algumas das cargas de trabalho para radiologistas sobrecarregados. Outra inovação é o AI-Pathway Companion5. Essa ferramenta integra percepções de patologia, imagem, laboratório e genética de cada paciente para fornecer o status e sugerir as próximas etapas com base nos dados.

Reduzir a desigualdade

Embora uma das críticas aos algoritmos de IA sejam as tendências humanas que podem ser introduzidas por meio de algoritmos distorcidos ou conjuntos de dados de treinamento, a IA pode realmente ajudar a reduzir as desigualdades. O Centro de Ciência de Dados e Políticas Públicas do projeto *Aequitas* da Universidade de Chicago e o *AI Fairness 360* da IBM são kits de ferramentas de código aberto que podem rastrear e corrigir tendências. O editor de texto inteligente Textio, que torna as descrições de cargos mais inclusivas, ajudou um editor a aumentar sua porcentagem de mulheres recrutadas para 57%, de apenas 10% anteriormente. O Imperial College of London está treinando IA para identificar a desigualdade com base em imagens de rua das condições de vida nas cidades, com o objetivo de, em última análise, usar essas informações para melhorar essas condições. Similarmente, a IA analisa imagens de satélite em um projeto da Universidade de Stanford para prever regiões de pobreza, que podem então influenciar a ajuda econômica. Outra maneira da IA trabalhar para acabar com a pobreza é por meio da diretiva *Simpler Voice*, da *IBM Science for Social Good*, para superar o analfabetismo.

Alterações climáticas

A mudança climática é um problema gigantesco, mas vários líderes em IA acreditam que a tecnologia pode ser capaz de enfrentá-lo. O aprendizado de máquina pode melhorar a informática climática — algoritmos alimentam aproximadamente 30 modelos climáticos usados pelo Painel Intergovernamental sobre Mudanças Climáticas. A IA também pode ajudar a educar e prever os impactos das mudanças climáticas em diferentes regiões. Pesquisadores do *Montreal Institute for Learning Algorithms* (MILA) usam GANs (redes adversárias geradoras) para simular os danos de fortes tempestades e a elevação do nível do mar.

Conservação da vida selvagem

Outra maneira pela qual a IA pode trabalhar para o planeta são os esforços de conservação, permitindo aos pesquisadores com recursos insuficientes uma oportunidade de analisar dados de forma econômica. Uma equipe do Projeto de Recuperação de Aves Marinhas Ameaçadas de Kauai, da Universidade do Havaí, usou IA para analisar 600 horas de áudio a fim de detectar o número de colisões entre as aves e as linhas de transmissão. Em outro esforço para travar o declínio de espécies ameaçadas de extinção usando IA, o Centro de IA da Sociedade da Universidade do Sul da Califórnia usa um veículo aéreo não tripulado para detectar caçadores ilegais e localizar animais. Os dados coletados pelo drone são analisados por ferramentas de aprendizado de máquina para ajudar a prever atividades ilegais e animais. A IA também é usada pelo Wild Me e pela Microsoft para reconhecer, registrar e rastrear automaticamente animais em extinção, como tubarões-baleia, analisando fotos que as pessoas postam na internet.

Salve as abelhas

O *World Bee Project* está usando IA para salvar as abelhas. A população global de abelhas está diminuindo, e isso é uma má notícia para nosso planeta e nosso suprimento de alimentos. Em uma parceria com a Oracle, o World Bee Project espera aprender como ajudar as abelhas a sobreviver e prosperar, coletando dados por meio de sensores da Internet das Coisas, microfones e câmeras em colmeias. Os dados são, então, enviados para a nuvem e analisados por IA para identificar padrões ou tendências que podem direcionar intervenções precoces para ajudar as abelhas a sobreviver. Em última análise, a IA torna mais fácil compartilhar informações em tempo real em uma escala global para salvar as abelhas.

Spot "fake news"

É verdade: a IA é um dos mecanismos que envia notícias falsas para as pessoas, mas o Google, a Microsoft e o esforço popular do *Fake News Challenge* também estão usando IA para avaliar a verdade dos artigos automaticamente. Devido aos trilhões de postagens que o Facebook deve monitorar e a impossibilidade de fazer isso manualmente, a empresa também usa a IA para encontrar palavras e padrões que possam indicar notícias falsas. Outras ferramentas que dependem de IA para analisar conteúdo incluem Spike, Snopes, Hoaxy e muitas outras.

Priorizar atualizações

No Centro USC para IA na Sociedade, a IA é implantada a fim de descobrir como manter o abastecimento de água de Los Angeles em caso de um terremoto. Como a infraestrutura da cidade está envelhecendo, o projeto visa a identificar áreas estratégicas para melhorias na rede de tubulações, de forma que a infraestrutura crítica (aquela que atende a hospitais, centros de evacuação, bombeiros e polícia) seja priorizada para atualizações em tubulações resistentes a terremotos. Esse é um problema que a IA resolve simulando muitos cenários diferentes para encontrar a melhor solução.

Acessibilidade

Existem mais de 1 bilhão de pessoas vivendo com deficiência em todo o mundo. A IA pode ser usada para ampliar as habilidades dessas pessoas e melhorar sua acessibilidade. Pode facilitar o emprego, melhorar o cotidiano e ajudar as pessoas com deficiência a se comunicar. Desde a abertura do mundo dos livros às crianças surdas até a narração do que se "vê" para as pessoas com deficiências visuais, os aplicativos e ferramentas alimentados por IA estão melhorando a acessibilidade.

Direitos humanos

A IA torna a tarefa de identificar violações dos direitos humanos mais rápida e abrangente, como o tráfico de pessoas. Usando a tecnologia de reconhecimento facial, alimentada por IA, fotos podem ser analisadas para encontrar pessoas desaparecidas e imagens podem ser revisadas para identificar outras violações de direitos humanos.

Educação

À medida que continua a aumentar a pressão para que os educadores personalizem o aprendizado de cada aluno e atinjam padrões de desempenho, a IA fornece ferramentas valiosas que podem apoiar o aprendizado dentro e fora da sala de aula. Em nível sistêmico, a IA pode ajudar a processar estatísticas educacionais a fim de permitir a tomada de decisões para formuladores de políticas e líderes educacionais.

Cuidados de saúde

A IA está revolucionando a assistência médica. Ela auxilia no diagnóstico e na detecção de doenças e enfermidades antes do envolvimento de profissionais médicos, além de auxiliar a equipe de saúde quando os pacientes estão sob seus cuidados. Os sistemas de saúde criam volumes de dados que não seriam utilizados sem o apoio da IA. Não apenas a IA se acostuma a desenvolver terapias medicamentosas inovadoras e remédios personalizados, mas os robôs também estão sendo cada vez mais usados para apoiar cirurgias.

Para finalizar este subcapítulo, listamos duas instituições, entre outras, que foram criadas especificamente com o objetivo de *AI for good*:

- AI for Good Foundation (AI4Good):[28] fundada em 2015 como uma instituição de utilidade pública. A fundação tem status de instituição de caridade adicional na União Europeia e no Canadá, e opera globalmente. Ao construir comunidades duradouras que trazem as melhores tecnologias para enfrentar os desafios mais importantes do mundo, a AI for Good Foundation impulsiona soluções que apoiam os Objetivos de Desenvolvimento Sustentável das Nações Unidas (ODS). Faz isso coordenando a comunidade de pesquisa de IA, tecnólogos, dados e infraestrutura com as partes interessadas no local, formuladores de políticas e o público em geral.

- AI for Good:[29] fundada por Kriti Sharma, uma tecnóloga de IA e uma voz global na ética da IA e em seu impacto na sociedade. Kriti e sua equipe ganharam o hackathon de IA do Facebook em 2016 com o primeiro protótipo do que mais tarde evoluiu para o sistema rAInbow. Mais tarde ela dirigiu seus esforços para auxílio a pessoas com riscos de abusos, e em 2017 foi convidada pela Cúpula da Fundação Obama por seu trabalho em tecnologia ética. Nesse momento ela decidiu dedicar sua carreira à aplicação de IA para obter impacto social e ajudar aqueles que mais precisam. Junto com sua equipe, ela construiu um chatbot para os Jogos Invictus Sydney 2018, a fim de ajudar a tornar os Jogos ainda mais fáceis para os competidores. No mesmo ano, ela fundou a *AI for Good Ltd* e lançou o rAInbow, o primeiro produto alimentado por AI para vítimas de violência doméstica na África do Sul. Após o sucesso do rAInbow, o *AI for Good* foi abordado por uma instituição de caridade com um pedido para desenvolver um chatbot para educar os jovens sobre sexo e saúde reprodutiva na Índia. Em 2019, foi realizada uma parceria com essa instituição, chamada *Population Foundation of India*, para construir o SnehAI.

Como um exemplo das empresas de tecnologia, a Microsoft possui programas de *AI for good* chamados *AI for Earth, AI for Health, AI for Accessibility, AI for Humanitarian Action, e AI for Cultural Heritage*. Os links respectivos a esses temas conduzem a dezenas de projetos, materiais, vídeos e parcerias em IA para cada tópico.[30]

Já a *Stanford University*, como um exemplo da área acadêmica, publicou um seminário chamado *AI for Good Seminar Series,* cujo conteúdo e os materiais estão acessíveis no link indicado:[31] "A série de seminários *AI for Good (CME 500)* explora maneiras como a IA pode beneficiar a sociedade e nosso planeta. Em palestras semanais, líderes da academia, indústria e ONGs, que estão na vanguarda do uso de

IA para o bem social, apresentam aplicativos de IA que estão forjando mudanças positivas em saúde, meio ambiente, educação, tecnologia, governo e muito mais. Os palestrantes discutem como os desafios relativos à justiça, ao preconceito, à privacidade, à ética e outros estão começando a ser abordados."

NOTA DO AUTOR: As notícias e os artigos apresentados neste capítulo são breves exemplos sobre o tema. Seu objetivo é apenas indicar uma tendência nesse campo da IA. O leitor pode buscar mais informações em outras fontes também fidedignas na internet.

8.4. OUVINDO NARRATIVAS CRÍTICAS SOBRE A IA

Via de regra, quando discutimos IA, o fazemos sob um olhar ocidental, dos países produtores de IA. A maior parte da literatura acadêmica, técnica, notícias das mídias em geral, e empresas que comercializam aplicações de IA concentra-se nesses países (não consideramos a China nessa abordagem). Assim, somos vítimas e prisioneiros de uma visão ocidental, pobre e muito restrita acerca dos resultados de sistemas de IA aplicados ao mundo real, isso é, em escala planetária. Os efeitos da aplicação desses sistemas em países "em desenvolvimento", "periféricos", ou do "Sul global", como África e Oriente Médio, podem ser completamente diferentes dos efeitos percebidos nos EUA e na Europa, por exemplo.

No contexto dessa temática, um dos assuntos recorrentes trata do "redlining digital", aplicável a quaisquer cidades de quaisquer países, de Nova York a Calcutá. Segundo a Wikipedia, trata-se da "prática de criar e perpetuar desigualdades entre grupos já marginalizados, especificamente por meio do uso de tecnologias digitais, conteúdo digital e internet precária". Essa expressão teve origem em um contexto especificamente norte-americano, com base em "linhas vermelhas" imaginárias que demarcavam áreas populacionais específicas ou discriminadas. Mais tarde o termo adquiriu um sentido amplo referindo-se também a tecnologias digitais. Como um exemplo, a Universidade de Columbia publicou em 2021 um "Guia para combater o redlining digital", visando a oferecer instrumentos à prefeitura de Nova York no tocante a esse assunto.

Assim, considerando os cenários globais dos efeitos causados por sistemas de IA nos mais diversos países, várias são as abordagens empreendidas para tentar tornar essas percepções públicas. Por exemplo, citamos relatórios abrangentes no Capítulo 2, especialmente do HAI Stanford e do AI Now Institute, e avaliamos alguns desafios da IA no Capítulo 7. Como outra iniciativa revolucionária nessa direção, em janeiro de 2021, o AI Now Institute, filiado à New York University, lançou uma chamada pública para a criação de "Um Novo Léxico de IA: respostas e desafios ao discurso crítico da IA". Denominado de A new AI Lexicon, o projeto lançou sua proposta com base nas seguintes argumentações:[32]

- Precisamos gerar narrativas que possam tanto oferecer perspectivas de outros países como também oferecer conhecimentos e estratégias antecipatórias que possam ajudar a garantir que a incursão da IA não siga o caminho do controle social e da consolidação do poder de decisão que está marcando sua proliferação no Ocidente.

- O pensamento crítico em IA foi além do exame de características específicas e tendências de modelos discretos de IA e seus componentes técnicos. Agora trata-se de reconhecer a importância crítica dos legados raciais, políticos e institucionais que moldam os sistemas de IA no mundo real, bem como os contextos materiais e as comunidades que são mais vulneráveis aos danos e às falhas dos sistemas de IA.

- Os contextos nacionais e transnacionais, políticos, econômicos e raciais de produção e implantação são essenciais para as questões de como essa IA operará e para o seu benefício. No entanto, muito desse pensamento se origina atualmente nos países do Norte global e, inadvertidamente, toma os cenários e histórias infraestruturais e regulatórios da Euro-América como base para o pensamento crítico de IA.

- Além disso, a concepção, o financiamento e a implantação de sistemas de IA no Sul global é muito menos uniforme. Nas sociedades pós-coloniais, as infraestruturas de governança e os marcos legais também são moldados por legados coloniais. As lutas que se seguiram sobre a legislação e as práticas de registro, os esforços problemáticos na digitalização e as dependências complexas de empresas estrangeiras resultaram em práticas não confiáveis e altamente contestadas de governança de dados.

Os artigos que compõem esse Novo Léxico de IA estão sendo publicados semanalmente desde junho de 2021, e podem ser consultados no site https://medium.com/a-new-ai-lexicon. Se o leitor desejar obter uma visão abrangente sobre os desdobramentos mais globais da aplicação da IA a partir de uma postura crítica, sugerimos fortemente a leitura dos seus conteúdos. Como pôde ser observado anteriormente, no texto de abertura do projeto, as leituras em torno da IA e mesmo da *AI for Good* são bastante hegemônicas, na maioria das vezes partindo do olhar ocidental de países ricos produtores de IA. A título de exemplo, apresentaremos apenas algumas ideias-chave, muito resumidas, de 5 artigos do Léxico, publicados entre junho e julho de 2021. Sugerimos a leitura integral das fontes para uma percepção integral dos assuntos abordados. Lembramos novamente que outros artigos permanecerão sendo publicados nos meses subsequentes.

No ensaio *"Um cérebro elétrico — nomear, categorizar e novos futuros para IA"*, Yung Au, do Oxford Internet Institute, diz que:[33]

- "Classificar é humano": a classificação é uma maneira de analisar nosso mundo impossivelmente complexo em segmentos úteis e compreensíveis — no entanto, esses terrenos analíticos também são controversos e inacabados. Desde a Classificação Internacional de Doenças até as tecnologias de classificação racial no apartheid da África do Sul, as classificações em ciência e tecnologia não são apenas imperfeitas, mas têm consequências crescentes. Além disso, no espaço da vanguarda e do desconhecido, como no campo da IA, metáforas nos ajudam a compreender tecnologias que são particularmente intangíveis. Como demonstra Maya Indira Ganesh, metáforas e narrativas nos ajudam a navegar em novas tecnologias, nas quais frases como "dados são o novo petróleo" contornam nossa abordagem a essas tecnologias, desde seu desenvolvimento até sua governança. Assim, as palavras e as classificações que dão formas às nossas realidades, também formam e restringem nossos possíveis futuros. Exatamente o que conta como IA, e quem decide? Que elementos centrais dessas tecnologias devemos levar a primeiro plano?

- Hoje, há um sentimento crescente de que "IA" é um equívoco, ou pelo menos um mal adequado para as muitas coisas que ela pretende abranger. Os críticos têm questionado particularmente a ênfase no "artificial" e na "inteligência", em vez de qualquer um dos outros inúmeros componentes que tornam esses sistemas possíveis. E se eles fossem vistos como mais ordinários e menos excepcionais; mais humanos e menos máquinas; mais trabalho e menos encantamento? A IA simultaneamente significa muito e nada.

- Então, no mundo vagamente definido da IA, que divisões devemos quebrar e que acordo alternativo deve ser buscado? Os termos originários dos centros ocidentais de poder e entidades corporativas se alinham com os imaginários que queremos? Como nossas expressões podem refletir a intencionalidade, o trabalho, a extração e os custos, as escolhas ativas e a manutenção perpétua, as falhas, o que é aspirado e o que é o núcleo? Como garantir que os conceitos que temos hoje refletem o mundo que desejamos ver?

Como um segundo exemplo, Islam al-Khatib, uma palestina de Beirute que escreve sobre tecno culturas e solidariedade, participa do Novo Léxico de IA com o artigo *"Dissidência — IA para o bem ou para controle? Um olhar para o crescimento do investimento em IA no MENA"*:[34]

- No Oriente Médio e norte da África (MENA — *Middle East North Africa*) os governos estão cada vez mais se posicionando como líderes em IA, e afirmando que a IA transformará saúde, política, pesquisa, ciências, esportes, tecnologia e muito mais. A Arábia Saudita lançou uma estratégia nacional de IA, enquanto os Emirados Árabes Unidos buscam ser um grande centro para o desenvolvimento de técnicas e legislação de IA.

- O principal impulso por trás desse investimento é a necessidade de os governos, especificamente regimes do Golfo, buscarem fontes alternativas de receita e crescimento. Como Gillespie observou, terminologias relacionadas à IA e ao poder algorítmico aparecem na narrativa pública não apenas como substantivo, mas também cada vez mais como um adjetivo, em relação a questões tão abrangentes como identidade, cultura, ideologia, responsabilidade, governança, imaginário e regulação.

- Embora muito investimento em tecnologia no MENA esteja envolvido no discurso em torno da "IA para o bem", essas ações e narrativas podem legitimar estruturas de controle que silenciam a dissidência dos movimentos sociais. Os esforços para incorporar sistemas de IA em todos os governos e empresas MENA expuseram tensões e vulnerabilidades políticas, bem como impactaram a forma pela qual os movimentos sociais e o ativismo digital são capazes de funcionar. A IA, a dataficção e o big data, com seus fundamentos míticos e ideológicos, sob as restrições do capitalismo de dados, têm sido vistos como ferramentas para o progresso e o desenvolvimento nacional. Apesar disso, eles, juntamente com os sistemas que os criam e os sustentam, são cúmplices no silenciamento da dissidência.

- Em vez de focar os aspectos puramente técnicos da IA, os mecanismos de propaganda computacional e a moderação de conteúdo, ou as suas perspectivas de desenvolvimento econômico, esse artigo argumenta que devemos focar o domínio social, especialmente os pontos em que as visões e as demandas dos cidadãos e outros divergem das visões sancionadas pelo Estado de "desenvolvimento" e pela "IA para o bem".

Em um terceiro exemplo, Sareeta Amrute, antropóloga da Universidade de Washington e Diretora de Pesquisa da Data & Society, participa do Novo Léxico de IA com o ensaio *"Um sistema algorítmico pode produzir dissidências?"* Novamente apresentamos apenas uma rápida síntese do ensaio, bastante amplo e com a citação de inúmeros casos reais, que mereceriam ser avaliados em sua fonte original:[35]

> A dissidência é uma função democrática crítica. Seja por meio de críticas, demandas, protestos ou resistências, os dissidentes desempenham um papel central em se manifestar contra as estruturas sociais dominantes. Por meio da dissidência, expandimos o âmbito do debate e expandimos os atores incluídos na tomada de decisão coletiva. O dissenso, muito mais do que o consenso, está no cerne da prática democrática.

> À medida que os algoritmos sobrepõem cada vez mais atores humanos em áreas poderosas de tomada de decisão — como tribunais, contratações, transporte, agricultura ou elegibilidade de benefícios governamentais — como discordaremos? Algoritmos podem limitar injustamente oportunidades, restringir serviços e produzir discriminação de dados digitais, muitas vezes como "caixas-pretas" com nenhuma transparência. Então, como podemos tornar os sistemas algorítmicos mais democráticos, de modo que a tomada de decisões coletivas possa ser expansiva em vez de restritiva? Esse ensaio explora três intersecções de IA e dissidência: a dissidência de decisões algorítmicas, a proteção da dissidência política por mecanismos de auditoria e a fomentação da sensibilidade à dissidência de um determinado sistema.

Como mais um caso, Ranjit Singh, doutor em Estudos de Ciência e Tecnologia pela Universidade de Cornell, participa do Novo Léxico de IA com o artigo *"Imbricação — Vivendo com tecnologias inovadoras"*. Entre outros exemplos, o autor avalia o sistema indiano de IA chamado *Aadhaar*, uma "infraestrutura de identificação nacional baseada em biometria da Índia construída para simplificar os serviços governamentais e remodelar a natureza das relações Estado-cidadão". Ele demonstra que várias características operacionais desse sistema dificultam na prática, por exemplo, a participação de idosos e deficientes. Por isso, esses usuários podem vir a perder seus benefícios previdenciários garantidos até então por processos analógicos. Assim, o autor argumenta que novas tecnologias digitais deveriam interagir "mesclando-se" com as práticas já existentes, em vez de tentar substituí-las ou sobrepô-las:[36]

> Tendo em vista os ambientes de dados fraturados no Sul global, em que o foco atual é encontrar maneiras de digitalizar serviços, um chamado para estudar a imbricação é um convite para descentrar dados e tecnologias digitais em discursos de modernidade, progresso e desenvolvimento de infraestrutura.

> Em vez disso, o foco deve se voltar para práticas de trabalho antecedentes e emergentes que, juntas, produzem as condições para o uso de dados e tecnologias digitais na busca dos objetivos pretendidos, como o desenvolvimento de infraestrutura ou a prestação de contas na entrega do bem-estar social. Esse método é tão socio-material quanto

político. Também exige que os analistas respondam pelas escolhas que fazem para se concentrar em certas práticas, em oposição a outras, no labirinto de padronização que compõem as práticas de dados.

- Como Susan Leigh Star disse: "Essas batalhas às vezes são benignas e às vezes tremendamente úteis para a humanidade, como a padronização de dados de mudanças climáticas. No entanto, as tentativas de superpadronização, usando ferramentas como a vigilância eletrônica, estão assombrando a justiça social. Tão densamente imbricadas são essas batalhas agora com a vida eletrônica e a vida offline diária que não é mais uma questão de escolha. Se não for agora, quando?"

Por fim, como um último exemplo do Novo Léxico de IA, Hannah Zeavin, da Universidade da Califórnia, e autora do livro *A Cura a Distância: Uma história da teleterapia*, apresenta o ensaio *"Cuidado como uma ferramenta, cuidado como uma arma"*. A autora lembra que os campos da saúde e do cuidado têm mais de 50 anos na história da IA, "seja no caso da terapia digital, ferramentas de diagnóstico, ou mesmo de cuidados infantis, apresentados como alternativas ao cuidado humano-humano, ou como medida paliativa para a qual outras infraestruturas de cuidado não são acessíveis". Contudo, simultaneamente, a pesquisadora relaciona uma série de desafios a serem superados:[37]

- Embora intervenções de aplicações digitais sejam comercializadas como "tecnologia para o bem", e como ferramentas para trazer mais indivíduos para o sistema de saúde, essas formas alternativas de "cuidado" de IA geralmente não são mantidas nos mesmos padrões da assistência médica, e tendem a excluir ou prejudicar as próprias populações que afirmam ajudar.

- As empresas *tecno-care* também garantem que os excluídos do cuidado tradicional receberão atenção redobrada em sistemas de cuidado. Mas o oposto se sustenta.

- As formas de violência excludente não são desfeitas simplesmente com a criação e a comercialização de soluções digitais. Em vez disso, elas são reprisadas, remediadas e amplificadas, o que faz com que essas formas históricas de violência encontrem seu gêmeo contemporâneo, o *redlining* digital.

- Um aplicativo que pretende cuidar da mente pode ser chamado de intervenção em saúde mental sem ser designada uma terapia, estando assim livre da supervisão dos órgãos governamentais. Tais scripts aparecem e se tornam consumíveis para download e implantáveis sem conversação, por capricho e misericórdia das lógicas de mercado. E, como eu demostro no meu livro, eles desaparecem facilmente, deixando os usuários sem a intervenção na qual eles podem ter vindo a confiar.

- O cuidado automatizado pode ser positivo e mantido como acessível — ele permite não só alcançar mais pacientes, mas também aqueles que de outra forma não seriam capazes de ir a um consultório, como pacientes que enfrentam discriminação racial, são rurais, pobres, domésticos, deficientes ou outros grupos tradicionalmente marginalizados por disciplinas assistenciais. No entanto, esses mesmos usuários são muitas vezes os mais vulneráveis sistematicamente à contagem, coleta de dados, previsão e intervenção dos serviços sociais estaduais, às vezes com consequências letais.

- Assim, desde algoritmos que pretendem detectar risco de suicídio àqueles que direcionam e retêm cuidados médicos, e até robôs que realizam cuidados com idosos, todas essas remediações digitais de tomada de decisão, ministração, interação e atenção não estão magicamente livres das complexidades e dos desafios de prestar cuidados médicos adequados.

Assim, finalizamos este subcapítulo com a apresentação de alguns exemplos que talvez possam ampliar nossas percepções acerca dos efeitos de aplicações que envolvem IA. A Inteligência Artificial permanece sendo uma das maiores produtoras de benefícios para a humanidade em centenas de campos! Mesmo assim, suas aplicações devem ser avaliadas em termos mundiais, considerando cenários e discursos absolutamente distintos nos países "em desenvolvimento", "periféricos", ou do "Sul global". Além disso, riscos de *redlining* digital por enquanto estão presentes em todas as sociedades, incluindo os países do "Norte global".

Finalizamos também aqui o Capítulo *8, Como superar a natureza da IA*, ensejando uma visão mais social e abrangente acerca da IA e de suas infinitas possibilidades.

NOTA DO AUTOR: As notícias e os artigos apresentados neste capítulo são breves exemplos sobre o tema. Seu objetivo é apenas indicar uma tendência nesse campo da IA. O leitor pode buscar mais informações em outras fontes também fidedignas na internet.

CAPÍTULO 9

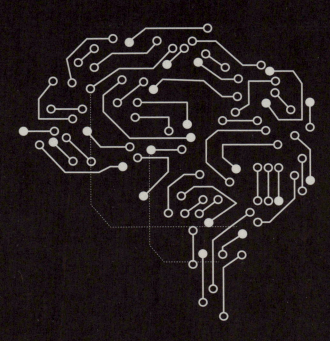

A CONVERGÊNCIA

IA, IoT, Edge Computing, Blockchain, quânticos, nanotecnologias, materiais

A convergência de inúmeras tecnologias, geralmente consideradas disruptivas, é um tema em ascensão exponencial. A IA passou a fazer parte de muitas dessas tecnologias, que não a utilizavam em sua gênese. Além disso, como postulamos neste capítulo, o surgimento de uma Artificial General Intelligence (AGI), ou de uma Superinteligência — se isso ocorrer —, possivelmente estará relacionado à convergência de muitas dessas tecnologias. Na verdade, sugerimos algo mais enfático — talvez apenas a convergência permitirá uma singularidade que faça nascer a AGI. É nesse sentido que o título A Convergência é indicado com iniciais maiúsculas.

Vimos no Capítulo 1, seção 1.7, alguns exemplos de descobertas científicas propiciadas exclusivamente pela IA. Uma delas apresentou um novo programa de aprendizado de máquina que conseguiu realizar complexos cálculos de simulação de novos materiais 40 mil vezes mais rápido que os simuladores atuais. Estudos da IBM Research dizem que geralmente leva-se cerca de 10 anos, e entre US$10 a US$100 milhões em média, para descobrir um novo material com propriedades específicas. Segundo a IBM, as duas variáveis, número de anos e custo, "podem ser reduzidas em 90% com a ajuda de tecnologias como IA, amplificação de dados com computação clássica tradicional, computação quântica emergente, os chamados 'modelos generativos', e a automação de laboratórios, por meio da nuvem híbrida aberta". Desse modo, a convergência dessas tecnologias "permitirá modernizar o processo de descobertas humanas de uma maneira fundamentalmente nova: saindo da coincidência, sorte e acaso, para uma condição de confiança calculada".[1] Ora, essa é apenas uma de muitas declarações revolucionárias e positivamente assustadoras!

Vivemos uma época povoada por disrupções tecnológicas. Sugerimos que elas sejam de quatro naturezas. A ***primeira*** rompe com modelos tradicionais de negócios, como nos casos da Netflix, do Nubank, do Airbnb e muitos outros. As práticas de XaaS oferecem tudo como serviços na nuvem. Drones no comércio, na ecologia, no agronegócio, nos hospitais. Wearable technologies, pulseiras e relógios inteligentes, roupas com sensores que transmitem dados biológicos e sinais vitais diretamente para centros de serviços médicos. Telemedicina e impressão de órgãos 3D em nano escala. Internet das Coisas (IoT) de trilhões de dispositivos conectando objetos e pessoas, e transferindo dados de modo inteligente. Segundo o IDC: "O mundo está se aproximando da supremacia digital, momento em que a economia digital supera o tamanho da economia não digital. Isso pode ocorrer em até 2025." Alguém deseja disrupções dentro de disrupções? O Blockchain está "disruptindo" o mercado financeiro, mas está sendo "disruptido" pelo IOTA/Tangle, que utiliza uma tecnologia ainda diferente, e o investidor Peter Levine diz que a nuvem poderá desaparecer por problemas na largura de banda. A IoT piorará isso, e a nuvem será um obstáculo para uma IA que deseja rapidez. Por isso a Edge/Fog Computing, ou computação que ocorre "nos dispositivos de borda", será o próximo ciclo da ciência da computação.

Uma ***segunda*** natureza de disrupções diz respeito ao que denominamos de "a revolução dos materiais", e trataremos desse assunto mais adiante. Como exemplos, células artificiais que se comunicam entre si, neurônios artificiais de luz, redes de neurônios artificiais que aprendem a falar usando linguagem humana, redes neurossinápticas com recursos de autoaprendizagem, células vivas que fazem computação, bioprocessadores dentro de células humanas, materiais artificiais processando dados na luz, hipercomputação quântica etc. Enquanto escrevo esta linha acontecem dezenas de novas descobertas em "materiais", incluindo a simbiose de tecnologias bionanoneurocibernéticas.

As disrupções da ***terceira*** natureza são mais subliminares. A alienação global da privacidade de dados pessoais para o Google, o Facebook e muitas outras empresas. Já vimos que apenas o Google e o Facebook receberam bilhões de dólares e de euros em multas nos últimos cinco anos. As GDPRs não solucionarão essa questão, limitando-se a aplicar multas depois dos problemas ocorrerem. O VIII Open Innovations Forum (Moscou/2019) disse que há 3 dilemas para os governos: segurança para dados pessoais, reestruturação do mercado de trabalho pelas automações, e regulamentação jurídica das inovações, ou seja, das disrupções. Fake news e deepfakes, usando sofisticadas técnicas de IA, falsificam áudios e vídeos, colocando em risco as eleições e a própria democracia, segundo Igor Lukes, da Boston University. A verdade está batendo em retirada, sendo substituída por ações pragmáticas que apresentem resultados nas redes sociais.

Por fim, uma ***quarta*** natureza de disrupções ocorrerá justamente se a IA evoluir para a AGI (Artificial General Intelligence), o que avaliamos no Capítulo 6.

O simpósio Gartner IT Symposium/Xpo Americas, ocorrido em outubro de 2020, apontou 10 tendências de inovação até o ano de 2025.[2] Seguem algumas delas:

- Até 2025, as tecnologias de computação tradicionais atingirão uma *parede digital*, forçando a mudança para novos paradigmas, como a computação neuromórfica.
- As técnicas de computação atuais não serão suficientes para permitir que se forneçam iniciativas digitais críticas até 2025. IA, visão computacional e reconhecimento de voz serão usados em todos os lugares, e os atuais processadores de uso geral serão inadequados.
- Uma variedade de arquiteturas de computação avançadas surgirá na próxima década. No curto prazo, essas tecnologias podem incluir paralelismo extremo, *DNN-on-a-chip*, que são chips de IA de redes neurais profundas, ou computação neuromórfica. No longo prazo, tecnologias como eletrônica impressa, armazenamento de DNA e computação química criarão uma gama mais ampla de oportunidades de inovação.

> Até 2025, 30% das principais organizações usarão uma nova métrica de "voz da sociedade" para atuar em questões sociais e avaliar os impactos em seu desempenho empresarial. A perspectiva compartilhada das pessoas em uma comunidade é a "voz da sociedade" e impulsiona o desejo de representar e mudar os valores éticos em direção a um resultado comumente aceitável. Métricas baseadas em opinião, como a voz da sociedade, serão usadas conforme as empresas se expandem para usar essas táticas de medição. Eles serão iguais a métricas mais tangíveis, como taxas de cliques.

Além disso, o Gartner promoveu um webinar intitulado "Quando coisas se tornam clientes: o mercado emergente definitivo". A discussão tratou desse novo mercado quando as "coisas" conectadas à Internet das Coisas (IoT) se tornaram "clientes de máquinas". A consultoria diz que, pela primeira vez na história humana, as empresas fabricarão bilhões de "clientes" como máquinas físicas e virtuais, que agirão, olharão e se sentirão como "clientes". Uma pesquisa do IDC prevê que a receita do mercado global de IoT chegará a aproximadamente US$1,1 trilhão até 2025.

A redação de Networkworld[3] diz que cerca de 21 bilhões de "coisas" estão conectadas neste momento, coletando dados e realizando todo tipo de tarefas. São dezenas de tipos de dispositivos de consumo, e outros dirigidos aos negócios: sensores médicos, de motor, robôs industriais, controladores HVAC etc. "Esses dispositivos expandem enormemente o alcance das redes corporativas — e aumentam a vulnerabilidade proporcionalmente, como ilustrado vividamente no ataque com o botnet Mirai. Mas, com a segurança adequada, a recompensa pode ser enorme, sem mencionar que a capacidade de controlar dispositivos remotos se adequou à era problemática da Covid-19. A Internet das Coisas (IoT) tem caminhado para se tornar o coração do mercado médico no futuro. Até agora, em torno de 79% dos provedores de serviços de saúde com receita superior a US$100 milhões utilizam dispositivos de IoT." Por outro lado, um exemplo bastante familiar, mas pouco lembrado sobre o uso de IA e IoT, é o do reconhecimento facial do Facebook. Por meio de um smartphone e do "cadastro" das pessoas, os seus rostos são reconhecidos e então "etiquetados" — nisso consiste indicar seus nomes. Muitas empresas já trabalham com recursos semelhantes para fazer uma análise do estado "emocional" das pessoas. Agora imagina-se esse processo adicionado a um sensor no relógio, um wearable qualquer ou um smartphone que identifique os batimentos cardíacos.

Seguindo os exemplos citados, também IoT, blockchain, Edge computing, quânticos em geral e nanotecnologias estão sendo associados à IA. Para ter-se uma ideia do crescimento de produtos relacionados à IoT, ainda antes da pandemia da Covid-19, o Gartner estimava que os gastos mundiais, apenas de governos, e apenas com equipamentos eletrônicos e de comunicações para IoT, seriam de US$15 bilhões em 2020.[4]

Kay Sharpington, diretora de Pesquisa, disse: "Em escala mundial, esperava-se que os governos implementassem cerca de 8 câmeras a cada 1 mil habitantes urbanos para vigilância externa até 2021, ante 6 câmeras por 1 mil pessoas em 2019. Já o governo chinês investe em câmeras que utilizam técnicas avançadas de reconhecimento facial e implantará 32 câmeras a cada 1 mil habitantes para monitoramento até 2021." Por fim, o Gartner previa que o número de drones para operação de bombeiros, por exemplo, para combate a incêndios florestais, mas também para uso pela polícia, cresceria nos EUA de 1 a cada 58 mil habitantes em 2019, para 1 a cada 18 mil habitantes em 2021.

Ivana Kotorchevikj diz que a Internet das Coisas (IoT) era capaz de monitorar e coletar dados de dispositivos inteligentes. Mas no presente o cenário pode ser mais completo:[5]

> Adicionar IA à equação permitirá que os sistemas agora denominados *AIoT* realizem ações, concluam tarefas e aprendam com base nos dados sem envolvimento humano, como trancar portas, redirecionar o tráfego, reduzir as temperaturas do ar em casa, desligar as luzes etc. Mas a *AIoT* também encontrará seu lugar em edifícios inteligentes, cidades e ambientes de varejo, áreas em que os dados serão utilizados para fornecer maior segurança, melhores práticas de sustentabilidade, melhor experiência do cliente, otimização da oferta em tempo real, e outros. Por fim, a *AIoT* também redefinirá o futuro da automação industrial e deverá liderar a revolução da Indústria 4.0. Sem dúvida, afetará quase todos os setores verticais da indústria, incluindo o automotivo, a aviação, as finanças, a saúde, a manufatura e a cadeia de suprimentos.

Por fim, no tocante ao tema "segurança", os impactos da relação entre a IA e a Internet das Coisas (IoT), o Edge, e outras tecnologias sempre deverão ser avaliados. Desde robôs de qualquer natureza, carros autônomos e drones, até lâmpadas inteligentes e outros tipos de dispositivos, todos contêm objetos de IoT com hardwares e softwares embarcados, e cada vez mais IA embarcada. Como tal, todos serão suscetíveis a ataques e invasões cibernéticas.

Outra tecnologia disruptiva contempla o Edge Computing ou Fog Computing, que trata do retorno do processamento de alguns sistemas da nuvem para os assim chamados dispositivos de "borda". Isso envolve qualquer objeto conectado, desde carros autônomos e drones até os dispositivos de IoT. Em outras palavras, dada a latência da rede, a quantidade de informações, e a demanda crescente por rapidez — por exemplo, pela IA —, grande parte do que hoje é feito nos servidores da nuvem, pública ou privada, voltará para as extremidades da rede. A tecnologia 5G pode participar do processo, e uma pesquisa da Frost & Sullivan prevê que, em 2022, 90% das empresas industriais empregarão Edge Computing em alguma medida. Eric Knorr, em um artigo bastante completo sobre o assunto,[6] cita como exemplos os casos em que o poder de computação deve estar próximo à ação, como robôs IoT industriais lançando widgets ou sensores medindo continuamente a temperatura das vacinas em produção. Ele também lembra: "Uma objeção frequente do lado OT da casa é que a IoT e o Edge Computing expõem os sistemas industriais a riscos sem precedentes de ataques maliciosos. Bob Violino aborda esse problema no estudo 'Protegendo a borda: 5 práticas recomendadas'. Uma recomendação importante é implementar segurança de confiança zero, que exige autenticação persistente e microssegmentação, de forma que um ataque bem-sucedido em uma parte da organização possa ser isolado em vez de se espalhar para sistemas críticos."

Já em relação ao Edge AI, Ivana Kotorchevikj lembra que há uma necessidade persistente de acelerar ainda mais o processo de tomada de decisão, analisar dados com segurança, evitar latência descontrolada e controlar conexões de rede:[7]

> Para resolver esses desafios, a IA está se movendo para a borda, ou seja, dando origem ao Edge AI, que combina Edge Computing e IA em um único sistema. O Edge AI permite o processamento de dados gerados por um dispositivo inteligente localmente ou no servidor próximo ao dispositivo usando algoritmos de IA e computação de borda. Os dispositivos Edge AI se aplicam a smartphones, laptops, robôs, carros autônomos, drones, câmeras de vigilância que usam análise de vídeo etc. A vantagem é que o dispositivo não precisa estar conectado à internet para processar esses dados, e pode tomar decisões de missão crítica em tempo real, em questão de milissegundos.

Ainda outra tecnologia disruptiva diz respeito ao Blockchain, cujos conceitos não apresentaremos aqui. Em nosso contexto, é importante apenas observar a sua relação com a IA. Um excelente artigo da Data Science Academy, com amplas referências bibliográficas, traz uma ideia dos potenciais da relação entre Blockchain e IA:[8]

> Blockchain é muito mais do que o escopo de atividade potencial que foi idealizado para sua implantação na reinvenção da moeda com lançamento do Bitcoin, e hoje pode ser aplicada em soluções para finanças, economia, governos, serviços jurídicos, ciência e saúde. Ela é um mecanismo seguro de gerenciamento de dados em grande escala para coordenar as informações de milhões ou bilhões de indivíduos.
>
> Decisões tomadas por aplicações de IA podem às vezes ser difíceis de os seres humanos entenderem. Isso ocorre porque essas aplicações são capazes de avaliar um grande número de variáveis independentemente

umas das outras e "aprender" quais são importantes para a tarefa geral que estão tentando alcançar. Como exemplo, espera-se que os algoritmos de IA sejam cada vez mais usados na tomada de decisões sobre se as transações financeiras são fraudulentas e devem ser bloqueadas ou investigadas. Por algum tempo, porém, ainda será necessário ter essas decisões auditadas com precisão por seres humanos.

- Mas, por outro lado, se as decisões forem registradas em uma base de dados por ponto de dados, em uma Blockchain, será muito mais fácil para elas serem auditadas, com a confiança de que o registro não foi adulterado entre as informações gravadas e o início da gravação, tornando-se uma ótima opção para processos de auditoria.

- Não importa quão claramente podemos ver que a IA oferece enormes vantagens em muitos campos se ela não for confiável para o público. Registrar o processo de tomada de decisão em Blockchains pode ser um passo para alcançar o nível de transparência e percepção das mentes dos robôs que serão necessários para ganhar a confiança do público. Devido à sua natureza descentralizada, o Blockchain pode potencialmente neutralizar o risco do monopólio da IA de uma das partes, e sua capacidade de controlar uma das tecnologias mais poderosas e perigosas conhecidas pelo homem.

- Se fôssemos descentralizar a IA, os algoritmos poderiam se tornar Organizações Autônomas Descentralizadas (*DAO — Decentralized Autonomous Organizations*). DAOs são organizações capazes de operar de forma autônoma e descentralizada por meio da tecnologia Blockchain de *Contratos Inteligentes*, sem uma parte central "puxando as cordas" e tomando decisões. Os usuários de DAOs, que constituem sua rede, decidirão como um DAO funciona e opera.

- Os participantes de uma rede Blockchain estão diretamente conectados uns aos outros, sem passar por um terceiro. Imagine o Airbnb como um DAO. O contato entre proprietários de casas e viajantes seria baseado em Contratos Inteligentes pelos quais eles podem fazer transações diretamente entre si. Esse mesmo modelo se aplicaria a programas de IA em execução como DAOs. Seus algoritmos de aprendizado seriam informados pelo seu projeto de Contrato Inteligente, e o DAO terá que comprar sua entrada de dados do mercado. Um projeto que está trabalhando em um DAO é o *SingularityNET*.

Nossa última consideração acerca de disrupções neste capítulo trata do que denominamos genericamente de "Materiais". Eles referem-se a centenas de campos de pesquisa e descobertas contínuas, ocorrendo simultaneamente no mundo inteiro. Muito em breve eles impactarão irreversivelmente a IA. Talvez poucos pesquisadores tenham percebido isso, porque as inovações e disrupções dos

Materiais ocorrem de maneira pontual, esparsa, diluída, não coordenada, em milhares de instituições e empresas de várias naturezas em todos os países. Assim, introduzimos aqui uma hipótese — um acúmulo de disrupções dos Materiais propiciará uma Convergência que, afinal, poderia vir a configurar uma Singularidade. Discutimos Singularidade no Capítulo 6.

Os especialistas em IA que aventam a possibilidade de uma Singularidade gestar uma Inteligência Artificial Geral (AGI) focam os inúmeros campos da IA nos quais isso poderia ocorrer. Ao contrário, na nossa opinião, uma AGI não surgirá por meio de um processo de aprimoramento e evolução — ou de um momento de disrupção aguda de algoritmos de *machine learning*, ou mesmo de novas técnicas de desenvolvimento de IA. Em vez disso, sugerimos que uma AGI ocorrerá da simbiose e da sinergia de um acúmulo de disrupções nos campos que vimos anteriormente, mas especialmente na área de Materiais e suas congêneres tecnologias bionanoneurocibernéticas e quânticas. Essa será uma sinergia que pode culminar — em um momento inesperado —, em uma AGI ou Superinteligência. Assim, pensamos em sugerir aqui a expressão "Sinergia dos materiais ciberquânticos para o surgimento de uma AGI". Obviamente esse será um processo de disrupções retroalimentadas e retrocumulativas. Na verdade, ele não "será", ele já está em franco desenvolvimento.

Para fundamentar de alguma maneira essa nossa compreensão, listaremos alguns exemplos entre milhares que podem indicar a direção que estamos imaginando. Para a maioria dos casos aqui apresentados, utilizamos pesquisas publicadas originalmente em inúmeras revistas científicas, como *Nature* e outras, em seus múltiplos domínios. O excelente site brasileiro *Inovação Tecnológica* (www.inovacaotecnologica.com.br) publica e resume essas pesquisas semanalmente, e nos valemos dele com muita frequência, especialmente nas divisões de "Materiais", "Robótica", "Nanotecnologia" e "Eletrônica". Algumas áreas que podem contribuir indiretamente para o desenvolvimento da IA, e em algum momento culminar em pontos de sinergia, são aquelas que tratam das pesquisas de novos materiais físico-químico-mecânicos (por exemplo, para velocidade de processamento e armazenamento), novos materiais sintéticos, simbiose de materiais sintéticos e tecidos biológicos, nanotecnologias, neurologia, estudos cognitivos do cérebro, desenvolvimento da linguagem, todas as aplicações do campo da computação quântica e de inúmeros componentes quânticos, processamento e transmissão de dados utilizando a luz, entre dezenas de outras.

Finalmente, uma vez que não haveria espaço aqui para apresentar exemplos em detalhes, listaremos apenas o título e a fonte de alguns deles. Se for do interesse do leitor, é possível acessar os links e realizar suas consultas.

A Convergência 307

- **Transístor sináptico processa, memoriza e aprende**
  https://www.inovacaotecnologica.com.br/noticias/noticia.php?artigo=transistor-sinaptico-processa-memoriza-aprende&id=010150210514&ebol=sim#.YKQusXmSnIU — original: *Nature* — https://www.nature.com/articles/s41467-021-22680-5

- **Máquinas moleculares falam com células para entender sua linguagem**
  https://www.inovacaotecnologica.com.br/noticias/noticia.php?artigo=maquinas-moleculares-falam-celulas-entender-sua-linguagem&id=010180210712&ebol=sim#.YO8aVj2SnIU — original: *Nature* — https://www.nature.com/articles/s41467-021-23815-4

- **Luz é comprimida em 11 vezes para transportar mais bits por segundo**
  https://www.inovacaotecnologica.com.br/noticias/noticia.php?artigo=luz-comprimida-11-vezes-transportar-mais-bits-segundo&id=010150210707&ebol=sim#.YOxb-D2SnIU — original: *Nature* — https://www.nature.com/articles/s41377-021-00572-z

- **Máquinas quase vivas começam a se mexer nos laboratórios**
  Https://www.inovacaotecnologica.com.br/noticias/noticia.php?artigo=maquinas-quase-vivas-comecam-se-mexer-laboratorios&id=010180210429&ebol=sim#.YI_i9sCSnIU — original: *Nature* — https://www.nature.com/articles/s41467-021-21920-y

- **Chip leva a luz até os qubits dos computadores quânticos**
  https://www.inovacaotecnologica.com.br/noticias/noticia.php?artigo=este-chip-leva-luz-ate-qubits-computadores-quanticos&id=010110210222&ebol=sim#.YDa0jNWSnIU — original: *Nature* — https://arxiv.org/abs/2002.02258

- **Neurônio artificial de laser é 10 mil x mais rápido que neurônio biológico**
  https://www.inovacaotecnologica.com.br/noticias/noticia.php?artigo=neuronio-artificial-laser-mais-rapido-neuronio-biologico&id=010110210215&ebol=sim#.YC15MTKSnIU — original: *Extreme events in quantum cascade lasers, Journal Advanced Photonics* www.opticsjournal.net

- **Cérebro quântico usa átomos para fazer computação sem software**
  https://www.inovacaotecnologica.com.br/noticias/noticia.php?artigo=cerebro-quantico-usa-atomos-fazer-computacao-sem-software&id=010150210209#.YCL37zGSnIU — original: *Nature* — https://europepmc.org/article/med/33526837

- **Inteligência artificial líquida adapta-se a variações nos dados**
  www.inovacaotecnologica.com.br/noticias/noticia.php?artigo=inteligencia-
  -artificial=-liquida-adapta-se-variacoes-dados&id010150210204=&ebol-
  sim#.YCLvfDGSnIU — original: https://ui.adsabs.harvard.edu/abs/2020ar-
  Xiv200604439H/abstract

- **Processador com células-tronco criará cérebro artificial biônico**
  www.inovacaotecnologica.com.br/noticias/noticia.php?artigo=cere-
  bro-bionico-ia-celulas-tronco&id=010150210202&ebol=sim#.YBrc2JeSnIV

- **Memória quântica integrada guarda dados em luz sob demanda**
  https://www.inovacaotecnologica.com.br/noticias/noticia.php?arti-
  go=memoria-quantica-integrada-guarda-dados-luz-sob-demanda&i-
  d=010110210119&ebol=sim#.YAdGvehKjIU — original: https://arxiv.org/
  abs/2009.0179

- **Comunicação surpreendente entre átomos pode servir para computação quântica**
  https://www.inovacaotecnologica.com.br/noticias/noticia.php?artigo=co-
  municacao-entre-atomos-computacao-quantica&id=010110201120&-
  ebol=sim#.X7fxzWhKg2w — original: https://arxiv.org/abs/2001.09946

- **Máquinas em nanoescala convertem luz em trabalho**
  https://www.inovacaotecnologica.com.br/noticias/noticia.php?artigo=maqui-
  nas-nanoescala-convertem-luz-trabalho#.YEE_tlVKiUk — original: https://
  www.osapublishing.org/optica/fulltext.cfm?uri=optica-7-10-1341&id=440944

- **Dois bits são gravados em um único átomo**
  https://www.inovacaotecnologica.com.br/noticias/noticia.php?artigo=-
  dois-bits-gravados-unico-atomo&id=010110200915&ebol=sim#.X2DHk2h-
  Kg2w — original: https://www.nature.com/articles/s41535-020-00262-w

- **Neuroprocessador fotônico traz IA embutida**
  https://www.inovacaotecnologica.com.br/noticias/noticia.
  php?artigo=neuroprocessador-fotonico-inteligencia-artifi-
  cial-embutida&id=010150201119&ebol=sim#.X7fx1GhKg2w — original:
  https://www.researchgate.net/publication/347022231_Fully_Light-
  -Controlled_Memory_and_Neuromorphic_Computation_in_Laye-
  red_Black_Phosphorus

- **Nanocelulose multiplica poderes das nanopartículas**
  https://www.inovacaotecnologica.com.br/noticias/noticia.php?artigo=-
  nanocelulose-multiplica-poderes-nanoparticulas&id=010165200817&e-
  bol=sim#.XzwKeuhKg2w — original: onlinelibrary.wiley.com/doi/
  full/10.1002/adfm.202004766

A Convergência

- **Neuroprocessador de luz agora incorpora Inteligência Artificial**
  https://www.inovacaotecnologica.com.br/noticias/noticia.php?artigo=neuroprocessador-luz-agora-incorpora-inteligencia-artificial&id=010150190520#.Xxci5J5Kg2w — original: www.nature.com/articles/s41586-019-1157-8

- **Criados átomos gêmeos unidos até o fim do Universo**
  www.inovacaotecnologica.com.br/noticias/noticia.php?artigo=entrelacamento-atomos-emaranhamento-atomos&id=010110210319&ebol=sim#.YFfV5tqSnIU — original: https://arxiv.org/abs/2009.13438

- **Experimento com múons mostra indícios de uma nova física**
  www.inovacaotecnologica.com.br/noticias/noticia.php?artigo=experimento-muons-mostra-indicios-nova-fisica&id=020130210407&ebol=sim#.YHMvVaySnIU — originais: https://arxiv.org/abs/2002.12347 e https://journals.aps.org/prl/abstract/10.1103/PhysRevLett.126.141801

- **Antimatéria é manipulada e resfriada a laser pela primeira vez**
  www.inovacaotecnologica.com.br/noticias/noticia.php?artigo=antimateria-manipulada-resfriada-laser-pela-primeira-vez&id=010115210401&ebol=sim#.YHMvfaySnIU — original: https://www.nature.com/articles/s41586-021-03289-6

- **Spintrônica — Salto tecnológico pode estar a um hópfion de distância**
  www.inovacaotecnologica.com.br/noticias/noticia.php?artigo=spintronica-ii-salto-tecnologico-estar-hopfion-distancia&id=010110210412&ebol=sim#.YHYGyqySnIU — original: https://pubmed.ncbi.nlm.nih.gov/33692363/

- **Materiais ultraleves podem se fabricar sozinhos**
  www.inovacaotecnologica.com.br/noticias/noticia.php?artigo=materiais=-ultraleves-se-fabricar-sozinhos&id010160210406=&ebol-sim#.YHMvcqySnIU — original: https://science.sciencemag.org/content/371/6533/1026.abstract

- **Para manter informações secretas dê um nó de luz nelas**
  https://www.inovacaotecnologica.com.br/noticias/noticia.php?artigo=para-manter-informacoes-secretas-nelas#.YEE9NFVKiUk — original: https://www.nature.com/articles/s41467-020-18792-z

- **Metais estranhos não são esquisitos, são uma nova fase da matéria**
  https://www.inovacaotecnologica.com.br/noticias/noticia.php?artigo=metais-estranhos-nao-esquisitos-nova-fase-materia&id=010160200922&ebol=sim#.X2o8zGhKg2w — original: https://www.pnas.org/content/117/31/18341

- **Vem aí a eletrônica dos nós**

    https://www.inovacaotecnologica.com.br/noticias/noticia.php?artigo=eletronica-dos-nos&id=010110201030&ebol=sim#.X5xWwIhKg2w — original: https://www.nature.com/articles/s41467-020-17716-1

- **Luz é armazenada e transportada pela primeira vez**

    https://www.inovacaotecnologica.com.br/noticias/noticia.php?artigo=-luz-armazenada-transportada-pela-primeira-vez&id=010110201014&ebol=sim#.X4nQKNBKg2w — original: https://journals.aps.org/prl/abstract/10.1103/PhysRevLett.125.150501

- **Células artificiais com genética própria juntam-se em tecidos**

    https://www.inovacaotecnologica.com.br/noticias/noticia.php?artigo=celulas-artificiais-genetica-propria-juntam-se-tecidos&id=010160190122&ebol=sim#.XEhTcFxKg2w — original: https://pubmed.ncbi.nlm.nih.gov/30478365/

- **Baterias biomórficas guardam energia na pele dos robôs**

    https://www.inovacaotecnologica.com.br/noticias/noticia.php?artigo=baterias-biomorficas-guardam-energia-pele-robos&id=010180200821&ebol=sim#.X0P9A8hKg2w — original: https://robotics.sciencemag.org/content/5/45/eaba1912

- **Informações gravadas em átomos já podem ser lidas**

    https://www.inovacaotecnologica.com.br/noticias/noticia.php?artigo=informacoes-gravadas-atomos-ja-lidas&id=010160200818#.X1ujuHlKg2w — original: https://science.sciencemag.org/content/369/6504/674/tab-article-info

- **Experimento com vácuo quântico para o tempo e muda definição da luz**

    https://www.inovacaotecnologica.com.br/noticias/noticia.php?artigo=experimento-vacuo-quantico-tempo-muda-definicao-luz&id=010130170127#.Xv-BGShKg2w — original: https://www.nature.com/articles/nature21024?proof=t

- **Sinapse artificial interage com células vivas**

    https://www.inovacaotecnologica.com.br/noticias/noticia.php?artigo=sinapse-artificial-interage-celulas-vivas&id=010150200630&ebol=sim#.XvtqTihKg2w — original: https://www.nature.com/articles/s41563-020-0703-y?proof=t

- **Aprendizado de máquina totalmente ótico usando redes neurais profundas difrativas**

    Original: https://www.ncbi.nlm.nih.gov/pubmed/30049787

Processador neuromórfico que torna a IA 200 vezes mais rápida

https://www.inovacaotecnologica.com.br/noticias/noticia.php?artigo=processador-inspirado-cerebro-faz-inteligencia-artificial-200-vezes-mais-rapido&id=010150181005&ebol=sim#.W8d8aktKjyQ — original: https://aip.scitation.org/doi/full/10.1063/1.5042413

Laser que enxerga através das paredes

https://www.inovacaotecnologica.com.br/noticias/noticia.php?artigo=laser-consegue-ver-atraves-das-paredes&id=010115190321&ebol=sim#.XJjGfihKg2w — original: http://export.arxiv.org/abs/1806.01917

Redes neurossinápticas óticas com recursos de autoaprendizagem

Original: https://www.nature.com/articles/s41586-019-1157-8

Rede de neurônios artificiais que aprende a falar usando linguagem humana

https://www.inovacaotecnologica.com.br/noticias/noticia.php?artigo=rede-neuronios-artificiais-aprende-usar-linguagem-humana&id=010150151117#.XF3iLFxKjyQ — original: https://ui.adsabs.harvard.edu/abs/2015PLoSO..1040866G/abstract

Avanços na computação quântica Qubits e cálculos transmitidos e um novo tipo de qubit

https://www.inovacaotecnologica.com.br/noticias/noticia.php?artigo=avancos-computacao-quantica-qubits-calculos-transmitidos-novo-tipo-qubit&id=010150210301&ebol=sim#.YD-QvE6SnIU — originais: *Nature* https://arxiv.org/abs/2011.13108; *Science* https://science.sciencemag.org/content/371/6529/614; e *Physical Review Letters* https://journals.aps.org/prl/abstract/10.1103/PhysRevLett.126.033401

Nova forma de computação é feita multiplicando ondas de luz

https://www.inovacaotecnologica.com.br/noticias/noticia.php?artigo=nova-forma-computacao-feita-multiplicando-ondas-luz&id=010150210226&ebol=sim#.YD-Q3U6SnIU — original: https://journals.aps.org/prl/abstract/10.1103/PhysRevLett.126.050504

Comunicação por luz pelo ar promete Wi-Fi de alta velocidade

https://www.inovacaotecnologica.com.br/noticias/noticia.php?artigo=comunicacao-luz-sem-fibra-optica-promete-wi-fi-alta-velocidade&id=010150210224&ebol=sim#.YD-Q7k6SnIU — original: https://www.osapublishing.org/optica/fulltext.cfm?uri=optica-8-2-202&id=447651

- **Microscópios rompem barreira dos nanômetros e chegam aos ângstrons**

  https://www.inovacaotecnologica.com.br/noticias/noticia.php?artigo=-microscopios-rompem-barreira-nanometros-chegam-angstrons&id=010165200904&ebol=sim#.X1Jv9nlKg2w — original: https://www.nature.com/articles/s41566-020-0677-y

- **Neurotransístor aprende juntando memória com processamento**

  https://www.inovacaotecnologica.com.br/noticias/noticia.php?artigo=-neurotransistor&id=010150200729&ebol=sim#.XyRqhyhKg2w — original: https://www.nature.com/articles/s41928-020-0412-1

- **Construída primeira bateria quântica**

  https://www.inovacaotecnologica.com.br/noticias/noticia.php?artigo=primeira-bateria-quantica&id=010115200617&ebol=sim#.XvNLpihKg2w — original: https://www.nature.com/articles/s41565-020-0712-7?proof=t

- **Linha de montagem nanotecnológica usa som para manipular nanopartículas**

  https://www.inovacaotecnologica.com.br/noticias/noticia.php?artigo=linha-montagem-nanotecnologica-usa-som-manipular-nanoparticulas&id=010165200601&ebol=sim#.XtZohjpKg2w — original: https://pubmed.ncbi.nlm.nih.gov/32196142/

- **Nanossensores transmitem dados de tecidos vivos usando luz**

  https://www.inovacaotecnologica.com.br/noticias/noticia.php?artigo=nanossensores-transmitem-dados-tecidos-vivos-usando-luz&id=010110200514&ebol=sim#.Xr6VDGhKg2w — original: https://www.pnas.org/content/117/17/9173

- **Neurônios artificiais orgânicos impulsionam computação que imita cérebro**

  https://www.inovacaotecnologica.com.br/noticias/noticia.php?artigo=neuronios-artificiais-organicos-computacao-imita-cerebro&id=010110200428&ebol=sim#.XqhnmmhKg2w — original: https://aip.scitation.org/doi/full/10.1063/1.5124155

- **Transistores de proteínas transformam células em computadores**

  https://www.inovacaotecnologica.com.br/noticias/noticia.php?artigo=transistores-proteinas-transformam-celulas-computadores&id=010110200415&ebol=sim#.XpnV1MhKg2w — original: https://science.sciencemag.org/content/368/6486/78.abstract

A Convergência

- **Computando com moléculas: um grande passo na spintrônica molecular**
  https://www.inovacaotecnologica.com.br/noticias/noticia.php?artigo=computando-moleculas-grande-passo-spintronica-molecular&id=010110200108&ebol=sim#.XhjJQshKg2w — original: https://www.nature.com/articles/s41565-019-0594-8.pdf?platform=oscar&draft=-collection

- **Biocircuitos imitam sinapses e neurônios para computação sensorial**
  https://www.inovacaotecnologica.com.br/noticias/noticia.php?artigo=biocircuitos-imitam-sinapses-neuronios-computacao-sensorial&id=010110191104&ebol=sim#.XcVZzjNKg2w — original: https://www.nature.com/articles/s41467-019-11223-8

- **Primeiro processador probabilístico resolve problema de computador quântico**
  https://www.inovacaotecnologica.com.br/noticias/noticia.php?artigo=primeiro-processador-probabilistico&id=010150191014&ebol=sim#.Xan7gOhKg2w — original: https://www.nature.com/articles/s41586-019-1557-9?proof=t

- **Um transístor para todos os usos incluindo cérebros artificiais**
  https://www.inovacaotecnologica.com.br/noticias/noticia.php?artigo=um-transistor-todos-usos-incluindo-cerebros-artificiais&id=010110190401&ebol=sim#.XKSlm5hKg2w — original: https://www.nature.com/articles/s41565-019-0407-0

- **Bit quântico pode ser configurado para guardar ou para processar dados**
  www.inovacaotecnologica.com.br/noticias/noticia.php?artigo=bit-quantico-configurado-guardar-ou-processar-dados&id=010110210201&ebol=sim#.YBrc0JeSnIV — original: https://pubmed.ncbi.nlm.nih.gov/33432204/

- **Compósito de metal e cinza é talhado para robôs maleáveis**
  https://www.inovacaotecnologica.com.br/noticias/noticia.php?artigo=composito-metal-cinza-talhado-robos-maleaveis&id=010180191210&ebol=sim#.Xe-wauhKg2w — original: https://robotics.sciencemag.org/content/4/33/eaax7020/tab-article-info

- **Transístor usado como qubit deixa computador quântico mais próximo da realidade**
  https://www.inovacaotecnologica.com.br/noticias/noticia.php?artigo=transistor-usado-como-qubit&id=010110201229&ebol=sim#.X_OHxthKjIU original: — https://www.nature.com/articles/s41467-020-20280-3

- **Recorde mundial de entrelaçamento avança internet quântica**

    https://www.inovacaotecnologica.com.br/noticias/noticia.php?artigo=recorde-mundial-entrelacamento-avanca-internet-quantica&id=010150201109&ebol=sim#.X6rD6mhKg2w — original: https://www.osapublishing.org/optica/fulltext.cfm?uri=optica-7-10-1440&id=441674

- **Neurônios ciborgues prometem revolucionar medicina bioeletrônica**

    https://www.inovacaotecnologica.com.br/noticias/noticia.php?artigo=engenharia-bioeletronica-neuronios-ciborgues&id=010180200330&ebol=sim#.YEFOZlVKiUm — original: https://science.sciencemag.org/content/367/6484/1372/tab-article-info

- **Estamos às vésperas de criar seres vivos em laboratório**

    https://www.inovacaotecnologica.com.br/noticias/noticia.php?artigo=estamos-vesperas-criar-seres-vivos-laboratorio&id=010180200610&ebol=sim#.XuoaoGhKg2w — original: https://www.pnas.org/content/116/16/8070

- **Nanoantenas magnônicas abrem caminho para computação analógica**

    https://www.inovacaotecnologica.com.br/noticias/noticia.php?artigo=-nanoantenas-magnonicas-computacao-analogica&id=010110200324&ebol=sim#.Xno6vIhKg2w — original: https://pubmed.ncbi.nlm.nih.gov/31944413/

É importante registrar que grande parte das pesquisas e descobertas citadas anteriormente encontra-se em fase exploratória, bastante longe de aplicações comerciais concretas. Mas isso não importa — o objetivo aqui é demonstrar a direção para a qual essas descobertas e movimentos apontam. A humanidade nunca havia habitado um terreno tão fértil de disrupções jamais imaginadas em toda a sua história. Esse amplo contexto de dezenas de campos que se entrelaçam, e que chamamos genericamente de Materiais, nem sempre tem relação direta com a IA, mas com certeza está atuando como um aglomerador e um catalisador de resultados inimagináveis.

Concluímos este capítulo deixando-o em aberto. A nossa tese estaria adequada? Poderia surgir uma Inteligência Artificial Geral (AGI) da sinergia de um acúmulo de disrupções na área de Materiais e suas congêneres tecnologias bionanoneurocibernéticas e quânticas? Com certeza essa Convergência de disrupções está sendo retroalimentada, é de natureza cumulativa e seus campos interagem entre si. A nossa expectativa teria consistência?

CAPÍTULO 10

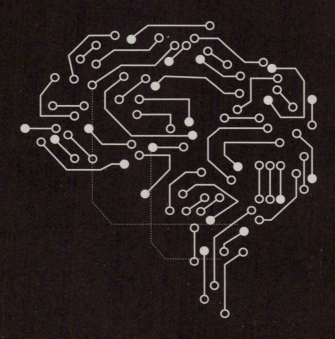

VIVEMOS UMA RUPTURA EPISTEMOLÓGICA?

Se alguém desejasse conhecer mais profundamente os processos de criação de sistemas de IA e os impactos sociais dos seus resultados, a quem essa pessoa deveria abordar? Desenvolvedores de IA? Cientistas da computação? Acadêmicos? Governantes? Pesquisadores? Empresas que vendem produtos de IA? Empresas nas quais a IA pertence ao próprio DNA de negócios, como Google, Amazon e Facebook? Para responder a essa pergunta, será que alguém diria — filósofos, sociólogos, historiadores, políticos, jornalistas, juristas, economistas, cientistas sociais? Ora, isso é muito pouco provável, mas parece ser o mais adequado a fazer.

O HAI de Stanford, o AI Now da *New York University*, o *Alan Turing Institute*, o MILA do Canadá e muitas outras instituições estão fazendo isso, envolvendo especialistas de múltiplas áreas. Nunca antes a humanidade havia se deparado com um assunto de impactos tão profundos para o presente e especialmente para o futuro próximo. Nunca um assunto foi tão *transversal* e tão *multidisciplinar*, abrangendo e impactando todas as áreas de atuação dos seres humanos. Paradoxalmente, nunca um assunto foi tratado de forma tão proprietária, exclusivista, privilegiada e "monopolista".

No Capítulo *4, É possível um "acompanhamento social" da IA?*, discutimos superficialmente essa questão. Os resultados proporcionados pelos sistemas de IA já têm e terão impactos sociais estruturais para todos os países. A IA veio para mudar a história. Então, na verdade, talvez seja mesmo o momento de convocar filósofos, historiadores, cientistas sociais, economistas, e estudiosos de todas as áreas, das "exatas" às "humanas", para avaliar o assunto em conjunto, em parceria, transdisciplinarmente. A IA simplesmente extrapolou seus limites técnicos originais.

Assim, em relação ao conceito de uma eventual ruptura epistemológica, o professor Silvio M. Maximino pode auxiliar:[1]

> Thomas Kuhn diz que, quando um grupo de cientistas estuda um fenômeno empregando teorias, métodos e tecnologias disponíveis em seu campo de trabalho, mas os conceitos existentes não explicam o que estão observando, então o grupo se depara com um "obstáculo epistemológico". Para superá-lo, o grupo de cientistas precisa renegar a teoria vigente, seus métodos e tecnologias, realizando uma chamada "ruptura epistemológica", segundo Gaston Bachelard. Essa ruptura conduz à elaboração de novas teorias, métodos e tecnologias, que afetam todo o campo de conhecimento existente. Uma nova concepção científica emerge. Além disso, Karl Popper notou que, embora Kuhn fosse um físico, a extensão dos seus argumentos possuía forte apelo sociológico.

Antes de entrar no contexto da IA, quais seriam algumas das grandes revoluções experimentadas no passado, por exemplo, no âmbito da ciência? Na Idade Média o ser humano passou a *experimentar* em vez de *postular*. As primeiras observações de Copérnico e de Galileu, o empirismo de Bacon, o racionalismo de Descartes, as descobertas de Newton, e de dezenas de outros cientistas precursores, proporcionaram uma visão mais pragmática da natureza. As origens desse fenômeno estão na história moderna. Ela nasceu com o Iluminismo (1715 a 1790), a Revolução Científica (1600 em diante) e a Revolução Industrial (1760 a 1840). Todas essas datas e movimentos são sugeridos apenas didaticamente, porque na verdade eles fazem parte de uma única grande passagem histórica. Eles exercitaram uma formidável ruptura com o pensamento pré-científico anterior, medieval. Nasceu aqui o conceito de razão moderna, de ciência moderna, pelo menos no contexto de alguns países do Ocidente.

Naqueles momentos iniciais, os cientistas entendiam a ciência como algo que traria benefícios para a humanidade. Eles perseguiam um ideal de *progresso* para todos os homens por meio da ciência. A ciência serviria para libertar a humanidade de muitos dos seus sofrimentos. Na política, sistemas monárquicos cederam lugar a práticas democráticas de organização social. Contudo, em poucos séculos, a razão, a ciência e a tecnologia invadiram outras esferas. Catástrofes passam a acontecer pelo excesso de sucesso tecnológico, e o impacto passou a ser global. Na economia, o "mercado" colocou-se como algo acima da sociedade, incentivando a "financeirização" das relações humanas. Dezenas de economias de países periféricos foram destruídas em nome de um receituário econômico do FMI. Atualmente a própria organização reconhece seus excessos.

O modelo capitalista passou a empregar uma visão de ciência técnica, como instrumento de produção. O cientista se tornou positivista e utilitarista, passando a enxergar o mundo como um conjunto de dados a ser explorado. Esse é o ponto em que a razão começou a perder sua racionalidade. A promessa do uso da ciência para promover o "progresso social geral" começou a esvanecer, e emergiu um novo paradigma — o racionalismo. Esse é um sistema filosófico no qual a razão é considerada a melhor fonte de conhecimento. Essa doutrina rejeita a intervenção da política, da tradição ou da filosofia na ordem teórica, constituindo a principal *ideologia* dos tempos modernos. Poucos lembram que *racionalismo* é diferente de *racionalidade*. Racionalismo é uma ideologia, e racionalidade trata da diferença específica que identifica os seres humanos no reino animal — os humanos são racionais, e os outros animais são irracionais. Então a ciência e a mentalidade científica tornaram-se um paradigma não só dominante como *monopolista* em relação aos demais tipos de conhecimentos humanos.

Ulrich Beck diz: "A ciência tem um papel ambivalente. Por um lado, ela ainda é a maior fonte de soluções. Mas, por outro, é também uma fonte de problemas. E esses problemas não são o produto de uma crise da ciência e da modernidade, mas, sim, um produto das suas *vitórias*. Justamente pela ciência ser tão bem-sucedida em tantos campos ela produz esses problemas." Edgar Morin denuncia a tecnoburocracia que "instala o reinado dos *experts* em todos os domínios que até então dependiam de discussões políticas". Ele diz que há uma "redução do político ao econômico, e o econômico torna-se o problema político permanente". Finalmente, "o que tomávamos por avanços da civilização são ao mesmo tempo avanços da barbárie. Precisamos nos livrar do paradigma pseudo-racional do Homo Sapiens segundo o qual a ciência e a técnica assumem e levam a cabo o desenvolvimento humano". Além disso, conclui Morin, o modelo econômico ocidental pressupõe "um conjunto coerente de instituições, e esse conjunto coerente em escala planetária simplesmente não existe". Por último, Hans Jonas lembra que isso não significa em absoluto sugerir a negação da tecnologia. Significa apenas que a sociedade deve despertar para a condução apropriada da ciência e das tecnologias, usando-as em seu benefício. O filósofo alemão sugere o "princípio da responsabilidade". A tecnologia é um elemento novo na sociedade moderna, completamente inimaginado nas discussões tradicionais.

Dado esse pano de fundo, poderia agora estar ocorrendo uma nova ruptura epistemológica, muito mais ampla, no contexto das ciências, das disrupções tecnológicas e também dos seus desdobramentos sociais, desencadeada pelo advento da IA? Uma vez que a humanidade não pôde ser "salva de si mesma" pela Religião, pelo Iluminismo, pela Revolução Científica, pela Democracia, pelo Liberalismo, por um Direito universal, pela Psicologia, pelas Ciências, seria a vez de tentar um atalho pela IA? Poderia a IA instalar uma sociedade mais eficiente, justa e democrática? Muitos utopistas acreditam que sim, mas, claro, essa é uma pergunta meramente retórica. Mesmo assim, ela pode revelar muito do "subconsciente social", caso ele exista em um mundo atordoado por violências e conflitos que antecedem em muito um aparente "despertar" provocado pela pandemia da Covid-19.

Que mundo exatamente estamos vivendo hoje, incentivado pelas mudanças aceleradas pela Covid-19? Para o futuro, a pandemia demonstrou que a democracia é extremamente frágil. Presidentes em vários países determinaram medidas provisórias de exceção, desmontando qualquer legislação em nome do Estado de Emergência. Esse é o regime das Guerras Mundiais — os governos podem modificar atribuições do executivo, do legislativo e do judiciário. Mas o Estado de Emergência também pode ser usado para suspender direitos e liberdades garantidos pelas Constituições, abrindo espaço para inúmeras distorções jurídicas e até perseguições. Além disso, nos momentos sociais conturbados da pandemia afloraram a fraternidade e a bondade, mas também preconceitos, como o bullying contra pobres, idosos e doentes.

A partir da pandemia, no mundo inteiro, muitas pessoas foram proibidas de circular. Seus celulares podem ser acessados pelos governos. Uma vigilância irrestrita, impensável há um ano, foi legalizada a partir de 2020. Sistemas de IA tornaram-se a tecnologia mais adequada para isso. O historiador Yuval Harari diz que, no caso da Covid-19, "tecnologias imaturas são disponibilizadas, porque os riscos de não fazer nada são ainda maiores. Países inteiros servem como cobaias em experimentos sociais em larga escala, que jamais seriam aceitos em uma situação normal. O monitoramento biométrico faria as táticas de hackers de dados da *Cambridge Analytica* parecerem algo da Idade da Pedra. Uma grande batalha tem acontecido nos últimos anos por causa da nossa privacidade. A crise do coronavírus pode ser o ponto de inflexão dessa batalha — quando as pessoas precisam escolher entre privacidade e saúde, geralmente escolhem a saúde. Mas, nesse contexto, os aspectos positivos não podem ser desconsiderados".[2]

Harari, também autor do livro *21 Lessons for the 21st Century*, diz que a IA está proporcionando uma perda significativa de liberdade e de "livre-arbítrio", na medida em que governos e grandes corporações, como Google, Facebook e outras, conhecem as pessoas muito melhor do que elas próprias.[3] Harari diz: "Essas empresas podem 'hackear' as pessoas, e isso já acontece parcialmente nos dias de hoje, em cada *click* que executamos em páginas da web ou do celular. Em certa medida, sempre houve manipulações de informações. Hoje, contudo, o poder de processamento da IA, em um ambiente global e virtualizado, permite personalizar o ataque de propagandas a nível individual. Você e seu vizinho do apartamento ao lado recebem sites e notícias diferentes do Google, dependendo dos seus perfis, que já foram automaticamente caracterizados. Além disso, milhares de pessoas já utilizam *gadgets* com celulares pendurados ao corpo enquanto correm no parque, para medir batimentos cardíacos, pressão arterial etc." Nesse exemplo, Harari diz que, por meio de *wearables* (roupas, relógios e outros dispositivos "vestíveis") até nosso corpo será "hackeado" à medida que floresce a Internet das Coisas (*IoT*), que já conecta bilhões de dispositivos ao redor do mundo. Concluindo seus argumentos, o autor diz que a IA e a bioengenharia estão mudando o curso da própria evolução, "e só dispomos de poucas décadas para descobrir o que fazer com elas. Durante os últimos 100 anos, ideais liberais inspiraram projetos políticos de emancipação e de criação de metas e sonhos pessoais. Agora descobrimos que as mesmas tecnologias podem tornar-se engenharias de propaganda enganosa, manipulação e controle".

O professor Dr. Marcelo Aquino, reitor da Universidade do Vale do Rio do Sinos, Unisinos, diz: "Parecia que estávamos na plenitude da história, e agora sofremos um tombo inimaginável. Estamos vivenciando a passagem de uma civilização para outra, a da *tecnociência*, que ainda não entendemos muito bem. É nosso papel produzir uma hermenêutica cultural dessa civilização, elaborando uma teoria crítica que poderá ocupar nossos próximos anos."[4]

Tomás Pérez Vizzón, no artigo "*O dilema da filosofia tech*", propõe avaliar os estudos de quatro filósofos, Markus Gabriel, Yuk Hui, Helen Hester e Srecko Horvat, que pensam o futuro a partir de interseções com a tecnologia.[5] Markus Gabriel, diretor do Centro Internacional de Filosofia de Bonn, na Alemanha, diz: "As ciências 'exatas' não têm como se defender sem as humanidades. A justificativa do papel das ciências exatas deriva das humanidades, e as superstições anticientíficas são uma consequência do naturalismo. É necessária uma pesquisa multidisciplinar para vislumbrar um plano para uma nova sociedade do dia seguinte. Isso nos garantiria um futuro mais sustentável."

Luciano Floridi, diretor do *Oxford Internet Institute*, e presidente do *Data Ethics Group* do *Alan Turing Institute*, é autor de *Principia Philosophiae Informationis*. Trata-se de uma obra de quatro volumes que desenvolvem um sistema filosófico à luz da filosofia da informação. Até 2020 havia sido publicado, em italiano, do 1º até parte do 3º volume, chamado *Pensar a infosfera: a filosofia como design conceitual*. Floridi diz que a IA é um oxímoro: "Tudo o que é verdadeiramente inteligente nunca é artificial, e tudo o que é artificial nunca é inteligente":[6]

- A verdade é que, graças a extraordinárias invenções, a sofisticadas técnicas estatísticas, à queda do custo da computação e à imensa quantidade de dados disponíveis, hoje, pela primeira vez na história da humanidade, somos capazes de realizar em escala industrial artefatos capazes de resolver problemas ou executar tarefas com sucesso, sem a necessidade de serem inteligentes. Esse *descolamento* é a verdadeira revolução.

- O meu celular joga xadrez e vence qualquer campeão mundial, mas tem a inteligência da geladeira da minha avó. Esse *descolamento* entre a capacidade de agir com sucesso no mundo e a necessidade de ser inteligente ao fazer isso escancarou as portas para a IA. Desse modo, nas palavras de von Clausewitz, a IA é a continuação da inteligência humana com *meios estúpidos*.

- Vivemos cada vez mais online e na infosfera. Esse é o habitat em que o software e a IA estão em casa. Os algoritmos são os verdadeiros nativos, não nós, que continuaremos sempre sendo seres anfíbios, ligados ao mundo físico e analógico.

Vivemos uma Ruptura Epistemológica?

Outro autor europeu, António M. A. Covas, economista da Universidade do Algarve, Portugal, no artigo *"IA, o caçador furtivo"*, diz que vivemos uma época perigosa, caminhando sobre uma tênue linha divisória que pode nos emancipar ou escravizar. Listamos partes do artigo no seu português original:[7]

- Em pleno processo de *deep learning* espero que não se converta máquinas inteligentes em uma espécie de caçadores furtivos. Vamos passar, gradualmente, dos comportamentos prováveis e previsíveis para os comportamentos preditivos e prescritivos. Isso é, doravante, vigiar e punir, sensores e censores, a estatística e a matemática no lugar das normas e das regras institucionais farão parte do novo normal. E motivos não faltam: a Segurança Social precisa vigiar as suas prestações sociais e o subsídio de desemprego; o sistema bancário a sua concessão de crédito; as seguradoras os seus serviços de seguro; os serviços fiscais as práticas de fuga e evasão ao fisco; a segurança pública os serviços de vigilância e policiamento; a Justiça os serviços de administração de justiça; a Saúde a prestação de serviços de saúde; e o Estado os serviços de segurança. Em todos os casos há um traço comum: prevenir o desvio à norma. Logo, vigiar e punir o eventual infrator. Doravante, na nossa circunstância pessoal, vamos acumular pontos de suspeição até atingirmos uma linha vermelha.

- No século XXI, já não precisamos do panóptico de Foucault para vigiar e punir, hoje temos um caçador furtivo muito mais eficaz, instruído pela IA por meio do *machine* e do *deep learning*. Onde antes havia um projeto arquitetônico singular, hoje temos uma tecnologia com as mesmas propriedades de então, mas muito mais insidiosa e invisível porque é totalmente disseminada, pulverizada, anônima, personalizada e altamente eficaz. E, mais grave ainda, podemos estar, em boa medida, a "automatizar os mais pobres".

- Hoje, em plena era digital, mergulhados na cibercultura e a caminho da pós-humanidade, perguntamos de novo: quanta servidão voluntária estaremos nós a criar por intermédio de um assistente inteligente, seja ele um smartphone, um *robot* de companhia, um *machine learning*, um mestre-algoritmo ou uma simples aplicação?

- Já sabemos que a transição digital significa a criação de mais tecnologias imersivas, intrusivas e invasivas. Por isso mesmo, uma das facetas mais intrigantes do futuro próximo é aquela que diz respeito à miniaturização tecnológica e sua transferência para os domínios da liberdade individual e da vida quotidiana e, mesmo, para o interior do nosso habitáculo biológico. Refiro-me à transformação de necessidades individuais e desejos pessoais em objetos de consumo e *gadgets* pessoais que, doravante, ficam ao alcance da "Internet das Coisas" e da indústria de serviços digitais personalizados.

- Para prevenir e reduzir a alienação digital e a servidão voluntária teremos de fazer um esforço acrescido, não apenas para acautelar os nossos níveis de atenção, mas, também, para entender alguns ambientes digitais nos quais a alienação e a servidão podem acontecer:
  - Em *primeiro* lugar, as cadeias de valor que buscam cada vez mais o consumidor para ser prosumidor, coprodutor e cogestor. É preciso estar muito atento para não ser ludibriado como *colaborador*, em particular em matéria de direitos, liberdades e garantias socio-laborais.
  - Em *segundo* lugar, as redes sociais, em que se formam bolhas de opinião quase tribais e somos capturados para alimentar algumas teorias da conspiração em favor de terceiros.
  - Em *terceiro* lugar, o deslumbramento com a conversão de um serviço público, coletivo ou social, em um objeto ou serviço privado produzido pelo mercado e tornado possível pelo avanço tecnológico e digital. Alguns serviços públicos prestados pelo Estado e por outras coletividades que são financiados por via do imposto serão, assim, progressivamente substituídos por objetos e serviços personalizados prestados por empresas privadas por via do preço. O Estado será progressivamente desmaterializado e reduzido à sua dimensão mínima, mas os cidadãos mais pobres e desfavorecidos podem ser, mais uma vez, ludibriados por essa conversão tecnológica que os atinge diretamente.
  - Por *último*, um ambiente digital mais recente, em que, supostamente, poderemos reduzir a alienação e a servidão voluntária, diz respeito à emergência da sociedade colaborativa. É um ambiente digital cheio de equívocos, no qual coabitam iniciativas colaborativas genuínas e negócios ditos colaborativos de grandes companhias tecnológicas multinacionais e no qual, portanto, a dose de ilusão digital e servidão voluntária é muito variável.

- A pandemia da Covid-19 teve e terá um impacto fortíssimo na transformação digital da sociedade, acelerando a digitalização de processos e procedimentos, por exemplo, na telemedicina, no teletrabalho, no ensino a distância, no comércio online, nos serviços públicos online, nos captores/sensores ambientais, nas câmeras de segurança, no combate ao cibercrime, para referir apenas os casos mais citados. A pandemia da Covid-19 apertou a malha digital e digitalizou ainda mais os cidadãos. Digamos que, involuntariamente, a pandemia causou uma maior adição digital nos cidadãos. Quanto mais isolados e distanciados socialmente, mais ligados e conectados digitalmente.

- Não é impunemente que tudo isso acontece. É imprescindível que os cidadãos sejam alertados para o efeito sistêmico perverso desse caldeirão digital e para o risco de servidão voluntária, se o mesmo não for adotado com conta, peso e medida adequados.

- Por todas estas razões, *o jogo do caçador furtivo* apenas começou. Será uma espécie de jogo do gato e do rato. De um lado, o exercício de hipervigilância que os diferentes prestadores de serviços não deixarão de manipular tendo em vista gerar obediência e conformidade. Do outro, o nosso gênio digital tirando partido dos inúmeros dispositivos tecnológicos e canais de comunicação disponíveis, no grande intervalo entre a colaboração benigna e a pirataria informática.

- Na desintermediação institucional e administrativa, os limites mudam todos os dias e muitos dos serviços públicos serão, então, tratados em inovadoras "caixas multisserviços" à semelhança das caixas multibanco, de acordo com um conceito muito mais amplo de "Internet das Coisas". Em princípio, a personalização do serviço caminhará a par com a personalização do usuário. Todavia, no terreno concreto, a exclusão digital poderá crescer com o envelhecimento, a pobreza e a iliteracia. É isso a automatização da pobreza.

- Em resumo, a governança política está obrigada, mais uma vez, a definir novos limites éticos e jurídico-políticos que preservem a espécie humana da sua loucura pós-humanista. Por outro lado, por causa de uma elevada conectividade e interatividade, não podemos ficar reféns das máquinas inteligentes, mas, também, do passageiro clandestino e do seu comportamento furtivo. Daí advém a relevância de tratar com extremo cuidado as questões de segurança das redes e privacidade dos cidadãos.

- Temos de encontrar rapidamente um novo modo de pensar, estar e fazer a política, sob pena de sermos reduzidos a idiotas úteis da governança algorítmica, clientes da *Big Appstore* e súditos de um qualquer Grão-Mestre Algoritmo. Sem uma robusta literacia digital e uma cultura política humanista que a proteja, tudo pode acontecer — o melhor e o pior.

Como último autor a indicar neste capítulo, em uma linha semelhante de análise, apresentamos Henry Kissinger, o notório Secretário de Estado dos EUA nos governos Nixon e Ford, Nobel da Paz em 1973. Kissinger é um cientista político com doutorado em Harvard, e diz que a IA pode representar *o fim do Iluminismo e da própria natureza do pensamento,* assim como o ser humano está habituado. Em um artigo brilhante, *How the Enlightenment Ends,* ele argumenta[8]:

- Que impacto terão na história as máquinas que aprendem sozinhas, adquirindo conhecimentos por meio de processos que lhes são inerentes, mas depois os aplicam em finalidades que podem não se encaixar em nenhuma categoria do entendimento humano?

- Será que essas máquinas aprenderão a se comunicar umas com as outras?

- O Iluminismo pretendeu superar verdades tradicionais com uma razão humana liberada e analítica. O propósito da internet é apenas ratificar o conhecimento por meio da acumulação e da manipulação de dados em constante expansão. Mas, na medida em que os usuários preferem recuperar informação a contextualizá-la e conceitualizar seu significado, a percepção humana perde seu caráter pessoal.

- Nesse processo, os algoritmos de busca adquirem a capacidade de antever as preferências de cada usuário, personalizar convenientemente os resultados, e ainda disponibilizá-los para terceiros para uso político ou comercial.

- A verdade se torna relativa. A informação ofusca a sabedoria.

- Submetidos pelas redes sociais a um enorme volume de opiniões, os usuários se distanciam da introspecção. Essas pressões solapam a força de vontade necessária para desenvolver e sustentar convicções alcançadas apenas por quem percorre a trilha solitária que é a essência da criatividade.

- O impacto das tecnologias na política é essencialmente potente. A capacidade de identificar microgrupos anulou qualquer consenso sobre prioridades, ao permitir que se foquem objetivos e ressentimentos específicos. Assim, os políticos, assoberbados pela pressão de nichos, deixam de refletir sobre o contexto geral, o que os impede de ter uma visão ampla dos problemas.

- A automação lida com meios, mecanizando instrumentos para executar tarefas ou objetivos. Mas a IA, ao contrário, lida com fins — ela estabelece os próprios objetivos. Sendo suas realizações em parte formuladas por ela mesma, a IA se torna inerentemente *instável*.

- Os sistemas de IA estão em constante movimento, adquirindo e analisando instantaneamente novos dados e tentando se aperfeiçoar com base nessas análises. Agindo assim, a IA desenvolve uma habilidade que se julgava exclusiva dos humanos: a de tomar decisões estratégicas sobre o futuro, baseadas às vezes em dados gerados por ela mesma (ao executar, por exemplo, milhões de interações em um jogo — caso clássico do AlphaGo).

Vivemos uma Ruptura Epistemológica?

- Confinadas até agora a campos de atividades restritos, as pesquisas de IA empenham-se em criar uma "Inteligência Generalista", capaz de executar tarefas autônomas em várias áreas. Assim, uma parcela cada vez maior das atividades humanas será em breve executada por algoritmos de IA. Entretanto, por serem apenas interpretações matemáticas de dados analisados, esses algoritmos não detêm explicações para a realidade que os produziu.

- Encontra-se aí um paradoxo: o mesmo mundo que se torna cada vez mais transparente vai ficando cada vez mais misterioso. Como viveremos nele? Como conseguiremos gerir a IA, melhorá-la, ou ao menos impedir que ela cause danos?

Kissinger resume seu artigo listando três preocupações principais.

- ***Primeira preocupação:*** que a IA chegue a resultados inesperados. Mais provável, porém, é o perigo de que a IA interprete errado as instruções dos humanos, por lhe faltar contexto.

- ***Segunda preocupação:*** que, depois de alcançar os objetivos pretendidos, a IA mude os processos de pensamento e os valores humanos. O AlphaGo derrotou os campeões mundiais do jogo executando manobras estratégicas que os humanos ainda não haviam concebido e, portanto, não sabiam como desarticular. Estariam essas manobras além da capacidade do cérebro humano? Em outra linha de pensamento, queremos que nossos filhos aprendam valores por meio do diálogo com algoritmos? Se a IA aprende de modo exponencialmente mais rápido que os humanos, ela também acelerará exponencialmente o processo de tentativa e erro que a caracteriza. Portanto, cometerá erros em escala muito maior.

- ***Terceira preocupação:*** que a IA não saiba definir o raciocínio por trás de suas conclusões. O seu processo decisório pode ultrapassar a capacidade de explicação por meio do uso da linguagem humana.

O autor conclui dizendo que raros países já fizeram da IA um projeto nacional. Precisamos criar mecanismos de acompanhamento, regulação ou monitoramento: "Se não começarmos logo, vamos descobrir rapidamente que começamos tarde demais."

Concluindo a apresentação deste capítulo, à luz de inúmeros alertas de especialistas que habitam campos transdisciplinares, e à medida que a sociedade se tornará gradativamente mais digitalizada e virtualizada, como vem ocorrendo nos últimos anos, parece adequado perceber uma ruptura epistemológica em consolidação. Talvez ela pertença à mesma ordem de grandeza do movimento de migração da Tradição Oral para a da Tradição Escrita, há milênios.

Por outro lado, mudanças paradigmáticas como o movimento da Sociedade Rural para a Industrial, ou desta para a Sociedade de Serviços, são comparativamente menos significativas — em todas elas houve tempo para construir as adequações necessárias. Outras transições também ocorreram no presente recente, quando a disseminação da internet, por exemplo, rompeu com todos os paradigmas vigentes nos últimos 4 mil anos sobre como fazer comércio: agora o *e-commerce* virtual. Comprar e vender bens de consumo, locar hotéis, transacionar financeiramente, otimizar fluxos logísticos complexos entre empresas e setores econômicos, mudar o resultado de uma eleição nacional no dia anterior por meio do uso de fake news nas redes sociais etc., tudo isso colocou o mundo de "pernas para o ar". Quem imaginaria revoluções de tamanha magnitude e tão assustadoramente céleres, 10 ou 15 anos atrás? Contudo, na comparação com esses exemplos realmente disruptivos, o que promete a IA? Ora, mil vezes mais!

Talvez a maioria das rupturas epistemológicas anteriores na história humana tenha envolvido aspectos tecnológicos e utilitaristas. Mesmo assim, o ser humano permaneceu no controle, mantendo um certo domínio e gestão sobre as mudanças. O advento da IA, e especialmente a possibilidade de uma *Convergência* inadiável em um breve futuro, parece ser radicalmente diferente. Esse cenário — sem esquecer os riscos que já vivenciamos no presente, e apresentamos nos capítulos anteriores — sugere a possibilidade de uma ruptura que conduza simplesmente a um estado de alienação dos seres humanos, enclausurados em suas Redes Sociais por comodidade, conformismo, ignorância, impotência ou deslumbramento face às maravilhas das consecutivas disrupções tecnológicas. Ou reféns da governança algorítmica indicada pelo prof. António M. A. Covas.

Luciano Floridi disse que vivemos cada vez mais na infosfera, habitat nativo da IA, mas nós seremos sempre seres anfíbios ligados ao mundo físico e analógico. Assim, refletir sobre as três preocupações de Kissinger é urgente — a humanidade está vivenciando o fim do Iluminismo, breves 200 anos depois?

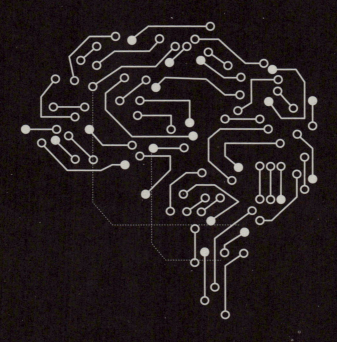

O objetivo deste livro foi disponibilizar ao leitor uma visão abrangente e genérica sobre Inteligência Artificial, alguns de seus processos, metodologias, benefícios e desafios. Mas também podemos dizer que este foi um estudo superficial — todas as áreas exemplificadas, como a da saúde, são tratadas exaustivamente pela academia e por entregas de empresas privadas, de modo que existem milhares de pesquisas e artigos específicos vinculados a cada uma delas. Não esqueçamos que a IA está em permanente construção.

Vimos exemplos de aplicações consistentes de IA nos capítulos anteriores, nos campos da saúde, educação, finanças, governo, direito, varejo, imobiliário, agricultura, artes, segurança policial e cibernética, proteção ao meio ambiente e outros. Vimos como a IA pode atuar com prodigiosa capacidade criativa em descobertas e invenções que nós, humanos, levaríamos anos para igualar — claro, a IA utiliza informações de bancos de dados que nós também conhecemos, mas para as quais temos uma demorada capacidade de processamento intelectual "manual".

No Capítulo 2, apresentamos ao leitor uma série de importantes relatórios e documentos de várias naturezas sobre a IA. Estudos acadêmicos, governamentais e de empresas ligadas ao desenvolvimento de IA tratando de pesquisas de ponta, novas descobertas, técnicas e metodologias. Simultaneamente, são elas que podem ajudar a compor soluções para os riscos de aplicações que utilizam largamente IA. No Capítulo 3, avaliamos iniciativas de governos e instituições, bem como investimentos em vários países.

A partir do Capítulo *4, É possível um "acompanhamento social" da IA?*, até o Capítulo *7, Desafios da IA no presente*, com seus 11 subcapítulos, ponderamos sobre uma imensa lista de riscos e desafios da IA. Quais os resultados concretos de suas aplicações no mundo real? Muitos revelaram-se bastante diferentes dos testes realizados em bases de treinamento e escopos de desenvolvimento. Sim, também foram descobertas novidades, como "bases sujas" com vieses preexistentes, e técnicas e metodologias insuficientes, que estão sendo aperfeiçoadas ou mesmo superadas em breve. Também vimos que a IA ainda necessita de rotuladores e "limpadores" de dados. Este é um tema interessante: ainda estamos usando bases de treinamento e ensinando uma IA na sua infância sobre o que é "certo" e "errado", assim como fazemos com as crianças. Aqui as descobertas dos campos da linguagem e das neurociências serão cada vez mais relevantes, embora ainda estejam nos seus estágios iniciais no tocante à IA.

Em outro extremo, uma das questões mais delicadas trata da questão da empregabilidade, que discutimos no Capítulo *7, seção 7.5, A discussão sobre perda dos empregos para a IA*. Uma das pesquisas que apresentamos trata da "colisão da demografia, automação e desigualdade", que poderá criar "décadas de disrupções". Na verdade, trata-se de um entrelaçamento de dimensões das sociedades digitais, das quais a IA é apenas parte de uma delas. No Capítulo *7, seção 7.11, Desinformação e fake news*, avaliamos aplicações que usam IA e poderiam colapsar a democracia, mas também maneiras pelas quais outras delas podem transformá-la e reinventá-la.

A partir de outro ponto de vista, "embutir" ética no desenvolvimento de IA tem sido justamente um dos temas mais presentes nos discursos salvíficos da IA, embora aqui pareça haver um certo Calcanhar de Aquiles — a ética é um "Santo Graal" que nem mesmo a própria humanidade jamais logrou alcançar. Portanto, temos que caminhar na direção de soluções mais práticas e realistas. Por exemplo, aprofundar legislações para os problemas causados, mesmo que as penalidades ocorram *a posteriori* dos fatos consumados. Ótimas iniciativas também podem ser relatórios anuais ou periódicos emitidos por inúmeras instituições, como os de *HAI Stanford*, *AI Now Institute*, *Alan Turing Institute* e muitos outros. Esses relatórios abrangem desde excelentes propostas com alternativas para problemas de cunho social até encaminhamentos de natureza mais técnica e metodológica. Talvez também haja progresso real nesses campos por parte dos governos, à medida que necessidades comuns e globais o exijam cada vez mais.

No Capítulo *8, Como superar a natureza da IA*, abordamos a questão do alinhamento de valor em IA, a sua explicabilidade ou opacidade, a *AI for good*, e algumas narrativas críticas sobre a IA em sua globalidade — grandes avanços podem ser esperados nesses temas. No Capítulo 9, tratamos de um assunto que parece-nos ser da maior relevância, a *Convergência*, envolvendo materiais revolucionários, nanotecnologias e simbioses bioquânticas que não haviam sido sequer imaginadas. Poderá a profusão contínua dessas descobertas sugerir um momento de despertamento da Inteligência Artificial Geral (AGI) para breve? Finamente, no Capítulo 10, apresentamos algumas considerações sobre vivenciarmos uma nova Ruptura Epistemológica — muito mais disruptiva do que qualquer uma das anteriores na história da humanidade. Perderemos as conquistas do Iluminismo, que praticamente definem o ser humano moderno?

Os avanços da IA são extremamente céleres. As informações "jornalísticas" contidas nesse livro situam-se entre o ano de 2018 e o primeiro semestre de 2021. Mas, como dissemos na Introdução, mesmo que informações datadas caduquem rapidamente, o mais importante é perceber os movimentos e as direções indicadas pela IA nessas trajetórias. Pesquisas, técnicas e principalmente aplicações disponibilizadas para o mercado em geral, empresas ou pessoas físicas, são publicadas diariamente em vários países. Isso aplica-se tanto para sistemas voltados a aplicações industriais, comerciais e governamentais, quanto também na direção daquelas aplicações "subliminares" que recebemos como brinde: o "nosso" Face, o "nosso" Google, as "nossas" fotos, arquivos e dados pessoais. Amanhã, quando o Facebook e o YouTube forem substituídos por outros aplicativos no Ocidente, e também o WeChat e Youku na China, ainda assim a IA será ubíqua, onipresente.

Nosso estudo nasceu da convicção de que pelo menos cinco forças atuam no presente e atuarão no futuro, em proporções maiores ou menores, mas de qualquer modo definitivas. São elas o uso disseminado da própria IA — por enquanto, apenas como sistemas especializados, "IA fraca" ou *Narrow AI* —, mas, em breve, como a verdadeira *Inteligência Artificial Geral* (AGI); a Internet das Coisas (IoT); a computação quântica como uma das bases para a IA e quaisquer outros processos; a Convergência dos "Materiais" e, por fim, a "colisão da demografia, automação e desigualdade", que, como citamos anteriormente, poderá criar décadas de disrupções. Além disso, mesmo que algum desses temas parecesse não possuir relação direta com a IA, a nossa opinião é de que, a partir de agora, todos eles refletirão de alguma maneira a pressão do conjunto dessas cinco forças. O futuro confirmará ou não o grau de assertividade dessa afirmação.

Em relação aos impactos provocados pela IA, esses serão os resultados dos seus benefícios e riscos avaliados a partir de uma abordagem sistêmica, econômica, histórica, sociológica e até antropológica-comportamental. Ou seja, os impactos da IA já são e serão perceptíveis sob quaisquer ângulos de análise que se desejar fazer em relação ao futuro das nossas sociedades. A IA é um divisor de águas. Ela viverá cercada pela ambiguidade, no presente e no futuro. Plena de promessas, esperanças, grandes realizações e produtos de inegável utilidade para o ser humano. Por outro lado, sempre passível de vieses e dificuldades, seja devido a "bases sujas", algoritmos mal definidos, cenários imprevistos, e manipulação proposital para interesses de natureza comercial ou não democrática. Problemas ainda maiores podem surgir amanhã, quando tivermos que libertar a IA de suas bases controladas, e ela precisar se tornar realmente "inteligente" e autônoma — então ela acessará bases descontroladas e cheias de lixo da internet real e da *deep web*. Ela poderá pintar quadros de preconceitos e de ódio, e compor sinfonias da mesma natureza. Por quê? Porque é isso que ela encontrará na nuvem. Os humanos são compostos por uma média de 50% de "bondade" e 50% de "maldade". Sim, essa é uma visão bastante maniqueísta, mas parece ser o que acontece na vida real.

Marcelo Câmara, *Chief AI Officer* da Certisign, lembra o escritor James Barrat. Ele sugere em seu livro *Our Final Invention* que, se continuarmos evoluindo o desenvolvimento da IA, em breve ela poderá passar a criar tecnologia como nós. Câmara diz que isso seria uma espécie de "meta-artificialismo no qual a criatura passa a ser também o criador":[1]

> Isso não necessariamente representa algo bom ou ruim — como qualquer ferramenta, potencializa-se a vontade de quem a estiver empunhando. Em tempos de polarização há quem se empolgue e há quem se preocupe. Há duas visões igualmente sedutoras. De um lado, os apocalípticos fatalistas acham que a qualquer momento uma ameaça superinteligente tomará nossos empregos e nossos recursos, e aniquilará a raça humana. E, de outro, os ultraexcitados solucionistas defendem a IA como uma panaceia universal para resolver qualquer problema — inclusive os criados por nós. O fato é que nenhuma das duas visões se sustenta frente ao que estamos presenciando na prática da tecnologia neste momento. O exercício de futurologia aponta um caminho do meio, com grandes vantagens extensíveis em um passo constante, e riscos a serem mitigados.

Nessa linha de pensamento, muitos autores de IA, como cientistas de computação, filósofos, cientistas sociais e pesquisadores de campos multidisciplinares, há anos repetem uma pergunta: a IA poderá um dia tornar-se mais "inteligente" do que os seres humanos? Ora, essa é uma pergunta ingênua, despropositada. A IA sempre será mais inteligente, rápida, eficaz e assertiva do que os seres humanos em inúmeros campos. A IA sempre identificará certos tipos de cânceres melhor e mais rápido que um ser humano, porque ela possui bilhões de imagens catalogadas sobre o assunto, e ela pode processá-las e compará-las a uma velocidade estonteante, em milissegundos. Em uma vertente um pouco mais "artística", a IA já consegue pintar quadros e compor músicas extremamente belas. Poderá ela um dia superar Leonardo da Vinci e Beethoven?

Então, retomemos a pergunta: a IA pode tornar-se mais "inteligente" que os seres humanos? Sim, ela sempre superará os humanos naqueles atributos de "inteligência" nos quais os humanos são "superáveis", e ela jamais os superará em outros atributos de natureza especificamente humana, seja como for que os denominemos. Eles podem ser de natureza psicológica, comportamental, cultural ou até "artística" em suas variadas expressões na música, na pintura, na poesia, na narrativa de histórias, no exercício de um diálogo *online*, síncrono e *real time* entre dois seres humanos que estejam conversando "olhando-se nos olhos". Assim, um chatbot (ACE — *Artificial Conversational Entity*) dificilmente atingirá esse nível de abstração concreta. Trata-se de um diálogo que tem por base não uma coleção astronômica de bilhões de fotos ou de textos de bibliotecas, mas uma coleção de experiências reais de humanos desde o seu ventre materno. Como chamaríamos essas experiências que pertencem univocamente aos seres humanos e os definem? Sim, quem sabe, "o espírito humano"?

Nós defendemos claramente o uso da IA como um propulsor de melhorias até então inimaginado, responsável por incontáveis benefícios para os seres humanos em inúmeros campos, desde a saúde até o monitoramento ambiental. Mesmo assim, como Tom Foster disse: "Os seres humanos tendem a superestimar a tecnologia no curto prazo, e a subestimam a longo prazo." Temos que abandonar uma visão enamorada da IA e torná-la realista. Como vimos anteriormente, a IA ainda não é "inteligente" e ainda não é "artificial", de modo que outros atributos poderiam defini-la de uma maneira muito mais correta cientificamente. Contribuições e esforços nessa direção foram indicados no Capítulo 8, *Como superar a natureza da IA*. Por outro lado, talvez essa hipérbole linguística tenha sido apenas um pequeno acidente de percurso, não intencional, na longa história de décadas de IA. Assim, uma vez de posse desses ajustes conceituais, e desapaixonados, poderemos realizar no futuro um casamento mais equilibrado com a IA.

Vivemos o tempo da infância da IA. Muito em breve as técnicas de Aprendizado de Máquina (ML), Aprendizado Profundo (DL), Aprendizado por Reforço (RL) e Processamento de Linguagem Natural (NLP) serão superadas por outras metodologias. Além disso, de algum modo superaremos a nossa primitiva dependência de bases de treinamento e catalogação de dados por seres humanos. Tudo isso mudará em 15, 20 ou 30 anos. O dispêndio gigantesco de energia para processar algoritmos de IA será substituído por processamento de computação quântica neuromórfica, na luz, ou em células-tronco de um cérebro artificial biônico, ou em novos materiais revolucionários cujas pesquisas estão em franco andamento. Então, à medida que essas tecnologias disruptivas forem sendo sinergicamente aglutinadas em uma *Convergência* nos próximos anos e, eventualmente, conduzirem à Inteligência Artificial Geral (AGI), surgirá uma pergunta.

Que *Biblioteca* alimenta a mente de um bebê, de uma criança, de um jovem, de um adulto? De modo similar, que *Biblioteca* dará sustentação operacional e ética à IA quando ela amadurecer e tornar-se adulta? Os conceitos, definições, estatutos, comportamentos, regras, jurisprudências e juízos dos seres humanos? Se sim, como caracterizá-los? Onde eles estarão? Na nuvem?

Retomemos essas perguntas e o objetivo de fazê-las em dez anos.

SOBRE O AUTOR

O autor exerceu atividades profissionais como Coordenador de Portfólio de Projetos de TI, gerente de projetos e analista de negócios e sistemas durante mais de 35 anos. Atuou nos segmentos de indústria automotiva, têxtil, *software house* e, nos últimos 24 anos, no departamento de TI de uma Instituição de Ensino Superior.

Possui vivência em projetos com diferentes níveis de complexidade, atendimento a clientes em carteira nacional, e capacitações de usuários em várias capitais brasileiras. Participou do desenvolvimento de projetos em parceria com fornecedores a níveis local e nacional, envolvendo equipes de diferentes áreas de negócio. Foi voluntário no Terceiro Setor, atuando em gerenciamento de Projetos Sociais, instrutor de TI para Inclusão Digital de jovens e idosos, palestrante de formação laboral, e criador de um "Departamento de Profissionais" de uma instituição filantrópica. Também foi conselheiro de administração de uma cooperativa de trabalho vinculada à universidade local. Atuou como editor responsável pelo *Jornal da Qualidade* em indústria têxtil certificada ISO9002. Possui habilitação como sociólogo para planejamento, aplicação e análise de pesquisas, e é autor de artigos sobre o impacto disruptivo das tecnologias e da Inteligência Artificial. Recebeu prêmios de *Artigo de Associação dos Usuários de Informática e Telecomunicações do Rio Grande do Sul* com o tema "Disrupções ou sinergia?", e de *Artigo de Associação dos Usuários de Informática e Telecomunicações do Rio Grande do Sul 2013*, com o tema "Tendências para as Tecnologias de Informação e Comunicação".

O autor possui MBA em controladoria e graduação em sociologia, pela Unisinos, São Leopoldo/RS, e graduação incompleta em engenharia mecânica pela Unicamp, Campinas/SP.

O autor não possui produção acadêmica em nenhuma área relacionada à Inteligência Artificial, e sua atuação profissional em TI restringiu-se a sistemas administrativos, fabris e educacionais convencionais (sem uso de IA). Dessa maneira, a elaboração do presente livro tem uma natureza propositalmente sociológica, e um caráter eminentemente "jornalístico", dirigido ao público leigo.

BREVE GLOSSÁRIO

- IA: Inteligência Artificial
- AI: *Artificial Intelligence*
- IAG: Inteligência Artificial Geral ou AGI — *Artificial General Intelligence*
- ACE — *Artificial Conversational Entity*: Entidade de conversação artificial, como chatbots e assistentes digitais

- ML — *Machine Learning*: Aprendizado de máquina
- DL — *Deep Learning*: Aprendizado profundo
- NLP — *Natural Language Processing*: Processamento de Linguagem Natural
- RL — *Reinforcement Learning*: Aprendizado por reforço

- LDGP — Lei Geral de Proteção de Dados, Brasil
- GDPR — *General Data Protection Regulation*: Regulamento geral de proteção de dados

- IoT — *Internet of Things*: Internet das Coisas
- Dataficação: tendência tecnológica de transformar diversos aspectos da vida em dados. "É a transformação das ações sociais em dados quantificados online, permitindo o rastreamento em tempo real e a análise preditiva" (Kenneth Cukier e Victor Mayer-Schöenberger). "Os dados são posteriormente transformados em informação, e percebidos como uma nova forma de valor" (Wikipedia).
- Redlining digital: "Prática de criar e perpetuar desigualdades entre grupos já marginalizados, especificamente por meio do uso de tecnologias digitais, conteúdo digital e internet" (Wikipedia).

Relacionamos novamente a definição para os "desafios éticos" utilizados ao longo do relatório *2019 AI Index Report*,[1] citado no Capítulo 2:

- **Privacidade de dados:** os usuários devem ter o direito de gerenciar seus dados, que são usados para treinar e executar sistemas de IA.
- **IA benéfica:** o desenvolvimento da IA deve promover o bem comum.
- **Equidade:** o desenvolvimento da IA deve abster-se de usar conjuntos de dados que contêm vieses discriminatórios.
- **Responsabilização:** todos os envolvidos nos sistemas de IA são responsáveis pelas implicações morais de seu uso e uso indevido.
- **Entendimento de IA:** designers e usuários de sistemas de IA devem se educar sobre IA.
- **Agência humana:** um poder totalmente autônomo nunca deve ser investido em tecnologias de IA.
- **Diversidade e inclusão:** entenda e respeite os interesses de todas as partes interessadas afetadas por sua tecnologia de IA.
- **Segurança:** durante toda a sua vida útil operacional, os sistemas de IA não devem comprometer a segurança física ou a integridade mental dos seres humanos.
- **Transparência:** um sistema de IA deve ser capaz de explicar seu processo de tomada de decisão de maneira clara e compreensível.
- **Direitos e valores humanos:** os sistemas de IA devem ser projetados de modo que seus comportamentos e ações estejam alinhados com os direitos e valores humanos.
- **Legalidade e conformidade:** todas as partes interessadas no projeto de um sistema de IA devem sempre agir de acordo com a lei e todos os regimes regulatórios relevantes.
- **Confiabilidade:** os sistemas de IA devem ser desenvolvidos a fim de operar de maneira confiável por longos períodos de tempo, usando os modelos e os conjuntos de dados corretos.
- **Sustentabilidade:** o desenvolvimento da IA deve garantir que a sustentabilidade do nosso planeta seja preservada para o futuro.

ANEXO 1: O USO DA IA NA EDUCAÇÃO — CONSULTA PARA A UNIÃO EUROPEIA

O estudo citado a seguir foi realizado para o *European Parliament's Committee on Culture and Education (CULT)*. O texto original foi traduzido de maneira automática pela ferramenta *Google Translate,* e revisado e resumido pelo autor deste livro.

The use of Artificial Intelligence in education

Autor: Ilkka Tuomi   *Publicação:* 15 de maio de 2020

Fontes: https://www.europarl.europa.eu/thinktank/en/document.html?reference=IPOL_BRI(2020)629222

https://research4committees.blog/2020/09/07/the-use-of-artificial-intelligence-ai-in-education/

Principais conclusões

Existem dois tipos diferentes de IA amplamente usados hoje. Desenvolvimentos recentes têm se concentrado no aprendizado de máquina baseado em dados, mas, nas últimas décadas, a maioria das aplicações de IA na educação (AIEd) tem sido baseada em IA representacional, baseada em conhecimento.

A IA baseada em dados usa um paradigma de programação relativamente novo para muitos profissionais de computação. Requer competências diferentes da programação tradicional e do pensamento computacional. Ele abre novas maneiras de usar dispositivos digitais e de computação. Mas o desenvolvimento da IA de última geração está começando a exceder a capacidade computacional dos maiores desenvolvedores de IA. Os recentes desenvolvimentos rápidos na IA baseada em dados podem não ser sustentáveis.

O impacto da IA na educação dependerá de como as necessidades de aprendizagem e competência mudam, já que a IA será amplamente utilizada na sociedade e na economia. O AIEd deve ser usado para ajudar escolas e instituições educacionais a transformar a aprendizagem para o futuro.

Muitos sistemas AIEd foram desenvolvidos ao longo dos anos, mas poucos deles mostraram um impacto científico claro na aprendizagem. Faltam evidências em parte porque os contextos de ensino e aprendizagem variam entre salas de aula, escolas, sistemas educacionais e países. O conhecimento e a capacidade locais são essenciais para a adoção e a modelagem eficazes do AIEd, e novos modelos de escala são necessários. O codesign do AIEd com os professores é uma forma possível de desenvolver novos modelos de escala.

A IA tem um grande potencial para compensar dificuldades de aprendizagem e apoiar professores. A União/UE precisa de uma "câmara de compensação" que ajude professores e decisores políticos a compreender os rápidos desenvolvimentos nessa área.

A grande imagem

Em seu discurso de abertura da Semana de Aprendizagem Móvel de 2019, a diretora-geral da UNESCO, Audrey Azoulay, afirmou que a IA foi a maior inovação na história da humanidade desde o tempo paleolítico. Esse pode muito bem ser o caso — se algum dia a IA for inventada.

Apesar do erro comum de concretude mal colocada, IA não é uma coisa. É um domínio de pesquisa com muitas subdisciplinas, cada uma com suas próprias histórias, domínios de especialização e dinâmica de desenvolvimento. É importante entender isso ao avaliar o impacto potencial da IA na educação e nas políticas.

Existem três abordagens diferentes para desenvolver sistemas de IA. A **computação simbólica** foi um fator-chave para o surgimento da pesquisa em IA nos anos 1950. A ideia principal era que os computadores são máquinas lógicas que podem processar bits de conhecimento em vez de apenas calcular números. Isso levou a declarações altamente otimistas de que, assim que a lógica genérica do raciocínio humano pudesse ser programada, os computadores ganhariam as qualidades essenciais da inteligência humana.

Logo se percebeu, entretanto, que a ação inteligente requer uma grande quantidade de conhecimento específico de domínio. Na década de 1980, isso levou a um rápido crescimento dos sistemas de IA que dependiam da manipulação de representações de conhecimento. Em particular, a IA representacional — agora frequentemente chamada de "IA à moda antiga" ou GOFAI — focada em como as estruturas cognitivas de tomadores de decisão especialistas poderiam ser processadas automaticamente. Desde a década de 1980, muitos desses **"sistemas especialistas"** foram desenvolvidos e implantados em grandes empresas. Muitas técnicas de programação desenvolvidas na pesquisa GOFAI são agora utilizadas rotineiramente em todo o desenvolvimento de software. Isso levou ao dito: "Quando funciona, não é mais IA."

Em usos pedagógicos, a abordagem representacional da IA tem sido dominante desde os anos 1980. Os **sistemas de tutoria inteligentes** (ITS) normalmente contêm representações do conhecimento atual do aluno, um modelo de domínio que descreve o conhecimento a ser aprendido e um modelo pedagógico que orienta o aluno em direção aos objetivos de aprendizagem.

O interesse recente em IA tem suas raízes em uma terceira abordagem: **redes neurais artificiais**. Os primeiros modelos matemáticos de redes neurais biológicas foram desenvolvidos na década de 1930. Eles se tornaram altamente influentes quando foi mostrado que "máquinas lógicas universais" poderiam ser construídas a partir dos modelos mais simples possíveis de neurônios como elementos digitais on-off. Para muitos cientistas influenciados pelo positivismo lógico, isso sugeria que todo pensamento racional poderia ser modelado com tais redes.

Desde a década de 1950, muitos modelos diferentes de redes neurais artificiais foram criados. Com inspiração em estudos sobre redes neurais biológicas, a aprendizagem nessas redes tem sido tipicamente modelada como o fortalecimento de conexões entre neurônios ativos simultaneamente. Isso é conhecido como **aprendizado Hebbian**. Por várias décadas, um grande desafio nesses modelos de rede, no entanto, foi a dificuldade de usar essa regra simples de aprendizagem associativa em redes maiores que continham muitas camadas de neurônios artificiais.

A atual revolução da IA, em grande medida, resulta do fato de que agora se tornou possível programar computadores com essa regra de aprendizado simples. **Isso representa um novo paradigma para o uso de computadores**. Essa abordagem é comumente chamada **de IA baseada em dados**.

De onde vêm os avanços da IA?

A IA baseada em dados gerou grandes avanços nos últimos nove anos. Para colocá-los em um contexto, é importante compreender as causas básicas do progresso.

Três desenvolvimentos técnicos importantes sustentam os avanços recentes na IA baseada em dados. *Primeiro*, nos últimos 15 anos, a rápida expansão das mídias sociais, do uso da internet e dos smartphones gerou grandes quantidades de dados — texto, voz e imagens. Em *segundo* lugar, a IA baseada em dados usa cálculos muito simples que podem ser feitos usando hardware originalmente desenvolvido para processamento gráfico em jogos de computador. Usando essas arquiteturas de processador especializadas, um poder computacional muito alto pode ser alcançado a baixo custo para os tipos de processamento que são necessários para desenvolver e treinar modelos de IA baseados em dados. *Terceiro*, a internet permitiu a distribuição de baixo custo de trabalho humano em grande escala. Muitos dos avanços na IA baseada em dados são possíveis pela disponibilidade de coleções de dados que foram processadas e rotuladas por humanos.

Na última década, essas três tendências técnicas convergiram em uma dinâmica de inovação muito especial. As empresas de plataforma de internet, que têm acesso a dados e conectividade em tempo real, tornaram-se os principais usuários e desenvolvedores de IA baseada em dados e grandes desenvolvedores de conhecimento de pesquisa de IA, plataformas de software e hardware de processador. Como o uso eficaz de big data em tempo real é impossível sem o processamento automático de dados, o aprendizado de máquina e a IA baseada em dados se tornaram uma necessidade para essas empresas. Ao mesmo tempo, centenas de milhões de usuários finais nessas plataformas classificam e categorizam dados constantemente, tornando a rotulação e a categorização separadas redundantes. Isso levou ao que talvez agora possa ser chamado de monopólios naturais da internet do tamanho do Google.

Essa dinâmica não é necessariamente sustentável. Extrapolações dos desenvolvimentos extraordinários da última década podem ter pouco poder de previsão. O número de cálculos necessários para gerar modelos de última geração dobrou a cada 3,4 meses desde o avanço do aprendizado profundo em 2012. Em junho de 2019, Jérôme Presenti, vice-presidente de IA do Facebook, disse que o Google e o Facebook estavam ficando rapidamente sem capacidade de computação. A IA baseada em dados pode resolver alguns problemas práticos difíceis, mas é provavelmente a abordagem computacional mais perdulária inventada na história humana. Se a abordagem de força bruta à IA baseada em dados continuar, a IA pode, de fato, se tornar rapidamente uma fonte importante de aquecimento global.

A digitalização é frequentemente considerada imaterial. Portanto, é importante observar que, atualmente, a mineração de um Bitcoin requer energia fóssil equivalente a 750 toneladas de concreto, ou 60 barris de petróleo. O desenvolvimento de políticas eficazes para IA na educação, portanto, requer a compreensão também dos motivadores técnicos da IA, bem como do futuro da educação em um mundo em que as tecnologias de IA são amplamente utilizadas.

Habilidades e competências em um mundo habilitado para IA

Para compreender o impacto potencial da IA, é útil reconsiderar os quadros de competências da União Europeia (UE). Nessas estruturas, "competência" é entendida como uma combinação de experiência e atitude. Expertise, por sua vez, é vista como uma combinação de conhecimento, habilidade e experiência.

Uma interpretação prática de competência é que ela é uma capacidade de fazer as coisas. Isso requer componentes epistêmicos, como conhecimento de domínio, experiência acumulada e habilidade. Os **componentes epistêmicos** de competência, entretanto, não são suficientes. Isso é o que as estruturas de competências da UE captam conceitualmente com "atitude". Mais amplamente, entretanto, os componentes epistêmicos de competência precisam ser complementados com componentes não epistêmicos, como resolução criativa de problemas, capacidades metacognitivas, incluindo autorreflexão e controle emocional, e a capacidade de mobilizar recursos sociais e conhecimento.

A habilidade, entendida como um componente epistêmico da competência, é comumente associada a ferramentas e técnicas específicas. Nesse sentido, um carro cria um mecânico de automóveis, um computador cria um programador de software, e uma bigorna e uma forja criam um ferreiro. "Habilidade", portanto, é conceitualmente uma imagem espelhada da tecnologia atual. Quando a tecnologia muda, as habilidades se tornam obsoletas.

Na atual transformação digital, as tecnologias e as ferramentas usadas para o trabalho estão mudando rapidamente. Os componentes epistêmicos de competência estão rapidamente se tornando obsoletos. A educação, portanto, está mudando sua ênfase de componentes de competência relacionados ao conteúdo epistêmico que foram centrais nos últimos dois séculos para "habilidades pessoais" independentes de tecnologia genérica. Habilidades sociais e capacidades para mobilizar recursos em rede estão se tornando cada vez mais importantes à medida que a internet permite novas formas de acesso e colaboração.

É nessa dinâmica de inovação "pós-Kondratiev" que o impacto de longo prazo da IA pode ser melhor compreendido. Quando o contexto técnico de competência está perdendo sua estabilidade, a experiência, a habilidade e o conhecimento específico do domínio tornam-se menos importantes. Componentes genéricos não epistêmicos de competência, como resolução criativa de problemas e habilidades de aprendizagem metacognitivas, por sua vez, tornam-se cada vez mais importantes. Torna-se menos relevante o que você sabe e mais importante o conhecimento você pode mobilizar e o que você pode aprender. As habilidades sociais e culturais necessárias para operar efetivamente nas redes globais de produção e comunicação tornam-se cada vez mais importantes.

Nesse cenário, a IA torna-se uma tecnologia de uso geral que pode realizar tarefas que antes exigiam conhecimento e habilidade humana. A IA baseada em dados torna-se necessária quando o mundo se torna conectado em tempo real e quando uma adaptação constante é necessária para otimizar atividades em redes globais complexas que conectam atores através do tempo e do espaço. Isso também leva a mudanças rápidas na demanda por habilidades e conhecimento. À medida que as atividades produtivas se tornam cada vez mais automatizadas nessas redes em tempo real, a intervenção humana pode se tornar difícil. O futuro do trabalho e a demanda por habilidades e educação, portanto, não podem ser compreendidos adequadamente apenas focalizando os próprios sistemas de IA. É necessário compreender os fatores mais amplos que tornam os sistemas de IA economicamente interessantes e socialmente importantes. Esses mesmos fatores também geram tensões importantes nos sistemas educacionais atuais. Como resultado, a IA é frequentemente vista como uma forma de reduzir as tensões entre as instituições do passado e as necessidades do presente. Por exemplo, a IA é comumente vista como uma ferramenta que pode fornecer ensino individual personalizado do material do curso, ou como uma forma de automatizar tarefas repetitivas do professor. Outra forma de perceber o potencial da IA na educação é vê-la como uma ferramenta que pode permitir a transformação da educação para as necessidades do futuro.

IA e habilidades digitais

O rápido aumento da visibilidade da IA levou muitas instituições educacionais a expandir o fornecimento de conteúdo relacionado à IA. O curso online "Elementos da IA", desenvolvido pela Universidade de Helsinque e pela Reaktor, tem sido um esforço muito bem-sucedido para fornecer conhecimento de nível introdutório sobre IA para um público amplo.[1] Seu objetivo principal é "desmistificar a IA", e agora mais de 350 mil pessoas de 170 países já se inscreveram nesse curso online gratuito.

Um aspecto particularmente interessante dos "Elementos da IA" é que cerca de 40% dos alunos são mulheres. Isso é mais do que o dobro da média dos cursos de ciência da computação. Em geral, as mulheres agora representam menos de um quinto dos pesquisadores de IA. Se o crescimento do emprego no futuro ocorrer cada vez mais em tarefas que requerem habilidades relacionadas à IA, como afirmam muitos especialistas, isso pode gerar desequilíbrios de gênero importantes no mercado de trabalho.

A alta visibilidade da IA na mídia e as histórias sobre especialistas em IA sendo contratados com salários anuais de sete dígitos criaram o que poderia ser chamado de corrida do ouro em IA. Isso tem implicações importantes para o desenvolvimento de habilidades de IA. Em particular, levanta a questão de saber se as lacunas de habilidade em IA serão preenchidas sem intervenções políticas.

Para compreender a dinâmica do desenvolvimento de competências em IA, é útil distinguir as habilidades de uso, modificação, desenvolvimento e criação. O curso "Elementos da IA" aborda habilidades básicas de uso, criando consciência e ajudando os alunos a entender os conceitos e as afirmações essenciais relacionadas à IA. Esse nível de aprendizagem é necessário para o uso eficaz e apropriado dos sistemas de IA existentes. Para atingir esse nível de competência, é necessário menos de uma semana de esforço.

A maioria dos sistemas de IA atuais são criados por desenvolvedores relativamente novatos que contam com ferramentas, estruturas, código e material de aprendizagem abertamente distribuído por grandes empresas, como Google, Facebook e Microsoft. Para poder usar as ferramentas existentes e modificá-las para fins específicos, algumas habilidades de programação são necessárias.

Em um nível muito básico, os alunos do ensino médio agora podem construir chatbots básicos e sistemas de aprendizado de máquina em poucas horas usando essa abordagem. Existem também interfaces de desenvolvimento destinadas especificamente a crianças que reduzem a necessidade de conhecer linguagens de programação. Por exemplo, o Machine Learning for Kids (https://machinelearningforkids.co.uk/) agora é usado em muitas escolas e clubes de programação. Ele fornece interfaces de programação simples para os serviços IBM Watson e permite que as crianças desenvolvam programas em Scratch, Python e APP Inventor. Uma iniciativa de destaque nessa área foi o AI4k12.org, que possui uma lista de e-mails muito ativa para professores que implementam projetos de IA em sala de aula.

De forma mais geral, muitos sistemas usados nas indústrias de serviço e manufatura são modificações de sistemas de IA disponíveis gratuitamente. Para um programador de computador relativamente competente, leva alguns meses para aprender as plataformas de desenvolvimento de IA de última geração e modificar o código existente para fins comerciais.

O desenvolvimento de novos sistemas de IA e a modificação habilidosa de arquiteturas computacionais existentes usando abordagens de desenvolvimento de última geração exigem muito mais esforço. Em geral, é necessário conhecimento teórico de pós-graduação, suporte de colegas ou especialistas competentes e acesso a ferramentas de código aberto e plataformas comerciais de hardware fornecidas pelas principais empresas de IA. Muitas universidades expandiram suas ofertas educacionais nesse nível de competência. Devido à alta visibilidade e à atratividade econômica da IA, o número de pessoas competentes nesse nível está aumentando muito rapidamente. Em particular, a educação existente em estatística, matemática, ciência da computação e física pode ser convertida com relativa facilidade em habilidades específicas de IA nesse nível.

A criação de novos modelos de IA de última geração requer conhecimentos teóricos avançados e habilidades práticas. Até recentemente, havia poucos pesquisadores com as competências necessárias para criar novos avanços em IA e aprendizado de máquina. A maioria deles foi contratada por universidades. Como a IA se tornou uma questão estratégica para muitas grandes corporações, esse talento de alto nível está em forte demanda. A maior conferência de IA baseada em dados, NeurIPS, teve cerca de 13.500 participantes em 2019. Isso representa um aumento de cerca de 8 vezes em relação a 2012 e um aumento de

41% em 2018. Com base nesses números, pode-se estimar que o número de pesquisadores de IA altamente competentes, capazes de criar novas arquiteturas de IA, seja agora de 20 mil indivíduos globalmente. São essas pessoas que movem a atual fronteira tecnológica.

Avanços radicais em IA podem, no entanto, exigir habilidades e conhecimentos amplos e transdisciplinares. Como foi apontado anteriormente, a atual corrida do ouro do aprendizado profundo é pelo menos parcialmente inspirada por tendências históricas que podem estar perdendo força. É possível que novos tipos qualitativos de processamento e arquiteturas de computação sejam necessários para criar sistemas de IA ambientalmente viáveis. Enquanto o treinamento contínuo de sistemas de aprendizado de máquina de última geração requer megawatts de eletricidade, o cérebro humano funciona bem com cerca de 20 watts. A computação neuromórfica e as novas arquiteturas de hardware não digital podem se tornar cada vez mais interessantes no futuro, e muitas das habilidades e conhecimentos aprendidos com dificuldade pelos especialistas em IA de hoje podem ter uma vida útil limitada. Portanto, não está claro se a educação formal em conhecimentos e habilidades específicos da IA será capaz de gerar competências que serão relevantes no futuro. Atualmente, a maioria das estimativas das necessidades de competência em IA é baseada em extrapolações bastante diretas do passado, e não parece haver tentativas contínuas de desenvolver cenários mais informados sobre as necessidades de competência relacionadas à IA e seus possíveis caminhos de desenvolvimento.

Uma característica específica do desenvolvimento de habilidades de IA também é que o conhecimento e as ferramentas de ponta só podem ser acessados pela internet. Uma dinâmica semelhante de criação de competências caracteriza as comunidades de código aberto. Por exemplo, na década de 1990, a comunidade de desenvolvimento do Linux foi capaz de criar muito rapidamente um software de alto nível e competências de arquitetura de computador fora dos sistemas formais de educação. O aprendizado ponto a ponto habilitado para internet também é importante no domínio da IA e agora é explicitamente apoiado por algumas das maiores empresas globais. Como incentivos econômicos muito elevados agora drenam os melhores talentos das universidades, elas podem enfrentar desafios consideráveis para serem capazes de fornecer conhecimento de última geração de maneira significativa.

O uso de IA na educação

Uma classificação comum de IA na educação é baseada no usuário principal do sistema. Um relatório recente da NESTA distingue a IA voltada para alunos, professores e sistemas. Holmes, Bialik e Fadel (2019) dividem ainda mais os sistemas de IA voltados para o aluno em sistemas que visam a ensinar aos alunos, geralmente com base na pedagogia instrutivista, e em sistemas que buscam apoiar a aprendizagem, muitas vezes com base em abordagens pedagógicas mais construtivistas. A tabela a seguir mostra exemplos de tais sistemas.

Anexo 1: O Uso da IA na Educação

Tabela Diferentes tipos de sistemas AIEd atuais
(modificada de Holmes et al. 2019, p. 165)

Ensino de estudantes	Apoio ao aluno	Apoio ao professor	Suporte de sistemas
Sistemas de tutoria inteligentes (incluindo geradores automáticos de perguntas).	Ambientes de aprendizagem exploratórios.	Diagnóstico de aprendizagem ITS +.	Mineração de dados educacional para alocação de recursos.
Sistemas de tutoria baseados em diálogo.	Avaliação da escrita formativa.	Avaliação da redação sumativa, pontuação do ensaio.	Diagnosticar dificuldades de aprendizagem (por exemplo, dislexia).
Aplicativos de aprendizagem de idiomas (incluindo detecção de pronúncia).	Orquestradores de redes de aprendizagem.	Monitoramento do fórum de alunos.	Professores sintéticos.
	Aplicativos de aprendizagem de línguas.	Assistentes de ensino de IA.	IA como ferramenta de pesquisa de aprendizagem.
	Aprendizagem colaborativa de IA.	Geração automática de teste.	
	Avaliação contínua de IA.	Pontuação de teste automática.	
	Companheiros de aprendizagem de AI.	Recomendação de conteúdo de Open Education Resources (OER).	
	Recomendação de curso.	Detecção de plágio.	
		Atenção do aluno e detecção de emoção.	

(continua)

(continuação)

Ensino de estudantes	Apoio ao aluno	Apoio ao professor	Suporte de sistemas
	Apoio à autorreflexão (análise de aprendizagem, painéis metacognitivos). Aprender ensinando chatbots.		

Uma revisão recente de artigos acadêmicos AIEd revisados por pares descobriu que a pesquisa existente cobriu quatro áreas principais de IA no ensino superior: sistemas adaptativos e personalização, avaliação, definição de perfil e previsão, e sistemas de tutoria inteligentes.

Os diferentes usos da IA também podem ser categorizados com base no ciclo de vida do aluno. No conjunto de dados apresentados anteriormente, 63% dos artigos acadêmicos descreveram sistemas para serviços de apoio acadêmico, 33% descreveram serviços administrativos e institucionais e 4% cobriram ambos. Os serviços de apoio acadêmico incluíram sistemas de ensino e aprendizagem (por exemplo, avaliação, feedback, tutoria). Os sistemas administrativos e institucionais incluíam sistemas como admissão, aconselhamento e serviços de biblioteca. Uma codificação adicional dos artigos gerou quatro áreas principais de aplicação de IA, mostradas na tabela a seguir.

Tabela Número de aplicações de IA em estudos revisados por pares, várias menções possíveis (Fonte: Zawacki-Richter et al., 2019)

Aplicações de IA	Qtde	%
Sistemas adaptativos e personalização (ensino do conteúdo do curso; recomendação de conteúdo personalizado; apoio aos professores e design de aprendizagem; uso de dados acadêmicos para monitorar e orientar os alunos; representação do conhecimento em mapas conceituais).	27	18%
Avaliação (classificação automatizada; feedback; avaliação da compreensão do aluno, envolvimento e integridade acadêmica; avaliação do ensino).	36	24%

Aplicações de IA	Qtde	%
Criação de perfil e previsão (decisões de admissão e programação do curso; evasão e retenção; modelos de alunos e desempenho acadêmico).	58	39%
Sistemas de tutoria inteligentes (conteúdo do curso de ensino; pontos fortes de diagnóstico e feedback automatizado; materiais de aprendizagem de curadoria; colaboração facilitada; a perspectiva do professor).	29	19%
Total	150	100%

Existem evidências relativamente escassas sobre os benefícios dos sistemas baseados em IA na educação. Em algumas áreas específicas, como matemática e física, os sistemas de tutoria inteligentes mostraram melhorar a aprendizagem, mas também está claro que os benefícios da aprendizagem não podem ser alcançados simplesmente pela introdução de novas ferramentas em uma sala de aula. Uma recente revisão das críticas ao ITS por Benedict du Boulay argumentou que a chave para o impacto educacional é o treinamento de professores que ajuda o professor a orquestrar o uso da tecnologia. Em outras palavras, os resultados da aprendizagem não dependem da tecnologia. Depende de como os professores podem usar a tecnologia de maneiras pedagogicamente significativas. Uma abordagem apropriada, portanto, é coprojetar os usos da tecnologia com os professores. Essa abordagem tem sido o ponto de partida do projeto New Era of Learning, financiado pela UE, no qual as maiores cidades finlandesas oferecem oportunidades para experimentos rápidos de AIEd e codesign com desenvolvedores de tecnologia, professores e alunos. Uma abordagem semelhante também foi usada no Joint Research Centre (JRC) da Comissão Europeia "AI Handbook with and for Teachers" — projeto-piloto que terminou em dezembro de 2019. No projeto, professores com conhecimento de IA e desenvolvedores de IA com conhecimento do ensino desenvolveram em conjunto um modelo de protótipo para rede de cocriação em nível da UE, que produziria um manual de IA para ajudar professores e desenvolvedores de educação a implantar e usar IA de maneiras adequadas. Tal abordagem visa a ir além dos modelos convencionais de inovação de tecnologia push e demand-pull, adotando um modelo de difusão de meio para cima e para baixo. Como a tecnologia está avançando rapidamente e muitos produtos ficarão disponíveis, professores e administradores de educação precisarão de informações de alta qualidade que os ajudem a entender esse cenário em rápida mudança. Nos Estados Unidos, o Departamento de Educação investiu no "What Works Clearinghouse", que consolida evidências científicas sobre produtos e políticas educacionais, e tem havido muitas iniciativas semelhantes nos Estados-membros. Parece haver um claro potencial para coordenar essas iniciativas a nível da União Europeia.

ANEXO 2: EXEMPLO DE PESQUISAS — PROJETOS DE IA EM STANFORD

A título de exemplo de pesquisas aplicadas em IA em uma importante instituição, listamos a seguir critérios e bolsas para projetos concedidas em 2020 e 2019 pelo HAI Stanford.[1] A inclusão deste Anexo visa a proporcionar ao leitor uma visão da variedade e especificidade das pesquisas em curso naquela universidade. A transcrição do site a seguir é literal, utilizando o *Google Translate*, e com revisão do autor deste livro.

Chamada de propostas de subsídios HAI para 2020

Mantendo a missão multidisciplinar do HAI, acolhemos propostas de toda a gama de abordagens humanísticas, científicas sociais, científicas naturais, biomédicas e de engenharia, incluindo trabalhos críticos, históricos, etnográficos, clínicos, experimentais e inventivos. Esperamos financiar uma ampla variedade de projetos, desde estudos discretos até pesquisas do tamanho de um livro, séries de palestrantes e construção e avaliação de sistemas. As propostas que envolvem a aplicação de métodos de IA padrão a conjuntos de dados ou problemas existentes provavelmente não terão sucesso. Finalmente, encorajamos propostas interdisciplinares de toda a universidade que envolvam colaborações de professores e alunos cujo trabalho faça a ponte entre dois ou mais departamentos e/ou escolas.

Áreas prioritárias — além dos critérios citados anteriormente, será dada preferência a projetos de alto impacto que se alinham com as três amplas áreas de pesquisa de HAI:

> **Inteligência:** pesquisa que visa a desenvolver novas tecnologias inspiradas na profundidade e na versatilidade da inteligência humana. Os tópicos potenciais podem incluir IA inspirada pela neurociência, ciência cognitiva e psicologia; novos métodos não supervisionados, semissu-

pervisionados, autossupervisionados e supervisionados para diversos tipos de dados; conhecimento e semântica.

- **Aumentar as capacidades humanas**: pesquisa que visa a projetar e criar tecnologias de IA que aumentam os humanos em vez de substituí-los. Os tópicos potenciais podem incluir IA e interação humano-computador; saúde, medicina e bem-estar; robótica e automação; sustentabilidade e mudanças climáticas; educação e direito.

- **Impacto humano**: pesquisa que busca compreender e orientar o impacto social global das tecnologias de IA para um bem maior. Os tópicos potenciais podem incluir o impacto da IA na economia, na sociedade, no governo, na ética, na filosofia, na política e em outras áreas relacionadas das ciências sociais e humanas. Isso pode incluir estudos de raça, etnia e gênero; IA interpretável, confiável e justa; os fundamentos intelectuais e conceituais da IA, sua história e seu impacto cultural. Encorajamos especialmente projetos de pesquisa diretamente relacionados à diversidade, à equidade e à inclusão.

Recebedores do subsídio das bolsas HAI 2019

- Inteligência Artificial para Descoberta Científica
- Uma abordagem de aprendizagem de decisão causal para identificar caminhos clínicos com boa relação custo-benefício
- Interação multissensorial virtual: de robôs a humanos
- Aprendizado de máquina estatístico para compreender e melhorar a mobilidade social entre os pobres: uma abordagem precisa para a intervenção
- Compreendendo e enfrentando desafios éticos com a implementação de aprendizado de máquina para promover cuidados paliativos
- Administrando por Algoritmo: Inteligência Artificial no Estado Regulador
- Robolterum: uma interface de realidade aumentada para design iterativo de interações situadas com robôs inteligentes
- Urbanização nas margens: bordas e costuras no Sul global
- Rede neural profunda para decodificação EEG em tempo real de imagens de ritmo musical: em direção a um aplicativo de interface cérebro-computador para reabilitação de derrame
- Inferência multimodal em cérebros, mentes e máquinas

Anexo 2: Exemplo de Pesquisas

- Monitoramento em tempo real baseado em vídeo das condições respiratórias no pronto-socorro pediátrico
- Aprendendo a brincar: entendendo o desenvolvimento infantil com agentes artificiais intrinsecamente motivados
- Teorias populares de sistemas de IA: uma abordagem para o desenvolvimento de IA interpretável
- "Design de Personalidade" em robôs habilitados para Inteligência Artificial, Agentes de Conversação e Assistentes Virtuais
- Usando IA para proteger nossa água potável
- Previsão de resultados de aprendizagem com professores de máquina
- Desenvolvendo uma Abordagem Computacional para Identificar Características de Psicoterapia
- Crowdsourcing Concept Art: um classificador de estilo de arte para manter uma visão artística consistente em escala
- Modelagem de treinamento de detecção de dedos e aprendizado de matemática em crianças
- PopBots: um exército de agentes de conversação para o gerenciamento diário do estresse
- Triagem Oportunista para Doença da Artéria Coronariana Usando Inteligência Artificial
- Promover o bem-estar ao prever a vulnerabilidade comportamental em tempo real
- Usando Inteligência Artificial para Otimizar a Mobilidade do Paciente e Resultados Funcionais
- Prevendo surtos de malária: IA para aprender, classificar e prever dados paleodemográficos, climáticos e genômicos diversos
- Otimização de rede neural profunda robusta com método de segunda ordem para aplicações biomédicas
- As consequências econômicas da Inteligência Artificial
- Descobrindo as desigualdades de gênero na África Oriental: usando IA para obter insights de dados da mídia
- Desenvolvimento de ferramentas de Inteligência Artificial para estratégias dinâmicas de tratamento do câncer
- Deseja sair? Removendo dados individuais de modelos de aprendizado de máquina

NOTAS

Introdução

1. Ryan Abbott, da Universidade de Surrey, Inglaterra, iniciou, junto aos órgãos legais, um processo de reconhecimento da IA como inventora e criadora de patentes. Disponível em: <www.bbc.com/news/technology-49191645>. Acesso em 03.05.2021. [Esta, como a maioria das referências deste livro, tem conteúdo em inglês. N. E.]
2. Disponível em: <https://www.independent.co.uk/news/science/stephen-hawking-transcendence-looks-implications-artificial-intelligence-are-we-taking-ai-seriously-enough-9313474.html>. Acesso em 03.05.2021.
3. Disponível em: <https://ai.google/about/>. Acesso em 03.05.2021.
4. Disponível em: <https://www.research.ibm.com/artificial-intelligence/>. Acesso em 03.05.2021.
5. Disponível em: <https://blogs.microsoft.com/ai/>. Acesso em 03.05.2021.
6. Disponível em: <https://ai.stanford.edu/, https://hai.stanford.edu/ e https://hai.stanford.edu/blog>. Acesso em 03.05.2021.
7. Disponível em: <https://ainowinstitute.org/>. Acesso em 03.05.2021.
8. Disponível em: <https://www.turing.ac.uk/>. Acesso em 03.05.2021.
9. Disponível em: <https://www.nature.com e https://www.nature.com/natmachintell/>. Acesso em 03.05.2021, além de buscas individualizadas por "artificial intelligence".
10. Disponível em: <www.wsj.com/pro/artificial-intelligence>. Acesso em 03.05.2021.
11. O autor analisa a evolução da IA a partir de quatro prismas: *Internet AI, Business AI, Perception AI* e *Autonomous AI*. Existem palestras otimistas do autor no TED, como *How AI can save our humanity*. Disponível em: <www.youtube.com/watch?v=ajGgd9Ld-Wc&feature=youtu.be>. Acesso em 03.05.2021.

Capítulo 1

1. Disponível em: <https://burniegroup.com/the-most-unusual-uses-of-artificial-intelligence/>. Acesso em 03.05.2021.
2. Disponível em: <https://www.theverge.com/2019/7/10/20688682/google-translate-camera-instant-translation-function-languages-update-ai>. Acesso em 03.05.2021.
3. Disponível em: <https://syncedreview.com/2020/05/20/neural-network-ai-is-the-future-of-the-translation-industry/>. Acesso em 03.05.2021.
4. Disponível em: <https://www.idc.com/getdoc.jsp?containerId=prUS46794720>. Acesso em 03.05.2021.
5. Disponível em: <https://openai.com/blog/jukebox/>. Acesso em 03.05.2021.
6. Disponível em: <https://jornal140.com/2020/06/15/musica-de-robo-a-inteligencia-artificial-criando-cancoes/>. Acesso em 03.05.2021.
7. Disponível em: <https://istoe.com.br/inteligncia-artificial-para-completar-sinfonia-inacabada-de-beethoven/>. Acesso em 03.05.2021.
8. Disponível em: <https://mixmag.com.br/feature/inteligencia-artificial-crescena-musica-e-faz-parte-do-futuro-da-industria/>. Acesso em 03.05.2021.
9. Disponível em: <https://arte.estadao.com.br/focas/estadaoqr/materia/inteligencia-artificial-musica-startup-amper>. Acesso em 03.05.2021.
10. Disponível em: <https://epocanegocios.globo.com/colunas/IAgora/noticia/2019/08/da-pra-fazer-arte-com-inteligencia-artificial.html>. Acesso em 03.05.2021.

11. Disponível em: <https://www.newscientist.com/article/2222907-ai-can-predict-if-youll-die-soon-but-weve-no-idea-how-it-works/ e https://epocanegocios.globo.com/Tecnologia/noticia/2019/11/inteligencia-artificial-pode-prever-quando-paciente-vai-morrer-como-ninguem-sabe.html>. Acesso em 03.05.2021.
12. Disponível em: <https://canaltech.com.br/saude/ia-deve-acelerar-desenvolvimento-de-novos-medicamentos-151351/>. Acesso em 03.05.2021.
13. Disponível em: < https://www.aec.com.br/Site/Noticia/14420?slug=inteligencia-artificial-para-n>. Acesso em 03.05.2021.
14. Disponível em: <https://info.microsoft.com/WE-DTGOV-CNTNT-FY21-09Sep-22-ArtificialIntelligenceinthePublicSectorPortugal-SRGCM3851_01RegistrationForminBody.html e https://smart-cities.pt/noticias/iartificial-sector-publico-0910/>. Acesso em 03.05.2021.
15. Disponível em: <https://www.wsj.com/articles/recursion-raises-239-million-series-d-round-strikes-deal-with-bayer-11599649266>. Acesso em 03.05.2021.
16. Disponível em: <https://www.nsctotal.com.br/noticias/saude-une-inteligencia-humana-e-artificial>. Acesso em 03.05.2021.
17. Disponível em: <https://www.nsctotal.com.br/noticias/inteligencia-artificial-na-saude-permite-que-maquinas-exercam-funcoes-clinicas-e-de-gestao>. Acesso em 03.05.2021.
18. Disponível em: <https://www.gartner.com/smarterwithgartner/5-trends-drive-the-gartner-hype-cycle-for-emerging-technologies-2020/>. Acesso em 03.05.2021.
19. Disponível em: <https://blog.google/outreach-initiatives/google-org/100-million-dollar-contribution-covid-19-relief/>. Acesso em 03.05.2021.
20. Disponível em: <https://www.technologyreview.com/s/614057/china-squirrel-has-started-a-grand-experiment-in-ai-education-it-could-reshape-how-the/, https://olhardigital.com.br/noticia/inteligencia-artificial-chinesa-pode-revolucionar-a-educacao/88757>. Acesso em 03.05.2021.
21. Disponível em: <https://elearningindustry.com/ai-is-changing-the-education-industry-5-ways>. Acesso em 03.05.2021.
22. Disponível em: <www.forbes.com/sites/forbestechcouncil/2020/06/08/artificial-intelligence-in-education-transformation/?sh=429ae63a32a4>. Acesso em 03.05.2021.
23. Disponível em: <https://arxiv.org/pdf/1906.05433.pdf>. Acesso em 03.05.2021.
24. Disponível em: <https://www.nationalgeographic.com/environment/2019/07/artificial-intelligence-climate-change/>. Acesso em 03.05.2021.
25. Disponível em: <https://towardsdatascience.com/how-can-ai-save-the-planet-7dfebc0f7f5b>. Acesso em 03.05.2021.
26. Disponível em: <https://www.tuev-nord.de/explore/en/reveals/five-ai-applications-for-environmental-protection/>. Acesso em 03.05.2021.
27. Disponível em: <https://www.segs.com.br/info-ti/197231-a-inteligencia-artificial-tem-solucionado-problemas-globais-imagine-o-que-machine-learning-automatizado-pode-fazer-pelo-seu-negocio>. Acesso em 03.05.2021.
28. Disponível em: <https://economia.uol.com.br/noticias/bloomberg/2019/08/05/vale-e-suzano-utilizam-olhos-bionicos-para-prever-incendios.htm?cmpid=copiaecola>. Acesso em 03.05.2021.
29. Disponível em: <epocanegocios.globo.com/Um-So-Planeta/noticia/2021/01/microsoft-e-imazon-vao-usar-ia-para-combater-desmatamento-na-amazonia.html>. Acesso em 03.05.2021.
30. Disponível em: <https://www.forbes.com/sites/cognitiveworld/2019/08/23/ai-making-waves-in-news-and-journalism/?sh=7c6aeb937748>. Acesso em 03.05.2021.

31. Disponível em: <https://en.wikipedia.org/wiki/Automated_journalism>. Acesso em 03.05.2021.
32. Disponível em: <https://thenextweb.com/artificial-intelligence/2019/07/29/this-ai-tool-is-smart-enough-to-spot-ai-generated-articles-and-tweets/>. Acesso em 03.05.2021. Disponível em: <https://itmidia.com/inteligencia-artificial-ja-consegue-identificar-textos-e-tweets-gerados-por-maquinas/>. Acesso em 03.05.2021.
33. Disponível em: <https://www.theverge.com/2020/6/11/21287966/openai-commercial-product-text-generation-gpt-3-api-customers>. Acesso em 03.05.2021.
34. Disponível em: <https://fia.com.br/blog/inteligencia-artificial-no-direito/#:~:text=Intelig%C3%AAncia%20artificial%20no%20Direito%20%C3%A9%20simplesmente%20a%20aplica%C3%A7%C3%A3o%20das%20tecnologias,ou%20outro%20profissional%20do%20Direito>. Acesso em 03.05.2021.
35. Disponível em: <https://besouza86.jusbrasil.com.br/artigos/795068116/3-livros-sobre-inteligencia-artificial-e-direito-para-ler-em-2020>. Acesso em 03.05.2021.
36. Disponível em: <https://emaiseditora.com.br/livro/ensinando-um-robo-a-julgar-pragmatica-discricionariedade-heuristicas-e-vieses-no-uso-de-aprendizado-de-maquina-no-judiciario/>. Acesso em 03.05.2021.
37. Disponível em: <https://www.conjur.com.br/2021-jun-13/conferencia-usp-direito-ia-comeca-dia-212>. Acesso em 14.06.2021.
38. Disponível em: <https://www.conjur.com.br/2019-jul-13/ricardo-silveira-dez-motivos-conectar-direito-ia>. Acesso em 03.05.2021.
39. Disponível em: <https://www.theverge.com/2020/4/29/21241251/artificial-intelligence-inventor-united-states-patent-trademark-office-intellectual-property>. Acesso em 03.05.2021.
40. Disponível em: <https://privatebank.jpmorgan.com/gl/pt/insights/investing/how-ai-is-reshaping-the-future>. Acesso em 03.05.2021.
41. Disponível em: <https://epocanegocios.globo.com/Empresa/noticia/2020/10/exclusivo-estudo-da-visa-aponta-brasil-como-pais-mais-inovador-da-america-latina.html>. Acesso em 03.05.2021.
42. Disponível em: <https://www.forbes.com/sites/forbestechcouncil/2020/08/21/seven-ways-artificial-intelligence-is-disrupting-the-retail-industry/?sh=791ff51b56ae>. Acesso em 03.05.2021.
43. Disponível em: <https://www.forbes.com/sites/cognitiveworld/2019/08/23/ai-making-waves-in-news-and-journalism/?sh=7c6aeb937748>. Acesso em 03.05.2021.
44. Disponível em: <https://privatebank.jpmorgan.com/gl/pt/insights/investing/how-ai-is-reshaping-the-future>. Acesso em 03.05.2021.
45. *The AI revolution in scientific research — The Royal Society and The Alan Turing Institute*. Disponível em: <https://royalsociety.org/-/media/policy/projects/ai-and-society/AI-revolution-in-science.pdf?la=en-GB&hash=5240F21B56364A00053538A0BC29FF5F#:~:text=AI%20as%20an%20enabler%20of,For%20example%3A&text=Using%20genomic%20data%20to%20predict,it%20plays%20in%20the%20body>. Acesso em 03.05.2021.
46. Disponível em: <www.nature.com/articles/s41586-019-1335-8, https://theconversation.com/how-an-ai-trained-to-read-scientific-papers-could-predict-future-discoveries-122353, https://olhardigital.com.br/noticia/inteligencia-artificial-esta-proxima-de-fazer-descobertas-cientificas/91088>. Acesso em 03.05.2021.
47. Disponível em: <https://www.chemistryworld.com/news/algorithm-discovers-how-six-simple-molecules-could-evolve-into-lifes-building-blocks/4012505.article>. Acesso em 03.05.2021.

48. Disponível em: <https://www.nature.com/articles/s41467-020-19597-w, https://www.inovacaotecnologica.com.br/noticias/noticia.php?artigo=inteligencia-artificial-descobre-novo-material-tecnologico&id=010160210108&ebol=sim#.X_tv2thKjIU>. Acesso em 03.05.2021.
49. Disponível em: <https://www.nature.com/articles/s42256-020-00276-w, https://super.abril.com.br/ciencia/inteligencia-artificial-pode-encontrar-novos-usos-para-medicamentos-ja-existentes/>. Acesso em 03.05.2021.
50. Disponível em: <https://hai.stanford.edu/blog/ai-has-sped-biological-discovery-cracking-mystery-proteins>. Acesso em 03.05.2021.
51. Disponível em: <https://www.sciencedaily.com/releases/2020/12/201211100627.htm>. Acesso em 03.05.2021.
52. Disponível em: <https://www.researchgate.net/publication/348203052_Accelerating_phase-field-based_microstructure_evolution_predictions_via_surrogate_models_trained_by_machine_learning_methods, https://www.inovacaotecnologica.com.br/noticias/noticia.php?artigo=simulacao-novos-materiais-fica-42-000-vezes-mais-rapida&id=010160210113&ebol=sim#.YAcfq-hKjIU>. Acesso em 03.05.2021.
53. Disponível em: <https://www.eurekalert.org/pub_releases/2020-06/uok-cai061720.php>. Acesso em 03.05.2021.
54. Disponível em: <https://www.wipo.int/export/sites/www/tech_trends/en/artificial_intelligence/docs/wtt_ai_findings.pdf, https://www.wipo.int/tech_trends/en/artificial_intelligence/, https://nacoesunidas.org/onu-ve-aumento-dos-pedidos-de-patentes-de-inteligencia-artificial-china-e-eua-lideram/>. Acesso em 03.05.2021.
55. Disponível em: <https://br.sputniknews.com/ciencia_tecnologia/2018111712699426-inteligencia-artificial-2030/>. Acesso em 03.05.2021.
56. Disponível em: <https://aitrends.com/ai-in-canada/canadas-ai-initiative-brings-together-government-academia-industry-in-quest-to-expand-national-economy/>. Acesso em 03.05.2021.
57. Disponível em: <https://www.convergenciadigital.com.br/cgi/cgilua.exe/sys/start.htm?UserActiveTemplate=site&infoid=50201&sid=97>. Acesso em 03.05.2021.
58. Disponível em: <https://privatebank.jpmorgan.com/gl/pt/insights/investing/how-ai-is-reshaping-the-future>. Acesso em 03.05.2021.
59. Disponível em: <https://www.aitrends.com/ai-in-government/feds-investing-1b-to-fund-12-new-ai-institutes/>. Acesso em 03.05.2021.
60. Disponível em: <https://www.aitrends.com/ai-world-government/federal-government-investments-in-ai-beginning-to-pay-off/>. Acesso em 03.05.2021.
61. Disponível em: <https://venturebeat.com/2020/08/26/white-house-announces-creation-of-ai-and-quantum-research-institutes/>. Acesso em 10.09.2020.
62. Disponível em: <https://ecommercenews.com.br/artigos/dicas-artigos/mercado-de-inteligencia-artificial-e-o-novo-rumo-da-engenharia-da-computacao-no-brasil/>. Acesso em 03.05.2021.
63. Disponível em: <https://br.financas.yahoo.com/noticias/com-mais-de-700-startups-da-area-brasil-mostra-forca-em-inteligencia-artificial-080020740.html>. Acesso em 03.05.2021.

Capítulo 2

1. Disponível em: <https://www.eesc.europa.eu/pt/sections-other-bodies/other/grupo-de-estudo-temporario-para-inteligencia-artificial>. Acesso em 03.05.2021.
2. Disponível em: <www.consilium.europa.eu/en/press/press-releases/2019/02/18/european-coordinated-plan-on-artificial-intelligence/>. Acesso em 03.05.2021.
3. Disponível em: <https://mila.quebec/en/ai-society/>. Acesso em 03.05.2021.

4. Disponível em: <https://hai.stanford.edu/research/ai-index-2021>. Acesso em 03.05.2021.
5. Disponível em: <https://ainowinstitute.org/AI_Now_2019_Report.pdf>. Acesso em 03.05.2021.
6. Disponível em: <ai100.stanford.edu/sites/g/files/sbiybj9861/f/ai_100_report_0831fnl.pdf>. Acesso em 03.05.2021.
7. Daniel Zhang, Saurabh Mishra, Erik Brynjolfsson, John Etchemendy, Deep Ganguli, Barbara Grosz, Terah Lyons, James Manyika, Juan Carlos Niebles, Michael Sellitto, Yoav Shoham, Jack Clark, and Raymond Perrault, *The AI Index 2021 Annual Report*, AI Index Steering Committee, Human-Centered AI Institute, Stanford University, Stanford, CA, March 2021. Disponível em: <https://hai.stanford.edu/research/ai-index-2021>. Acesso em 03.05.2021.
8. Disponível em: <https://aiindex.stanford.edu/vibrancy/>. Acesso em 03.05.2021.
9. Daniel Zhang, Saurabh Mishra, Erik Brynjolfsson, John Etchemendy, Deep Ganguli, Barbara Grosz, Terah Lyons, James Manyika, Juan Carlos Niebles, Michael Sellitto, Yoav Shoham, Jack Clark, e Raymond Perrault, *The AI Index 2021 Annual Report*, AI Index Steering Committee, Human-Centered AI Institute, Stanford University, Stanford, CA, March 2021. Disponível em: <https://hai.stanford.edu/research/ai-index-2021>. Acesso em 03.05.2021.
10. Raymond Perrault, Yoav Shoham, Erik Brynjolfsson, Jack Clark, John Etchemendy, Barbara Grosz, Terah Lyons, James Manyika, Saurabh Mishra, e Juan Carlos Niebles, *The AI Index 2019 Annual Report*, AI Index Steering Committee, Human-Centered AI Institute, Stanford University, Stanford, CA, December 2019. Disponível em: <https://hai.stanford.edu/research/ai-index-2019>. Acesso em 03.05.2021.
11. Disponível em: <https://www.sipri.org/>. Acesso em 03.05.2021.
12. Disponível em: <https://www.pwc.lu/en/advisory/digital-tech-impact/technology/gaining-national-competitive-advantage-through-ai.html>. Acesso em 03.05.2021.
13. Disponível em: <https://ainowinstitute.org>. Acesso em 03.05.2021.
14. Disponível em: <https://medium.com/@AINowInstitute/ai-in-2020-a-year-to-give-us-pause-67795fe23324>. Acesso em 03.05.2021.
15. Crawford, Kate, Roel Dobbe, Theodora Dryer, Genevieve Fried, Ben Green, Elizabeth Kaziunas, Amba Kak, Varoon Mathur, Erin McElroy, Andrea Nill Sánchez, Deborah Raji, Joy Lisi Rankin, Rashida Richardson, Jason Schultz, Sarah Myers West, e Meredith Whittaker. *AI Now 2019 Report*. New York: AI Now Institute, 2019, https://ainowinstitute.org/AI_Now_2019_Report.html . Disponível em: <https://ainowinstitute.org/AI_Now_2019_Report.html>. Acesso em 03.05.2021.
16. Disponível em: <https://ainowinstitute.org/AI_Now_2019_Report.html>. Acesso em 03.05.2021.
17. Disponível em: <https://ainowinstitute.org/AI_Now_2019_Report.html>. Acesso em 03.05.2021.
18. Crawford, Kate, Roel Dobbe, Theodora Dryer, Genevieve Fried, Ben Green, Elizabeth Kaziunas, Amba Kak, Varoon Mathur, Erin McElroy, Andrea Nill Sánchez, Deborah Raji, Joy Lisi Rankin, Rashida Richardson, Jason Schultz, Sarah Myers West, e Meredith Whittaker. *AI Now 2019 Report*. New York: AI Now Institute, 2019, https://ainowinstitute.org/AI_Now_2019_Report.html. Disponível em: <https://ainowinstitute.org/AI_Now_2019_Report.html>. Acesso em 03.05.2021.
19. Crawford, Kate, Roel Dobbe, Theodora Dryer, Genevieve Fried, Ben Green, Elizabeth Kaziunas, Amba Kak, Varoon Mathur, Erin McElroy, Andrea Nill Sánchez, Deborah Raji, Joy Lisi Rankin, Rashida Richardson, Jason Schultz, Sarah Myers West, e Meredith Whittaker. *AI Now 2019 Report*. New York: AI Now

Institute, 2019, https://ainowinstitute.org/AI_Now_2019_Report.html. Disponível em: <https://ainowinstitute.org/AI_Now_2019_Report.html>. Acesso em 03.05.2021.
20. Disponível em: <https://ainowinstitute.org/regulatingbiometrics.pdf>. Acesso em 03.05.2021.
21. Disponível em: <https://ainowinstitute.org/ads-shadowreport-2019.pdf>. Acesso em 03.05.2021.
22. Disponível em: <https://ainowinstitute.org/litigatingalgorithms-2019-us.pdf>. Acesso em 03.05.2021.
23. Disponível em: <https://www.nyulawreview.org/wp-content/uploads/2019/04/NYULawReview-94-Richardson-Schultz-Crawford.pdf>. Acesso em 03.05.2021.
24. Disponível em: <https://anatomyof.ai/>. Acesso em 03.05.2021.
25. Disponível em: <https://ainowinstitute.org/aiareport2018.pdf>. Acesso em 03.05.2021.
26. Disponível em: <https://mila.quebec/en/ai-society/ e https://www.montrealdeclaration-responsibleai.com/>. Acesso em 03.05.2021.
27. Disponível em: <https://humancompatible.ai/about >. Acesso em 03.05.2021.
28. Disponível em: <en.unesco.org/news/unesco-holds-first-global-conference-promote-humanist-artificial-intelligence>. Acesso em 03.05.2021.
29. Disponível em: <www.eesc.europa.eu/pt/sections-other-bodies/other/grupo-de-estudo-temporario-para-inteligencia-artificial>. Acesso em 03.05.2021.
30. Disponível em: <www.consilium.europa.eu/en/press/press-releases/2019/02/18/european-coordinated-plan-on-artificial-intelligence/>. Acesso em 03.05.2021.
31. Disponível em: <www.turing.ac.uk/research/publications/house-commons-science-and-technology-committee-inquiry-algorithms-decision>. Acesso em 03.05.2021.
32. Disponível em: <www.parliament.uk/business/committees/committees-a-z/commons-select/science-and-technology-committee/news-parliament-2015/algorithms-in-decision-making-inquiry-launch-16-17/>. Acesso em 03.05.2021.
33. Disponível em: <drive.google.com/file/d/1rkAgNxt0gpNcetNyRdePMSSLP_t0jNIn/view, ethicsinaction.ieee.org/ethicsinaction.ieee.org/#set-the-standard>. Acesso em 03.05.2021.
34. Disponível em: <www.aitrends.com/ethics-and-social-issues/singapores-model-framework-on-ethical-use-of-ai-a-living-document/>. Acesso em 03.05.2021.
35. Disponível em: <http://www3.weforum.org/docs/WEF_Future_of_Jobs_2018.pdf>. Acesso em 03.05.2021.
36. Disponível em: <https://www.imf.org/en/Publications/WP/Issues/2018/05/21/Should-We-Fear-the-Robot-Revolution-The-Correct-Answer-is-Yes-44923>. Acesso em 03.05.2021.
37. Raymond Perrault, Yoav Shoham, Erik Brynjolfsson, Jack Clark, John Etchemendy, Barbara Grosz, Terah Lyons, James Manyika, Saurabh Mishra, e Juan Carlos Niebles, **The AI Index 2019 Annual Report**, AI Index Steering Committee, Human-Centered AI Institute, Stanford University, Stanford, CA, December 2019. Disponível em: <https://hai.stanford.edu/research/ai-index-2019>. Acesso em 03.05.2021.
38. Disponível em: <assets.publishing.service.gov.uk/government/uploads/system/uploads/attachment_data/file/949539/AI_Council_AI_Roadmap.pdf>. Acesso em 03.05.2021.
39. Disponível em: <https://futurium.ec.europa.eu/en/european-ai-alliance/document/2nd-european-ai-alliance-assembly-event-report>. Acesso em 03.05.2021.
40. Disponível em: <https://ai.google/about/>. Acesso em 03.05.2021.
41. Disponível em: <https://www.research.ibm.com/artificial-intelligence/>. Acesso em 03.05.2021.

Capítulo 3

1. Disponível em: <https://publications.parliament.uk/pa/ld201719/ldselect/ldai/100/100.pdf>. Acesso em 03.05.2021.
2. Disponível em: <https://www.parliament.uk/documents/lords-committees/Artificial-Intelligence/AI-Written-Evidence-Volume.pdf>. Acesso em 03.05.2021.
3. Disponível em: <https://cio.com.br/forum-economico-mundial-cria-conselho-global-para-inteligencia-artificial/>. Acesso em 03.05.2021.
4. Disponível em: <https://ec.europa.eu/jrc/en/publication/eur-scientific-and-technical-research-reports/artificial-intelligence-european-perspective>. Acesso em 03.05.2021.
5. Disponível em: <https://www.gov.uk/government/publications/joint-statement-from-founding-members-of-the-global-partnership-on-artificial-intelligence/joint-statement-from-founding-members-of-the-global-partnership-on-artificial-intelligence>. Acesso em 03.05.2021.
6. Disponível em: <https://hai.stanford.edu/blog/expert-roundtable-five-tech-issues-facing-next-administration?utm_source=Stanford+HAI&utm_campaign=6ae27dbf76-EMAIL_CAMPAIGN_2020_11_01&utm_medium=email&utm_term=0_aaf04f4a4b-6ae27dbf76-63642179>. Acesso em 03.05.2021.
7. Disponível em: <https://www.istoedinheiro.com.br/uniao-europeia-cria-regras-para-inteligencia-artificial/>. Acesso em 03.05.2021.
8. Disponível em: <https://exame.abril.com.br/negocios/releases/representantes-de-mais-de-100-paises-participaram-do-forum-open-innovations-em-moscou/, https://openinnovations.ru/en/>. Acesso em 03.05.2021.
9. REINALDO FILHO, Demócrito. A proposta regulatória da União Europeia para a Inteligência Artificial (1ª parte): a hierarquização dos riscos. Revista Jus Navigandi, ISSN 1518-4862, Teresina, ano 26, n. 6539, 27 maio 2021. Disponível em: <https://jus.com.br/artigos/90816>. Acesso em: 13.06.2021. Link completo: https://jus.com.br/artigos/90816/a-proposta-regulatoria-da-uniao-europeia-para-a-inteligencia-artificial-1-parte-a-hierarquizacao-dos-riscos
10. REINALDO FILHO, Demócrito. A proposta regulatória da União Europeia para a Inteligência Artificial (2ª parte): sistemas de risco inaceitável. Revista Jus Navigandi, ISSN 1518-4862, Teresina, ano 26, n. 6540, 28 maio 2021. Disponível em: <https://jus.com.br/artigos/90817>. Acesso em: 13.06.2021. Link completo: https://jus.com.br/artigos/90817/a-proposta-regulatoria-da-uniao-europeia-para-a-inteligencia-artificial-2-parte-sistemas-de-risco-inaceitavel
11. Disponível em: <https://juristas.com.br/2021/05/30/a-proposta-regulatoria-da-uniao-europeia-para-a-inteligencia-artificial-3a-parte-sistemas-de-alto-risco/>. Acesso em: 13.06.2021.
12. Disponível em: <https://porta23.blogosfera.uol.com.br/2019/04/12/americanos-dao-o-primeiro-passo-para-regulamentar-a-inteligencia-artificial/ e https://www.wyden.senate.gov/imo/media/doc/Algorithmic%20Accountability%20Act%20of%202019%20Bill%20Text.pdf >. Acesso em 03.05.2021.
13. Disponível em: <https://www.aiworldgov.com/?utm_medium=newsletter&utm_source=aitrends.com&utm_campaign=text>. Acesso em 03.05.2021.
14. Disponível em: <https://www.whitehouse.gov/ostp/news-updates/2021/06/10/the-biden-administration-launches-the-national-artificial-intelligence-research-resource-task-force/>. Acesso em 13.06.2021.
15. Disponível em: <https://www.thenational.ae/business/technology/world-s-first-artificial-intelligence-university-to-open-in-abu-dhabi-1.924350>. Acesso em 03.05.2021.

16. Disponível em: <https://ec.europa.eu/digital-single-market/en/news/ethics-guidelines-trustworthy-ai>. Acesso em 03.05.2021.
17. Disponível em: <https://ec.europa.eu/transparency/regdoc/rep/1/2019/EN/COM-2019-168-F1-EN-MAIN-PART-1.PDF>. Acesso em 03.05.2021.
18. Disponível em: <ec.europa.eu/commission/priorities/justice-and-fundamental-rights/data-protection/2018-reform-eu-data-protection-rules_en>. Acesso em 03.05.2021.
19. Daniel Zhang, Saurabh Mishra, Erik Brynjolfsson, John Etchemendy, Deep Ganguli, Barbara Grosz, Terah Lyons, James Manyika, Juan Carlos Niebles, Michael Sellitto, Yoav Shoham, Jack Clark, e Raymond Perrault, *The AI Index 2021 Annual Report*, AI Index Steering Committee, Human-Centered AI Institute, Stanford University, Stanford, CA, março de 2021. Disponível em: <https://hai.stanford.edu/research/ai-index-2021>. Acesso em 03.05.2021.
20. Disponível em: <https://zap.aeiou.pt/cidades-europeias-unem-se-para-regular-uso-da-inteligencia-artificial-416082>. Acesso em 13.07.2021.
21. Disponível em: <http://www.telesintese.com.br/mctic-vai-criar-centro-de-desenvolvimento-de-inteligencia-artificial-e-cyber-security/>. Acesso em 03.05.2021.
22. Disponível em: <https://www.correiobraziliense.com.br/app/noticia/brasil/2019/11/04/interna-brasil,803683/governo-anuncia-criacao-de-8-laboratorios-de-inteligencia-artificial.shtml>. Acesso em 03.05.2021.
23. Disponível em: <https://www.startse.com/noticia/nova-economia/marco-legal-inteligencia-artificial>. Acesso em 03.05.2021.
24. Disponível em: <https://www.gov.br/mcti/pt-br/acompanhe-o-mcti/transformacaodigital/inteligencia-artificial>. Acesso em 03.05.2021.
25. Disponível em: <https://advancedinstitute.ai/ e http://revistapesquisa.fapesp.br/2019/01/09/terreno-fertil-para-a-inteligencia-artificial/>. Acesso em 03.05.2021.
26. Disponível em: <https://computerworld.com.br/2019/10/05/como-vai-funcionar-o-consorcio-ibm-e-fapesp-dedicado-a-pesquisa-em-ia/ e https://www.icmc.usp.br/noticias/4718-o-mais-avancado-centro-de-pesquisa-em-inteligencia-artificial-do-brasil-tera-nucleo-em-sao-carlos>. Acesso em 03.05.2021.
27. Disponível em: <ipnews.com.br/alunos-da-etec-paraisopolis-usam-ia-em-aplicativos-de-educacao-e-meio-ambiente/>. Acesso em 03.05.2021.
28. Disponível em: <www.baguete.com.br/noticias/13/12/2019/artigo-da-ufrgs-se-destaca-na-science e science.sciencemag.org/content/366/6468/999.full>. Acesso em 03.05.2021.
29. Disponível em: <www.metropoles.com/colunas-blogs/janela-indiscreta/inteligencia-artificial-agiliza-tramitacao-interna-de-processos-do-tcdf>. Acesso em 03.05.2021.

Capítulo 4

1. Disponível em: <www.eesc.europa.eu/en/sections-other-bodies/other/temporary-study-group-artificial-intelligence>. Acesso em 03.05.2021.
2. Disponível em: <http://cio.com.br/opiniao/2018/08/07/a-mudanca-continua-e-o-eixo-central-da-sociedade-digital/>. Acesso em 03.05.2021.
3. Disponível em: <https://cio.com.br/bem-vindo-a-revolucao-dos-robos/>. Acesso em 03.05.2021.
4. Disponível em: <https://aitrends.com/ethics-and-social-issues/ai-now-ai-desperately-needs-regulation-and-public-accountability/>. Acesso em 03.05.2021.
5. Disponível em: <https://searchenterpriseai.techtarget.com/definition/AI-Artificial-Intelligence>. Acesso em 03.05.2021.
6. Disponível em: <https://www.consilium.europa.eu/pt/press/

press-releases/2019/02/18/european-coordinated-plan-on-artificial-intelligence/>. Acesso em 03.05.2021.
7. Disponível em: <https://www.tsf.pt/sociedade/ciencia-e-tecnologia/interior/inteligencia-artificial-e-algoritmos-ameacam-a-democracia-10576272.html>. Acesso em 03.05.2021.
8. Disponível em: <http://teletime.com.br/26/02/2019/362870/>. Acesso em 03.05.2021.
9. Disponível em: <http://teletime.com.br/25/02/2019/ocde-quer-definir-principios-eticos-para-inteligencia-artificial/>. Acesso em 03.05.2021.
10. Disponível em: <https://eiuperspectives.economist.com/sites/default/files/EIU_Microsoft%20-%20Intelligent%20Economies_AI's%20transformation%20of%20industries%20and%20society.pdf>. Acesso em 03.05.2021.
11. Disponível em: <https://www.aitrends.com/ai-in-canada/executive-interview-yoshua-bengio-of-mila-university-of-montreal/>. Acesso em 03.05.2021.
12. Disponível em: <https://www.aitrends.com/ai-in-canada/with-its-academics-culture-of-collaboration-access-to-capital-concern-with-social-impact-montreal-poised-to-be-ai-startup-hotbed/>. Acesso em 03.05.2021.
13. Disponível em: <https://aitrends.com/ethics-and-social-issues/here-s-why-those-tech-billionaires-are-throwing-millions-at-ethical-ai/>
14. Disponível em: <https://drive.google.com/file/d/1rkAgNxt0gpNcetNyRdePMSSLP_t0jNIn/view>. Acesso em 03.05.2021.
15. Disponível em: <ec.europa.eu/knowledge4policy/ai-watch_en>. Acesso em 03.05.2021.
16. Disponível em: <https://medium.com/a-new-ai-lexicon>. Acesso em 08.06.2021.
17. Disponível em: <https://www.turing.ac.uk/ai-uk>. Acesso em 03.05.2021.

Capítulo 5

1. Disponível em: <https://course.elementsofai.com>. Acesso em 03.05.2021.
2. Disponível em: <https://www.forbes.com.br/negocios/2018/10/conheca-a-diferenca-entre-deep-learning-e-reinforcement-learning/>. Acesso em 03.05.2021.
3. Disponível em: <https://www.sas.com/pt_br/insights/analytics/processamento-de-linguagem-natural.html>. Acesso em 03.05.2021.
4. Disponível em: <https://www.sas.com/pt_br/insights/analytics/machine-learning.html, https://www.sas.com/pt_br/insights/analytics/deep-learning.html, https://www.sas.com/pt_br/insights/analytics/neural-networks.html>. Acesso em 03.05.2021.
5. Disponível em: <https://jornaleconomico.sapo.pt/noticias/inteligencia-artificial-para-todos-2-412168>. Acesso em 03.05.2021.
6. Disponível em: <http://jmc.stanford.edu/artificial-intelligence/what-is-ai/index.html>. Acesso em 03.05.2021.
7. Disponível em: <https://www.govtech.com/computing/Understanding-the-Four-Types-of-Artificial-Intelligence.html#targetText=There%20are%20four%20types%20of,of%20mind%20and%20self%2Dawareness>. Acesso em 03.05.2021.
8. Disponível em: <https://www.cortica.com/about.html>. Acesso em 03.05.2021.
9. Disponível em: <https://epocanegocios.globo.com/Empreendedorismo/noticia/2019/11/esta-empresa-criou-uma-inteligencia-artificial-que-funciona-como-humana.html?utm_source=notificacao-geral&utm_medium=notificacao-browser>. Acesso em 03.05.2021.
10. Disponível em: <http://www.rd.ruhr-uni-bochum.de/neuro/wiss/pi/wiskott.html e https://www.inovacaotecnologica.com.br/noticias/noticia.php?artigo=tornar-inteligencia-artificial-realmente-inteligente&id=010150191114#.XdKWeVdKg2x>. Acesso em 03.05.2021.

11. Disponível em: <https://www.newscientist.com/article/2222907-ai-can-predict-if-youll-die-soon-but-weve-no-idea-how-it-works/>. Acesso em 03.05.2021.
12. Disponível em: <https://towardsdatascience.com/tiny-machine-learning-the-next-ai-revolution-495c26463868>. Acesso em 03.05.2021.
13. Disponível em: <https://www.ibm.com/watson/advantage-reports/future-of-artificial-intelligence/ai-innovation-equation.html>. Acesso em 03.05.2021.

Capítulo 6

1. Disponível em: <https://en.wikipedia.org/wiki/Technological_singularity>. Acesso em 03.05.2021.
2. Disponível em: <https://www.telegraph.co.uk/technology/2019/07/22/microsoft-invests-1bn-ai-lab-wants-mimic-human-brain/, https://olhardigital.com.br/noticia/microsoft-investe-na-criacao-de-ia-que-funciona-como-o-cerebro-humano/88288>. Acesso em 03.05.2021.
3. Disponível em: <https://hai.stanford.edu/blog/gpt-3-intelligent-directors-conversation-oren-etzioni>. Acesso em 03.05.2021.
4. Disponível em: <https://hai.stanford.edu/blog/seeking-next-generation-intelligent-machines>. Acesso em 03.05.2021.

Capítulo 7

1. Disponível em: <https://pt.unesco.org/courier/2018-3>. Acesso em 03.05.2021.
2. Disponível em: <https://openai.com/blog/preparing-for-malicious-uses-of-ai/>. Acesso em 03.05.2021.
3. Disponível em: <https://www.pwc.lu/en/advisory/digital-tech-impact/technology/gaining-national-competitive-advantage-through-ai.html>. Acesso em 03.05.2021.
4. Disponível em: <https://doi.org/10.5281/zenodo.4050457>. Acesso em 03.05.2021.
5. Disponível em: <https://arxiv.org/abs/1806.04558, https://canaltech.com.br/inteligencia-artificial/com-apenas-5-segundos-de-amostra-essa-ia-vai-clonar-100-da-sua-voz-155335/>. Acesso em 03.05.2021.
6. Disponível em: <http://visao.sapo.pt/actualidade/sociedade/2019-11-17-Primeiro-foi-o-reconhecimento-facial.-Agora-a-Inteligencia-Artificial-quer-saber-o-que-estamos-a-sentir>. Acesso em 03.05.2021.
7. Disponível em: <https://www.ife.pt/blog/interfaces-cerebro-computador-como-vao-mudar-a-forma-como-trabalhamos e https://epocanegocios.globo.com/Tecnologia/noticia/2020/10/o-que-interfaces-cerebro-computador-podem-significar-para-o-futuro-do-trabalho.html>. Acesso em 03.05.2021.
8. Disponível em: <https://link.estadao.com.br/noticias/empresas,busca-do-google-tera-sua-maior-mudanca-em-cinco-anos-com-novo-algoritmo,70003118348>. Acesso em 03.05.2021.
9. Disponível em: <https://www.nytimes.com/2019/11/11/technology/artificial-intelligence-bias.html, https://exame.abril.com.br/tecnologia/como-a-ia-aprende-e-reproduz-nossos-preconceitos/>. Acesso em 03.05.2021.
10. Disponível em: <https://www.nytimes.com/2020/01/18/technology/clearview-privacy-facial-recognition.html, https://www.buzzfeednews.com/article/ryanmac/clearview-ai-fbi-ice-global-law-enforcement, https://olhardigital.com.br/noticia/reconhecimento-facial-fbi-e-empresas-privadas-estao-na-lista-de-usuarios-da-clearview-ai/97424>. Acesso em 03.05.2021.
11. Disponível em: <https://www.bloomberg.com/news/articles/2018-01-17/china-said-to-test-facial-recognition-fence-in-muslim-heavy-area, https://www.bbc.com/portuguese/internacional-50543654>. Acesso em 03.05.2021.
12. Revista *Veja*, São Paulo, 13 de maio de 2020, p. 72-73.
13. Disponível em: <https://hai.stanford.edu/sites/default/files/2020-11/HAI_FRT_WhitePaper_PolicyBrief_Nov20.pdf?utm_source=Stanford+HAI&utm_

campaign=eeafaadf44-EMAIL_CAMPAIGN_2020_11-12_01&utm_medium=email&utm_term=0_aaf04f4a4b-eeafaadf44-63642179>. Acesso em 03.05.2021.
14. Disponível em: <https://www.startse.com/noticia/nova-economia/69967/inteligencia-artificial-trabalho-oracle, https://www.itforum365.com.br/brasileiros-confiam-mais-em-robos-do-que-em-humanos-no-trabalho/>. Acesso em 03.05.2021.
15. Disponível em: <https://epocanegocios.globo.com/Tecnologia/noticia/2019/10/robos-podem-extrair-informacoes-sigilosas-de-pessoas-que-confiam-neles-diz-pesquisa.html?utm_source=notificacao-geral&utm_medium=notificacao-browser>. Acesso em 03.05.2021.
16. Disponível em: <http://portuguese.xinhuanet.com/2019-02/21/c_137839192.htm>. Acesso em 03.05.2021.
17. Disponível em: <http://portuguese.xinhuanet.com/2020-08/23/c_139311982.htm>. Acesso em 03.05.2021.
18. Disponível em: <https://www.ted.com/speakers/kai_fu_lee e https://en.wikipedia.org/wiki/Kai-Fu_Lee>. Acesso em 03.05.2021.
19. Disponível em: <https://br.sputniknews.com/ciencia_tecnologia/2019032313543934-china-eua-especialistas-ti-investimentos-desenvolvimento/>. Acesso em 03.05.2021.
20. Disponível em: <https://epocanegocios.globo.com/Tecnologia/noticia/2019/10/app-permitiu-ao-governo-da-china-espionar-100-milhoes-de-usuarios-de-android-diz-washigton-post.html?utm_source=notificacao-geral&utm_medium=notificacao-browser>. Acesso em 03.05.2021.
21. Disponível em: <https://epocanegocios.globo.com/Mundo/noticia/2019/05/vigilancia-na-china-e-mais-sofisticada-do-que-se-pensava.html>. Acesso em 03.05.2021.
22. Disponível em: <https://hai.stanford.edu/blog/hai-fellow-shazeda-ahmed-understanding-chinas-social-credit-system?utm_source=Stanford+HAI&utm_campaign=ea9b6ab48b-EMAIL_CAMPAIGN_2020_10_04&utm_medium=email&utm_term=0_aaf04f4a4b-ea9b6ab48b-63642179>. Acesso em 03.05.2021.
23. Disponível em: <https://www.hoover.org/events/rise-digital-authoritarianism-china-ai-human-rights, https://www.youtube.com/watch?v=4fP-CzArN-8&feature=emb_logo>. Acesso em 03.05.2021.
24. Disponível em: <https://g1.globo.com/economia/tecnologia/noticia/2019/03/20/uniao-europeia-multa-google-em-149-bilhao-de-euros-por-antitruste.ghtml, https://link.estadao.com.br/noticias/empresas,facebook-pode-receber-multa-de-us-35-bi-por-mau-uso-de-reconhecimento-facial,70003055316, https://cio.com.br/as-maiores-multas-por-violacao-de-dados/>. Acesso em 03.05.2021.
25. Disponível em: <https://outraspalavras.net/tecnologiaemdisputa/inteligencia-artificial-horror-e-resistencia/>. Acesso em 03.05.2021.
26. Disponível em: <https://internacional.estadao.com.br/noticias/nytiw,inteligencia-artificial-tecnologia-cara-google-microsoft-facebook,70003057301>. Acesso em 03.05.2021.
27. Disponível em: <https://research.google/teams/brain/, https://ai.google/, https://research.google/, https://research.google/pubs/?team=brain>. Acesso em 03.05.2021.
28. Disponível em: <https://www.research.ibm.com/artificial-intelligence/publications/, https://www.microsoft.com/en-us/ai/ai-platform >. Acesso em 03.05.2021.
29. Disponível em: <https://www.zdnet.com/article/what-is-ai-everything-you-need-to-know-about-artificial-intelligence/>. Acesso em 03.05.2021.

30. Disponível em: <https://ittrends.com>. Acesso em 03.05.2021.
31. Disponível em: <https://ittrends.com/conteudos/prepare-se-para-8-caracteristicas-do-futuro-do-trabalho/?utm_campaign=newsletter_sexta__pesquisa_brookings_ia_-_29-11-19&utm_medium=email&utm_source=RD+Station>. Acesso em 03.05.2021.
32. Disponível em: <https://ittrends.com/conteudos/voce-esta-pronto-para-o-futuro-do-trabalho/?utm_campaign=newsletter_sexta__pesquisa_brookings_ia_-_29-11-19&utm_medium=email&utm_source=RD+Station>. Acesso em 03.05.2021.
33. Disponível em: <https://www.weforum.org/reports/the-future-of-jobs-report-2018>. Acesso em 03.05.2021.
34. Disponível em: <https://computerworld.com.br/2019/08/16/yoko-ishikura-nos-precisamos-de-uma-completa-nova-definicao-de-trabalho/>. Acesso em 03.05.2021.
35. Disponível em: <https://www.mckinsey.com/featured-insights/gender-equality/the-future-of-women-at-work-transitions-in-the-age-of-automation>. Acesso em 03.05.2021.
36. Disponível em: <https://www.mckinsey.com/featured-insights/future-of-work/the-future-of-work-in-america-people-and-places-today-and-tomorrow>. Acesso em 03.05.2021.
37. Disponível em: <https://www.oxfordeconomics.com/recent-releases/how-robots-change-the-world>. Acesso em 03.05.2021.
38. Disponível em: <https://www.mckinsey.com/featured-insights/future-of-work/jobs-lost-jobs-gained-what-the-future-of-work-will-mean-for-jobs-skills-and-wages#part3>. Acesso em 03.05.2021.
39. Disponível em: <https://go.forrester.com/future-of-work/>. Acesso em 03.05.2021.
40. Disponível em: <https://go.forrester.com/wp-content/uploads/2019/07/Forrester-Future-Of-Work.pdf>. Acesso em 03.05.2021.
41. Disponível em: <https://epocanegocios.globo.com/Tecnologia/noticia/2019/02/54-dos-empregos-formais-no-brasil-estao-ameacados-por-maquinas.html?utm_source=facebook&utm_medium=social&utm_campaign=post&fbclid=IwAR25eU4KfiRyFcKq9BpvyIogq5xB2S1_O1kcg3Rt5sFQP8nNRY4UB_Xyw_8>. Acesso em 03.05.2021.
42. Disponível em: <https://ittrends.com/conteudos/42-tendencias-que-impactam-no-futuro-do-trabalho/. Original em: https://www.cognizant.com/futureofwork>. Acesso em 18.03.2020.
43. Disponível em: <https://www.bain.com/insights/labor-2030-the-collision-of-demographics-automation-and-inequality/ e https://www.bain.com/contentassets/fa89826544934e429f7b6441d6a5c542/bain_report_labor_2030.pdf >. Acesso em 03.05.2021.
44. Disponível em: <https://www.bain.com/contentassets/1eece9edb77241ffa34639b509342e6f/bain_brief_8macrotrends.pdf>. Acesso em 03.05.2021.
45. Palestra TED: *How AI can save our humanity*. Disponível em: <https://www.youtube.com/watch?v=ajGgd9LdWc&feature=youtu.be>. Acesso em 03.05.2021.
46. Disponível em: <https://mercadoeconsumo.com.br/2020/05/11/nos-eua-milhares-de-lojas-sao-fechadas-e-dai/>. Acesso em 03.05.2021.
47. Disponível em: <http://datascienceacademy.com.br/blog/o-que-e-automacao-robotica-de-processos-rpa/>. Acesso em 03.05.2021.
48. Disponível em: <www.fastcompany.com/90263921/the-hardest-job-in-silicon-valley-is-a-living-nightmare, www.istoedinheiro.com.br/o-no-humano-da-inteligencia-artificial/>. Acesso em 03.05.2021.

Notas

49. Disponível em: <https://link.estadao.com.br/noticias/cultura-digital,conheca-a-rotina-nada-futurista-de-quem-treina-inteligencia-artificial,70002975428>. Acesso em 03.05.2021.
50. Disponível em: <https://canaltech.com.br/redes-sociais/moderacao-de-conteudo-a-fabrica-de-transtornos-mentais-do-facebook-134213/, https://expresso.pt/sociedade/2018-05-06-Como-funciona-em-Lisboa-o-mundo-secreto-dos-revisores-de-conteudos-do-Facebook, https://outraspalavras.net/outrasmidias/facebook-a-louca-rotina-dos-agentes-de-censura/, https://www.theguardian.com/technology/2019/feb/26/facebook-moderators-tell-of-strict-scrutiny-and-ptsd-symptoms>. Acesso em 03.05.2021.
51. Disponível em: <https://epocanegocios.globo.com/Carreira/noticia/2019/07/o-invisivel-trabalho-humano-por-tras-da-inteligencia-artificial.html?utm_source=notificacao-geral&utm_medium=notificacao-browser>. Acesso em 03.05.2021.
52. Disponível em: <https://science.sciencemag.org/content/366/6464/447>. Acesso em 03.05.2021.
53. Disponível em: <https://cio.com.br/gestao/5-desastres-de-ia-e-analytics-que-ficaram-para-a-historia/?utm_campaign=cio_news_2910&utm_medium=email&utm_source=RD+Station>. Acesso em 03.05.2021.
54. Revista *IEEE Transactions on Cognitive and Developmental Systems*. Disponível em: <https://www.inovacaotecnologica.com.br/noticias/noticia.php?artigo=inteligencia-artificial-reprovada-testes-mundo-real&id=010150200625#.X6WEXGhKg2w>. Acesso em 03.05.2021.
55. Revista *Nature Scientific Reports*. Disponível em: <https://www.inovacaotecnologica.com.br/noticias/noticia.php?artigo=inteligencia-artificial-tambem-sofre-ilusoes-optica&id=010150201105&ebol=sim#.X6WDkGhKg2w>. Acesso em 03.05.2021.
56. Revista *Nature Communications*. Disponível em: <https://www.nature.com/articles/s41467-019-08987-4, https://www.inovacaotecnologica.com.br/noticias/noticia.php?artigo=a-inteligencia-artificial-e-mesmo-inteligente&id=010150190412>. Acesso em 03.05.2021.
57. Disponível em: <https://www.aitrends.com/ai-insider/sandbagging-ai-might-feint-being-dimwitted-including-for-autonomous-cars/>. Acesso em 03.05.2021.
58. Disponível em: <https://www.shotspotter.com/law-enforcement/patrol-management/>. Acesso em 03.05.2021.
59. Disponível em: <https://www.engadget.com/predictive-policing-privacy-civil-rights-dangers-133040971.html>. Acesso em 03.05.2021.
60. Disponível em: <https://www.theverge.com/2019/4/23/18512472/fool-ai-surveillance-adversarial-example-yolov2-person-detection, https://olhardigital.com.br/noticia/esse-desenho-impresso-colorido-te-deixa-invisivel-a-inteligencia-artificial-confira-o-video/85045>. Acesso em 03.05.2021.
61. Disponível em: <https://www.wsj.com/articles/experts-urge-vigilance-over-ai-data-security-11602272062>. Acesso em 03.05.2021.
62. Disponível em: <https://www.csoonline.com/article/3488857/the-race-for-quantum-proof-cryptography.html>. Acesso em 03.05.2021.
63. Disponível em: <https://tiinside.com.br/tiinside/02/10/2019/criminosos-usam-inteligencia-artificial-para-simular-voz-e-roubar-mais-de-r-1-milhao-de-empresah-t/>. Acesso em 03.05.2021.
64. Disponível em: <https://www.segs.com.br/info-ti/247866-numero-de-cyberataques-aumentara-com-o-desenvolvimento-da-inteligencia-artificial>. Acesso em 03.05.2021.
65. Revista *Nature Electronics*. Disponível em: <https://www.inovacaotecnologica.com.br/noticias/noticia.php?artigo=chip-analogico-

promete-defender-inteligencia-artificial-contra-hackers&id=010150180529#.XfOu-GRKg2w>. Acesso em 03.05.2021.

66. Disponível em: <https://br.sputniknews.com/ciencia_tecnologia/2019021313306600-pentagono-inteligencia-artificial/>. Acesso em 03.05.2021.

67. Disponível em: <https://olhardigital.com.br/fique_seguro/noticia/china-esta-preocupada-com-o-uso-da-inteligencia-artificial-para-fins-militares/82529b>. Acesso em 03.05.2021.

68. Disponível em: <https://hai.stanford.edu/blog/expert-roundtable-five-tech-issues-facing-next-administration?utm_source=Stanford+HAI&utm_campaign=6ae27dbf76-EMAIL_CAMPAIGN_2020_11_01&utm_medium=email&utm_term=0_aaf04f4a4b-6ae27dbf76-63642179>. Acesso em 03.05.2021.

69. Disponível em: <https://securelist.com/robots-social-impact/94431/>. Acesso em 03.05.2021.

70. Disponível em: <https://en.wikipedia.org/wiki/Military_robot>. Acesso em 03.05.2021.

71. Disponível em: <https://www.instagram.com/lilmiquela/?hl=en>. Acesso em 03.05.2021.

72. Disponível em: <https://www.neon.life/>. Acesso em 03.05.2021.

73. Disponível em: <https://aventurasnahistoria.uol.com.br/noticias/reportagem/inteligencia-artificial-como-china-tem-revolucionado-o-jornalismo-com-criacao-de-ancoras-robos.phtml>. Acesso em 03.05.2021.

74. Disponível em: <https://www.bbc.com/news/business-48994128, https://epocanegocios.globo.com/Tecnologia/noticia/2019/08/robos-devem-ter-aparencia-humana-ou-nao.html>. Acesso em 03.05.2021.

75. Disponível em: <https://tecnoblog.net/443105/google-lamda-ia-conversa-usuario/>. Acesso em 24.05.2021.

76. Disponível em: <https://www.consumidormoderno.com.br/2017/07/21/conheca-teste-dois-melhores-chatbots-mundo/>. Acesso em 03.05.2021.

77. Disponível em: <www.delltechnologies.com/en-us/perspectives/meet-rose-the-one-of-a-kind-chatbot-of-the-future/>. Acesso em 03.05.2021.

78. Disponível em: <www.raconteur.net/technology/artificial-intelligence/ai-loneliness-mitsuku/>. Acesso em 03.05.2021.

79. Disponível em: <https://support.google.com/webmasters/answer/70897?hl=pt-BR>. Acesso em 03.05.2021.

80. BLOOM, Harold. *O Cânone Ocidental*. São Paulo: Editora Subjetiva, 1995. Tradução de Marcos Santarrita. Páginas 491 a 501.

81. Disponível em: <https://hai.stanford.edu/news/moderate-proposal-radically-better-ai-powered-web-search?utm_source=twitter&utm_medium=social&utm_content=Stanford%20HAI_twitter_StanfordHAI_202107091202_sf147340637&utm_campaign=&sf147340637=1&s=03>. Acesso em 07.07.2021.

82. Disponível em: <https://hai.stanford.edu/blog/when-algorithms-compete-who-wins?utm_source=Stanford+HAI&utm_campaign=23fe453e9f-EMAIL_CAMPAIGN_2020_11_15&utm_medium=email&utm_term=0_aaf04f4a4b-23fe453e9f-63642179>. Acesso em 03.05.2021.

83. D'ANCONA, Matthew. *Pós-verdade* [tradução Carlos Szlak]. 1ª. ed. Barueri: Faro Editorial, 2018. Livro original: D'ANCONA, Matthew. *Post-Truth: The New War on Truth and How to Fight Back*. Ebury Press, 2017.

84. Disponível em: <https://valor.globo.com/eu-e/noticia/2019/05/24/inteligencia-artificial-garante-potencial-destrutivo-as-deepfakes-nova-categoria-das-fake-news.ghtml>. Acesso em 03.05.2021.

85. Disponível em: <https://gizmodo.uol.com.br/nvidia-inteligencia-artificial-chamadas-de-video/>. Acesso em 03.05.2021.
86. Disponível em: <https://studios.disneyresearch.com/2020/06/29/high-resolution-neural-face-swapping-for-visual-effects/>. Acesso em 03.05.2021.
87. Disponível em: <http://www.ihu.unisinos.br/603825-deep-fake-a-arma-radical-contra-a-democracia>. Acesso em 03.05.2021.
88. Disponível em: <https://olhardigital.com.br/fique_seguro/noticia/microsoft-integra-ferramenta-de-combate-ao-fake-news-na-versao-mobile-do-edge/81824>. Acesso em 03.05.2021.
89. Disponível em: <https://hai.stanford.edu/blog/can-democracy-survive-digital-world, ou entrevista no YouTube: https://www.youtube.com/watch?v=djtCEU3fDoE>. Acesso em 03.05.2021.
90. Ameaça à democracia. Revista *Veja*, São Paulo, 03 de março de 2021.
91. Disponível em: <https://hai.stanford.edu/news/can-democracy-survive-digital-world>. Acesso em 03.05.2021.
92. Disponível em: <https://hai.stanford.edu/sites/default/files/2020-11/HAI_Deepfakes_PolicyBrief_Nov20.pdf>. Acesso em 03.05.2021.
93. Disponível em: <https://hai.stanford.edu/news/democracy-and-digital-transformation-our-lives>. Acesso em 03.05.2021.
94. Disponível em: <https://www.turing.ac.uk/research/publications/tackling-threats-informed-decision-making-democratic-societies, https://www.turing.ac.uk/blog/infodemics-and-crisis-response>. Acesso em 03.05.2021.

Capítulo 8

1. Disponível em: <https://www.dtibr.com/post/2018/11/21/gdpr-e-decis%C3%B5es-automatizadas-limites-a-um-direito-%C3%A0-explica%C3%A7%C3%A3o>. Acesso em 03.05.2021.
2. Disponível em: <http://lcfi.ac.uk/projects/ai-futures-and-responsibility/value-alignment-problem/>. Acesso em 03.05.2021.
3. Disponível em: <https://www.penguinrandomhouse.ca/books/665663/the-alignment-problem-by-brian-christian/9780393635829>. Acesso em 03.05.2021.
4. Disponível em: <https://www.nature.com/articles/s42256-019-0084-6 e https://www.inovacaotecnologica.com.br/noticias/noticia.php?artigo=inteligencia-artificial-precisa-inteligencia-social-nao-ferir-humanos&id=010150190903&ebol=sim#.XXZ_gyhKg2w>. Acesso em 03.05.2021.
5. Disponível em: <https://pt.unesco.org/courier/2018-3/resistir-ao-monopolio-da-pesquisa>. Acesso em 03.05.2021.
6. Disponível em: <https://www.turing.ac.uk/blog/three-plus-questions-turing-lecturer-stuart-russell?_cldee=Z29kb0Bhc2F2Lm9yZy5icg%3d%3d&recipientid=contact-a9b3b3e05f29e911a9710022480130e2-b8abcc2e016e439a8ebd375836d59744&esid=7b7c27dd-eff0-ea11-a815-000d3ad50753>. Acesso em 03.05.2021.
7. Disponível em: <https://hai.stanford.edu/events/intelligence-augmentation-ai-empowering-people-solve-global-challenges?utm_source=Stanford+HAI&utm_campaign=e3297a5d7a-EMAIL_CAMPAIGN_2020_09_24_12_10_COPY_01&utm_medium=email&utm_term=0_aaf04f4a4b-e3297a5d7a-63642179>. Acesso em 03.05.2021.
8. *The Defense Advanced Research Projects Agency (DARPA)* é uma agência do Departamento de Defesa dos EUA.
9. Disponível em: <https://www.gartner.com/smarterwithgartner/5-trends-drive-the-gartner-hype-cycle-for-emerging-technologies-2020/ e https://www.cmswire.com/information-management/how-algorithmic-trust-models-can-

help-ensure-data-privacy/>. Acesso em 03.05.2021.
10. Disponível em: <https://christophm.github.io/interpretable-ml-book/counterfactual.html>. Acesso em 03.05.2021.
11. Disponível em: <https://research-information.bris.ac.uk/en/publications/counterfactual-explanations-of-machine-learning-predictions-oppor>. Acesso em 03.05.2021.
12. Disponível em: <https://www.ijcai.org/Proceedings/2019/199, https://arxiv.org/abs/1703.06856>. Acesso em 03.05.2021.
13. Disponível em: <https://github.com/interpretml/DiCE>. Acesso em 03.05.2021.
14. Disponível em: <https://arxiv.org/abs/2003.02428>. Acesso em 03.05.2021.
15. Disponível em: <https://www.accenture.com/us-en/blogs/technology-innovation/costabello-mcgrath-ai-counterfactual-explanations>. Acesso em 03.05.2021.
16. Disponível em: <venturebeat.com/2018/09/11/googles-what-if-tool-for-tensorboard-lets-users-visualize-ai-bias/>. Acesso em 03.05.2021.
17. Disponível em: <https://blogs.microsoft.com/ai/azure-responsible-machine-learning/>. Acesso em 03.05.2021.
18. Crawford, Kate, Roel Dobbe, Theodora Dryer, Genevieve Fried, Ben Green, Elizabeth Kaziunas, Amba Kak, Varoon Mathur, Erin McElroy, Andrea Nill Sánchez, Deborah Raji, Joy Lisi Rankin, Rashida Richardson, Jason Schultz, Sarah Myers West, e Meredith Whittaker. *AI Now 2019 Report*. New York: AI Now Institute, 2019, https://ainowinstitute.org/AI_Now_2019_Report.html . Disponível em: <https://ainowinstitute.org/AI_Now_2019_Report.html>. Acesso em 03.05.2021.
19. Disponível em: <www.zdnet.com/article/ai-has-a-big-data-problem-heres-how-to-fix-it/ e www.maistecnologia.com/como-resolver-o-problema-atual-dos-dados-da-inteligencia-artificial/>. Acesso em 03.05.2021.
20. Disponível em: <https://www.mckinsey.com/business-functions/mckinsey-analytics/our-insights/what-ai-can-and-cant-do-yet-for-your-business/pt-br#>. Acesso em 03.05.2021.
21. Disponível em: <https://www.aitrends.com/ai-world-government/deploying-ai-in-the-enterprise-means-thinking-forward-for-resiliency-and-security/>. Acesso em 03.05.2021.
22. Disponível em: <https://futurium.ec.europa.eu/en/european-ai-alliance/pages/altai-assessment-list-trustworthy-artificial-intelligence>. Acesso em 03.05.2021.
23. Disponível em: <https://hai.stanford.edu/news/should-ai-models-be-explainable-depends>. Acesso em 03.05.2021.
24. Disponível em: <https://www.nature.com/articles/s41467-020-15871-z>. Acesso em 03.05.2021.
25. Disponível em: <https://medium.com/@eirinimalliaraki/what-is-this-ai-for-social-good-f37ad7ad7e91>. Acesso em 03.05.2021.
26. Disponível em: <https://policyatmanchester.shorthandstories.com/on_ai_and_robotics/index.html>. Acesso em 03.05.2021.
27. Disponível em: <https://www.forbes.com/sites/bernardmarr/2020/06/22/10-wonderful-examples-of-using-artificial-intelligence-ai-for-good/#1651e1132f95 e https://www.forbes.com/sites/bernardmarr/2020/02/10/8-powerful-examples-of-ai-for-good/#f587237d18a8>. Acesso em 03.05.2021.
28. Disponível em: <https://ai4good.org/>. Acesso em 03.05.2021.
29. Disponível em: <https://www.aiforgood.co.uk/>. Acesso em 03.05.2021.
30. Disponível em: <https://www.microsoft.com/en-us/ai/ai-for-good>. Acesso em 03.05.2021.
31. Disponível em: <https://icme.stanford.edu/ai4good>. Acesso em 03.05.2021.

32. Disponível em: <https://medium.com/a-new-ai-lexicon/launching-a-new-ai-lexicon-responses-and-challenges-to-the-critical-ai-discourse-e43a03512f14>. Acesso em 15.07.2021.
33. Disponível em: <https://medium.com/a-new-ai-lexicon/a-new-ai-lexicon-an-electric-brain-77a81f3ce446>. Acesso em 15.07.2021.
34. Disponível em: <https://medium.com/a-new-ai-lexicon/a-new-ai-lexicon-dissent-529654b0fed3>. Acesso em 15.07.2021.
35. Disponível em: <https://medium.com/a-new-ai-lexicon/a-new-ai-lexicon-dissent-2b7861cad5ff>. Acesso em 15.07.2021.
36. Disponível em: <https://medium.com/a-new-ai-lexicon?p=40b380dafa35>. Acesso em 15.07.2021.
37. Disponível em: <https://medium.com/a-new-ai-lexicon/a-new-ai-lexicon-care-a1243f0e2bad>. Acesso em 15.07.2021.

Capítulo 9

1. Disponível em: <https://cio.com.br/tendencias/ia-e-computacao-quantica-serao-fundamentais-para-futuro-mais-sustentavel-alerta-ibm/>. Acesso em 03.05.2021.
2. Disponível em: <https://cio.com.br/tendencias/cios-podem-esperar-uma-decada-de-inovacao-radical-diz-gartner/?utm_campaign=news_cio_2710&utm_medium=email&utm_source=RD+Station>. Acesso em 03.05.2021.
3. Disponível em: <https://cio.com.br/internet-das-coisas-em-2020-mais-vital-do-que-nunca/?utm_campaign=cio_news_1505&utm_medium=email&utm_source=RD+Station>. Acesso em 03.05.2021.
4. Disponível em: <https://cio.com.br/tendencias/governos-gastarao-us-15-bilhoes-com-equipamentos-para-internet-das-coisas-em-2020-estima-gartner/?utm_campaign=news__cio_-_1410&utm_medium=email&utm_source=RD+Station>. Acesso em 03.05.2021.
5. Disponível em: <https://towardsdatascience.com/ai-predictions-2021-frontiers-where-ai-will-reinforce-its-presence-8602369fd4cf>. Acesso em 03.05.2021.
6. Disponível em: <cio.com.br/edge-computing-a-proxima-geracao-de-inovacao/?utm_campaign=news_cio_1809&utm_medium=email&utm_source=RD+Station>. Acesso em 03.05.2021.
7. Disponível em: <https://towardsdatascience.com/ai-predictions-2021-frontiers-where-ai-will-reinforce-its-presence-8602369fd4cf>. Acesso em 03.05.2021.
8. Disponível em: <https://datascienceacademy.com.br/blog/inteligencia-artificial-e-blockchain-o-que-a-convergencia-representa-para-empresas-e-individuos/>. Acesso em 03.05.2021.

Capítulo 10

1. Disponível em: <http://oficina-de-filosofia.blogspot.com/2013/02/o-que-e-uma-ruptura-epistemologica.html>. Acesso em 03.05.2021.
2. Disponível em: <https://www.ft.com/content/19d90308-6858-11ea-a3c9-1fe6fedcca75>. Acesso em 03.05.2021.
3. O mito da liberdade. Revista *Veja*, São Paulo, 02 de janeiro de 2019.
4. Disponível em: <www.youtube.com/watch?v=rze4LdWIQx8&feature=youtu.be e www.youtube.com/watch?v=SVL7Mji3NR8>. Acesso em 03.05.2021.
5. Disponível em: <www.ihu.unisinos.br/78-noticias/600833-o-dilema-da-filosofia-tech-pensar-em-um-mundo-melhor-ou-explorar-o-humano-como-nunca-antes e www.ihu.unisinos.br/78-noticias/590799-o-facebook-ocupa-o-lugar-de-deus-entrevista-com-markus-gabriel>. Acesso em 03.05.2021.
6. Disponível em: <http://www.ihu.unisinos.br/604136-ser-humano-e-inteligencia-artificial-os-proximos-desafios-do-onlife-entrevista-com-luciano-floridi>. Acesso em 03.05.2021.

7. Disponível em: <https://observador.pt/opiniao/inteligencia-artificial-o-cacador-furtivo-e-a-automatizacao-da-pobreza/>. Acesso em 03.05.2021.
8. Recortes do artigo "Adeus ao Iluminismo", Revista *Veja*, São Paulo, 26 de setembro de 2018. Original disponível em: https://www.theatlantic.com/magazine/archive/2018/06/henry-kissinger-ai-could-mean-the-end-of-human-history/559124/. Acesso em 03.05.2021.

Conclusões?

1. Disponível em: <https://tiinside.com.br/16/02/2021/errar-e-humano-e-artificial/>. Acesso em 03.05.2021.

Glossário

1. Essa lista encontra-se na Tabela A8.1 do documento citado. Disponível em: <https://hai.stanford.edu/research/ai-index-2019>. Acesso em 03.05.2021.

Anexo 1

1. Disponível em: <https://course.elementsofai.com>. Acesso em 03.05.2021.

Anexo 2

1. Disponível em: <https://hai.stanford.edu/research/grant-programs>. Acesso em 03.05.2021.

ÍNDICE

A

ACE - Artificial Conversational Entity, 242, 331
AGI - Artificial General Intelligence, 3, 167, 174, 193, 249, 300
AI
   AI for Good Foundation (AI4Good), 291
   AI for Social Good (AI4SG), 285
   for Good, 285, 291
   AI for Good Global Summit, 285
   rAInbow, 291
Alibaba, 11, 154, 197
Alterações climáticas, 288
Amazon, 76, 82, 154, 183, 204
   Alexa, 183, 240
   Amazon Mechanical Turk, 222
   Rekognition, 98, 183, 276
   Ring, 79, 90
   sistema "taxa", 82
Análise preditiva, 87
A New AI Lexicon, 159
Aplicações da IA, 8
Aplicativos de operações de vigilância, 90
   Citizen, 90
   Neighbours, 90
   Nextdoor, 90
   Ring, 90
Apple, 8, 94, 189
   Apple Card, 80, 94
   Face ID, 164
   Siri, 240
Aprendizado
   de máquina (ML), 49, 58
   por Reforço, 279
   profundo, 49
   supervisionado, 279

Aprendizagem ativa, 278
Arábia Saudita, 144, 295
   Autoridade Saudita de Dados e Inteligência Artificial (SDAIA), 144
   Estratégia Nacional de Dados e IA (NSDAI), 144
Armas autônomas (AW's), 66
Artificial Super Intelligence (ASI), 167
Austrália, 86, 146
   AI Ethics Framework, 86
Automação Robótica de Processos (RPA), 221
Avaliações de Impacto Algorítmicas (AIAs), 77, 86

B

Baidu, 39, 136, 194
Belt and Road (BRI), 61
Brasil, 145
   AI2 - Advanced Institute for Artificial Intelligence, 150
   Centro de Desenvolvimento de IA e Cyber Security, 148
   Centro de Pesquisa em Inteligência Artificial, 151
   Estratégia Brasileira de Inteligência Artificial, 145
   Estratégia Brasileira de Inteligência Artificial (EBIA), 150
   LGPD (Lei Geral de Proteção de Dados), 148
   Marco Legal da IA, 149
   Plano de Ação Nacional da Internet das Coisas, 148

C

Campanha #WhyID, 92
Campos de atuação da IA, 13
   controle ambiental, 20
   descobertas científicas, 33
   direito, 27
   educação, 16
   imprensa em mídia, 24
   saúde, 13
   varejo, 31
Canadá, 135
   Estratégia Pan-canadense de IA, 135
CHAI (Center for Human-Compatible AI - UC Berkeley), 112
Chatbots de IA, 32
China, 39, 61, 135, 182, 194, 236
   crédito social, 132
   Plano de Desenvolvimento de Inteligência Artificial de Próxima Geração, 136
   Zona de Inovação e Desenvolvimento de IA de Nova Geração, 136
Cibersegurança, 230
Cingapura, 141
   AI Singapore, 142
   Estratégia Nacional de Inteligência Artificial, 141
Clarifai, 100
Cleaners, 222
Comissão Federal de Comércio dos EUA (FTC), 134
Common Sense Advisory (CSA), 9
Computação simbólica, 338
Conceito de IA confiável, 282
Confiança algorítmica, 274
Converus, software de detecção ocular, 98
Coreia do Sul, 143

Estratégia Nacional de
    Inteligência Artificial, 143
Corrida armamentista da IA,
    93, 236
Crise climática e a IA, 96

D

DAO - Decentralized
    Autonomous
    Organizations, 305
Deepfakes, 211, 233, 253
    Detection Challenge (DFDC),
        49, 233
Deep learning (aprendizado
    profundo), 2, 39, 164, 230
DeepMind, 50
    AlphaFold, 50
Descobertas científicas e IA
    Allchemy, 34
    CAMEO, 35
Direito e IA, 27
    BipBop, 27
    Digesto, 27
    Enlighten, 28
    Legal Labs, 28
    LegAut, 28
    robô Victor, 29
Dispositivos de interface cérebro-
    computador (ICCs), 185

E

Economia e IA, 55
Edge/Fog Computing, 300
Educação digital, 249
EESC - European Economic and
    Social Committee, 154
Emirados Árabes Unidos,
    135, 295
    The Mohamed bin
        Zayed University of
        Artificial Intelligence
        (MZUAI), 135
Envenenamento de dados (data
    poisoning), 232
Esforços intergovernamentais em
    IA, 61
    acordos bilaterais, 64
        Estados Unidos e Reino
            Unido, 65
    França e Alemanha, 65
    Índia e Emirados Árabes
        Unidos, 64
    Índia e Japão, 65
    AHEG, 63
    AI for Good Global
        Summit, 63
    AI Partnership for Defense, 64
    Associação Chinesa de Nações
        do Sudeste Asiático
        (ASEAN), 64
    HLEG, 63
    iniciativas governamentais, 61
    ONE IA - OCDE, 62
    Parceria global em IA
        (GPAI), 62
Estônia, 140
    Estratégia Nacional de IA de
        2019–2021, 140
Ética e IA, 61, 84, 201
    desafios éticos, 68
    ética corporativa, 84, 95
    IA ética, 159
EUA, 133, 199, 236
    AI World Government, 134
    Algorithmic Accountability
        Act, 133
    American AI Initiative, 142
    Privacy Shield, 274

F

Fake News Challenge, 289
Falta de diversidade no campo da
    IA, 59
    algoritmos sexistas, 94
    disparidades de saúde
        racial, 103
    estereótipos raciais, 90
    marginalização sistêmica, 182
    misoginia, 85
    racismo, 85
        estrutural, 182
    viés racial, 226
FHI - Future of Humanity
    Institute, 155
Força-Tarefa de Sistemas de
    Decisão Automatizada da
    cidade de Nova York, 87
Fórum Econômico Mundial
    (WEF), 128
    Conselho global para IA, 128
Foxconn, 215
França, 138, 200
    IA para a Humanidade, 138
    Instituto Nacional Francês de
        Pesquisa para Ciências
        Digitais (Inria), 138

G

GANs - Generative Adversarial
    Networks, 256, 259, 279, 281
GDPR - General Data
    Protection Regulation, 156,
    182, 258, 301
Gerenciamento de Riscos de
    TI, 235
Global AI Vibrancy Tool, 47
Google, 8, 76, 102, 124, 189, 276
    AdSense, 253
    BERT, 186
    Google Assistant, 240
    Google Lens, 8
    Google Maps, 9
    Google.org, 16
    Google Photos, 186
    Google Research, 201
    projeto DeepMind, 36
        AlphaFold, 36
    projeto Maven, 85
    Sidewalk Labs, 79
GPAI - Global Partnership on
    Artificial Intelligence, 128

H

HLMI - Human Level Machine
    Intelligence, 174
Huawei, 287
    StorySign, 287

I

IAs de aprendizado, 16
    ALEKS, 16
    Cram101, 17
    Netex Learning, 17
    Squirrel, 16

Índice

IBM, 39, 100, 124, 154, 288
   AI Fairness 360, 288
   IBM Research, 124, 300
   IBM Science for Social Good, 288
   Simpler Voice, 288
Identificação biométrica, 76
IEEE Standards Association, 159
Impactos da automação de trabalho, 83
Implicações sociais da IA, 69, 103
   direitos e liberdades, 69
   polarização e inclusão, 70
   segurança e infraestrutura crítica, 70
   trabalho e automação, 69
Índia, 91, 139
   Aadhaar, sistema de identificação biométrica, 92, 296
   #AIforAll, 139
Indonésia, 144
   Estratégia Nacional para o Desenvolvimento de Inteligência Artificial (Stranas KA), 144
Iniciativas privadas da IA, 123
Inteligência Generalista, 325
Internet das Coisas (IoT), 96, 171, 193, 232, 289, 302
IR - Neural Information Retrieval, 249
Itália, 145
   Proposta para uma Estratégia Italiana para Inteligência Artificial, 145

J

Japão, 137
   Conselho Estratégico de Tecnologia de IA, 137

L

LaMDA - Language Model for Dialogue Applications, 242
LAPD - Los Angeles Police Department, 231
   PredPol, 231

Lei
   de Autorização de Defesa Nacional (NDAA), 142
   de Privacidade da Informação Biométrica (BIPA), 76, 109
   de Proteção de Dados (GDPR), 85, 264
   Geral de Proteção de Dados (LGPD), 182
LIME - Local Interpretable Model-Agnostic Explanations, 280
Live Facial Recognition (LFR), 109
LRP - Layer-wise Relevance Propagation, 228

M

Machine Learning (ML), 2, 39, 164, 221, 233, 264
   supervisionado, 278
Método de regressão simbólica, 37
México, 139
   Artificial Intelligence Agenda MX, 139
Microsoft, 11, 39, 76, 95, 124, 183, 277
   Azure Machine Learning, 277
   Cortana, 240
   DeBERTa, 50
   Face ++, 99
   Face API, 99
   NewsGuard Tech, 257
   projeto FarmBeats, 22
   Seeing AI, 14
   Tay, 227
MiDAS, projeto de automação, 88
Mídia e IA, 24
   Bertie, 24
   Cyborg, 24
   GLTR, 25
   GPT-3, 26
   Heliograf, 24
   Lexio, 25
   Quakebot, 25
   Quill, 25

MILA - Montreal institute for learning algorithms, 111, 155, 266, 288
Modelo de linguagem BERT, 49
Montreal Declaration for a Responsible Development of Artificial Intelligence, 267

N

NAIRR - National AI Research Resource, 134
NAISR - National AI Strategy Radar, 180
Narrow AI, 2, 171, 174
NEC Group, 39
Novartis, 14

O

Observatório de Políticas de IA, 60
OpenAI, 97, 159
OPP - Open Philanthropy Project, 158
Organização para a Cooperação e Desenvolvimento Econômico (OCDE), 157
Over Mind, 238

P

Pandemia da Covid-19, 15, 55, 188, 221, 302, 318
   Aarogya Setu, 15
   ALHOSN UAE, 15
   Código de Saúde, 15
Parceria Global sobre IA (GPAI), 60
"Pegada ecológica" da IA, 200
Perspectivas sociotécnicas da IA, 103
Política e IA, 65
   bancos centrais dos países, 66
   registros de legislação em IA, 65
Portugal, 128
   AI Portugal 2030, 128
Pós-verdade, 251
Problema da "caixa-preta" da IA, 273

Processamento de Linguagem Natural (PNL), 34, 49, 81, 221, 249
Stanford Question Response Dataset (SQuAD), 51
SuperGLUE, 49, 50
Programa CAPTURE, 89
Projeto
Aadhaar, 108
de "cidade inteligente", 79
DENU, 22
Green Ligh, Detroit, 89
Nightingale, 102
Sentient, 235
WindNODE, 22
Prova de Teorema Automatizada (ATP), 54
PwC, 68
National AI Strategy Radar (NAISR), 68

Q

Qubit, a base da computação quântica, 210
Quebec, 111
Quênia, 91
Huduma Numba, sistema de identificação biométrica, 91
Questão do alinhamento de valor, 265
QuintoAndar, 32
Quociente de robótica (RQ), 206

R

Real Time Analytics, 10
Reconhecimento
afetivo, 97
de emoções, 182
de voz, 182
facial, 74, 79, 97, 182
Recursion Pharmaceuticals Inc., 14
Rede de Especialistas em IA, 60
Redes neurais, 165
artificiais, 339
profundas, 229

Redlining digital, 292, 297
Regulação biométrica, 108
Reino Unido, 140
Comitê Seleto de IA do Reino Unido, 140
Escritório de Inteligência Artificial (OAI), 140
Relatórios
de impacto à proteção de dados (DPIAs), 85
sobre a IA
AI Now Institute Reports, 69
Relatório da 2ª Assembleia Europeia da Aliança de IA, 123
The AI Index Reports, 47
UK AI Council - AI Roadmap, 122
Responsabilidade algorítmica, 86
Riscos da IA, 181
RL - Reinforcement Learning, 164
ROS - Robot Operating System, 237
Rússia, 141, 236
Estratégia Nacional para o Desenvolvimento de Inteligência Artificial, 141

S

Sabesp, 23
Samsung, 39
Saúde e IA, 77, 101
abordagens de consentimento informado, 77
infraestruturas algorítmicas de saúde, 101
Siemens Healthineers, 288
AI-Pathway Companion5, 288
AI-Rad Companion.4, 288
Singularidade, 175, 306
Sistemas
de decisão automatizados (ADS), 109
de Decisão Automatizados (ADS), 86
de policiamento preditivo, 110

de tutoria inteligentes (ITS), 339
nacionais de identidade biométrica, 90
Sociedade Digital, 154
Stanford Institute for Human-Centered Artificial Intelligence (HAI), 155, 174, 189, 316
State Grid Corporation, 39
Superinteligência, 300

T

Tecnociência, 319
Tencent, 136, 194
Toshiba, 39
Transferência de aprendizagem, 281
Transparência algorítmica, 87
Turkers, 222

U

UNESCO, 19, 63, 158, 180
União Europeia, 130, 137, 199
Artificial Intelligence Act, 130
Plano Coordenado de Inteligência Artificial, 137
Urban AI Observatory, 148

V

VCR - Visual Commonsense Reasoning, 53
Veículos
aéreos não tripulados (UAVs), 136
autônomos (AVs), 66, 96, 155
Uber autônomo, 84
Vulnerabilidades inerentes à IA, 105
ataques de porta dos fundos, 105
técnicas de envenenamento de dados, 105
transferência de aprendizado, 105

Projetos corporativos e edições personalizadas dentro da sua estratégia de negócio. Já pensou nisso?

Coordenação de Eventos
Viviane Paiva
viviane@altabooks.com.br

Assistente Comercial
Fillipe Amorim
vendas.corporativas@altabooks.com.br

A Alta Books tem criado experiências incríveis no meio corporativo. Com a crescente implementação da educação corporativa nas empresas, o livro entra como uma importante fonte de conhecimento. Com atendimento personalizado, conseguimos identificar as principais necessidades, e criar uma seleção de livros que podem ser utilizados de diversas maneiras, como por exemplo, para fortalecer relacionamento com suas equipes/ seus clientes. Você já utilizou o livro para alguma ação estratégica na sua empresa?

Entre em contato com nosso time para entender melhor as possibilidades de personalização e incentivo ao desenvolvimento pessoal e profissional.

PUBLIQUE
SEU LIVRO

Publique seu livro com a Alta Books.
Para mais informações envie um e-mail para: autoria@altabooks.com.br

CONHEÇA OUTROS LIVROS DA ALTA BOOKS

Todas as imagens são meramente ilustrativas.

 /altabooks /alta-books /altabooks /altabooks

ROTAPLAN
GRÁFICA E EDITORA LTDA
Rua Álvaro Seixas, 165
Engenho Novo - Rio de Janeiro
Tels.: (21) 2201-2089 / 8898
E-mail: rotaplanrio@gmail.com